软件项目开发全程实录

C语言项目开发全程实录

（第3版）

明日科技　编著

清华大学出版社
北京

内 容 简 介

本书共分 10 章。第 1 章为 C 语言常用经典算法实录，分为排序算法、查找算法以及其他经典算法三大类，详细讲解了 C 语言程序开发中常用的 28 个经典算法的实现过程。第 2~10 章精选 9 个热门项目，涉及游戏开发、桌面应用开发、网络通信开发、数据库管理系统开发等多个开发领域，具体包含：挑战 2048、趣味俄罗斯方块、畅联通讯录管家、岁月通万年历、网络通信系统、智企员工管理系统、智行共享汽车管理系统、阅界藏书管理系统（窗体版）、水果消消乐游戏。本书从软件工程的角度出发，按照项目开发的顺序，系统而全面地讲解每一个项目的开发实现过程。在结构安排上：在讲解算法时，本书采用"算法思想→算法实现→测试运行"的形式呈现内容；而在讲解项目时，本书统一采用"开发背景→系统设计→技术准备→数据库设计→各功能模块实现→项目运行→源码下载"的形式完整呈现项目。全书内容实用性非常强，旨在为读者带来实实在在的成就感，帮助读者快速积累实际项目经验和技巧，以便早日实现就业目标。

另外，本书配备了丰富的 C 语言在线开发资源库和电子课件，主要内容如下：

- ☑ 技术资源库：323 个核心技术点
- ☑ 技巧资源库：300 个开发技巧
- ☑ 实例资源库：359 个应用实例
- ☑ 项目资源库：19 个精选项目
- ☑ 源码资源库：378 套项目与案例源码
- ☑ 视频资源库：451 集学习视频
- ☑ PPT 电子课件

本书可为 C 语言入门自学者提供更广泛的项目实战场景，可为计算机专业学生进行项目实训、毕业设计提供宝贵的项目参考，可供计算机专业教师、IT 培训讲师用作教学参考资料，还可作为开发工程师、IT 求职者、编程爱好者进行项目开发时的重要参考书。

本书封面贴有清华大学出版社防伪标签，无标签者不得销售。
版权所有，侵权必究。举报：010-62782989，beiqinquan@tup.tsinghua.edu.cn。

图书在版编目（CIP）数据

C 语言项目开发全程实录 / 明日科技编著. -- 3 版.
北京 : 清华大学出版社, 2025.1. -- (软件项目开发全程实录). -- ISBN 978-7-302-67566-2
Ⅰ. TP312.8
中国国家版本馆 CIP 数据核字第 202402TR15 号

责任编辑：贾小红
封面设计：秦　丽
版式设计：楠竹文化
责任校对：范文芳
责任印制：宋　林

出版发行：清华大学出版社
　　　网　　址：https://www.tup.com.cn, https://www.wqxuetang.com
　　　地　　址：北京清华大学学研大厦 A 座　　　邮　　编：100084
　　　社 总 机：010-83470000　　　邮　　购：010-62786544
　　　投稿与读者服务：010-62776969, c-service@tup.tsinghua.edu.cn
　　　质量反馈：010-62772015, zhiliang@tup.tsinghua.edu.cn
印 装 者：小森印刷霸州有限公司
经　　销：全国新华书店
开　　本：203mm×260mm　　　印　　张：19.75　　　字　　数：640 千字
版　　次：2013 年 10 月第 1 版　　2025 年 1 月第 3 版　　印　　次：2025 年 1 月第 1 次印刷
定　　价：89.80 元

产品编号：107419-01

如何使用本书开发资源库

本书赠送价值 999 元的"C 语言在线开发资源库"一年的免费使用权限。结合图书和开发资源库，读者能够快速提升编程技能并增强解决实际问题的能力。

1. VIP 会员注册

读者可以刮开图书封底的防盗码并进行扫描，按提示绑定手机微信，然后扫描右侧的二维码，打开明日科技账号注册页面。填写完注册信息后，读者将自动获取一年（自注册之日起）的 C 语言在线开发资源库的 VIP 使用权限。

读者在注册、使用开发资源库时有任何问题，均可通过明日科技官网页面上的客服电话进行咨询。

C 语言开发资源库

2. 开发资源库简介

C 语言开发资源库中提供了技术资源库（323 个核心技术点）、技巧资源库（300 个开发技巧）、实例资源库（359 个应用实例）、项目资源库（19 个精选项目）、源码资源库（378 套项目与案例源码）、视频资源库（451 集学习视频），共计六大类、1830 项学习资源。学会、练熟、用好这些资源，读者可以在最短的时间内快速提升自己的开发水平，从而从一名编程新手晋升为一名软件工程师。

| 首页 | 术 技术资源库 323 | 巧 技巧资源库 300 | 例 实例资源库 359 | 项 项目资源库 19 | 码 源码资源库 378 | 视 视频资源库 451 |

3. 开发资源库的使用方法

在学习本书的各个项目时，读者可以利用 C 语言开发资源库提供的大量技术点、技巧、热点实例等资源，快速回顾或深入了解相关的 C 语言编程知识和技巧，从而有效提升学习效率。

除此之外，开发资源库还配备了更多的大型实战项目，供读者扩展学习，以增强编程兴趣和信心，并积累丰富的项目经验。

另外，利用页面上方的搜索栏，读者可以对技术、技巧、实例、项目、源码、视频等资源进行快速查阅。

万事俱备后，读者该到软件开发的主战场上，接受实战的洗礼了。本书资源包中提供了 C/C++各方向的面试真题，是求职面试的绝佳指南。读者只需扫描图书封底的"文泉云盘"二维码，即可获取这些资源。

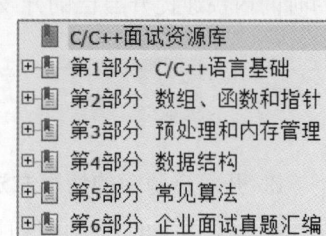

前言
Preface

丛书说明: "软件项目开发全程实录"丛书第 1 版于 2008 年 6 月出版,因其定位于项目开发案例、面向实际开发应用,并解决了社会需求和高校课程设置相对脱节的痛点,在软件项目开发类图书市场上产生了很大的反响,在全国软件项目开发零售图书排行榜中名列前茅。

"软件项目开发全程实录"丛书第 2 版于 2011 年 1 月出版,第 3 版于 2013 年 10 月出版,第 4 版于 2018 年 5 月出版。经过十六年的锤炼打造,该丛书不仅深受广大程序员的喜爱,还被百余所高校选为计算机科学、软件工程等相关专业的教材及教学参考用书,更被广大高校学子用作毕业设计和工作实习的必备参考用书。

"软件项目开发全程实录"丛书第 5 版在继承前 4 版所有优点的基础上,进行了大幅度的改版升级。首先,结合当前技术发展的最新趋势与市场需求,增加了程序员求职急需的新图书品种;其次,对图书内容进行了深度更新、优化,新增了当前热门的流行项目,优化了原有经典项目,将开发环境和工具更新为目前的新版本等,使之更与时代接轨,更适合读者学习;最后,录制了全新的项目精讲视频,并配备了更加丰富的学习资源与服务,可以给读者带来更好的项目学习及使用体验。

C 语言是一门高效、灵活且强大的编程语言,其语法简洁明了,易于学习和理解,非常适合初学者入门,并且是许多现代编程语言的基础。此外,C 语言还具有更接近底层硬件和跨平台的特性,能够满足广泛的实际开发需求,因此深受广大开发者喜爱。本书以经典算法和中小型项目为载体,带领读者亲身体验使用 C 语言进行软件开发的实际过程,可以让读者深刻理解 C 语言核心技术在项目开发中的具体应用。全书内容不是枯燥的语法和陌生的术语,而是一步一步地引导读者实现一个个经典算法和热门项目,从而激发读者学习软件开发的兴趣,将被动学习转变为主动学习。另外,本书的项目开发过程完整,不仅适合在学习软件开发时作为中小型项目开发的参考书,还可以作为毕业设计的项目参考书。

本书内容

本书共分 10 章。第 1 章为 C 语言常用经典算法实录,分为排序算法、查找算法以及其他经典算法三大类,详细讲解了 C 语言程序开发中常用的 28 个经典算法的实现过程。第 2~10 章精选 9 个热门应用项目,涉及游戏开发、桌面应用开发、网络通信开发、数据库管理系统开发等多个开发领域,具体包含:挑战 2048、趣味俄罗斯方块、畅联通讯录管家、岁月通万年历、网络通信系统、智企员工管理系统、智行共享汽车管理系统、阅界藏书管理系统(窗体版)、水果消消乐游戏。

本书特点

- ☑ **项目典型。** 本书精选 9 个热点项目,所有项目均是当前实际开发领域常见的热门项目,且均从实际应用角度出发展开系统性的讲解,可以让读者从项目学习中积累丰富的开发经验。同时,本书还对 C 语言编程中常用的 28 个经典算法的实现过程进行了讲解,可以帮助读者进一步夯实 C 语言开发的基本功。
- ☑ **流程清晰。** 本书项目从软件工程的角度出发,统一采用"开发背景→系统设计→技术准备→项目实现相关→项目运行→源码下载"的流程进行讲解，可以让读者更加清晰地了解项目的完整开发流程。
- ☑ **技术新颖**。本书所有项目的实现技术均采用目前业内推荐使用的最新稳定版本，与时俱进，实用性极强。同时，项目全部配备"技术准备"环节，对项目中用到的 C 语言基本技术点、高级应用、第三方库文件等进行精要讲解，在 C 语言基础和项目开发之间搭建了有效的桥梁，为仅有 C 语言基础的初级编程人员参与项目开发扫清了障碍。
- ☑ **精彩栏目**。本书根据项目学习的需要，在每个项目讲解过程的关键位置都添加了"注意""说明"等特色栏目，点拨项目的开发要点和精华，以便读者能更快地掌握相关技术的应用技巧。
- ☑ **源码下载**。本书中的每一章最后都安排了"源码下载"一节，读者能够通过扫描二维码下载对应算法与项目的完整源码，以方便学习。
- ☑ **项目视频**。本书为每个项目都提供了项目精讲微视频，使读者能够更加轻松地搭建、运行、使用项目。同时，读者可以随时随地对这些视频进行查看和学习。

读者对象

- ☑ 初学编程的自学者
- ☑ 参与项目实训的学生
- ☑ 做毕业设计的学生
- ☑ 参加实习的初级程序员
- ☑ 高等院校的教师
- ☑ IT 培训机构的教师与学员
- ☑ 程序测试及维护人员
- ☑ 编程爱好者

资源与服务

本书提供了大量的辅助学习资源，还提供了专业的知识拓展与答疑服务，旨在帮助读者提高学习效率并解决学习过程中遇到的各种疑难问题。读者需要刮开图书封底的防盗码（刮刮卡），扫描并绑定微信，获取学习权限。

- ☑ **开发环境搭建视频**

搭建环境对于项目开发非常重要，它确保了项目开发在一致的环境下进行，减少了因环境差异导致的错误和冲突。通过搭建开发环境，可以方便地管理项目依赖，提高开发效率。本书提供了开发环境搭建讲解视频，可以引导读者快速准确地搭建本书项目的开发环境。扫描右侧二维码即可观看学习。

开发环境
搭建视频

- ☑ **项目精讲视频**

本书第 1 章配有算法微视频，针对算法在 C 语言编程中的使用进行了精要讲解，可以帮助读者进一步领悟算法在编程实践中的使用技巧。第 2~10 章的每个项目均配有对应的项目精讲微视频，主要针对项目的需求背景、应用价值、功能结构、业务流程、实现逻辑以及所用到的核心技术点进行精要讲解，可以帮助读者了解项目概要，把握项目要领，快速进入学习状态。扫描每章首页的对应二维码即可观看学习。

- ☑ **AI 辅助开发手册**

在人工智能浪潮的席卷之下，AI 大模型工具呈现百花齐放之态，辅助编程开发的代码助手类工具不断涌现，可为开发人员提供技术点问答、代码查错、辅助开发等非常实用的服务，极大地提高了编程学习和开发效率。为了帮助读者快速熟悉并使用这些工具，本书专门精心配备了电子版的《AI 辅助开发手册》，不仅为读者提供各个主流大语言模型的使用指南，而且详细讲解文心快码（Baidu Comate）、通义灵码、腾讯云 AI 代码助手、iFlyCode等专业的智能代码助手的使用方法。扫描右侧二维码即可阅读学习。

AI 辅助
开发手册

☑ 项目源码

本书第 1 章详细讲解了 28 个 C 语言常用经典算法的实现过程。第 2~10 章每章一个项目，系统全面地讲解了该项目的设计及实现过程。为了方便读者学习，本书提供了完整的算法与项目源码（包含项目中用到的所有素材，如图片、数据表等）。扫描每章最后的二维码即可下载。

☑ 代码查错器

为了进一步帮助读者提升学习效率，培养良好的编码习惯，本书配备了由明日科技自主开发的代码查错器。读者可以将本书的项目源码保存为对应的 txt 文件，存放到代码查错器的对应文件夹中，然后自己编写相应的实现代码并与项目源码进行比对，快速找出自己编写的代码与源码不一致或者发生错误的地方。代码查错器配有详细的使用说明文档，扫描右侧二维码即可下载。

代码查错器

☑ C 语言开发资源库

本书配备了强大的线上 C 语言开发资源库，包括技术资源库、技巧资源库、实例资源库、项目资源库、源码资源库、视频资源库。扫描右侧二维码，可登录明日科技网站，获取 C 语言开发资源库一年的免费使用权限。

C 语言开发资源库

☑ C/C++面试资源库

本书配备了 C/C++面试资源库，精心汇编了大量企业面试真题，是求职面试的绝佳指南。扫描本书封底的"文泉云盘"二维码即可获取。

☑ 教学 PPT

本书配备了精美的教学 PPT，可供高校教师和培训机构讲师备课使用，也可供读者做知识梳理。扫描本书封底的"文泉云盘"二维码即可下载。另外，登录清华大学出版社网站（www.tup.com.cn），可在本书对应页面查阅教学 PPT 的获取方式。

☑ 学习答疑

在学习过程中，读者难免会遇到各种疑难问题。本书配有完善的新媒体学习矩阵，包括 IT 今日热榜（实时提供最新技术热点）、微信公众号、学习交流群、400 电话等，可为读者提供专业的知识拓展与答疑服务。扫描右侧二维码，根据提示操作，即可享受答疑服务。

学习答疑

致读者

本书由明日科技 C 语言开发团队组织编写，主要编写人员有王小科、张鑫、王国辉、刘书娟、赵宁、高春艳、赛奎春、田旭、葛忠月、杨丽、李颖、程瑞红、张颖鹤等。明日科技是一家专业从事软件开发、教育培训以及软件开发教育资源整合的高科技公司，其编写的图书非常注重选取软件开发中的必需、常用内容，同时很注重内容的易学性、学习的方便性以及相关知识的拓展性，深受读者喜爱。其编写的图书多次荣获"全行业优秀畅销品种""全国高校出版社优秀畅销书"等奖项，多个品种长期位居同类图书销售排行榜的前列。

在编写本书的过程中，我们始终本着科学、严谨的态度，力求精益求精。书中难免存在疏漏和不妥之处，敬请广大读者批评指正。

感谢您购买本书，希望本书能成为您的良师益友，成为您步入编程高手之路的踏脚石。

宝剑锋从磨砺出，梅花香自苦寒来。祝读书快乐！

编 者
2024 年 11 月

目 录

第1章 C语言常用经典算法实录 1
——排序算法＋查找算法＋其他经典算法

1.1 经典排序算法实现过程实录 1
- 1.1.1 冒泡排序 2
- 1.1.2 选择排序 3
- 1.1.3 插入排序 4
- 1.1.4 快速排序 5
- 1.1.5 堆排序 7
- 1.1.6 归并排序 9
- 1.1.7 希尔排序 10
- 1.1.8 计数排序 12
- 1.1.9 桶排序 14
- 1.1.10 基数排序 16

1.2 经典查找算法实现过程实录 17
- 1.2.1 顺序查找 18
- 1.2.2 二分查找 18
- 1.2.3 插值查找 19
- 1.2.4 树表查找 21
- 1.2.5 分块查找 23
- 1.2.6 哈希查找 25

1.3 其他常用经典算法实现过程实录 27
- 1.3.1 经典数学问题 27
- 1.3.2 水仙花数 31
- 1.3.3 斐波那契数列 32
- 1.3.4 约瑟夫环问题 33
- 1.3.5 八皇后问题 34
- 1.3.6 哥德巴赫猜想 36
- 1.3.7 汉诺塔问题 37
- 1.3.8 小球下落反弹问题 39

1.4 源码下载 40

第2章 挑战2048 41
——输入输出函数＋流程控制语句＋
数组＋指针函数＋system()函数＋
控制台设置函数

2.1 开发背景 41
2.2 系统设计 42
- 2.2.1 开发环境 42
- 2.2.2 业务流程 42
- 2.2.3 功能结构 42

2.3 技术准备 43
- 2.3.1 技术概览 43
- 2.3.2 system()函数 45
- 2.3.3 控制台设置函数 47

2.4 预处理模块设计 48
- 2.4.1 文件引入 48
- 2.4.2 定义全局变量 48
- 2.4.3 函数声明 48

2.5 游戏欢迎界面设计 49
- 2.5.1 游戏欢迎界面概述 49
- 2.5.2 设置游戏欢迎界面标题 49
- 2.5.3 实现欢迎界面菜单选项 50

2.6 游戏主界面设计 52
- 2.6.1 游戏主界面概述 52
- 2.6.2 实现游戏核心逻辑功能函数 52
- 2.6.3 开始游戏功能的实现 63
- 2.6.4 重玩或退出游戏 65

2.7 游戏规则介绍界面设计 65
- 2.7.1 游戏规则介绍界面概述 65
- 2.7.2 游戏规则介绍的实现 66

2.8 游戏按键说明功能设计 67
- 2.8.1 游戏按键说明功能概述 67
- 2.8.2 游戏按键说明的实现 67

2.9 项目运行 68
2.10 源码下载 69

第3章 趣味俄罗斯方块 70
——二维数组＋switch语句＋嵌套for循
环＋结构体＋内存管理＋宏定义

3.1 开发背景 70

3.2 系统设计	71
3.2.1 开发环境	71
3.2.2 业务流程	71
3.2.3 功能结构	71
3.3 技术准备	72
3.3.1 技术概览	72
3.3.2 方块组变换分析	74
3.3.3 方块移动算法分析	75
3.4 预处理模块设计	76
3.4.1 文件引用	76
3.4.2 宏定义	76
3.4.3 定义全局变量	76
3.4.4 函数声明	76
3.5 游戏欢迎界面设计	77
3.5.1 游戏欢迎界面概述	77
3.5.2 设置文本颜色	77
3.5.3 设置文本显示位置	78
3.5.4 绘制游戏名称及不同类型方块	78
3.5.5 绘制装饰字符画	79
3.5.6 设计菜单选项	80
3.6 游戏主界面设计	82
3.6.1 游戏主界面概述	82
3.6.2 绘制游戏主界面框架	82
3.6.3 确定俄罗斯方块颜色及形状	84
3.6.4 绘制俄罗斯方块	87
3.6.5 随机产生俄罗斯方块类型的序号	88
3.6.6 判断俄罗斯方块是否可移动	88
3.6.7 开始游戏的实现	90
3.6.8 重新开始游戏	94
3.7 游戏按键说明界面设计	95
3.7.1 游戏按键说明界面概述	95
3.7.2 游戏按键说明的实现	95
3.8 游戏规则界面设计	96
3.8.1 游戏规则界面概述	96
3.8.2 游戏规则的实现	97
3.9 退出游戏	97
3.10 项目运行	98

3.11 源码下载	99
第 4 章 畅联通讯录管家	**100**
——链表+字符串函数+文件操作+typedef关键字	
4.1 开发背景	100
4.2 系统设计	101
4.2.1 开发环境	101
4.2.2 业务流程	101
4.2.3 功能结构	102
4.3 技术准备	102
4.4 预处理模块设计	104
4.4.1 文件引入	104
4.4.2 全局变量	104
4.4.3 函数声明	104
4.5 功能设计	105
4.5.1 设计系统菜单	105
4.5.2 通讯录的添加	106
4.5.3 通讯录的删除	109
4.5.4 查看通讯录列表	110
4.5.5 通讯录查询功能	111
4.5.6 从文件中加载通讯录信息	112
4.5.7 退出系统	113
4.6 项目运行	113
4.7 源码下载	114
第 5 章 岁月通万年历	**115**
——数组+结构体+宏定义+枚举+日期函数	
5.1 开发背景	115
5.2 系统设计	116
5.2.1 开发环境	116
5.2.2 业务流程	116
5.2.3 功能结构	117
5.3 技术准备	117
5.3.1 技术预览	117
5.3.2 日期相关函数	118
5.4 预处理模块设计	119
5.4.1 文件引用	119

目录

5.4.2 宏定义 119
5.4.3 定义全局变量 120
5.4.4 函数声明 122
5.5 功能设计 122
5.5.1 主界面设计 122
5.5.2 显示月历 128
5.5.3 查询公历 136
5.5.4 查询农历 140
5.5.5 计算某天距今天的天数 144
5.5.6 查询距今天相应天数的日期 146
5.5.7 计算任意两天之间的天数差 147
5.5.8 显示二十四节气 149
5.5.9 显示节日 151
5.5.10 退出系统 155
5.6 项目运行 156
5.7 源码下载 157

第6章 网络通信系统 158
——指针+Socket网络编程+链接外部
库文件+多线程技术+fflush()函数

6.1 开发背景 158
6.2 系统设计 159
6.2.1 开发环境 159
6.2.2 业务流程 159
6.2.3 功能结构 160
6.3 技术准备 160
6.3.1 技术概览 160
6.3.2 链接外部库文件 161
6.3.3 多线程技术 162
6.3.4 fflush()函数 163
6.4 主界面设计 163
6.5 点对点通信设计 166
6.5.1 创建点对点服务端 167
6.5.2 创建点对点客户端 169
6.5.3 退出点对点通信 172
6.6 服务器中转通信设计 172
6.6.1 创建中转服务端 173
6.6.2 创建中转客户端 176
6.6.3 退出中转服务器 178

6.7 项目运行 178
6.8 源码下载 179

第7章 智企员工管理系统 180
——指针+存储管理+字符串函数+
链表+异或运算符+文件操作

7.1 开发背景 180
7.2 系统设计 181
7.2.1 开发环境 181
7.2.2 业务流程 181
7.2.3 功能结构 182
7.3 技术准备 182
7.4 预处理模块设计 184
7.4.1 文件引用 184
7.4.2 定义全局变量 184
7.4.3 函数声明 185
7.5 程序入口设计 185
7.5.1 系统初始化 185
7.5.2 系统登录 187
7.5.3 加载员工数据 188
7.5.4 设计功能菜单 189
7.5.5 实现主函数 191
7.6 员工信息管理模块设计 192
7.6.1 添加员工信息 192
7.6.2 查询员工信息 193
7.6.3 显示员工信息 197
7.6.4 修改员工信息 198
7.6.5 删除员工信息 201
7.6.6 统计员工信息 203
7.7 重置系统密码 204
7.8 退出系统 205
7.9 项目运行 205
7.10 源码下载 206

第8章 智行共享汽车管理系统 207
——函数+嵌套语句+SQL语句+C语言
操作SQL Server数据库

8.1 开发背景 207
8.2 系统设计 208

IX

8.2.1	开发环境 208	9.7.3	实现登录功能 251
8.2.2	业务流程 208	9.8 主窗体设计 252
8.2.3	功能结构 209	9.8.1	主窗体概述 252
8.3 技术准备 209	9.8.2	设计主窗体 252
8.3.1	技术概览 209	9.8.3	设计系统菜单栏 253
8.3.2	SQL 语句基础 210	9.8.4	实现系统菜单功能 253
8.3.3	C 语言操作 SQL Server 数据库 212	9.8.5	实现系统工具栏 254
8.4 数据库设计 217	9.8.6	绘制主窗体背景 255
8.5 预处理模块设计 217	9.9 图书信息管理模块设计 256
8.5.1	文件引用 217	9.9.1	图书信息管理模块概述 256
8.5.2	定义全局变量 218	9.9.2	设计图书信息窗体 256
8.6 定义公共函数 218	9.9.3	图书信息管理功能的实现 257
8.7 功能设计 218	9.10 图书入库管理模块设计 261
8.7.1	设计主菜单 218	9.10.1	图书入库管理模块概述 261
8.7.2	认证租车 220	9.10.2	设计图书入库窗体 262
8.7.3	信息查询 224	9.10.3	图书入库管理功能的实现 263
8.7.4	一键转让 226	9.11 入库查询模块设计 267
8.7.5	确认还车 228	9.11.1	入库查询模块概述 267
8.8 项目运行 229	9.11.2	设计入库查询窗体 267
8.9 源码下载 230	9.11.3	入库查询功能的实现 268
	9.12 操作员管理模块设计 270
第 9 章 阅界藏书管理系统（窗体版）........231	9.12.1	操作员管理模块概述 270
——结构体 + 预处理命令 + WINAPI 编	9.12.2	设计操作员信息窗体 271
程 + C 语言操作 MySQL 数据库	9.12.3	操作员管理功能的实现 271
9.1 开发背景 232	9.13 系统配置模块设计 273
9.2 系统设计 232	9.13.1	系统配置模块概述 273
9.2.1	开发环境 232	9.13.2	设计系统配置窗体 273
9.2.2	业务流程 232	9.13.3	系统配置功能的实现 274
9.2.3	功能结构 232	9.14 项目运行 275
9.3 技术准备 233	9.15 源码下载 276
9.3.1	技术概览 233	
9.3.2	WINAPI 编程 234	**第 10 章 水果消消乐游戏 277**
9.3.3	C 语言操作 MySQL 数据库 240	——结构体数组 + EasyX 图形库 + 鼠标事
9.4 数据库设计 242	件处理 + 键盘输入处理 + 音频控制
9.5 公共模块设计 244	10.1 开发背景 277
9.6 主函数设计 249	10.2 系统设计 278
9.7 登录模块设计 250	10.2.1	开发环境 278
9.7.1	登录模块概述 250	10.2.2	业务流程 278
9.7.2	设计登录窗体 250	10.2.3	功能结构 279

10.3 技术准备 279	10.5 主窗体设计 287
10.3.1 技术概览 279	10.5.1 初始化游戏背景图片和水果图片 287
10.3.2 EasyX 图形库 280	10.5.2 显示倒计时进度条 289
10.3.3 鼠标事件处理 284	10.5.3 分数的显示 290
10.3.4 键盘输入处理 284	10.5.4 实现主函数 290
10.3.5 音频控制技术 284	10.6 游戏逻辑功能设计 291
10.4 预处理模块设计 285	10.6.1 水果图片的消除 291
10.4.1 文件引用 285	10.6.2 游戏的鼠标操作控制 296
10.4.2 链接外部库文件 286	10.6.3 游戏的键盘操作控制 300
10.4.3 宏定义 286	10.7 项目运行 301
10.4.4 全局变量 286	10.8 源码下载 302

第 1 章
C 语言常用经典算法实录

——排序算法 + 查找算法 + 其他经典算法

C 语言是计算机科学领域的基础编程语言，以其代码的简洁性和紧凑性而著称，能够直接进行内存操作，因而在程序开发中占据着极其重要的地位。算法是 C 语言编程的核心，它是一系列解决问题的清晰指令，通过算法能够优化程序结构、降低错误率，从而使代码变得更加简洁和高效。此外，在项目开发中，算法的应用既广泛又关键，选用恰当的算法对于提高程序性能、解决实际问题具有极其重要的意义。本章将详细讲解如何使用 C 语言实现一系列常用的经典算法，包括 10 种经典排序算法、6 种经典查找算法，以及 12 种其他类型的经典算法。

算法微视频

本章的主要内容如下：

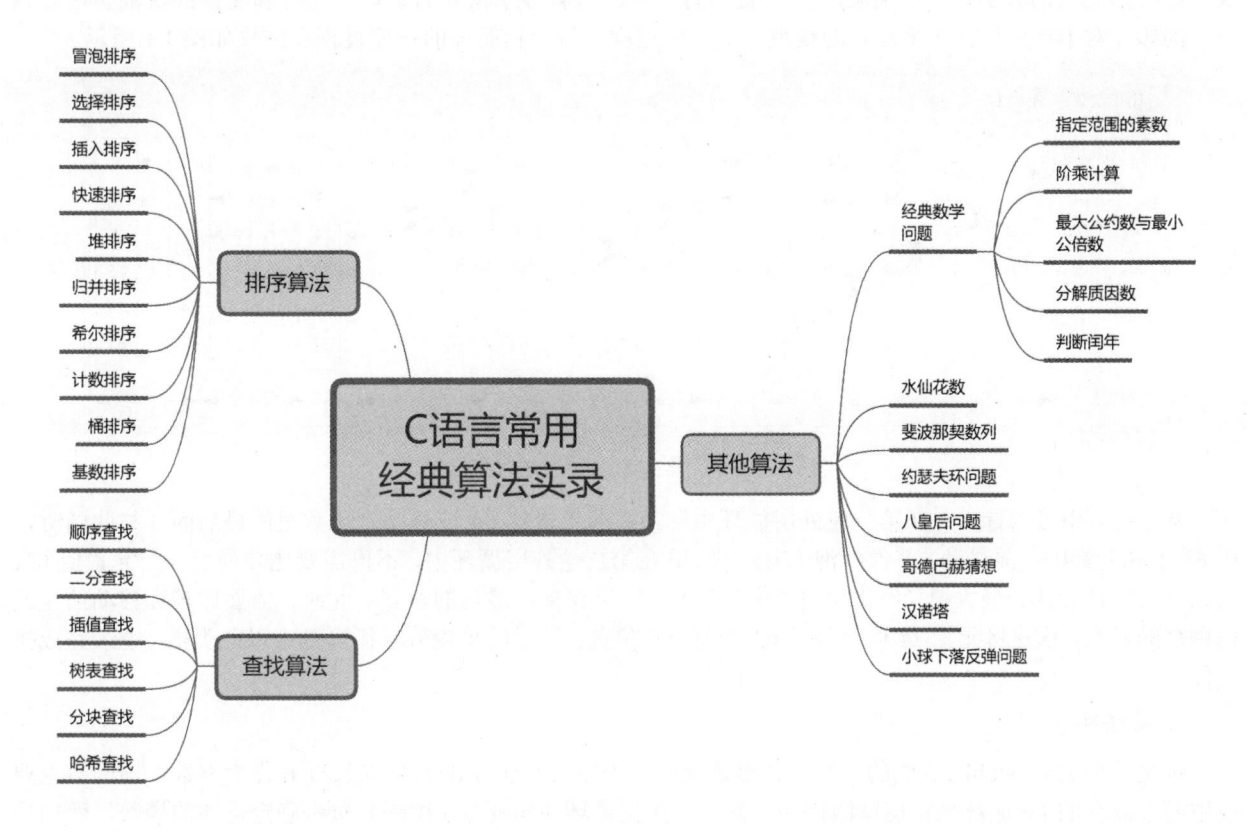

- 排序算法：冒泡排序、选择排序、插入排序、快速排序、堆排序、归并排序、希尔排序、计数排序、桶排序、基数排序
- 查找算法：顺序查找、二分查找、插值查找、树表查找、分块查找、哈希查找
- 其他算法：
  - 经典数学问题：指定范围的素数、阶乘计算、最大公约数与最小公倍数、分解质因数、判断闰年
  - 水仙花数、斐波那契数列、约瑟夫环问题、八皇后问题、哥德巴赫猜想、汉诺塔、小球下落反弹问题

1.1 经典排序算法实现过程实录

排序算法是指通过特定的逻辑和规则，将一组无序的数据元素按照某种顺序重新排列的算法。作为算法学习和研究的经典案例，排序算法展示了算法设计的基本思想和方法。本节将讲解如何使用 C 语言实现常

用的 10 种经典排序算法，包括冒泡排序、选择排序、插入排序、快速排序、堆排序、归并排序、希尔排序、计数排序、桶排序和基数排序。

1.1.1 冒泡排序

冒泡排序是一种常用的排序算法。它排序的过程是通过比较相邻的元素，将较小的数向前移动，而将较大的数则向后移动，这个过程类似水中的气泡上升，因此得名冒泡排序。

1. 算法思想

冒泡排序的基本思想是：通过重复遍历待排序的数列，对相邻的元素进行两两比较。如果它们的顺序与排序要求相反（即前一个元素大于后一个元素，对于升序排序而言），则交换这两个元素的位置。这样，每一趟遍历都会将当前未排序部分的最小（或最大，取决于排序顺序）元素"浮"到数列的相应一端，这被称为一趟排序。经过 n-1 趟排序（n 为数列的长度），数列将完全有序。

冒泡排序算法通过双层循环来实现。其中：外层循环用于控制排序的轮数，通常为要排序数组的长度减 1，因为最后一轮循环中只剩下一个元素，无须再进行比较，且此时数组已经排序完成；内层循环负责比较数组中相邻元素的大小，并在需要时交换它们的位置，随着排序轮数的增加，比较和交换的次数会逐渐减少。例如，对于一个包含 6 个元素的数组，其排序过程中每一轮循环的排序过程和结果如图 1.1 所示。

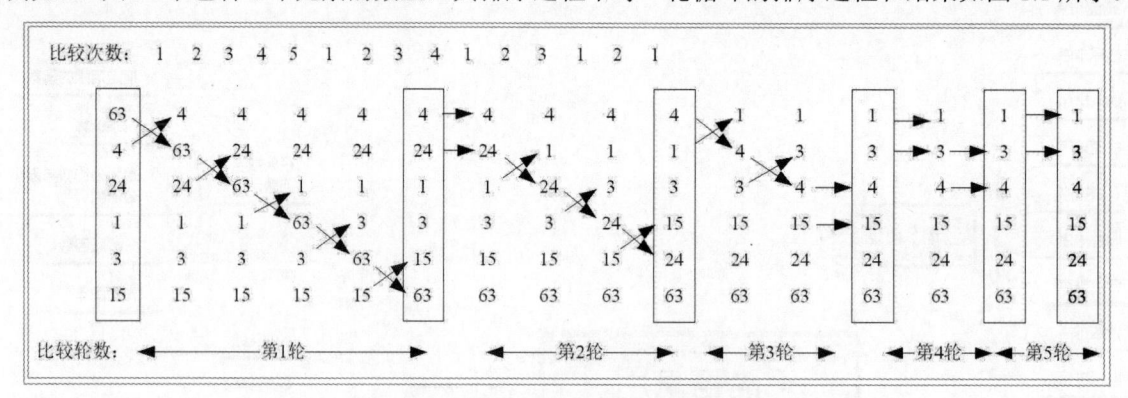

图 1.1　6 个元素数组的排序过程和结果

从图 1.1 中可以看出：在第一轮外层循环中，最大的元素值 63 被移动到了数组的最后面（与此同时，比 63 小的元素则向前移动，就像气泡上升一样）；在第二轮外层循环中，不再需要比较最后一个元素值 63，因为它已经被确认为最大值（不需要再"上升"），应该保持在最后的位置。此时，需要比较和移动的是其他剩余的元素，这次将元素 24 移动到了 63 的前一个位置；随后的每轮外层循环都会以此类推，继续完成排序任务。

2. 算法实现

定义一个名为 bubbleSort() 的函数，该函数接收一个整数数组 arr[] 和它的长度 n 作为参数。该函数主要使用两个嵌套的 for 循环来实现冒泡排序。其中，外层循环（由变量 i 控制）负责确定排序的趟数，而内层循环（由变量 j 控制）负责在每一趟中遍历数组并比较相邻的元素。在 main() 函数中，首先定义一个整数数组，并对其进行初始化，然后调用自定义的 bubbleSort() 函数对该数组进行冒泡排序，并分别输出排序前和排序后的结果。代码如下：

```
#include <stdio.h>

//冒泡排序函数
void bubbleSort(int arr[], int n) {
```

```c
//遍历所有数组元素
for (int i = 0; i < n-1; i++) {                    //外层循环控制排序趟数
    for (int j = 0; j < n-i-1; j++) {              //内层循环负责每一趟的排序
        //遍历数组从 0 到 n-i-1，将较大的元素往后移
        if (arr[j] > arr[j+1]) {
            //如果当前元素大于下一个元素，则交换它们
            int temp = arr[j];
            arr[j] = arr[j+1];
            arr[j+1] = temp;
        }
    }
}
}

//测试冒泡排序
int main() {
    int arr[] = {63, 4, 24, 1, 3, 15};             //定义一个整数数组并进行初始化
    int n = sizeof(arr)/sizeof(arr[0]);            //获取数组长度
    printf("排序前： \n");
    for (int i=0; i <n; i++)
        printf("%d ", arr[i]);
    bubbleSort(arr, n);                            //调用自定义函数进行冒泡排序
    printf("\n--------------\n");
    printf("排序后： \n");
    for (int i=0; i <n; i++)
        printf("%d ", arr[i]);
    return 0;
}
```

> **说明**
> 在 Dev-C++ 中编写上述代码时，需要启用 C99 模式，具体步骤如下：在 Dev-C++ 的菜单栏中，选择"工具"→"编译选项"，在弹出的编译器选项对话框中，选中"编译时加入以下命令"复选框，然后在其下方的输入框中输入"-std=c99"，最后单击"确定"按钮即可完成设置。

3. 测试运行

在 Dev-C++ 中，单击"编译运行"按钮或者按 F11 快捷键，即可运行程序。运行结果如图 1.2 所示。

图 1.2 冒泡排序结果

1.1.2 选择排序

选择排序是一种简单且直观的排序算法，它的速度比冒泡排序法要快一些，是初学者应该掌握的常用排序算法之一。

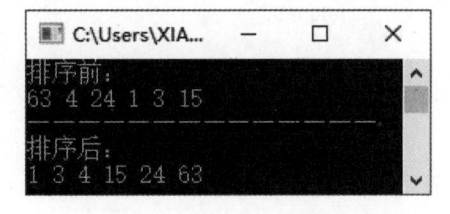

1. 算法思想

选择排序的基本思想是：在一组序列中，首先将第一个元素依次与后面的元素进行对比，选出最小（或最大）的值，并将其放到序列的最前面；然后将第二个元素依次与后面的元素进行对比，选出剩下的元素中最小（或最大）的值，放到第二个元素位置处；以此类推，直到全部待排序的元素的个数为零。

例如，一个有 6 个元素的数组序列 63, 4, 24, 1, 3, 15，其选择排序过程如下：

初始数字序列	【63	4	24	1	3	15】
第一轮排序后	【1】	4	24	63	3	15
第二轮排序后	【1	3】	24	63	4	15
第三轮排序后	【1	3	4】	63	24	15

第四轮排序后	【1	3	4	15】	24	63
第五轮排序后	【1	3	4	15	24】	63

2. 算法实现

定义一个selectionSort()函数，主要实现选择排序算法。该函数首先遍历参数中传入的整个数组，在每次遍历中，程序都会找到未排序部分的最小元素，并将其与未排序部分的第一个元素进行交换。这样，经过n-1次遍历后，数组就会变为有序。在main()函数中，首先定义一个整数数组，并将该数组进行初始化，然后调用自定义的selectionSort()函数对该数组进行选择排序，并分别输出排序前和排序后的结果。代码如下：

```c
#include <stdio.h>

void selectionSort(int arr[], int n) {
    int i, j, min_idx;
    for (i = 0; i < n-1; i++) {           //遍历所有数组元素
        min_idx = i;                       //找到未排序部分的最小元素的索引
        for (j = i+1; j < n; j++)
            if (arr[j] < arr[min_idx])
                min_idx = j;
        //将找到的最小元素与第一个未排序的元素进行交换
        int temp = arr[min_idx];
        arr[min_idx] = arr[i];
        arr[i] = temp;
    }
}

//测试选择排序函数
int main() {
    int arr[] = {63, 4, 24,1, 3, 15};      //定义初始数组
    int n = sizeof(arr)/sizeof(arr[0]);    //获取数组长度
    printf("排序前： \n");
    for (int i=0; i <n; i++)
        printf("%d ", arr[i]);
    selectionSort(arr, n);                 //调用自定义函数进行选择排序
    printf("\n--------------\n");
    printf("排序后： \n");
    for (int i=0; i< n; i++)
        printf("%d ", arr[i]);
    return 0;
}
```

3. 测试运行

在Dev-C++中，单击"编译运行"按钮或者按F11快捷键，即可运行程序。运行结果如图1.3所示。

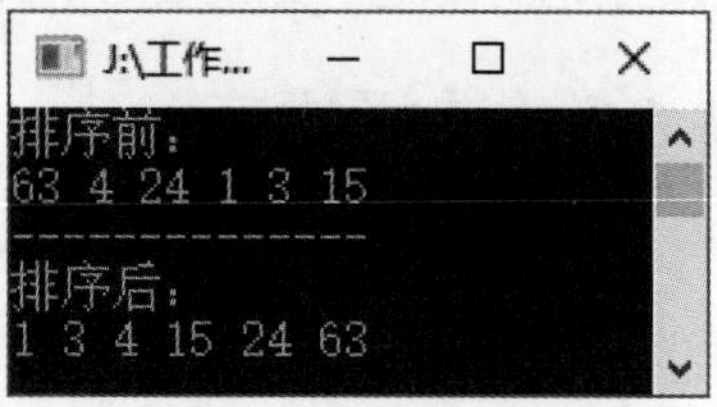

图1.3 选择排序结果

1.1.3 插入排序

插入排序是适用于少量数据排序的一种排序算法。它的时间复杂度为O(n^2)，但是空间复杂度较低，为O(1)。

1. 算法思想

插入排序的基本思想是：将一个数据元素插入已经排好序的有序数据中，从而得到一个新的、元素数量加一的有序数据序列。例如，一个包含6个元素的数组序列12, 11, 13, 5, 6，其插入排序过程如下：

初始数字序列	【12	11	13	5	6】

第一趟排序后	【11	12】	13	5	6
第二趟排序后	【11	12	13】	5	6
第三趟排序后	【5	11	12	13】	6
第四趟排序后	【5	6	11	12	13】

2. 算法实现

定义一个 insertionSort()函数，用来实现插入排序算法。该函数通过一个外部循环遍历数组的每个元素，然后使用内部循环将当前元素插入已排序序列中正确的位置上。如果已排序序列中的元素比当前元素大，就将其后移一位。这样，当前元素就被放置到正确的位置上。在 main()函数中，首先定义一个整数数组，并对该数组进行初始化，然后调用自定义的 insertionSort()函数对该数组进行插入排序，并分别输出排序前和排序后的结果。代码如下：

```c
#include <stdio.h>

//插入排序函数
void insertionSort(int arr[], int n) {
    int i, key, j;
    //从数组的第二个元素开始遍历
    for (i = 1; i < n; i++) {
        key = arr[i];                    //将当前要插入的元素值保存到 key 中
        j = i - 1;                       //从已排序序列中的最后一个元素开始向前进行比较
        //如果已排序的元素大于 key，则将该元素向后移动一位
        //循环直到找到 key 应插入的位置或已排序序列的起始位置
        while (j >= 0 && arr[j] > key) {
            arr[j + 1] = arr[j];
            j = j - 1;
        }
        arr[j + 1] = key;                //找到 key 的插入位置后，将 key 插入数组中
    }
}

//测试插入排序函数
int main() {
    int arr[] = {12, 11, 13, 5, 6};      //定义并初始化数组
    int n = sizeof(arr)/sizeof(arr[0]);  //获取数组长度
    printf("排序前：  \n");
    for (int i=0; i <n; i++)
        printf("%d ", arr[i]);
    insertionSort(arr, n);               //调用自定义函数进行插入排序
    printf("\n--------------\n");
    printf("排序后：  \n");
    for (int i=0; i <n; i++)
        printf("%d ", arr[i]);
    return 0;
}
```

3. 测试运行

在 Dev-C++中，单击"编译运行"按钮或者按 F11 快捷键，即可运行程序。运行结果如图 1.4 所示。

图 1.4 插入排序结果

1.1.4 快速排序

快速排序算法，又称为分割交换算法，它基于分治法原理，是一种高效的排序算法。

1. 算法思想

快速排序的基本思想是：通过选择一个基准元素，将数组划分为两个子数组，其中一个子数组包含所有小于基准元素的元素，另一个子数组包含所有大于基准元素的元素；然后对这两个子数组递归地执行快速排序。例如，假设有 n 项数据，数据值用 K1, K2, ..., Kn 来表示，用快速排序算法对其排序的步骤如下：

（1）先在数据中假设一个虚拟中间值 K（为了方便，一般取第一个位置上的数）。
（2）从左向右查找数据 Ki，使得 Ki>K，Ki 的位置数记为 i。
（3）从右向左查找数据 Kj，使得 Kj<K，Kj 的位置数记为 j。
（4）若 i<j，则交换数据 Ki 与 Kj，并重复执行步骤（2）和步骤（3）。
（5）若 i≥j，则交换数据 K 与 Kj，并以 j 为基准点分割成左右两部分。
（6）针对分割后的左右两部分分别重复执行步骤（1）~（5），直到左半边数据等于右半边数据。

2. 算法实现

在实现快速排序算法时，我们首先需要自定义一个 swap()函数，该函数的作用是在数组中交换两个元素的位置，代码如下：

```c
#include <stdio.h>

//交换数组中的两个元素的位置
void swap(int* a, int* b) {
    int t = *a;
    *a = *b;
    *b = t;
}
```

自定义一个 partition()函数，该函数主要用于执行分区操作。该函数会选择一个基准元素，并重新排列数组，使得基准元素左边的所有元素都小于它，右边的元素都大于它。代码如下：

```c
//分区操作，返回基准元素的索引位置
int partition(int arr[], int low, int high) {
    int pivot = arr[high];              //选择最右边的元素作为基准
    int i = (low - 1);                  //指向最小元素的指针
    for (int j = low; j <= high - 1; j++) {
        //如果当前元素小于或等于基准
        if (arr[j] <= pivot) {
            i++;                        //增加最小元素的索引
            swap(&arr[i], &arr[j]);
        }
    }
    swap(&arr[i + 1], &arr[high]);
    return (i + 1);
}
```

自定义一个 quickSort()函数，用来实现快速排序算法。该函数接收一个数组以及需要排序部分的起始和结束索引。该函数首先调用自定义的 partition()函数进行分区操作，然后递归调用 quickSort()函数分别对基准元素前后的子数组进行排序。代码如下：

```c
//快速排序函数
void quickSort(int arr[], int low, int high) {
    if (low < high) {
        int pi = partition(arr, low, high);   //pi是分区操作后基准元素的索引位置
        //分别对基准元素前后的子数组进行递归排序
        quickSort(arr, low, pi - 1);
        quickSort(arr, pi + 1, high);
    }
}
```

在main()函数中，首先定义一个整数数组，并对该数组进行初始化，然后调用自定义的quickSort()函数对该数组进行快速排序，并分别输出排序前和排序后的结果。代码如下：

```c
//测试快速排序函数
int main() {
    int arr[] = {10, 7, 8, 9, 1, 5};           //定义并初始化数组
    int n = sizeof(arr) / sizeof(arr[0]);      //获取数组长度
    printf("排序前：   \n");
    for (int i=0; i <n; i++)
        printf("%d ", arr[i]);
    quickSort(arr, 0, n - 1);                  //调用自定义函数进行快速排序
    printf("\n-------------\n");
    printf("排序后：   \n");
    for (int i=0; i <n; i++)
        printf("%d ", arr[i]);
    return 0;
}
```

3. 测试运行

在Dev-C++中，单击"编译运行"按钮或者按F11快捷键，即可运行程序。运行结果如图1.5所示。

图1.5 快速排序结果

1.1.5 堆排序

堆排序是指利用堆这种数据结构设计的一种排序算法。其中，堆是一个近似完全二叉树的结构，同时满足堆的性质，即子节点的键值（或索引）总是小于（或者大于）它的父节点的键值（或索引）。

1. 算法思想

堆排序是一种基于二叉树的排序算法，它主要包含两个阶段：建堆和执行堆排序。其中，建堆阶段是将待排序的数组元素放到一个完全二叉树结构中，而堆排序阶段是按照堆的性质（即子节点的键值或索引总是小于或大于它的父节点）对二叉树中的元素进行交换。例如：对于一组数据96、54、88、5、10、12，其建堆过程如图1.6所示；随后，按照堆的性质对二叉树中的数据进行排序，堆排序过程如图1.7所示。

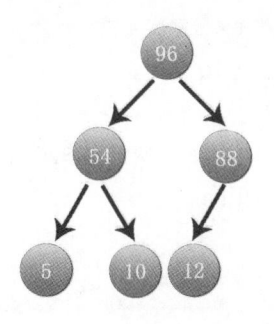

图1.6 建堆过程 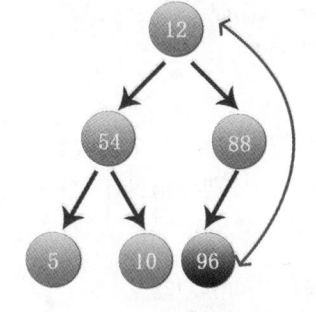　　　　　图1.7 堆排序过程

2. 算法实现

在实现堆排序算法时，首先需要自定义一个swap()函数，该函数用于在数组中交换两个元素的位置，代码如下：

```c
#include <stdio.h>
```

```c
//交换两个元素
void swap(int* a, int* b) {
    int t = *a;
    *a = *b;
    *b = t;
}
```

自定义一个 heapify()函数，该函数用于调整堆，确保调整后的数据符合堆的特性。具体实现时，程序会从给定的节点开始，与其子节点进行比较，如果子节点的值大于父节点，则交换它们的位置，并递归地调整子堆。代码如下：

```c
//调整堆
void heapify(int arr[], int n, int i) {
    int largest = i;                                    //初始化 largest 为当前节点
    int left = 2 * i + 1;                               //左子节点
    int right = 2 * i + 2;                              //右子节点
    //如果左子节点大于当前节点
    if (left < n && arr[left] > arr[largest])
        largest = left;
    //如果右子节点大于目前已知的最大值
    if (right < n && arr[right] > arr[largest])
        largest = right;
    //如果最大值不是当前节点
    if (largest != i) {
        swap(&arr[i], &arr[largest]);
        heapify(arr, n, largest);                       //递归地调整受影响的子堆
    }
}
```

自定义一个 heapSort()函数，用于实现堆排序算法。该函数首先通过自定义的 heapify()函数建立一个最大堆（或最小堆），然后将堆顶元素（即当前最大值）与数组末尾元素进行交换，并对剩余元素重新进行堆调整，重复该过程，直到所有元素都排序完毕。代码如下：

```c
//堆排序函数
void heapSort(int arr[], int n) {
    //建堆
    for (int i = n / 2 - 1; i >= 0; i--)
        heapify(arr, n, i);
    //一个一个地从堆顶取出元素
    for (int i = n - 1; i >= 0; i--) {
        swap(&arr[0], &arr[i]);                         //将当前最大的元素放到数组末尾
        heapify(arr, i, 0);                             //重新调整堆
    }
}
```

在 main()函数中，首先定义一个整数数组，并对该数组进行初始化，然后调用自定义的 heapSort()函数对该数组进行堆排序，并分别输出排序前和排序后的结果。代码如下：

```c
//测试堆排序函数
int main() {
    int arr[] = {96, 54, 88, 5, 10, 12};                //定义并初始化数组
    int n = sizeof(arr) / sizeof(arr[0]);               //获取数组长度
    printf("排序前： \n");
    for (int i=0; i <n; i++)
        printf("%d ", arr[i]);
    heapSort(arr, n);                                   //调用自定义函数进行堆排序
    printf("\n--------------\n");
    printf("排序后： \n");
    for (int i=0; i <n; i++)
        printf("%d ", arr[i]);
```

```
    return 0;
}
```

3. 测试运行

在 Dev-C++中，单击"编译运行"按钮或者按 F11 快捷键，即可运行程序。运行结果如图 1.8 所示。

1.1.6 归并排序

图 1.8 堆排序结果

归并排序是一种分治策略的排序算法，它主要针对已经排序好的两个或两个以上的数组，通过合并的方式，将其组合成一个排序好的数组。

1. 算法思想

归并排序的基本思想是：将一个数组分成左右两个子数组，分别对这两子数组进行排序，然后将这两个已排序好的子数组合并成一个有序的数组。这个过程可以递归地进行，直到数组被分解为只包含一个元素的子数组，因为单个元素的数组自然是有序的，其实现步骤如下：

（1）分解：将数组从中间分割成左右两个子数组。如果子数组的大小为 1，则该子数组被视为已经是有序的，无须进一步排序。

（2）递归排序：递归地对左子数组和右子数组分别进行归并排序。

（3）合并：将两个已排序的子数组合并成一个有序数组。在合并的过程中，通过比较两个子数组的元素，并按从小到大的顺序将它们依次放入新的数组中。

2. 算法实现

实现归并排序算法时，首先需要定义一个 merge()函数，用于合并已经排序的子数组。该函数使用两个临时数组 L 和 R 来存储要合并的子数组中的元素。代码如下：

```
#include <stdio.h>
#include <stdlib.h>

//合并两个有序数组
void merge(int arr[], int l, int m, int r) {
    int i, j, k;
    int n1 = m - l + 1;
    int n2 = r - m;
    int L[n1], R[n2];                              //创建临时数组
    //将数据复制到临时数组 L[]和 R[]中
    for (i = 0; i < n1; i++)
        L[i] = arr[l + i];
    for (j = 0; j < n2; j++)
        R[j] = arr[m + 1 + j];
    //将临时数组合并回 arr[l..r]中
    i = 0;                                         //初始化 L[]的索引
    j = 0;                                         //初始化 R[]的索引
    k = l;                                         //初始化 arr[]的索引
    while (i < n1 && j < n2) {
        if (L[i] <= R[j]) {
            arr[k] = L[i];
            i++;
        } else {
            arr[k] = R[j];
            j++;
        }
        k++;
```

```
        }
        //复制 L[]中的剩余元素
        while (i < n1) {
            arr[k] = L[i];
            i++;
            k++;
        }
        //复制 R[]中的剩余元素
        while (j < n2) {
            arr[k] = R[j];
            j++;
            k++;
        }
}
```

定义一个 mergeSort()函数，用于实现归并排序算法。该函数接收一个数组及其需要排序部分的起始和结束索引。具体实现时，首先需要找到中间点，并将要排序的数组分成两个子数组，然后递归调用 mergeSort()函数对这两个子数组分别进行归并排序，最后调用 merge()函数将已排好序的两个子数组合并成一个有序数组。代码如下：

```
//归并排序函数
void mergeSort(int arr[], int l, int r) {
    if (l < r) {
        int m = l + (r - l) / 2;              //找到中间点
        mergeSort(arr, l, m);                 //对左边子数组进行归并排序
        mergeSort(arr, m + 1, r);             //对右边子数组进行归并排序
        merge(arr, l, m, r);                  //合并两个子数组
    }
}
```

在 main()函数中，首先定义一个整数数组，并对该数组进行初始化，然后调用自定义的 mergeSort()函数对该数组进行归并排序，最后分别输出排序前和排序后的结果。代码如下：

```
//测试归并排序函数
int main() {
    int arr[] = {33, 10, 49, 78, 57, 96, 66, 21};     //定义初始数组
    int n = sizeof(arr) / sizeof(arr[0]);             //获取数组长度
    printf("排序前：\n");
    for (int i=0; i <n; i++)
        printf("%d ", arr[i]);
    mergeSort(arr, 0, n - 1);                         //调用自定义函数进行归并排序
    printf("\n--------------\n");
    printf("排序后：\n");
    for (int i=0; i <n; i++)
        printf("%d ", arr[i]);
    return 0;
}
```

3. 测试运行

在 Dev-C++中，单击"编译运行"按钮或者按 F11 快捷键，即可运行程序。运行结果如图 1.9 所示。

1.1.7 希尔排序

希尔排序算法是插入排序算法的一种更高效的改进版本，也被称为缩小增量排序算法，它是非稳定排序算法。

图 1.9 归并排序结果

1. 算法思想

希尔排序的基本思想是：通过比较相距一定间隔的元素来排序，每一趟比较所用的距离随着算法的进行而减小，直到只比较相邻元素的最后一趟排序，其实现步骤如下：

（1）选择一个增量序列：增量序列通常是递减的，比如从数组长度的一半开始，然后逐渐减半，直到增量为1。

（2）分组与插入排序：根据当前的增量值，将待排序的数组分成若干个子序列，每个子序列中的元素在原数组中的下标之差等于当前的增量。然后，对每个子序列进行插入排序。

（3）缩小增量并重复：减小增量值，并重复步骤（1）和步骤（2），直到增量为1。当增量减小到1时，整个数组被视为一个子序列，此时进行一次完整的插入排序。

例如，一组原始数据为60、82、17、35、52、73、54、9，使用希尔排序算法对其进行递增排序的步骤如下：

（1）原始数据中有8个值，因此将间隔位数设置为8/2=4，即将原始数组分为4组数列，分别为：数列1（60,52）、数列2（82,73）、数列3（17,54）、数列4（35,9），如图1.10所示。对每个数列内的数据元素进行排序，按照左小右大的原则，对位置错误的数据元素进行交换，得到的排序结果为：数列1（52,60）、数列2（73,82）、数列3（17,54）和数列4（9,35）。

图 1.10　间隔为 4 的数列划分

（2）将步骤（1）排序后的数列进行插入操作，得出第一次排序结果，如图1.11所示。

图 1.11　第一次排序结果

（3）缩小间隔为(8/2)/2=2，即将原数列分为两组数列，分别为：数组1（52,17,60,54）、数组2（82,35,73,9），如图 1.12 所示。然后对每个数列内的数据元素进行排序，按照从小到大的顺序，对位置错误的数据元素进行交换，即数列 1（17,52,54,60）和数列 2（9,35,73,82）。

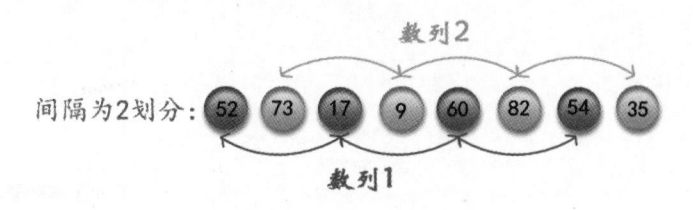

图 1.12　间隔为 2 的数列划分

（4）将步骤（3）排序后的数列进行插入操作，得出第二次排序结果，如图1.13所示。

图 1.13　第二次排序结果

（5）再以((8/2)/2)/2=1 取间隔数，并对第二次排序后的数列中的每一个元素进行排序，得到最后的结果如图 1.14 所示。

最终排序： 9 17 35 52 54 60 73 82

图 1.14 排序结果

至此，排序完成。

2. 算法实现

定义一个 shellSort()函数，该函数主要实现希尔排序算法。该函数中，变量 gap 是增量序列，初始时将其值设为数组长度的一半。随后，在每次迭代中，gap 值会被除以 2，直到其值为 1。对于每个 gap 值，shellSort()函数将执行一次插入排序，但是这次排序的步长是 gap 而不是 1，这样做可以在不相邻的元素之间交换位置，从而加快排序速度。在 main()函数中，首先定义一个整数数组，并对该数组进行初始化，然后调用自定义的 shellSort()函数对该数组进行希尔排序，最后分别输出排序前和排序后的结果。代码如下：

```c
#include <stdio.h>

void shellSort(int arr[], int n) {
    int gap, i, j, temp;
    //初始化间隔为数组长度的一半
    for (gap = n / 2; gap > 0; gap /= 2) {
        //从间隔位置开始遍历数组
        for (i = gap; i < n; i++) {
            temp = arr[i];                                  //保存当前元素的值
            //从当前位置开始向前查找插入位置
            for (j = i; j >= gap && arr[j - gap] > temp; j -= gap) {
                arr[j] = arr[j - gap];                      //将大于当前元素的元素向后移动间隔位置
            }
            arr[j] = temp;                                  //将当前元素插入正确的位置上
        }
    }
}

int main() {
    int arr[] = {60, 82, 17, 35, 52, 73, 54, 9};            //定义并初始化数组
    int n = sizeof(arr) / sizeof(arr[0]);                   //获取数组长度
    printf("排序前： \n");
    for (int i=0; i <n; i++)
        printf("%d ", arr[i]);
    shellSort(arr, n);                                      //调用自定义函数进行希尔排序
    printf("\n--------------\n");
    printf("排序后： \n");
    for (int i=0; i <n; i++)
        printf("%d ", arr[i]);
    return 0;
}
```

3. 测试运行

在 Dev-C++中，单击"编译运行"按钮或者按 F11 快捷键，即可运行程序。运行结果如图 1.15 所示。

1.1.8 计数排序

计数排序是一种具有线性时间复杂度的排序算法，它通常用于

图 1.15 希尔排序结果

非负整数数组，并且要求数组中的元素取值范围不是特别大。

1. 算法思想

计数排序的基本思想是：通过统计每个元素的出现次数来进行排序，这是一种非比较排序算法。其实现步骤如下：

（1）计数：遍历待排序的数组，统计每个元素出现的次数，并将这些统计结果存储在一个计数数组中。计数数组的索引对应于元素的值，而计数数组中的值表示该元素出现的次数。

（2）累积计数：对计数数组进行累积计数，即将每个元素的计数值加上前一个元素的计数值，得到每个元素在排序后数组中的位置，这样可以确保相同元素的相对顺序不变。

（3）排序：创建一个与待排序数组大小相同的结果数组，然后遍历待排序数组，根据元素的值在累积计数数组中找到其在结果数组中的位置，并将元素放置在结果数组中的正确位置上。

2. 算法实现

定义一个countingSort()函数，用于实现计数排序算法。该函数首先找到数组中的最大值和最小值，以确定计数数组的大小；然后初始化计数数组和输出数组，遍历输入数组，统计每个元素出现的次数；接着修改计数数组，使其包含实际的位置信息，用于构建输出数组，在构建输出数组时，从后往前遍历输入数组，并将元素放入输出数组的正确位置；最后将排序后的数组复制回原数组中，并释放动态分配的内存。在main()函数中，首先定义一个整数数组，并对该数组进行初始化，然后调用自定义的countingSort()函数对该数组进行计数排序，最后分别输出排序前和排序后的结果。代码如下：

```c
#include <stdio.h>
#include <stdlib.h>
#include <limits.h>
void countingSort(int arr[], int n) {
    //找出数组中的最大值和最小值
    int max = arr[0];
    int min = arr[0];
    for (int i = 1; i < n; i++) {
        if (arr[i] > max) {
            max = arr[i];
        }
        if (arr[i] < min) {
            min = arr[i];
        }
    }
    //初始化计数数组和输出数组
    int range = max - min + 1;
    int *count = (int *)malloc(range * sizeof(int));
    int *output = (int *)malloc(n * sizeof(int));
    //初始化计数数组
    for (int i = 0; i < range; i++) {
        count[i] = 0;
    }
    //计算每个元素的计数
    for (int i = 0; i < n; i++) {
        count[arr[i] - min]++;
    }
    //修改计数数组，使其包含实际位置信息
    for (int i = 1; i < range; i++) {
        count[i] += count[i - 1];
    }
    //构建输出数组
    for (int i = n - 1; i >= 0; i--) {
        output[count[arr[i] - min] - 1] = arr[i];
```

```
            count[arr[i] - min]--;
    }
    //将排序后的数组复制回原数组
    for (int i = 0; i < n; i++) {
        arr[i] = output[i];
    }
    //释放内存
    free(count);
    free(output);
}
int main() {
    int arr[] = {4, 2, 2, 8, 3, 3, 1};              //定义并初始化数组
    int n = sizeof(arr) / sizeof(arr[0]);           //获取数组长度
    printf("排序前：  \n");
    for (int i=0; i <n; i++)
        printf("%d ", arr[i]);
    countingSort(arr, n);                           //调用自定义函数进行计数排序
    printf("\n-------------\n");
    printf("排序后：  \n");
    for (int i=0; i <n; i++)
        printf("%d ", arr[i]);
    return 0;
}
```

3. 测试运行

在 Dev-C++中，单击"编译运行"按钮或者按 F11 快捷键，即可运行程序。运行结果如图 1.16 所示。

图 1.16 计数排序结果

1.1.9 桶排序

桶排序是一种分配式排序算法，它将数据分布到多个桶中，然后对每个桶中的数据进行排序的方式，最后合并所有桶中的数据以完成对数据的排序。该算法的性能取决于数据的分布情况和桶的设定。

1. 算法思想

桶排序的基本思想是：将待排序的数组元素分布到有限数量的桶中，然后对每个桶中的元素进行排序（这可能是通过递归地使用桶排序，或是使用其他排序算法），最后将各个桶中的数据有序地合并起来。

2. 算法实现

定义一个 bucketSort()函数，用于实现桶排序算法。该函数首先通过遍历数组以找到最大值和最小值，从而确定桶的数量和每个桶的范围；然后创建一个桶的数组，并将数组中的元素分配到对应的桶中；接着对每个非空桶进行插入排序，并将排序后的元素按顺序放回原数组中；最后释放桶数组占用的内存。在 main()函数中，首先定义一个整数数组，并对该数组进行初始化，然后调用自定义的 bucketSort()函数对该数组进行桶排序，最后分别输出排序前和排序后的结果。代码如下：

```
#include <stdio.h>
#include <stdlib.h>
#include <limits.h>

//桶排序函数
void bucketSort(int arr[], int n) {
    //1. 找到数组中的最大值和最小值
    int max = arr[0], min = arr[0];
```

```c
    for (int i = 1; i < n; i++) {
        if (arr[i] > max)
            max = arr[i];
        if (arr[i] < min)
            min = arr[i];
    }
    //2. 桶的初始化
    int bucketSize = (max - min) / n + 1;
    int bucketCount = (max - min) / bucketSize + 1;
    int *buckets = (int *)malloc(bucketCount * sizeof(int));
    for (int i = 0; i < bucketCount; i++)
        buckets[i] = 0;
    //3. 将数据分配到桶中
    for (int i = 0; i < n; i++) {
        int index = (arr[i] - min) / bucketSize;
        buckets[index]++;
    }
    //4. 对每个桶中的数据进行排序（可以使用其他排序算法）
    int *sorted = (int *)malloc(n * sizeof(int));
    int k = 0;
    for (int i = 0; i < bucketCount; i++) {
        if (buckets[i] == 0)
            continue;
        int temp[buckets[i]];                   //定义一个临时数组 temp，其大小由当前桶的计数 buckets[i]决定
        int j = 0;                              //初始化一个计数器 j，用于记录已经放入 temp 数组中的元素数量
        //遍历原数组 arr，从第一个元素开始到最后一个元素
        for (int p = 0; p < n; p++) {
            //判断当前元素 arr[p]是否属于第 i 个桶，如果成立，则说明元素属于第 i 个桶
            if ((arr[p] - min) / bucketSize == i) {
                temp[j++] = arr[p];             //将属于第 i 个桶的元素 arr[p]放入临时数组 temp 中，同时递增计数器 j
            }
        }
        //插入排序
        for (int m = 1; m < buckets[i]; m++) {
            int key = temp[m];                  //取出当前元素作为关键字
            int l = m - 1;                      //从当前元素的前一个元素开始向前遍历
            //如果前一个元素大于关键字，则将前一个元素向后移动一位
            while (l >= 0 && temp[l] > key) {
                temp[l + 1] = temp[l];
                l = l - 1;
            }
            temp[l + 1] = key;                  //将关键字插入正确的位置上
        }
        //将排序后的数据放回原数组
        for (int q = 0; q < buckets[i]; q++) {
            sorted[k++] = temp[q];
        }
    }
    //5. 将排序后的数据复制回原数组中
    for (int i = 0; i < n; i++)
        arr[i] = sorted[i];
    //释放内存
    free(buckets);
    free(sorted);
}
int main() {
    int arr[] = { 64, 34, 25, 12, 22, 11, 90 };  //定义初始数组
    int n = sizeof(arr) / sizeof(arr[0]);        //获取数组长度
    printf("排序前：\n");
    for (int i=0; i <n; i++)
        printf("%d ", arr[i]);
    bucketSort(arr, n);                          //调用自定义函数进行桶排序
```

```
        printf("\n--------------\n");
        printf("排序后： \n");
        for (int i=0; i <n; i++)
            printf("%d ", arr[i]);
        return 0;
}
```

> **说明**
>
> 桶排序对于均匀分布的数据排序效率较高，但对于数据分布不均匀的情况，如果桶的数量和范围设置不当，可能会导致效率下降。此外，桶排序的空间复杂度相对较高，因为需要创建额外的桶来存储数据。

3. 测试运行

在 Dev-C++中，单击"编译运行"按钮或者按 F11 快捷键，即可运行程序。运行结果如图 1.17 所示。

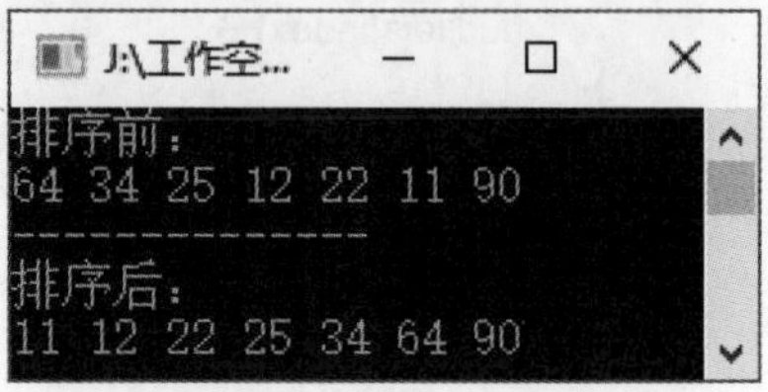

图 1.17 桶排序结果

1.1.10 基数排序

基数排序算法和计数排序算法一样，都属于非比较型排序算法。与计数排序算法的区别在于，基数排序算法不仅可以应用于数字排序，也可以应用于字符串排序（如按 26 个字母的顺序进行排序等）。

1. 算法思想

基数排序的基本思想是：首先将所有待比较的数值统一为同样的数位长度，数位较短的数前面补零；然后从最低位开始，依次进行一次排序（即将补位后的数分配至按编号排列的"桶"中），直到最高位排序完成。这样数列就变成一个有序序列。具体来说，基数排序属于"分配式排序"，它通过键值的各个位的值，将要排序的元素分配至某些数组（"桶"）中，以达到排序的作用。

2. 算法实现

定义一个 radixSort()函数，用于实现基数排序功能。该函数首先找到数组中的最大值，以确定需要排序的最大位数；然后从最低位开始，对每个位数进行计数排序，对于每个位数，使用一个大小为 10 的数组 count 来记录每个桶中元素的数量，并使用另一个数组 output 来构建排序后的输出数组；最后将排序后的数组复制回原数组中。这里需要注意的是，每次遍历结束后，需要释放 count 和 output 数组的内存，以避免内存泄漏。在 main()函数中，首先定义一个整数数组，并对该数组进行初始化，然后调用自定义的 radixSort()函数对该数组进行基数排序，最后分别输出排序前和排序后的结果。代码如下：

```
#include <stdio.h>
#include <stdlib.h>
#include <string.h>
#define MAX_DIGITS 10                        //假设最大的整数不超过 10 位数

//获取数字的第 d 位数
int getDigit(unsigned int num, int d) {
    while (d--) {
        num /= 10;
    }
    return num % 10;
}

//基数排序
void radixSort(unsigned int arr[], int n) {
```

```c
    int maxVal = arr[0];
    for (int i = 1; i < n; i++) {
        if (arr[i] > maxVal) {
            maxVal = arr[i];
        }
    }
    //从最低位开始，对每个位数进行计数排序
    for (int d = 0; maxVal / (int)pow(10, d) > 0; d++) {
        int *count = (int *)calloc(10, sizeof(int));
        unsigned int *output = (unsigned int *)malloc(n * sizeof(unsigned int));
        //计算每个桶中元素的数量
        for (int i = 0; i < n; i++) {
            int digit = getDigit(arr[i], d);
            count[digit]++;
        }
        //修改 count 数组，使得每个位置的值是小于或等于该值的元素个数
        for (int i = 1; i < 10; i++) {
            count[i] += count[i - 1];
        }
        //构建输出数组
        for (int i = n - 1; i >= 0; i--) {
            int digit = getDigit(arr[i], d);
            output[count[digit] - 1] = arr[i];
            count[digit]--;
        }
        memcpy(arr, output, n * sizeof(unsigned int));      //将排序后的数组复制回原数组中
        free(count);
        free(output);
    }
}
int main() {
    unsigned int arr[] = {170, 45, 75, 90, 802, 24, 2, 66};   //定义并初始化数组
    int n = sizeof(arr) / sizeof(arr[0]);                      //获取数组长度
    printf("排序前： \n");
    for (int i=0; i <n; i++)
        printf("%d ", arr[i]);
    radixSort(arr, n);                                         //调用自定义函数进行基数排序
    printf("\n--------------\n");
    printf("排序后： \n");
    for (int i=0; i <n; i++)
        printf("%d ", arr[i]);
    return 0;
}
```

3. 测试运行

在 Dev-C++中，单击"编译运行"按钮或者按 F11 快捷键，即可运行程序。运行结果如图 1.18 所示。

图 1.18 基数排序结果

1.2 经典查找算法实现过程实录

查找算法是在大量的信息中寻找一个特定的信息元素的过程，其主要使用关键字标识一个数据元素，在查找时根据给定的某个值，在表中确定一个关键字的值等于给定值的记录或数据元素。在计算机应用中，查找是常用的基本运算，而查找的方法是根据表中记录的组织结构来确定的。本节将讲解如何使用 C 语言实

现常用的6种查找算法，包括顺序查找、二分查找、插值查找、树表查找、分块查找和哈希查找。

1.2.1 顺序查找

顺序查找算法，也称为线性查找，它是一种基本的查找算法。其优点是简单直观，不需要对列表进行任何预处理或排序；其缺点是查找效率比较低。因此，顺序查找通常只适用于小型列表或者对查找效率要求不高的场合。

1. 算法思想

顺序查找的基本思想是：从列表的第一个元素开始，逐个检查每个元素，将其与要查找的目标值进行比较。如果第一个元素就是目标值，则查找成功，算法随即结束；如果不是，则算法会移动到下一个元素，一直重复这个过程，直到找到目标值或者遍历完整个列表。如果遍历完整个列表仍未找到目标值，则查找失败，算法返回未找到的结果。

2. 算法实现

定义一个sequentialSearch()函数，用于实现顺序查找算法。该函数有3个参数，分别是整数数组arr、数组的长度n以及需要查找的元素x。具体实现时，使用for循环遍历整个数组，如果找到x，则返回其索引；如果遍历完整个数组都没有找到x，则返回-1。在main()函数中，定义一个数组arr，然后调用sequentialSearch()函数来查找arr数组中是否存在元素30，并根据sequentialSearch()函数的返回值输出相应的消息。代码如下：

```c
#include <stdio.h>

//顺序查找函数
int sequentialSearch(int arr[], int n, int x) {
    int i;
    for (i = 0; i < n; i++) {
        if (arr[i] == x) {
            return i;                          //如果找到元素，则返回其索引
        }
    }
    return -1;                                 //如果未找到元素，则返回-1
}

int main() {
    int arr[] = {10, 20, 30, 40, 50};
    int n = sizeof(arr) / sizeof(arr[0]);
    int x = 30;
    int result = sequentialSearch(arr, n, x);
    (result == -1) ? printf("未找到元素！")
                   : printf("找到元素，其索引为：%d", result);
    return 0;
}
```

3. 测试运行

在Dev-C++中，单击"编译运行"按钮或者按F11快捷键，即可运行程序。运行结果如图1.19所示。

图1.19 顺序查找结果

1.2.2 二分查找

二分查找，又称为折半查找，是一种在有序数组中查找某一特定元素的搜索算法，仅适用于已经排序好的数组。与顺序查找相比，二分查找的效率更高。

1. 算法思想

二分查找的基本思想是：从有序数组的中间元素开始查找，如果中间元素正好是要查找的元素，则查找过程结束；如果要查找的元素大于或者小于中间元素，则在数组大于或小于中间元素的那一半中继续查找，并且同样从这一半的中间元素开始。如果在进行某次查找时，目标子数组为空，则表示没有找到目标元素。

2. 算法实现

定义一个 binarySearch() 函数，用于实现二分查找算法。该函数有 4 个参数，分别是整数数组 arr、数组的左右边界 left 和 right，以及要查找的元素 x。具体实现时，该函数使用递归的方式将每次查找的数组分成两部分，并在其中执行查找操作。如果找到了元素，就返回其索引；如果没有找到，就返回-1。在 main() 函数中，定义一个有序的数组 arr，然后调用 binarySearch() 函数来查找 arr 数组中是否存在元素 30，并根据 binarySearch() 函数的返回值输出相应的消息。代码如下：

```c
#include <stdio.h>

//二分查找函数
int binarySearch(int arr[], int left, int right, int x) {
    if (right >= left) {
        int mid = left + (right - left) / 2;
        //如果 mid 是要查找的元素，直接返回
        if (arr[mid] == x)
            return mid;
        //如果 mid 大于要查找的元素，则说明元素在 mid 左侧
        if (arr[mid] > x)
            return binarySearch(arr, left, mid - 1, x);
        //否则元素在 mid 右侧
        return binarySearch(arr, mid + 1, right, x);
    }
    //如果没有找到元素，则返回 -1
    return -1;
}

int main() {
    int arr[] = {10, 20, 30, 40, 50};
    int n = sizeof(arr) / sizeof(arr[0]);
    int x = 30;
    //二分查找需要数组是已排序的
    int result = binarySearch(arr, 0, n - 1, x);
    (result == -1) ? printf("未找到元素！")
                   : printf("找到元素，其索引为：%d", result);
    return 0;
}
```

> **说明**
> 二分查找算法要求数组是已排序的。在上面代码中，由于数组{10, 20, 30, 40, 50}已经是升序排序的，因此可以直接使用二分查找。如果数组未经排序，则必须先对其进行排序，然后才能使用二分查找。

3. 测试运行

在 Dev-C++中，单击"编译运行"按钮或者按 F11 快捷键，即可运行程序，其运行结果与图 1.19 类似，这里不再列出。

1.2.3 插值查找

插值查找是介于顺序查找和二分查找之间的一种查找算法，与二分查找一样，它也要求数组必须是有序

的。对于分布均匀或近似均匀的数据，插值查找通常能展现出更优的性能。然而，如果数据分布不均匀，或者数据集中存在大量重复元素，插值查找的效率可能会低于二分查找。

1. 算法思想

插值查找的基本思想是：根据要查找的元素的值在数组中的分布规律，利用数学公式预测元素可能存在的位置，以此来减少查找次数。预测元素可能存在位置的数学公式如下：

```
middle=left+(target-data[left])/(data[right]-data[left])*(right-left)
```

参数说明：

- ☑ middle：所计算的边界索引。
- ☑ left：最左侧数据的索引。
- ☑ target：键值（目标数据）。
- ☑ data[left]：最左侧数据值。
- ☑ data[right]：最右侧数据值。
- ☑ right：最右侧数据的索引。

例如，有已经排序好的数列：34、53、57、68、72、81、89、93、99。若要查找的数据是 53，使用插值查找的步骤如下：

（1）利用公式找到边界值，计算过程如下：

```
middle=1+(53-34)/(99-34)*(9-1)
```

上面计算结果为 3.33，将数据向下取整得到 3。数列中位置 3 对应的数据是 57，将查找目标数据 53 与 57 进行比较，如图 1.20 所示。

图 1.20　53 与 57 进行比较

（2）将 53 与 57 进行比较，比较的结果是 53 小于 57，因此查找 57 的左半边，不用考虑右半边，索引范围缩小为 1~3，然后利用公式代入：

```
middle=1+(53-34)/(57-34)*(3-1)=2.6
```

上面计算结果为 2.6，将数据向下取整得到 2。数列中位置 2 对应的数据是 53，将查找目标数据 53 与 53 进行比较，如图 1.21 所示。

图 1.21　53 与 53 进行比较

（3）将 53 与 53 进行比较，结果相等，因此返回索引位置。这里需要注意，C 语言中数组的索引是从 0 开始的，返回的索引位置为 1。

2. 算法实现

定义一个 interpolationSearch() 函数，用于实现插值查找算法。该函数有 3 个参数，分别是有序数组 arr、数组的长度 n 和要查找的元素 x。具体实现时，使用插值公式计算出一个可能的位置 pos，并检查该位置是否越界以及是否是要查找的元素。如果找到元素，则返回其索引；否则，根据插值位置上的元素与要查找元素的大小关系，更新搜索的上下界，并在新的范围内继续查找，直到找到元素或搜索范围为空。在 main()函数中，定义一个有序的数组 arr，然后调用 interpolationSearch()函数来查找 arr 数组中是否存在元素 53，并根据 interpolationSearch()函数的返回值输出相应的消息。代码如下：

```c
#include <stdio.h>

//插值查找函数
int interpolationSearch(int arr[], int n, int x) {
    int low = 0, high = n - 1;
    while (low <= high && x >= arr[low] && x <= arr[high]) {
        //计算插值公式中的位置
        if (high == low) {
            if (arr[low] == x) return low;
            return -1;
        }
        int pos = low + (((double)(high - low) / (arr[high] - arr[low])) * (x - arr[low]));
        //检查插值位置是否越界
        if (pos < low || pos > high) {
            return -1;
        }
        //检查插值位置上的元素是否是要查找的元素
        if (arr[pos] == x) {
            return pos;
        }
        //如果插值位置上的元素大于要查找的元素，则在左侧继续进行查找
        if (arr[pos] > x) {
            high = pos - 1;
        } else {
            //否则在右侧继续查找
            low = pos + 1;
        }
    }
    //如果没有找到元素，返回-1
    return -1;
}

int main() {
    int arr[] = {34, 53, 57, 68, 72, 81, 89, 93, 99};
    int n = sizeof(arr) / sizeof(arr[0]);
    int x = 53;
    int result = interpolationSearch(arr, n, x);
    (result == -1) ? printf("未找到元素！")
                   : printf("找到元素，其索引为：%d", result);
    return 0;
}
```

3. 测试运行

在 Dev-C++中，单击"编译运行"按钮或者按 F11 快捷键，即可运行程序，结果如图 1.22 所示。

图 1.22 插值查找结果

1.2.4 树表查找

树表查找算法利用树形结构的特性，通过逐层比较和递归查找的方式，实现高效的查找操作。这种算法在数据结构和数据库系统中被广泛应用。

1. 算法思想

树表查找的基本思想是：利用树形数据结构进行查找操作。这种算法通常使用二叉树、平衡二叉树（如 AVL 树、红黑树）或 B 树等数据结构来组织数据，以便在查找、插入和删除操作时能够保持较低的时间复杂度。

以二叉查找树为例，其结构特点是每个节点最多有两个子节点，且左子树上所有节点的值都小于该节点的值，右子树上所有节点的值都大于该节点的值，这种结构使得查找操作能够通过逐层比较，高效地缩小查找范围。在进行查找时，从根节点开始，将给定值与当前节点的值进行比较。如果给定值与当前节点的值相等，则查找成功；如果给定值小于当前节点的值，则在左子树中继续进行查找；如果给定值大于当前节点的值，则在右子树中继续进行查找。这一过程会递归执行，直到找到目标节点或遍历完整个树。

2. 算法实现

下面以在二叉树结构中查找指定元素为例，讲解树表查找算法的实现。首先定义一个二叉树节点的结构体 Node，它包含一个整数值 key，以及指向左子节点和右子节点的指针。然后，定义 newNode() 函数，用于创建新的节点。接着，定义 insert() 函数，用于向树中插入新的节点。随后，定义 search() 函数，用于在树中查找元素。search() 函数主要使用递归在树中查找元素：如果根节点为空或者根节点的值等于要查找的键，那么该函数返回根节点；如果键大于根节点的值，那么该函数在右子树中查找；如果键小于根节点的值，那么该函数在左子树中查找。递归执行 search() 函数，直到找到元素或者到达一个空节点（表示元素不存在于树中）。最后，在 main() 函数中创建一个二叉搜索树，并插入一些元素，之后调用 search() 函数来查找一个特定的元素，并输出查找结果。代码如下：

```c
#include <stdio.h>
#include <stdlib.h>

//定义二叉树节点
typedef struct Node {
    int key;
    struct Node* left;
    struct Node* right;
} Node;

//创建新节点
Node* newNode(int item) {
    Node* temp = (Node*)malloc(sizeof(Node));
    temp->key = item;
    temp->left = temp->right = NULL;
    return temp;
}

//插入新节点
Node* insert(Node* node, int key) {
    //如果树为空，分配新节点
    if (node == NULL) return newNode(key);
    //否则，递归下降树
    if (key < node->key)
        node->left  = insert(node->left, key);
    else if (key > node->key)
        node->right = insert(node->right, key);
    //返回（未改变的）节点指针
    return node;
}
```

```c
//在二叉搜索树中查找元素
Node* search(Node* root, int key) {
    //基本情况：根为空或键等于根的值
    if (root == NULL || root->key == key)
        return root;
    //键大于根的值，只需在右子树中查找
    if (root->key < key)
        return search(root->right, key);
    //否则，在左子树中查找
    return search(root->left, key);
}

//主函数
int main() {
    Node* root = NULL;
    root = insert(root, 50);
    insert(root, 30);
    insert(root, 20);
    insert(root, 40);
    insert(root, 70);
    insert(root, 60);
    insert(root, 80);
    int key = 60;
    Node* result = search(root, key);
    if (result)
        printf("找到元素 %d\n", key);
    else
        printf("未找到元素 %d\n", key);
    return 0;
}
```

3. 测试运行

在 Dev-C++中，单击"编译运行"按钮或者按 F11 快捷键，即可运行程序，结果如图 1.23 所示。

图 1.23 树表查找结果

1.2.5 分块查找

分块查找，又称索引顺序查找，是一种介于顺序查找和二分查找之间的查找算法。当数据量很大时，如果全部使用顺序查找，效率会很低；而如果全部使用二分查找，则必须先对数据进行排序，这可能会增加额外的开销。分块查找则在这两者之间找到了一个平衡点，既不需要对数据进行排序，又能在一定程度上提升查找效率。

1. 算法思想

分块查找的基本思想是：将待查找的数据元素分成若干块，每一块中的数据不必有序，但块与块之间是有序的，即第 1 块中的最大关键字小于第 2 块中的所有关键字，第 2 块中的最大关键字小于第 3 块中的所有关键字，以此类推，然后建立一个索引表，索引表中的每个元素包含各块的最大关键字和各块中的第一个元素的存储位置，且索引表本身是有序的。

在进行查找时，首先利用索引表进行二分查找或顺序查找，确定待查元素可能存在的块。然后，在已确定的块内进行顺序查找（由于块内元素是无序的，所以只能使用顺序查找）。通过这两步查找，我们可以在保证一定查找效率的同时，处理那些元素无序的查找表。

2. 算法实现

定义两个常量：MAX_SIZE 表示数组的最大长度，BLOCK_SIZE 表示每块包含的元素个数。定义一个 struct 结构，表示索引表的结构。然后，定义一个 indexTable 数组，用于存储索引表。接着，定义一个 initIndexTable()函数，用于初始化索引表。随后，定义一个 blockSearch()函数，用于执行分块查找。在 main() 函数中：首先读取元素的数量和元素值，并调用 initIndexTable()函数初始化索引表；然后读取要查找的元素，并调用 blockSearch()函数进行分块查找；最后根据查找结果输出相应的信息。代码如下：

```c
#include <stdio.h>
#include <stdlib.h>

#define MAX_SIZE 100                               //假设数组最大长度
#define BLOCK_SIZE 10                              //假设每块包含的元素个数

//索引表结构
typedef struct {
    int maxKey;                                    //块中最大关键字
    int start;                                     //块中第一个元素的数组下标
} Index;

//主数组
int arr[MAX_SIZE];
//索引表
Index indexTable[MAX_SIZE / BLOCK_SIZE];

//初始化索引表
void initIndexTable(int n) {
    int i, j, maxKey;    //声明三个整数变量：i 和 j 用于循环，maxKey 用于临时存储当前数据块的最大值
    //外层循环，用于遍历所有的数据块
    for (i = 0; i < n / BLOCK_SIZE; i++) {
        maxKey = arr[i * BLOCK_SIZE];              //初始化 maxKey 为当前数据块的第一个元素
        indexTable[i].start = i * BLOCK_SIZE;      //设置 indexTable 中当前数据块的起始索引
        //内层循环，用于遍历当前数据块的所有元素（除了第一个）
        for (j = i * BLOCK_SIZE + 1; j < (i + 1) * BLOCK_SIZE && j < n; j++) {
            //如果当前元素 arr[j]大于 maxKey，则更新 maxKey
            if (arr[j] > maxKey) {
                maxKey = arr[j];
            }
        }
        //遍历完当前数据块的所有元素后，将 maxKey（即当前数据块的最大值）存储在 indexTable 的相应位置
        indexTable[i].maxKey = maxKey;
    }
}

//分块查找
int blockSearch(int n, int key) {
    int block = 0, i;
    //确定待查找元素可能存在的块
    while (block < n / BLOCK_SIZE - 1 && indexTable[block].maxKey < key) {
        block++;
    }
    //在块内进行顺序查找
    for (i = indexTable[block].start; i < (block + 1) * BLOCK_SIZE && i < n; i++) {
        if (arr[i] == key) {
            return i;                              //找到元素，返回下标
        }
    }
    return -1;                                     //没有找到元素
}
```

```c
int main() {
    int n, key, i, index;
    printf("请输入元素数量：");
    scanf("%d", &n);
    printf("请输入元素：\n");
    for (i = 0; i < n; i++) {
        scanf("%d", &arr[i]);
    }
    initIndexTable(n);
    printf("请输入要查找的元素: ");
    scanf("%d", &key);
    index = blockSearch(n, key);
    if (index != -1) {
        printf("找到元素，其索引为: %d\n", index);
    } else {
        printf("未找到元素！\n");
    }
    return 0;
}
```

3. 测试运行

在 Dev-C++中，单击"编译运行"按钮或者按 F11 快捷键，运行程序，按照提示输入元素数量和具体的元素值，然后输入要查找的元素，并按 Enter 键，结果如图 1.24 所示。

1.2.6 哈希查找

哈希查找是一种基于哈希表进行查找的方法，其基本原理是将关键字通过哈希函数转换为哈希表的索引，从而在哈希表中快速找到对应的元素。

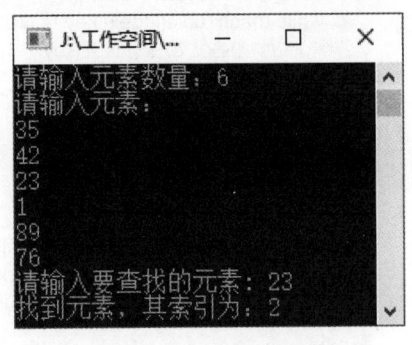

图 1.24 分块查找结果

1. 算法思想

哈希查找的基本思想是：通过一个函数（哈希函数）将关键码（key）映射为数组中的一个索引位置，从而能够以接近常数时间复杂度 O(1)进行查找、插入和删除操作。哈希查找的关键是哈希函数的设计，该函数应尽量减少哈希冲突，即不同的关键码映射到同一个索引位置的情况。

2. 算法实现

首先，定义一个哈希表 hashTable，其中的每个元素都是一个 HashItem 结构体，该结构体包含关键字 key 和对应的 value 值。然后，定义一个 hash()哈希函数，用于计算关键字的哈希值。接着，定义一个 insert()插入函数，用于将键值对插入哈希表，如果发生哈希冲突，则使用线性探测法解决。随后，定义一个 search()查找函数，用于在哈希表中查找关键字对应的值，如果找到，则返回该值，否则返回-1。在 main()函数中：首先初始化一个哈希表，并调用 insert()函数向其中插入 3 个键值；然后调用 search()函数进行哈希查找，并输出指定键所对应的值。代码如下：

```c
#include <stdio.h>
#include <stdlib.h>
#include <string.h>

#define HASH_SIZE 100              //哈希表大小
#define EMPTY -1                   //空槽标记

//哈希表项的结构体
```

```c
typedef struct {
    char *key;
    int value;
} HashItem;

HashItem hashTable[HASH_SIZE];                          //全局哈希表数组

//哈希函数，根据给定的key计算哈希值
unsigned int hash(const char *key) {
    unsigned int hashVal = 0;
    while (*key != '\0') {
        hashVal = (hashVal << 5) + *key++;
    }
    return hashVal % HASH_SIZE;
}

//插入函数，将给定的key和value插入哈希表中
void insert(const char *key, int value) {
    unsigned int index = hash(key);                     //计算哈希值得到初始索引
    while (hashTable[index].key != NULL && strcmp(hashTable[index].key, key) != 0) {
        //如果当前位置有值且key不匹配，则进行线性探测
        index = (index + 1) % HASH_SIZE;                //线性探测下一个位置
        if (index == hash(key)) {
            break;                                      //如果回到原点，说明哈希表遍历完毕，退出循环
        }
    }
    //如果找到空槽或匹配的key，则插入新的项
    if (hashTable[index].key == NULL || strcmp(hashTable[index].key, key) == 0) {
        hashTable[index].key = strdup(key);             //将key复制到哈希表中（需要释放内存）
        hashTable[index].value = value;
    }
}

//查找函数，根据给定的key在哈希表中查找对应的value
int search(const char *key) {
    unsigned int index = hash(key);                     //计算哈希值得到初始索引
    while (hashTable[index].key != NULL) {
        if (strcmp(hashTable[index].key, key) == 0) {
            return hashTable[index].value;              //找到匹配的key，返回对应的value
        }
        //如果当前位置有值但key不匹配，则进行线性探测
        index = (index + 1) % HASH_SIZE;                //线性探测下一个位置
        if (index == hash(key)) {
            break;                                      //如果回到原点，说明哈希表遍历完毕
        }
    }
    return -1;                                          //未找到匹配的key，返回-1
}

int main() {
    //初始化哈希表，将所有槽位置设置为NULL
    memset(hashTable, 0, sizeof(hashTable));
    //向哈希表中插入一些数据
    insert("apple", 10);
    insert("banana", 20);
    insert("cherry", 30);
    //查找并输出数据
    printf("%d\n", search("apple"));                    //输出：10
    printf("%d\n", search("banana"));                   //输出：20
```

```
printf("%d\n", search("date"));        //输出：-1（未找到）
return 0;
}
```

3. 测试运行

在 Dev-C++ 中，单击"编译运行"按钮或者按 F11 快捷键，即可运行程序，结果如图 1.25 所示。

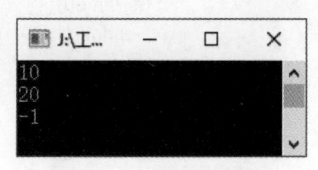

图 1.25 哈希查找结果

1.3 其他常用经典算法实现过程实录

1.3.1 经典数学问题

使用算法解决数学问题，可以简化复杂问题并快速求解，同时提高了计算效率和准确性，本节将对如何使用 C 语言编写算法解决经典的数学问题进行讲解，包括指定范围的素数、阶乘计算、最大公约数和最小公倍数、分解质因数、判断闰年。

1. 指定范围的素数

素数，又称质数，是在大于 1 的自然数中，除了 1 和它本身以外不再有其他因数的自然数，例如，2、3、5、7 等都是素数。下面使用 C 语言来找出指定范围内的所有素数。

首先，定义一个 isPrime() 函数，该函数用于判断一个给定的数是否是素数。接着，在 main() 函数中，程序先提示用户输入一个范围的起始值和结束值，然后遍历这个范围内的所有整数，并调用 isPrime() 函数来判断每个数是否为素数，如果某个数是素数，则将其输出。代码如下：

```
#include <stdio.h>
#include <stdbool.h>

bool isPrime(int num) {
    //如果数小于或等于 1，则不是素数
    if (num <= 1) {
        return false;
    }
    //从 2 开始循环到 sqrt(num)
    for (int i = 2; i * i <= num; i++) {
        //如果 num 能被 i 整除，则不是素数
        if (num % i == 0) {
            return false;
        }
    }

    return true;              //循环结束仍未找到能整除 num 的数，则是素数
}

int main() {
    int start, end;
    printf("请输入范围的起始和结束值（以空格分隔）: ");
    scanf("%d %d", &start, &end);          //记录输入的起始值和结束值
    printf("在范围 %d 到 %d 内的素数为: \n", start, end);
    for (int i = start; i <= end; i++) {
```

```
            if (isPrime(i)) {
                printf("%d ", i);
            }
        }
        printf("\n");
        return 0;
    }
```

> **说明**
>
> 上面代码的 isPrime()函数中的循环条件 i * i <= num 是一种优化策略，这是因为，num 如果在 i 到 sqrt(num)之间没有因子，那么在 sqrt(num)到 num 之间也不会有因子。因此，只需要检查到 sqrt(num)即可，这样可以显著减少循环的次数，从而提升程序的效率。

在 Dev-C++中，单击"编译运行"按钮或按 F11 快捷键，运行程序，按照提示输入范围的起始和结束值，这两个值之间用空格隔开，输入完毕后，按 Enter 键，结果如图 1.26 所示。

图 1.26 指定范围的素数

2. 阶乘计算

阶乘是所有小于或等于正整数 n 的正整数的积，记作 n!。例如，5 的阶乘（表示为 5!）是 1 * 2 * 3 * 4 * 5 = 120。

在 C 语言中，可以使用递归或循环来计算阶乘。例如，下面代码定义一个 factorial_recursive()函数，该函数通过递归调用的方式来计算指定数的阶乘。在 main()函数中接收用户输入，并调用自定义的 factorial_recursive()函数来计算阶乘，然后输出结果。代码如下：

```
#include <stdio.h>

unsigned long long factorial_recursive(int n) {
    //如果 n 等于 0，则返回 1
    if (n == 0) {
        return 1;
    } else {
        return n * factorial_recursive(n - 1);      //否则返回 n 乘以 n-1 的阶乘
    }
}

int main() {
    int n;
    printf("请输入一个正整数来计算阶乘: ");
    scanf("%d", &n);
    printf("%d 的阶乘是: %llu\n", n, factorial_recursive(n));
    return 0;
}
```

在 Dev-C++中，单击"编译运行"按钮或按 F11 快捷键，运行程序，按照提示输入一个正整数，然后按

Enter 键，结果如图 1.27 所示。

3. 最大公约数与最小公倍数

在数学中，最大公约数是两个或多个整数共有约数中最大的一个，而最小公倍数则是两个或多个整数的公倍数中最小的一个。

图 1.27 阶乘计算结果

最大公约数可以通过欧几里得算法（辗转相除法）来求得，其基本思想是：对于任意两个整数 a 和 b，它们的最大公约数与 b 和 a 除以 b 的余数的最大公约数相同，即 gcd(a, b) = gcd(b, a mod b)；最小公倍数则可以通过两个数的乘积除以它们的最大公约数来求得，即 lcm(a, b) = (a * b) / gcd(a, b)。

下面介绍如何使用 C 语言算法计算两个数的最大公约数与最小公倍数。

首先定义两个函数 gcd() 和 lcm()，分别用于计算最大公约数和最小公倍数。其中，gcd() 函数使用递归方法实现欧几里得算法，用于计算两个数的最大公约数。如果 b 为 0，则返回 a；否则，递归调用 gcd(b, a % b)，直到 b 为 0。lcm() 函数则根据最大公约数来计算最小公倍数，最小公倍数等于两个数的乘积除以它们的最大公约数。最后，在 main() 函数中，程序首先提示用户输入两个整数，并记录这两个整数，接着分别调用 gcd() 和 lcm() 函数来计算输入的两个整数的最大公约数和最小公倍数，并输出结果。代码如下：

```c
#include <stdio.h>

//函数声明
int gcd(int a, int b);
int lcm(int a, int b);

//求最大公约数
int gcd(int a, int b) {
    //如果 b 为 0，则返回 a
    if (b == 0) {
        return a;
    } else {
        //否则递归调用 gcd()函数，传入 b 和 a 对 b 取模的结果
        return gcd(b, a % b);
    }
}

//求最小公倍数
int lcm(int a, int b) {
    return a * b / gcd(a, b);
}

int main() {
    int num1, num2;
    printf("请输入两个整数：");
    scanf("%d %d", &num1, &num2);
    int result_gcd = gcd(num1, num2);
    int result_lcm = lcm(num1, num2);
    printf("最大公约数为：%d\n", result_gcd);
    printf("最小公倍数为：%d\n", result_lcm);
    return 0;
}
```

在 Dev-C++中单击"编译运行"按钮，或者按 F11 快捷键，运行程序，按照提示输入两个整数，这两个整数之间用空格隔开，输入完毕后，按 Enter 键，结果如图 1.28 所示。

4. 分解质因数

分解质因数是指将一个合数分解成若干个质因数的乘积的过程，

图 1.28 最大公约数与最小公倍数

这里的"质因数"是指既是该数的因数,又是质数的数。分解质因数只针对合数(大于 1 的自然数,除了 1 和它本身还有其他因数的数称为合数)。在分解质因数时,应从最小的质数开始除起,一直除到结果为质数。例如,对于数字 24,它的质因数分解是:24 = 2 * 2 * 2 * 3,这里,2 和 3 都是质数,而 24 是它们的乘积;同样地,对于数字 36,它的质因数分解是:36 = 2 * 2 * 3 * 3。

在 C 语言中,分解质因数可以通过循环和条件判断实现。例如,下面代码定义一个 primeFactors() 函数,用于通过循环和条件判断语句输出参数 n 的所有质因数。然后,在 main() 函数中,程序首先提示用户输入一个正整数,并记录这个正整数,接着调用 primeFactors() 函数来计算并输出该正整数的所有质因数。代码如下:

```c
#include <stdio.h>

void primeFactors(int n) {
    //打印 2 的质因数
    while (n % 2 == 0) {
        printf("%d ", 2);
        n = n / 2;
    }
    //n 一定是奇数,所以从 3 开始,步长为 2 进行循环
    for (int i = 3; i * i <= n; i = i + 2) {
        //当 i 是质因数
        while (n % i == 0) {
            printf("%d ", i);
            n = n / i;
        }
    }
    //如果 n 是一个大于 2 的质数
    if (n > 2)
        printf("%d ", n);
}

int main() {
    int num;
    printf("请输入一个正整数:");
    scanf("%d", &num);
    printf("质因数为:");
    primeFactors(num);
    return 0;
}
```

在 Dev-C++中,单击"编译运行"按钮或按 F11 快捷键,运行程序,按照提示输入一个正整数,然后按 Enter 键,结果如图 1.29 所示。

5. 判断闰年

闰年是为了补偿因人为历法规定造成的年度天数与地球实际公转周期的时间差而设立的,能够补偿这种时间差的年份被称为闰年。闰年的判断规则如下:

图 1.29 分解质因数结果

- ☑ 年份如果能被 4 整除但不能被 100 整除,那么是闰年(普通闰年)。
- ☑ 年份如果能被 400 整除,那么也是闰年(世纪闰年)。

下面介绍如何使用 C 语言算法来判断一个年份是否为闰年。

首先定义一个 isLeapYear() 函数,该函数接收一个整数参数 year。该函数主要按照闰年的规则对参数 year 进行判断,如果满足闰年的条件,则返回 1,否则返回 0。然后,在 main() 函数中,程序会提示用户输入一个年份,接着调用 isLeapYear() 函数判断该年份是否为闰年,并根据返回值输出相应的结果。代码如下:

```c
#include <stdio.h>

int isLeapYear(int year) {
    if ((year % 4 == 0 && year % 100 != 0) || (year % 400 == 0)) {
```

```c
            return 1;              //返回1表示是闰年
        } else {
            return 0;              //返回0表示不是闰年
        }
}

int main() {
        int year;
        printf("请输入一个年份：");
        scanf("%d", &year);
        if (isLeapYear(year)) {
            printf("%d 是闰年\n", year);
        } else {
            printf("%d 不是闰年\n", year);
        }
        return 0;
}
```

在 Dev-C++中，单击"编译运行"按钮或按 F11 快捷键，运行程序，按照提示输入一个年份，比如这里输入 2024 年，输入完毕后按 Enter 键，结果如图 1.30 所示。

图 1.30 判断闰年结果

1.3.2 水仙花数

1. 问题描述

水仙花数，也称为自守数、自恋数、自幂数、阿姆斯壮数或阿姆斯特朗数，是一种特殊的数，指的是一个 n 位数，其个位数字的 n 次幂之和等于该数本身。例如，$153=1^3+5^3+3^3$，153 就是一个水仙花数。下面介绍如何使用 C 语言输出指定范围的水仙花数，这里主要输出三位数的水仙花数。

2. 代码实现

首先，我们设定一个循环，遍历所有的三位数。在循环中，对于遍历到的每一个数，我们都使用 math.h 库中的 pow()函数来计算其各位数字的立方和。如果这个和等于原数，那么原数就是一个水仙花数。代码如下：

```c
#include <stdio.h>
#include <math.h>

int main() {
        int i, originalNum, remainder, result = 0;
        //打印提示信息
        printf("三位数的水仙花数有：\n");
        //遍历 100~999 的所有三位数
        for (i = 100; i < 1000; i++) {
            originalNum = i;
            result = 0;
            //计算该数的每一位数字的立方和
            while (originalNum != 0) {
                remainder = originalNum % 10;
                result += pow(remainder, 3);
                originalNum /= 10;
            }
            //判断立方和是否等于原数，如果是，则打印该数
            if (result == i)
                printf("%d ", i);
        }
        return 0;
}
```

3. 测试运行

在 Dev-C++中，单击"编译运行"按钮或按 F11 快捷键，即可运行程序，结果如图 1.31 所示。

图 1.31　三位数的水仙花数

1.3.3　斐波那契数列

1. 问题描述

斐波那契数列，又称黄金分割数列，其定义是：前两个数是 0 和 1，从第三个数开始，每一个数都等于前两个数之和。图 1.32 展示了使用数学方程式表示的斐波那契数列的公式。

$$F(n)=\begin{cases} 0 & (n=0) \\ 1 & (n=1) \\ F(n-1)+F(n-2) & (n\geqslant 2) \end{cases}$$

图 1.32　斐波那契数列计算公式

下面介绍如何使用 C 语言输出前 n 项的斐波那契数列。

2. 代码实现

定义一个 fibonacci()函数，该函数接收一个整数 n 作为参数，用于表示需要输出的斐波那契数列的项数。该函数首先定义 3 个变量 t1、t2 和 nextTerm，分别用于存储斐波那契数列的前两个数和下一个数。然后，根据输入的 n 的值，该函数通过循环计算并输出斐波那契数列的前 n 项。在 main()函数中，程序首先提示用户输入需要查看的斐波那契数列的项数，然后使用 scanf()函数读取用户输入的值，并将其作为参数传递给 fibonacci()函数。代码如下：

```c
#include <stdio.h>

void fibonacci(int n) {
    int t1 = 0, t2 = 1, nextTerm = 0;
    //如果 n 小于或等于 0，则输出错误信息
    if (n <= 0) {
        printf("请输入一个正整数。\n");
    }
    //如果 n 等于 1，则输出斐波那契数列的第 1 项
    else if (n == 1) {
        printf("斐波那契数列的第 %d 项是 %d\n", n, t1);
    }
    //如果 n 等于 2，则输出斐波那契数列的第 2 项
    else if (n == 2) {
        printf("斐波那契数列的第 %d 项是 %d\n", n, t2);
    }
    else {
        printf("斐波那契数列的前 %d 项为：\n", n);          //输出斐波那契数列的前 n 项的提示
        printf("%d, %d, ", t1, t2);
        for (int i = 3; i <= n; ++i) {
            nextTerm = t1 + t2;                            //计算下一个斐波那契数
            //更新 t1 和 t2 的值
            t1 = t2;
            t2 = nextTerm;
            printf("%d, ", nextTerm);                      //输出当前的斐波那契数
        }
    }
}

int main() {
    int n;
    printf("请输入您想要查看的斐波那契数列的项数：");
    scanf("%d", &n);
    fibonacci(n);
    return 0;
```

}

3. 测试运行

在 Dev-C++中，单击"编译运行"按钮或按 F11 快捷键，运行程序，按照提示输入一个整数，然后按 Enter 键，结果如图 1.33 所示。

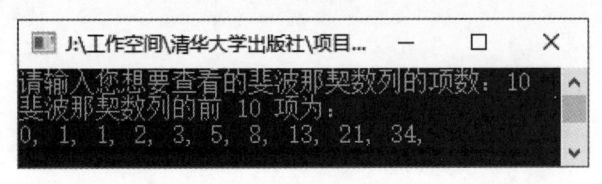

图 1.33　斐波那契数列

1.3.4　约瑟夫环问题

1. 问题描述

约瑟夫环问题是一个广为人知的数学问题，它描述了一个场景：有 n 个人围成一圈，从第一个人开始报数，每当报到数字 m 时，该位置的人就会出列，随后从出列者的下一个人继续开始报数，这个过程一直重复进行，直到所有的人都依次出列，最后求出这些人出列的顺序。接下来，我们将介绍如何使用 C 语言来模拟并输出约瑟夫环的出列顺序。

2. 代码实现

定义一个 josephus()函数，该函数接收用户输入的 n 和 m 作为参数。该函数首先创建一个大小为 n 的数组来模拟围成一圈的人，随后使用一个循环来模拟报数和出列的过程。在每次循环中，程序都会检查是否已经报数到 m，如果是，就输出当前人的编号，并将其替换为最后一个人的编号，同时将剩余人数减 1。在 main()函数中，程序首先提示用户输入总人数和要出列的人的编号，然后调用 josephus()函数输出指定总人数中按指定编号出列的顺序。代码如下：

```c
#include <stdio.h>
#include <stdlib.h>
void josephus(int n, int m) {
    if (n <= 0 || m <= 0) {
        printf("输入错误!\n");
        return;
    }
    int *people = (int *)malloc(n * sizeof(int));
    if (people == NULL) {
        printf("内存溢出!\n");
        return;
    }
    //初始化环中每个人的编号
    for (int i = 0; i < n; i++) {
        people[i] = i + 1;
    }
    int index = 0;                              //当前报数的人
    int count = 0;                              //当前报数的数值
    printf("约瑟夫环的出列顺序是: ");
    while (n > 0) {
        count++;
        if (count == m) {                       //报数到 m 的人出列
            printf("%d ", people[index]);
            count = 0;                          //重置报数
```

```c
            people[index] = people[n - 1];      //将最后一个人移到当前位置
            n--;                                 //剩余人数减1
        } else {
            index = (index + 1) % n;             //移到下一个人
        }
    }
    printf("\n");
    free(people);                                //释放内存
}
int main() {
    int n, m;
    printf("请输入总人数: ");
    scanf("%d", &n);
    printf("请输入报数出列的人: ");
    scanf("%d", &m);
    josephus(n, m);
    return 0;
}
```

3. 测试运行

在 Dev-C++中，单击"编译运行"按钮或按 F11 快捷键，运行程序，按照提示输入总人数和报数出列的人，然后按 Enter 键，结果如图 1.34 所示。

图 1.34　约瑟夫环问题的输出结果

1.3.5　八皇后问题

1. 问题描述

八皇后问题是一个经典的回溯问题。在这个问题中，需要在 8×8 的棋盘上放置八个皇后，使得任何两个皇后都不能攻击到对方，即：任何两个皇后都不能处于同一行、同一列或同一对角线上。例如，图 1.35 是一种八皇后的摆放方法。

2. 代码实现

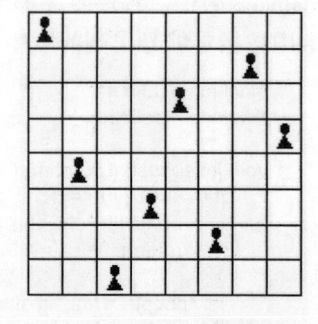

图 1.35　八皇后摆放方法

首先定义 4 个全局变量，用来记录皇后的位置和是否有冲突。然后，定义一个 is_attack()函数，用于检查在给定位置放置皇后是否会导致冲突。接着，定义一个 place_queen()函数，该函数是一个递归函数，用于尝试在每一行放置皇后。如果当前行已经放置了皇后，那么 place_queen()函数会递归地尝试放置下一行的皇后；如果所有行都放置了皇后，那么 place_queen()函数会输出棋盘的状态。在 main()函数中，程序调用 place_queen()函数输出满足八皇后要求的所有棋盘状态。代码如下：

```c
#include <stdio.h>

#define N 8                              //定义棋盘的大小

int col[N] = {0};                        //用于检查列上是否有皇后互相攻击（初始化为 0 表示没有皇后）
//用于检查主对角线上是否有皇后互相攻击（因为对角线可能超出数组范围，所以使用 2*N 的数组）
int dg[2 * N] = {0};
```

```c
int udg[2 * N] = {0};                    //用于检查副对角线上是否有皇后互相攻击（同样使用 2*N 的数组）
int queen[N] = {0};                      //存储皇后的位置（数组下标表示行，值表示列）

//判断指定位置(r, c)是否可以被放置皇后
int is_attack(int r, int c) {
    //检查同一列是否有皇后
    if (col[c]) return 1;
    //检查主对角线上是否有皇后（主对角线上的偏移量为 r+c）
    if (dg[r + c]) return 1;
    //检查副对角线上是否有皇后（副对角线上的偏移量为 r-c，需要加 N 以确保偏移量在数组范围内）
    if (udg[r - c + N]) return 1;
    return 0;                            //没有皇后互相攻击
}

//递归地放置皇后
void place_queen(int r, int n) {
    if (r == n) {
        //如果所有行都放置了皇后，则输出结果
        for (int i = 0; i < n; i++) {
            for (int j = 0; j < n; j++) {
                //如果 queen[i]的值等于 j+1，表示该位置有皇后，打印 1；否则输出 0
                printf("%2d ", queen[i] == j + 1 ? 1 : 0);
            }
            printf("\n");
        }
        printf("\n");                    //打印完一行后，加一个空行以便区分不同的解
        return;
    }
    //遍历每一列
    for (int c = 0; c < n; c++) {        //注意：这里应该从 0 开始遍历，因为数组下标从 0 开始
        if (!is_attack(r, c)) {          //检查当前位置是否可以放置皇后
            queen[r] = c + 1;            //将皇后的位置存储在 queen 数组中（值表示列，所以需要加 1）
            col[c] = 1;                  //标记列上有皇后
            dg[r + c] = 1;               //标记主对角线上有皇后
            udg[r - c + N] = 1;          //标记副对角线上有皇后
            place_queen(r + 1, n);       //递归地放置下一行的皇后
            //回溯，撤销上一步的放置
            col[c] = 0;
            dg[r + c] = 0;
            udg[r - c + N] = 0;
        }
    }
}

int main() {
    place_queen(0, N);                   //从第一行开始放置皇后
    return 0;
}
```

> **说明**
> 上述代码会输出八皇后问题的所有可能解决方案，而不是只输出一个解决方案。因此，你如果只需要一个解决方案，那么可以在找到第一个解决方案后立即退出程序。

3. 测试运行

在 Dev-C++中，单击"编译运行"按钮或按 F11 快捷键，即可运行程序，结果如图 1.36 所示。

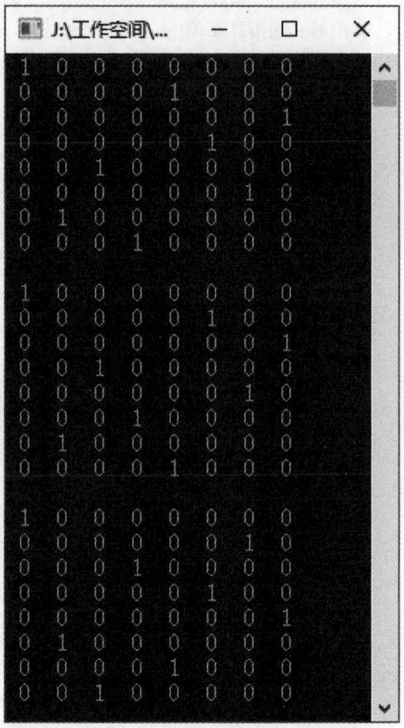

1.3.6 哥德巴赫猜想

1. 问题描述

哥德巴赫猜想是一个尚未解决的数学问题，它断言任何大于 2 的偶数都可以写成两个质数之和，虽然这个猜想至今尚未得到证明或反证，但我们可以编写一个 C 语言程序来验证这个猜想对于给定范围内的偶数是否成立。

2. 代码实现

首先定义一个 is_prime()函数，用来检查一个数是否为质数。然后定义一个 find_primes_sum()函数，用来尝试找到两个质数，使它们的和等于给定的偶数。在 main()函数中，程序首先提示用户输入要验证的偶数范围，然后遍历这个范围内的每个偶数，并调用 find_primes_sum()函数来验证哥德巴赫猜想。代码如下：

图 1.36　八皇后问题的输出结果

```c
#include <stdio.h>
#include <stdbool.h>

//函数用于检查一个数是否为质数
bool is_prime(int n) {
    //n 如果小于或等于 1，则不是质数
    if (n <= 1) return false;
    //n 如果小于或等于 3，则是质数
    if (n <= 3) return true;
    //n 如果能被 2 或 3 整除，则不是质数
    if (n % 2 == 0 || n % 3 == 0) return false;
    //从 5 开始，每次加 6，检查是否能被 i 或 i+2 整除
    for (int i = 5; i * i <= n; i += 6) {
        //n 如果能被 i 或 i+2 整除，则不是质数
        if (n % i == 0 || n % (i + 2) == 0) {
            return false;
        }
    }
    return true;                                              //如果以上条件都不满足，则是质数
}

//函数用于找到两个质数，它们的和等于给定的偶数
bool find_primes_sum(int even_num) {
    //遍历从 2 到 even_num/2 之间的整数
    for (int i = 2; i <= even_num / 2; i++) {
        //判断 i 和 even_num-i 是否都是质数
        if (is_prime(i) && is_prime(even_num - i)) {
            printf("%d = %d + %d\n", even_num, i, even_num - i);    //输出质数之和等于 even_num 的表达式
            return true;                                     //返回 true，表示找到了质数之和等于 even_num 的情况
        }
    }
    return false;                                            //遍历完所有可能的质数对后仍未找到满足条件的情况，返回 false
}

int main() {
    int start, end;
    printf("请输入要验证的偶数范围（起始和结束值，用空格分隔）：");    //提示用户输入要验证的偶数范围
    scanf("%d %d", &start, &end);                            //从标准输入读取用户输入的起始和结束值
    //验证输入的起始和结束值是否合法
    if (start % 2 != 0 || end % 2 != 0 || start < 2 || start > end) {
        //如果不合法，则输出错误信息并返回 1
```

```
            printf("输入的范围无效，请输入大于 2 的偶数范围。\n");
            return 1;
    }
    printf("在范围 [%d, %d] 内验证哥德巴赫猜想：\n", start, end);        //提示用户开始验证哥德巴赫猜想
    //遍历范围内的每个偶数
    for (int i = start; i <= end; i += 2) {
            //调用 find_primes_sum()函数验证当前偶数是否可以写成两个质数之和
            if (find_primes_sum(i)) {
                    printf("偶数 %d 可以写成两个质数之和。\n", i);           //如果可以，则输出验证结果
            } else {
                    //如果不可以，则输出无法验证结果（注意这里只是程序未找到，不代表不存在）
                    printf("偶数 %d 无法写成两个质数之和！（程序未找到，不代表不存在）\n", i);
            }
    }
    return 0;
}
```

> **说明**
> 本程序只能验证给定范围内的偶数是否满足哥德巴赫猜想，而不能证明或反证整个猜想。

3. 测试运行

在 Dev-C++中，单击"编译运行"按钮或按 F11 快捷键，运行程序，按照提示输入要验证的偶数范围，这里要求输入的偶数起始值大于 2，并且起始值和结束值之间用空格隔开，然后按 Enter 键，结果如图 1.37 所示。

图 1.37　验证指定的偶数范围是否满足哥德巴赫猜想

1.3.7　汉诺塔问题

1. 问题描述

汉诺塔问题是一个经典的递归问题，其基本的思想是，要将 n 个盘子从一个柱子移动到另一个柱子上，

需要借助第三个柱子,同时需要满足两个原则:一是每次只能移动一个盘子;二是较大的盘子不能放在较小的盘子上面。例如,下面步骤演示有两个盘子时的移动过程:

(1) 将 A 柱上的黄色盘子移动到 B 柱上,如图 1.38 所示。

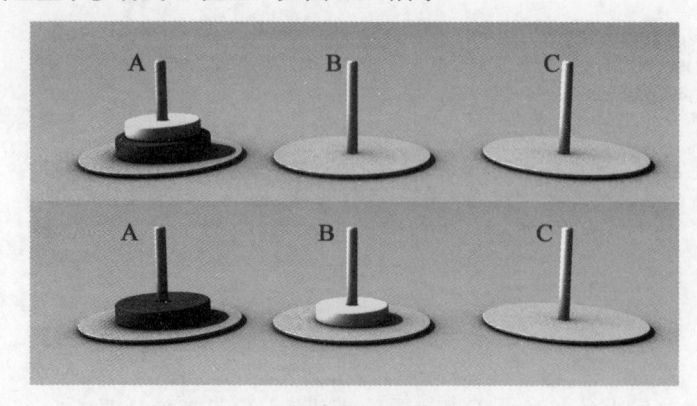

图 1.38　黄色盘子被移动 B 柱上

(2) 将 A 柱上的红色盘子移动到 C 柱上,如图 1.39 所示。

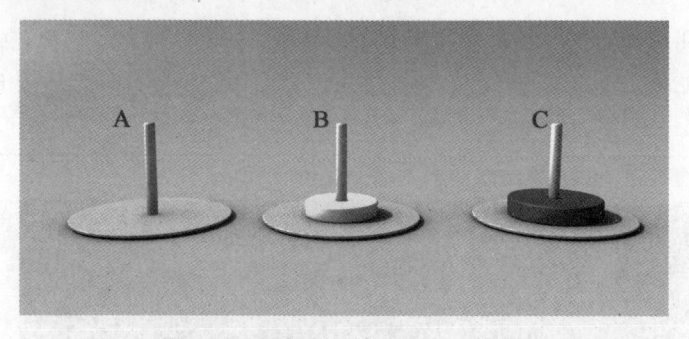

图 1.39　红色盘子被移动到 C 柱上

(3) 将 B 柱上的黄色盘子移动到 C 柱上,如图 1.40 所示。

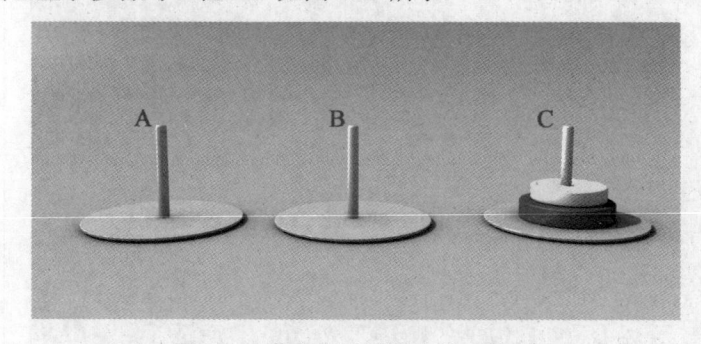

图 1.40　黄色盘子被移动到 C 柱上

2. 代码实现

定义一个名为 hanoi() 的递归函数,用于解决汉诺塔问题。该函数首先判断是否有单个盘子,如果是,则直接将其从起始柱子移动到目标柱子上。如果有多个盘子,该函数先将 n-1 个盘子从起始柱子移动到临时柱子上,然后将最大的盘子从起始柱子移动到目标柱子上,最后将 n-1 个盘子从临时柱子移动到目标柱子上。最后,在 main() 函数中,程序首先提示用户输入盘子的数量,然后调用 hanoi() 函数移动盘子,并输出盘子的移动过程。代码如下:

```c
#include <stdio.h>
void hanoi(int n, char from, char to, char temp) {
    //如果只有一个盘子，则直接将其移动到目标柱子上
    if (n == 1) {
        printf("将第 1 个盘子从 %c 柱 移动到 %c 柱\n", from, to);
        return;
    }
    hanoi(n-1, from, temp, to);              //将 n-1 个盘子从起始柱子移动到临时柱子上，以目标柱子作为辅助柱子
    //将第 n 个盘子从起始柱子移动到目标柱子上
    printf("将第 %d 个盘子从 %c 柱 移动到 %c 柱\n", n, from, to);
    hanoi(n-1, temp, to, from);              //将 n-1 个盘子从临时柱子移动到目标柱子上，以起始柱子作为辅助柱子
}
int main() {
    int n;
    printf("输入盘子的数量: ");              //提示用户输入盘子的数量
    scanf("%d", &n);                         //读取用户输入的盘子数量
    hanoi(n, 'A', 'C', 'B');                 //调用汉诺塔函数，进行汉诺塔问题的解决
    return 0;
}
```

3. 测试运行

在 Dev-C++ 中单击"编译运行"按钮，或者按 F11 快捷键，运行程序，按照提示输入盘子的数量，然后按 Enter 键，结果如图 1.41 所示。

图 1.41 汉诺塔问题运行结果

1.3.8 小球下落反弹问题

1. 问题描述

一个小球从 100 米高处落下，每次落地后反弹回原高度的一半，然后再次落下，再反弹。请问：它在第 10 次落地时，一共运动了多少米，第 10 次反弹又有多高？

2. 代码实现

在 main() 函数中，首先将初始高度设置为 100 米，并定义 3 个浮点数变量：num1（记录下降次数）、num2（记录反弹次数）和 sum（记录总路径长度）。然后在 while 循环中，模拟小球从当前高度 h 落下并反弹的过程。如果 num1 等于 10（即已经下降了 10 次），则输出当前的总路径长度；如果 num2 等于 10（即已经反弹了 10 次），则输出当前的反弹高度。代码如下：

```c
#include <stdio.h>
int main(){
    float h=100.0;                           //初始高度
    float num1=0,num2=0,sum=0;               //下降和反弹的次数，以及总路径长度
```

```
while(h!=0) {
    //开始降落
    sum=sum+h;                          //落在地上时计算路径长度
    num1++;
    if(num1==10)
        printf("第 %.1f 次降落时共经历了 sum= %.2f 米\n",num1,sum);
    //开始反弹
    h=h/2;                              //反弹到一半的高度
    sum=sum+h;                          //增加反弹到空中时的路径长度
    num2++;
    if(num2==10)                        //输出第 10 次反弹的高度
        printf("第 %.1f 次反弹 %f 米",num2,h);
}
```

3. 测试运行

在 Dev-C++中单击"编译运行"按钮，或者按 F11 快捷键，即可运行程序，结果如图 1.42 所示。

图 1.42 小球下落反弹问题

1.4 源码下载

本章详细地讲解了如何使用 C 语言实现常用的经典算法。为了方便读者学习，本书提供了所有算法的完整实现源码，读者只需扫描右侧的二维码，即可下载这些源码。

第 2 章 挑战 2048

——输入输出函数 + 流程控制语句 + 数组 + 指针函数 + system()函数 + 控制台设置函数

2048 游戏是一款简单而又具有挑战性的数字益智游戏。它的规则简单易懂，但随着游戏的进行，难度逐渐增加，需要玩家具备良好的逻辑判断能力和规划能力。近年来，2048 游戏因其界面简洁、趣味性强、能给玩家带来成就感，在全球范围内受到了广泛的欢迎。C 语言在游戏引擎和图形库的底层开发中具有独特的性能优势，所以本章使用 C 语言开发一个挑战 2048 游戏。这个项目不仅可以帮助读者巩固 C 语言基础知识，锻炼编程能力，还可以帮助读者了解游戏开发的过程，积累 C 语言开发实战经验。

项目微视频

本项目的核心功能及实现技术如下：

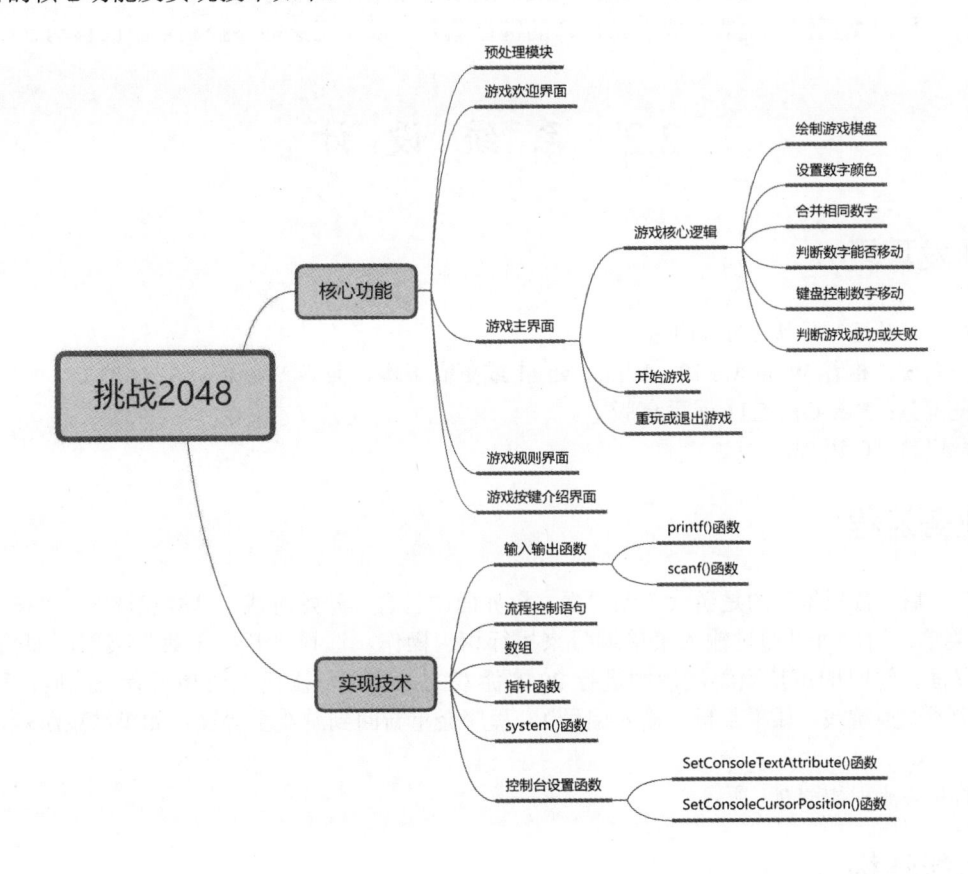

```
                    ┌── 预处理模块
                    ├── 游戏欢迎界面
                    │                              ┌── 绘制游戏棋盘
                    │                              ├── 设置数字颜色
                    │              ┌── 游戏核心逻辑 ├── 合并相同数字
         ┌── 核心功能 ┤              │              ├── 判断数字能否移动
         │          │  ┌── 游戏主界面 ┤              ├── 键盘控制数字移动
         │          │  │              │              └── 判断游戏成功或失败
         │          ├──┤              ├── 开始游戏
挑战2048 ┤          │  └── 重玩或退出游戏
         │          ├── 游戏规则界面
         │          └── 游戏按键介绍界面
         │                              ┌── printf()函数
         │          ┌── 输入输出函数 ────┤
         │          │                   └── scanf()函数
         │          ├── 流程控制语句
         └── 实现技术 ┤── 数组
                    ├── 指针函数
                    ├── system()函数
                    │                    ┌── SetConsoleTextAttribute()函数
                    └── 控制台设置函数 ──┤
                                         └── SetConsoleCursorPosition()函数
```

2.1 开发背景

挑战 2048 游戏最早于 2014 年 3 月 20 日发行，是一款十分流行的数字游戏，其基于"数字组合 1024"

和"小3传奇"的玩法而开发。该游戏规则十分简单,其目标是通过键盘上的方向键移动数字,合并相同的数字,最终合成2048这个数字,表示游戏成功,其具体规则如下:
- ☑ 游戏初始运行时,默认显示一个4×4的方格棋盘,在少数方格内会随机生成一个数字(2或4)。
- ☑ 玩家可以通过方向键控制数字向指定方向移动。
- ☑ 当两个相同数字在移动过程中相遇时,它们会合并成为一个新的数字,其值为两者之和。例如,两个2合并成4,两个4合并成8,以此类推。
- ☑ 每次玩家做出有效移动后,被移动的空白方格位置会自动生成一个新的数字(2或4)。
- ☑ 每次移动时,由数字合并所产生的新数字即为本次移动所得的分数,游戏总得分为每次得分的累加。

本项目的实现目标如下:
- ☑ 游戏界面直观、简洁,能够清晰地显示游戏棋盘和得分。
- ☑ 实现基本的2048游戏机制,包括棋盘初始化、数字移动、新数字生成、游戏结束判断等。
- ☑ 提供方便的重玩或结束游戏功能。当玩家成功地在棋盘上生成了数字2048时,视为游戏胜利;所有方格都被数字填满,且无法再通过任何移动操作使数字合并时,游戏失败。无论游戏胜利或失败,程序都可以提示是否重玩或结束游戏,玩家可根据需要进行选择。
- ☑ 良好的用户交互性,游戏需要支持用户的键盘输入,以便玩家能够控制数字的移动。

2.2 系统设计

2.2.1 开发环境

本项目的开发及运行环境要求如下:
- ☑ 操作系统:推荐Windows 10、Windows 11或更高版本,兼容Windows 7(SP1)。
- ☑ 开发工具:Dev C++ 5.11或更高版本。
- ☑ 开发语言:C语言。

2.2.2 业务流程

在游戏启动后,首先呈现的是游戏欢迎界面,该界面中包含"开始游戏""游戏规则""按键说明"和"退出"4个菜单,用户可以通过输入菜单编号来执行相应操作。选择"开始游戏"菜单,即输入编号1,进入游戏主界面,这时即可按照游戏规则进行2048游戏的挑战,每次挑战成功或者失败后,程序会询问用户是否重玩或结束游戏。如果重玩,输入编号1,程序会重新回到游戏主界面;如果结束游戏,则输入编号2。

本项目的业务流程如图2.1所示。

2.2.3 功能结构

本项目的功能结构已经在章首页中给出。作为一个经典的2048游戏项目,本项目实现的具体功能如下:
- ☑ 游戏欢迎界面:游戏运行后的首屏界面,主要包含"开始游戏""游戏规则""按键说明"和"退出"4个游戏菜单项。

- 游戏主界面：在该界面中，玩家按照规则挑战 2048 游戏，其中主要包括绘制游戏棋盘、设置数字显示不同颜色、合并相同数字、判断数字能否移动、通过键盘控制数字移动、判断游戏成功或失败、开始游戏、重新开始游戏等功能。
- 游戏规则界面：显示游戏规则及玩法。
- 按键说明界面：显示游戏中按键的具体使用方法。
- 退出：退出当前游戏。

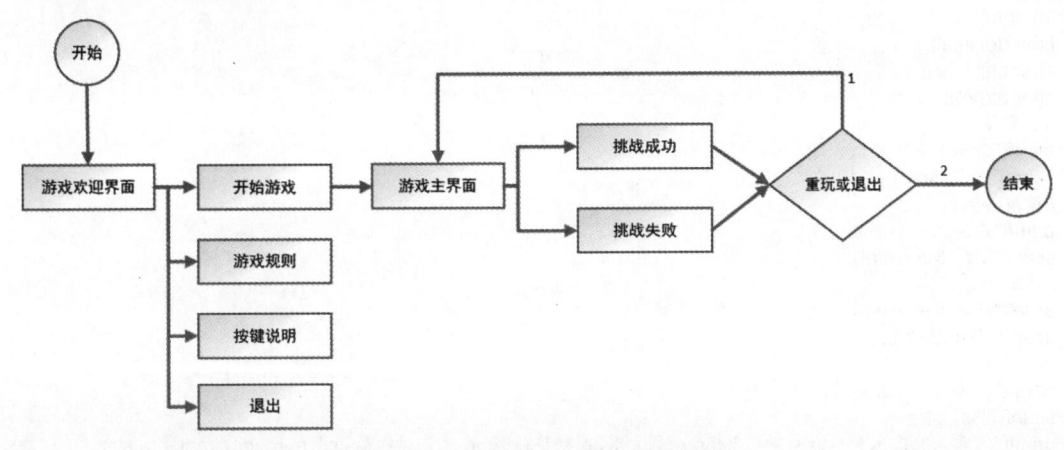

图 2.1　挑战 2048 游戏业务流程图

2.3　技术准备

2.3.1　技术概览

- printf()函数：该函数是 C 语言标准输出函数，用于将格式化的数据输出到标准输出设备。该函数能够打印各种类型的数据，并允许按照指定的格式输出数据。printf()函数的声明定义在<stdio.h>头文件中。例如，下面代码使用 printf()函数格式化输出多种类型的数据：

```c
#include <stdio.h>

int main()
{
    int a = 10;
    float b = 3.14159;
    char c = 'A';
    char str[] = "Hello, World!";
    printf("整数: %d\n", a);
    printf("浮点数: %f\n", b);
    printf("字符: %c\n", c);
    printf("字符串: %s\n", str);
    //格式化输出：宽度、精度控制
    printf("浮点数（保留两位小数）: %.2f\n", b);
    //左对齐、宽度为 10 的整数，右对齐、宽度自适应的浮点数
    printf("宽度控制: %-10d   %.2f\n", a, b);
    return 0;
}
```

- scanf()函数：该函数是 C 语言标准输入函数，用于从标准输入设备（通常是键盘）读取输入数据，

并根据提供的格式字符串解析这些数据，然后将其存储到相应的变量中。scanf()函数的声明定义在<stdio.h>头文件中。例如，下面代码使用 scanf()函数接收用户输入的不同类型数据，并使用 printf()函数进行输出：

```
#include <stdio.h>

int main()
{
    int num;
    float decimal;
    char ch;
    char str[20];
    //读取整数
    printf("请输入一个整数：");
    scanf("%d", &num);
    //读取浮点数
    printf("请输入一个小数：");
    scanf("%f", &decimal);
    //读取单个字符
    printf("请输入一个字符：");
    scanf(" %c", &ch);
    //读取字符串
    printf("请输入一个字符串：");
    scanf("%s", str);
    printf("您输入的信息是：\n 整数：%d\n 小数：%f\n 字符：%c\n 字符串：%s\n", num, decimal, ch, str);
    return 0;
}
```

☑ 流程控制语句：流程控制是指在编程中管理和指导程序执行顺序的一系列技术和策略，它能够确保程序按照预定的逻辑和需求，有效地执行任务，处理数据，并最终达到预期的结果。本项目主要使用 switch 多分支语句和 for 循环语句。例如，下面代码使用 for 循环打印棋盘的边框：

```
for(j = 2;j <= 22;j += 5)             //打印棋盘边框
{
    gotoxy(15,j);
    for(k = 1;k<42;k++)
    {
        printf("-");
    }
    printf("\n");
}
```

☑ 数组：数组是一种基本的数据结构，用于存储相同类型的元素。C 语言中最常用的数组类型有一维数组和二维数组。一维数组是最基本的数组形式，用于存储单一序列的数据元素；而二维数组则可以视为由多个一维数组组成的数组，用于表示表格状的数据结构。例如，下面代码用来定义并初始化一维数组和二维数组：

```
/*一维数组定义与初始化*/

//声明一个整型一维数组，未初始化
int arr1[5];

//声明并初始化一个整型一维数组
int arr2[5] = {1, 2, 3, 4, 5};

//不指定数组长度，由初始化元素数量决定
int arr3[] = {10, 20, 30};

/*二维数据定义与初始化*/
```

```c
//声明一个 3x4 的整型二维数组，未初始化
int matrix[3][4];

//声明并初始化一个二维数组
int matrix2[3][2] = {
    {1, 2},
    {3, 4},
    {5, 6}
};

//不完全初始化，未给出的元素自动初始化为 0
int matrix3[][3] = {
    {1, 2, 3},
    {4, 5}
};
```

- ☑ 指针函数：即返回值是指针的函数，本质上仍然是一个函数。指针函数很容易与函数指针混淆，函数指针本质是一个指针，它指向一个函数。例如，下面代码展示了指针函数与函数指针的不同写法：

```c
//指针函数
int *myfun(int x,int y);

//函数指针
int (*p)(int, int);
```

- ☑ Dev C++工具： Dev C++是一款适用于 Windows 环境的轻量级 C/C++集成开发环境（IDE），同时兼容多种操作系统。它主要面向初学者和教育用途，因其简单易用且免费而广受欢迎。本章使用该工具来开发挑战 2048 游戏。

有关 printf()函数、scanf()函数、流程控制语句、数组、指针函数、DevC++工具等知识，在《C 语言从入门到精通（第 6 版）》中有详细的讲解。对这些知识不太熟悉的读者，可以参考该书对应的内容。下面将对本项目中使用的其他 C 语言知识进行必要的介绍，包括 system()函数、控制台设置函数（如 SetConsoleTextAttribut ()函数、SetConsoleCursorPosition()函数），以确保读者可以顺利完成本项目的开发。

2.3.2 system()函数

system()函数是一个标准库函数，位于<stdlib.h>头文件中。该函数允许开发人员执行操作系统命令，为 C 语言程序提供了一种能够与操作系统交互的方式，使其能够执行外部命令，如打开文件、运行其他程序或改变终端设置等。例如，下面代码通过在 system()函数中指定 TITLE 关键字来修改命令行窗口的标题：

```c
#include <stdio.h>
#include <stdlib.h>

int main(void)
{
    system("TITLE 自定义标题");
    return 0;
}
```

上面代码的运行效果如图 2.2 所示。

图 2.2 命令行自定义标题

除了可以修改命令行窗口的标题，system()函数还可以通过指定其他关键字参数来执行系统的相关命令，可以指定的关键字参数如表 2.1 所示。

表 2.1 system()函数可以指定的关键字参数

参　　数	功　　能
ASSOC	显示或修改文件扩展名关联
ATTRIB	显示或更改文件属性
BREAK	中断或终止程序的执行，类似在 CMD 控制台窗口中按 Ctrl+C 快捷键
CALL	通过另一个批处理程序来调用指定的命令
CD	切换当前目录
CHDIR	更改当前目录到指定的目录
CHKDSK	检查磁盘并显示状态报告
CHKNTFS	启动磁盘检查
CLS	清除屏幕
CMD	打开另一个 CMD 控制台窗口
COLOR	设置默认控制台前景和背景颜色
COMPACT	显示或更改 NTFS 分区上文件的压缩
CONVERT	将 FAT 格式转换为 NTFS 格式，但不能转换当前正在使用的磁盘
COPY	将至少一个文件复制到另一个位置
DATE	显示或设置日期
DEL	删除至少一个文件
DIR	显示一个目录中的文件和子目录
DISKPART	显示或配置磁盘分区属性
DRIVERQUERY	显示当前设备驱动程序状态和属性
ECHO	显示消息，或将命令回显打开或关闭
ERASE	删除一个或多个文件
EXIT	退出 CMD 控制台窗口
FC	比较两个文件或两个文件集并显示它们之间的不同
FIND	在一个或多个文件中搜索一个文本字符串
FINDSTR	在多个文件中搜索字符串
FOR	为一组文件中的每个文件运行一个指定的命令
FORMAT	格式化磁盘
FTYPE	显示或修改在文件扩展名关联中使用的文件类型
HELP	提供 Windows 命令的帮助信息

2.3.3 控制台设置函数

1. SetConsoleTextAttribute()函数

SetConsoleTextAttribute()函数是一个 Windows 系统的 API 函数,用于设置 CMD 控制台窗口中的文本属性,如字体颜色、背景等。在 C 语言中,可以使用#include <windows.h>来引入该函数。例如,下面代码使用 SetConsoleTextAttribute()函数来改变 CMD 控制台窗口中文本的颜色:

```c
#include <windows.h>
#include <stdio.h>
int main()
{
    //获取控制台句柄
    HANDLE hConsole = GetStdHandle(STD_OUTPUT_HANDLE);
    //设置文本颜色为红色
    SetConsoleTextAttribute(hConsole, FOREGROUND_RED);
    printf("这是红色文本\n");
    //重置文本颜色为默认颜色
    SetConsoleTextAttribute(hConsole, FOREGROUND_RED | FOREGROUND_GREEN | FOREGROUND_BLUE);
    printf("这是默认颜色文本\n");
    return 0;
}
```

2. SetConsoleCursorPosition()函数

SetConsoleCursorPosition()函数用来移动 CMD 控制台窗口中光标的位置,这里要注意的是,每次调用该函数时,光标都是默认从左上角开始偏移,而与当前光标停留的位置无关。使用该函数时,需要传入两个参数:HANDLE 和 COORD。其中,HANDLE 参数表示控制台输出句柄,COORD 参数表示一个坐标位置。例如,下面代码在 CMD 控制台窗口的指定位置输出文本内容:

```c
#include <stdio.h>
#include <windows.h>

void SetCCPos(int x, int y);
void SetCCPos(int x, int y) {
    HANDLE hOut;
    hOut = GetStdHandle(STD_OUTPUT_HANDLE);            //获取标注输出句柄
    COORD pos;
    pos.X = x;pos.Y = y;
    SetConsoleCursorPosition(hOut, pos);               //偏移光标位置
}
int main(){
    SetCCPos(1, 0);
    printf("R");
    SetCCPos(0, 1);
    printf("I");
    return 0;
}
```

上面代码的运行效果如图 2.3 所示。其中,字母 R 是在坐标 x 等于 1、y 等于 0 的位置输出;字母 T 是在坐标 x 等于 0、y 等于 1 的位置输出。

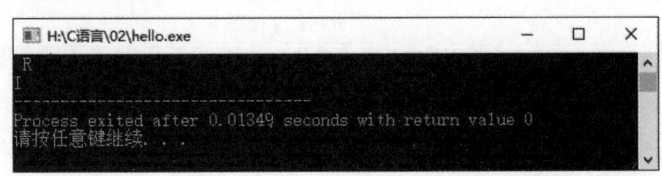

图 2.3　SetConsoleCursorPosition()函数的使用

2.4　预处理模块设计

2.4.1　文件引入

开发挑战 2048 游戏项目时，首先需要引入项目中需要的库文件，以便调用其中的函数。在引用库文件时，需要使用#include 命令，代码如下：

```
/* 引入头文件 */
#include <stdio.h>                //标准输入输出函数库（printf、scanf）
#include <conio.h>                //为了读取方向键
#include <windows.h>              //设置 CMD 控制台窗口（获取控制台上的坐标位置、设置字体颜色）
#include <math.h>                 //引入数学库文件
```

2.4.2　定义全局变量

在挑战 2048 游戏中，需要实时显示游戏的移动步数、分数和运行时间，这里将这些变量定义为全局变量。定义一个二维数组 BOX，表示 4×4 棋盘中每个方格的位置。定义一个 HANDLE 类型的变量，表示控制台句柄，主要通过它来获取控制台上的坐标位置，并且设置字体颜色。代码如下：

```
/* 定义全局变量 */
int step=0;                       //已执行的游戏步数
int score=0;                      //存储当前的游戏分数
long int gameTime;                //游戏运行时间
int BOX[4][4]={{0,0,0,0},         //游戏中的 16 个格子
               {0,0,0,0},
               {0,0,0,0},
               {0,0,0,0}};
HANDLE hOut;                      //控制台句柄
```

2.4.3　函数声明

在代码文件中声明程序中将要使用的函数，代码如下：

```
/* 函数声明 */
void gotoxy(int x, int y);        //将屏幕光标移动到指定的(x,y)位置
int color(int c);                 //设置文字颜色
int TextColors(int i);            //根据数字修改颜色
void drawTheGameBox();            //绘制游戏界面
int *add(int item[]);             //合并数字
int ifMove(int item[]);           //判断数组中的数字是否可以进行移动操作
                                  //若可以移动，则返回 1；否则返回 0
void Gameplay();                  //开始游戏
void Replay();                    //重新游戏
int if2n(int x);                  //判断 x 是否是 2 的 n 次方
//判断是否能够上移，若可以上移（方格中的两个数相加是 2 的 n 次方），则返回 1；若不能上移，则返回 0
int ifup();
//判断是否能够下移，若可以下移，则返回 1；若不能下移，则返回 0
int ifdown();
//判断是否能够左移，若可以左移，则返回 1；若不能左移，则返回 0
int ifleft();
//判断是否能够右移，若可以右移，则返回 1；若不能右移，则返回 0
```

```
int ifright();
int BOXmax();                                    //返回棋盘最大数
int Gamefaile();                                 //判断是否失败
int Gamewin();                                   //判断是否胜利
int keyboardControl(int key);                    //根据按键输入控制数字的移动
void close();                                    //关闭游戏
void title();                                    //绘制标题
void choice();                                   //选择框
void regulation();                               //游戏规则介绍
void explanation();                              //按键说明
```

2.5 游戏欢迎界面设计

2.5.1 游戏欢迎界面概述

挑战 2048 游戏的游戏欢迎界面主要由两部分组成：第一部分是标题，它以 2048 字符画形式显示；第二部分是菜单选项，包括开始游戏、游戏规则、按键说明、退出 4 个菜单。另外，在游戏欢迎界面中，系统还会提示用户输入要操作的菜单编号。游戏欢迎界面运行效果如图 2.4 所示。

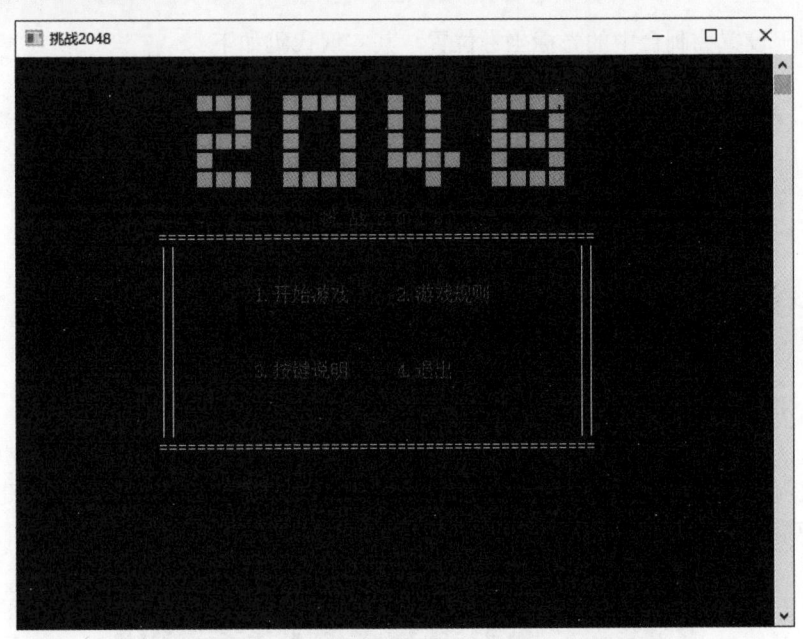

图 2.4 游戏欢迎界面

2.5.2 设置游戏欢迎界面标题

游戏欢迎界面的标题是以 "2048" 字符画的形式体现的，该功能主要通过自定义的 title()函数实现，代码如下：

```
/**
 * 设置标题
 */
void title()
```

```
{
    color(11);                                                              //浅淡绿色
    gotoxy(19,2);
    printf("■■■  ■■■■  ■    ■   ■■■■");                          //输出2048字符画
    gotoxy(19,3);
    printf("    ■   ■    ■    ■   ■    ■");
    gotoxy(19,4);
    printf("  ■    ■    ■    ■   ■    ■");
    gotoxy(19,5);
    printf("■     ■■■■  ■    ■■■■");
    gotoxy(19,6);
    printf("■■■  ■■■■         ■   ■■■■");
}
```

上面代码中用到了 color()函数和 gotoxy()函数。其中，color()函数用于设置控制台中的文字颜色，其实现代码如下：

```
/**
 * 设置文字颜色的函数
 */
int color(int c)
{
    SetConsoleTextAttribute(GetStdHandle(STD_OUTPUT_HANDLE), c);            //设置文字颜色
    return 0;
}
```

gotoxy()函数用于设置控制台中的光标坐标位置，其实现代码如下：

```
/**
 * 设置屏幕光标位置
 */
void gotoxy(int x, int y)
{
    COORD c;
    c.X = x;
    c.Y = y;
    SetConsoleCursorPosition(GetStdHandle(STD_OUTPUT_HANDLE), c);           //定位光标位置
}
```

2.5.3 实现欢迎界面菜单选项

游戏欢迎界面提供了挑战 2048 游戏的主菜单，主要包括开始游戏、游戏规则、按键说明、退出 4 个菜单，它们显示在游戏标题的下方，如图 2.5 所示。

图 2.5 菜单选项

菜单选项的实现分为两部分：绘制边框和显示文字。其中：边框的绘制可以通过嵌套 for 循环实现；而文字的显示只需要确定相应的坐标位置，然后进行打印输出即可。另外，用户在游戏欢迎界面中输入菜单项对应的编号并按 Enter 键后，可以进入相应的功能界面，这一过程主要通过使用 switch 分支语句来实现。代码如下：

```
/**
 * 菜单选项
 */
void choice()
{
    system("title 挑战 2048");
    int n;
    int i,j = 1;
    gotoxy(32,8);
    color(13);
    printf("挑 战 2 0 4 8");
    color(14);                              //黄色边框
    for (i = 9; i <= 20; i++)               //输出上下边框===
    {
        for (j = 15; j <= 60; j++)          //输出左右边框||
        {
            gotoxy(j, i);
            if (i == 9 || i == 20)
                printf("=");
            else if (j == 15 || j == 59)
                printf("||");
        }
    }
    color(12);
    gotoxy(25, 12);
    printf("1.开始游戏");
    gotoxy(40, 12);
    printf("2.游戏规则");
    gotoxy(25, 16);
    printf("3.按键说明");
    gotoxy(40, 16);
    printf("4.退出");
    gotoxy(21,22);
    color(5);
    printf("请选择[1 2 3 4]:[ ]\b\b");
    scanf("%d", &n);                        //输入选项
    switch (n)
    {
        case 1:
            Gameplay();                     //游戏开始函数
            break;
        case 2:
            regulation();                   //游戏规则函数
            break;
        case 3:
            explanation();                  //按键说明函数
            break;
        case 4:
            close();                        //关闭游戏函数
            break;
    }
}
```

> **说明**
>
> 上面代码使用了 Gameplay()、regulation()、explanation()和 close() 4 个函数，这些函数分别用于开始游戏、显示游戏规则、显示游戏按键说明、退出游戏。关于这些函数的详细介绍和用法，我们将在后续的相应模块中进行详细讲解。

2.6 游戏主界面设计

2.6.1 游戏主界面概述

在游戏欢迎界面输入数字 1，并按 Enter 键后，即可进入游戏主界面，即挑战 2048 游戏界面，如图 2.6 所示。在该界面中，玩家可以进行游戏的挑战。

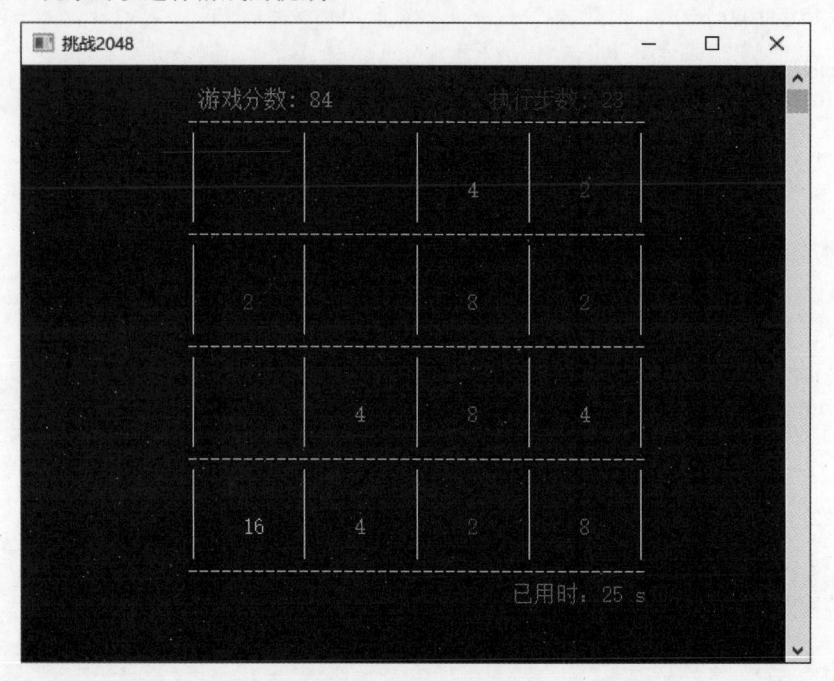

图 2.6 游戏主界面

2.6.2 实现游戏核心逻辑功能函数

挑战 2048 游戏的核心逻辑功能主要包括以下 6 个部分：

- ☑ 绘制游戏棋盘：本游戏使用 4×4 的方格作为棋盘，棋盘主要由黄色的细横条 "-" 和竖条 "|" 组成。
- ☑ 设置数字显示不同颜色：游戏中出现的数字均为 2 的 n 次方，为了美观和便于操作，需要将 2 的不同次方设置为不同的颜色。
- ☑ 合并相同数字：相同的数字发生碰撞时，它们会合并；如果一个格子为空（没有数字），而另一个格子有数字，碰撞时也会发生合并。
- ☑ 判断数字能否移动：并不是所有条件下都可以移动数字，只有在数字发生合并时，才能够对数字进行移动。
- ☑ 通过键盘控制数字移动：本游戏使用上、下、左、右方向键来控制数字的移动，因此需要分别设置不同的按键所要进行的操作。
- ☑ 判断游戏是否成功或失败：当棋盘中出现的最大数字为 2048 时，表示游戏成功，弹出游戏成功界面；当棋盘中所有数字都不能进行移动时，表示游戏失败，弹出游戏失败界面。

下面分别介绍实现以上功能的函数实现过程。

1. 绘制游戏棋盘

挑战 2048 游戏使用 4×4 的方格来做棋盘，因此首先需要绘制该棋盘，这里主要通过自定义的 drawTheGameBox()函数实现。该函数主要采用黄色的细横条"-"和竖条"|"组成棋盘。其中，在打印横边框时，使用双重循环控制，外层循环控制开始打印横边框的起始位置，内层循环控制横边框的长度并打印输出；打印竖边框时，使用 4 个 for 循环语句单独控制，其中每个循环用于控制打印出每行格子的 5 条竖边框。另外，在游戏主界面中还需要显示"游戏分数""执行步数"和"已用时"等信息，这主要使用 gotoxy()函数、color()函数和 printf()函数。其中，gotoxy()函数用于确定输出信息的位置，color()函数用于设置输出文字的颜色，printf()函数用于输出信息。drawTheGameBox()函数的实现代码如下：

```c
/**
 * 绘制游戏界面 4×4 的网格
 */
void drawTheGameBox()
{
    int i,j,k;
    gotoxy(16,1);                            //屏幕坐标位置
    color(11);                               //淡浅绿色
    printf("游戏分数: %ld",score);
    color(13);                               //粉色
    gotoxy(42,1);                            //屏幕坐标位置
    printf("执行步数: %d\n",step);
    color(14);                               //黄色
    for(j = 2;j <= 22;j += 5)                //打印棋盘边框
    {
        gotoxy(15,j);
        for(k = 1;k<42;k++)
        {
            printf("-");
        }
        printf("\n");
    }
    for (i = 3;i < 7;i ++)
    {
        gotoxy(15,i);
        printf("|         |         |         |         |");
    }
    for (i = 8;i<12;i++)
    {
        gotoxy(15,i);
        printf("|         |         |         |         |");
    }
    for (i = 13;i<17;i++)
    {
        gotoxy(15,i);
        printf("|         |         |         |         |");
    }
```

```c
    for (i = 18;i<22;i++)
    {
        gotoxy(15,i);
        printf("|            |            |            |            |");
    }
    gotoxy(44,23);
    color(10);                                           //绿色
    printf("已用时：%d s",time(NULL) - gameTime);        //输出游戏运行时间
}
```

> **说明**
>
> 在计算游戏运行时间时，上面代码通过将当前时间减去游戏开始时间来得出结果。在这个过程中，time(NULL)函数用于获取当前的时间。

2. 设置数字显示不同颜色

为数字设置不同的颜色，需要使用自定义函数 color()，该函数负责为每个数字（2^n，其中 0<n<12）都分配一种颜色。例如，数字 2 的颜色被设置为 12 号红色，数字 4 的颜色被设置为 11 号亮蓝色等，如图 2.7 所示。

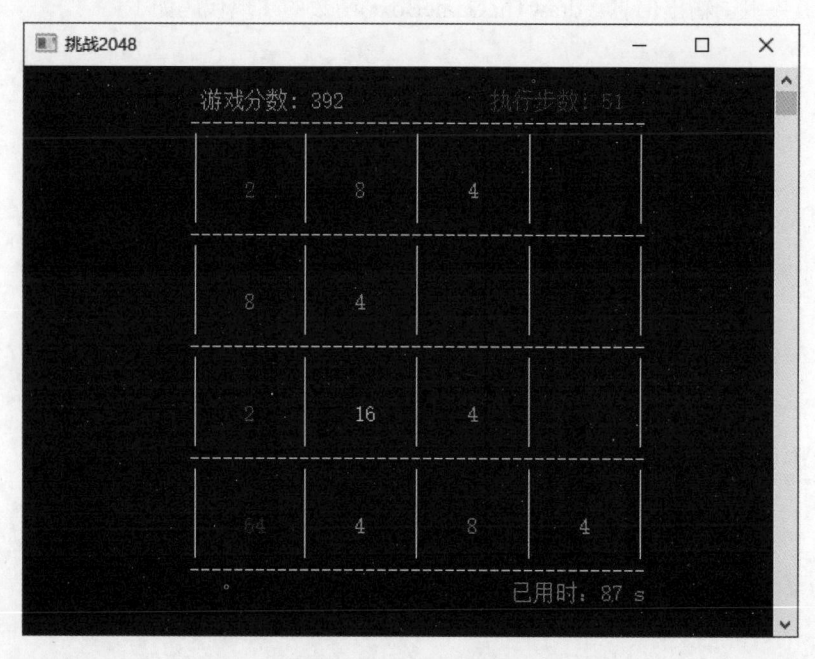

图 2.7　设置不同数字显示不同颜色的结果

设置数字显示不同颜色是通过一个自定义的 TextColors()函数实现的。该函数主要使用 switch 多分支语句，按照 2 的 n 次方进行分类，并使用 color()函数分别设置不同的颜色。TextColors()函数实现代码如下：

```c
/**
 *  根据数字修改颜色
 */
int TextColors(int number)
{
    switch (number)               //格子中出现的数字（2^n）（0<n<12）显示为不同颜色
    {                             //数字 1~15 代表不同的文字颜色，超过 15 表示文字背景色
        case 2:                   //数字 2
            return color(12);     //显示色号为 12 的颜色，红色
```

```
            break;
        case 4:
            return color(11);             //数字 4
            break;                         //显示色号为 11 的颜色，亮蓝色
        case 8:
            return color(10);
            break;
        case 16:
            return color(14);
            break;
        case 32:
            return color(6);
            break;
        case 64:
            return color(5);
            break;
        case 128:
            return color(4);
            break;
        case 256:
            return color(3);
            break;
        case 512:
            return color(2);
            break;
        case 1024:
            return color(9);
            break;
        case 2048:
            return color(7);
            break;
        default:
            break;
    }
    return 0;
}
```

3. 合并相同数字

当使用上、下、左、右方向键移动数字时，在同一方向上，两个相邻位置上的数字如果相同，就可以进行合并操作，合并后的数字会翻倍并积累得分；两个相邻位置上的数字如果不同，则不会进行合并操作。数字合并前后的效果分别如图 2.8 和图 2.9 所示。

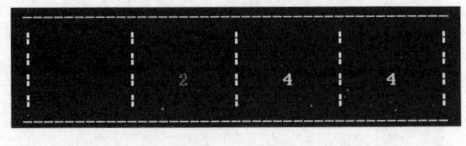

图 2.8　合并之前 　　　　　　　　图 2.9　合并之后

合并相同数字功能是通过自定义的 add() 指针函数实现的。该函数首先定义了 3 个数组，并遍历 item[] 数组中的元素，将值不为 0 的元素放入 tep[] 数组中；然后使用 for 循环遍历 tep[] 数组，在遍历时，比较 tep[i] 和 tep[i+1] 的值是否相同，如果相同，则 tep[i] 的值翻倍，并将 tep[i+1] 的值设置为 0，从而实现合并相同数字的效果。add() 指针函数的代码如下：

```
int* add(int item[])
{
    int i = 0, j = 0;
    int tep[4] = {0, 0, 0, 0}, tmp[4] = {0, 0, 0, 0};
    for(i = 0; i < 4; i ++)
```

```
            {
                if(item[i] != 0)                    //如果这个格子里有数字
                {
                    tep[j ++] = item[i];
                }
            }
            //把两个相邻的相同的数加起来
            for(i = 0; i < 4; i ++)
            {
                if(tep[i] == tep[i + 1])            //两个数字如果相同,则进行合并
                {
                    tep[i] *= 2;                    //一个格子中的数字翻倍,另一个为空
                    tep[i + 1] = 0;
                    score=score+tep[i];             //加分,加的分数为消除的数字*2
                }
            }
            j = 0;
            for(i = 0; i < 4; i ++)
            {
                if(tep[i] != 0)
                {
                    tmp[j ++] = tep[i];
                }
            }
            return (int *)(&tmp);                   //tmp 为指针的引用,*&指针本身可变
}
```

4. 判断数字能否移动

在挑战 2048 游戏中,移动数字之前,首先需要判断该数字是否可以移动。游戏中,数字能够移动的情况有两种:一是当两个相邻位置上的数字相同时;二是当相邻的两个位置中,一个位置是空的,而另一个位置上有数字时。例如,在图 2.10 中,第一行有两个相同的数字 4,玩家按向右的方向键时,这两个数字 4 可以移动;在图 2.11 中,第一行的数字 2 左侧位置为空,玩家按向左的方向键时,数字 2 也可以移动。

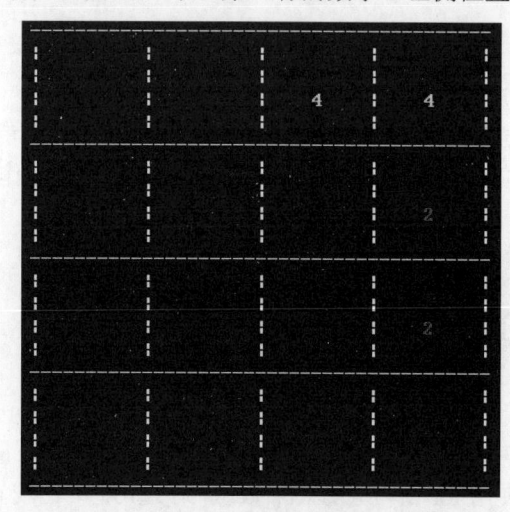

图 2.10　数字可移动 1 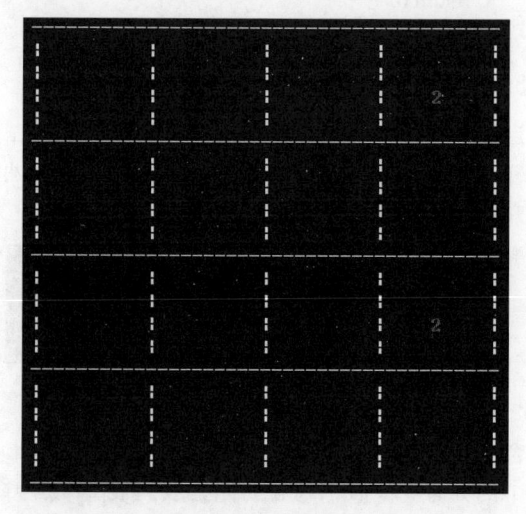　　　　　　　　　　图 2.11　数字可移动 2

判断数字能否移动的功能是通过自定义的 ifMove()函数实现的。该函数使用 for 循环遍历棋盘,然后判断两个相邻位置上的数字。如果相邻位置上的数字满足上面描述的两种情况,则返回 1,表示数字可移动;否则返回 0,表示数字不可移动。ifMove()函数实现代码如下:

/**

```
 * 判断数字是否可移动。返回1表示数字可移动；返回0表示数字不可移动
 */
int ifMove(int item[])
{
    int i = 0;
    for(i = 0; i < 3; i ++)
    {
        //如果两个相邻位置上的数字相同，表示该数字可移动，返回1
        if(item[i] != 0 && item[i] == item[i + 1])
        {
            return 1;
        }
        //如果两个相邻位置上，一个是空格子，一个上有数字，也能移动，返回1
        if(item[i] == 0 && item[i + 1] != 0)
        {
            return 1;
        }
    }
    return 0;                                      //不能合并，返回0
}
```

5. 通过键盘控制数字移动

挑战2048游戏中，玩家可以通过上、下、左、右键来移动棋盘中的数字，以实现数字的移动与合并。该功能是通过自定义的keyboardControl()函数实现的，该函数接收一个key参数，表示玩家按下的键值。该函数中，主要通过switch多分支语句判断玩家按下的方向键，并根据不同方向执行相应的数字移动操作。keyboardControl()函数的实现代码如下：

```
/**
 * 键盘控制移动
 */
int keyboardControl(int key)
{
    int i = 0, j = 0;
    int change = 0;
    int *p;
    int tp[4] = {0, 0, 0, 0};
    switch(key)                                    //LEFT = 75, UP = 72, RIGHT = 77, DOWN = 80
    {
        case 72:                                   //UP，向上键
            j = 0;
            for(i = 0; i < 4; i++)
            {
                tp[0] = BOX[0][i];                 //把一列数移到中间变量
                tp[1] = BOX[1][i];
                tp[2] = BOX[2][i];
                tp[3] = BOX[3][i];
                p = add(tp);                       //获得合并之后的数值
                //判断是否可以移动，可以移动，则新出现一个数字
                if(!ifMove(tp))
                {
                    j++;                           //向上移动
                    BOX[0][i] = p[0];              //把处理好的中间变量移回来
                    BOX[1][i] = p[1];
                    BOX[2][i] = p[2];
                    BOX[3][i] = p[3];
                }
                return j != 4;                     //当j不超过4时，可以执行UP操作
        case 80:                                   //DOWN，向下键
            j = 0;
```

```c
            for(i = 0; i < 4; i++)
            {
                tp[0] = BOX[3][i];
                tp[1] = BOX[2][i];
                tp[2] = BOX[1][i];
                tp[3] = BOX[0][i];
                p = add(tp);
                if(!ifMove(tp))
                {
                    j++;
                }
                BOX[3][i] = p[0];
                BOX[2][i] = p[1];
                BOX[1][i] = p[2];
                BOX[0][i] = p[3];
            }
            return j != 4;
        case 75:                                    //LEFT，向左键
            j = 0;
            for(i = 0; i < 4; i++)
            {
                tp[0] = BOX[i][0];
                tp[1] = BOX[i][1];
                tp[2] = BOX[i][2];
                tp[3] = BOX[i][3];
                p = add(tp);
                if(!ifMove(tp))
                {
                    j++;
                };
                BOX[i][0] = p[0];
                BOX[i][1] = p[1];
                BOX[i][2] = p[2];
                BOX[i][3] = p[3];
            }
            return j != 4;
        case 77:                                    //RIGHT，向右键
            j = 0;
            for(i = 0; i < 4; i++)
            {
                tp[0] = BOX[i][3];
                tp[1] = BOX[i][2];
                tp[2] = BOX[i][1];
                tp[3] = BOX[i][0];
                p = add(tp);
                if(!ifMove(tp))
                {
                    j++;
                }
                BOX[i][3] = p[0];
                BOX[i][2] = p[1];
                BOX[i][1] = p[2];
                BOX[i][0] = p[3];
            }
            return j != 4;
        case 27:                                    //按 Esc 键
            gotoxy(20,23);
            color(12);
            printf("确定退出游戏么？(y/n)");
            char c = getch();                       //获得键盘输入
            if(c == 'y' ||c == 'Y')                 //如果输入的是大写或者小写的 Y
            {
                exit(0);                            //退出游戏
            }
```

```
            if(c == 'n'||c == 'N')                    //如果输入的是大写或者小写的 N
            {
                gotoxy(20,23);
                printf("                    ");       //继续游戏
            }
            break;
        default: return 0;
    }
}
```

6. 判断游戏是否成功

在玩本项目的游戏时，如果棋盘中出现数字 2048，则表示游戏成功，这时程序会自动弹出游戏成功界面，如图 2.12 所示。

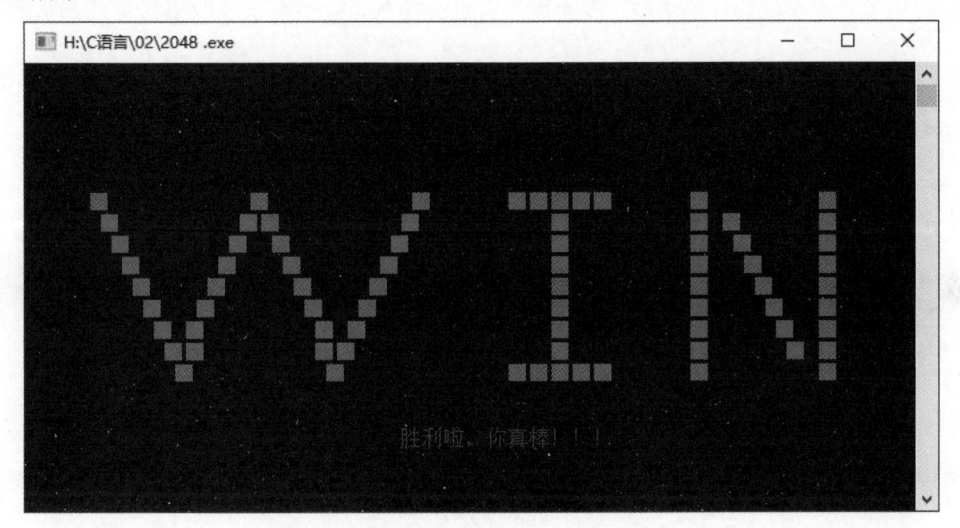

图 2.12 游戏成功界面

定义一个 Gamewin()函数，用于判断棋盘中的最大数是否为 2048。如果是，则游戏成功，这时程序会跳转到一个新的界面，在该界面中绘制一个由"■"组成的"WIN"型的字符画，并且将返回值设置为 1，表示游戏成功。Gamewin()函数的实现代码如下：

```
/**
 * 判断是否胜利
 */
int Gamewin()
{
    int flag = 0;
    if(BOXmax() == 2048)                         //如果棋盘中的最大值为 2048，达到目标，则游戏胜利
    {
        system("cls");
        gotoxy(1,6);
        color(2);                                //暗绿色
        //输出胜利 WIN 的字符画
        printf("     ■           ■   ■■■■■    ■       ■ \n");
        gotoxy(1,7);
        printf("     ■          ■■  ■        ■       ■ \n");
        gotoxy(1,8);
        printf("     ■         ■ ■  ■        ■       ■ \n");
        gotoxy(1,9);
        printf("     ■    ■   ■  ■  ■        ■       ■ \n");
        gotoxy(1,10);
        printf("     ■   ■    ■     ■        ■       ■ \n");
        gotoxy(1,11);
```

```
            printf("      ■   ■        ■   ■              ■          ■     ■  \n");
            gotoxy(1,12);
            printf("      ■ ■   ■ ■              ■          ■   ■ ■    \n");
            gotoxy(1,13);
            printf("      ■ ■   ■ ■              ■          ■   ■ ■    \n");
            gotoxy(1,14);
            printf("      ■         ■       ■ ■ ■ ■ ■     ■        ■    \n");
            gotoxy(35,17);
            color(13);
            printf("胜利啦，你真棒！！！");
            flag = 1;
    }
    return flag;                                    //flag 的值默认是 0，返回 1，则表示游戏成功
}
```

上面代码使用了一个 BOXmax() 函数，该函数为自定义函数，主要用于获取棋盘中的最大数，代码如下：

```
/**
 * 返回棋盘中的最大数
 */
int BOXmax()
{
    int max = BOX[0][0];                            //初始化 BOX 数组
    int i,j;
    for(i = 0;i < 4;i ++)                           //遍历整个数组
    {
        for(j = 0;j < 4;j ++)
        {
            if(BOX[i][j] > max)                     //如果数组中有数值大于 max 的值
            {
                max = BOX[i][j];                    //将数组中的值赋值给 max，这样找出数组中的最大数
            }
        }
    }
    return max;                                     //返回 max 的值，也就是当前棋盘中的最大值
}
```

7. 判断游戏是否失败

在玩本游戏时，如果游戏界面被数字填满，并且不能再进行移动或合并，则表示游戏失败。游戏失败后，玩家将看到如图 2.13 所示的界面。

图 2.13　游戏失败界面

定义一个 Gamefaile()函数，用于绘制游戏失败时的界面，并将返回值设置为 0，以表示游戏失败。Gamefaile()函数的实现代码如下：

```c
/**
* 判断是否失败，并输出棋盘中的最大数
*/
int Gamefaile()
{
    int flag = 0;
    int max;
    //当上下左右都不能移动时，游戏失败
    if(ifup() + ifdown() + ifleft() + ifright() == 0)
    {
        system("cls");
        gotoxy(34,3);
        color(14);
        printf("合并出的最大数是：");
        gotoxy(52,3);
        color(11);
        max = BOXmax();
        printf("%d",max);
        gotoxy(19,6);
        color(4);                                               //暗红色
        printf("    ■■■■   ■       ■     ■■       \n");   //输出 END 字符画
        gotoxy(19,7);
        printf("    ■        ■■     ■     ■  ■      \n");
        gotoxy(19,8);
        printf("    ■        ■ ■   ■     ■   ■     \n");
        gotoxy(19,9);
        printf("    ■        ■  ■  ■     ■    ■    \n");
        gotoxy(19,10);
        printf("    ■■■■   ■   ■ ■     ■    ■    \n");
        gotoxy(19,11);
        printf("    ■        ■    ■■     ■    ■    \n");
        gotoxy(19,12);
        printf("    ■        ■     ■      ■   ■     \n");
        gotoxy(19,13);
        printf("    ■        ■     ■■    ■  ■      \n");
        gotoxy(19,14);
        printf("    ■■■■   ■      ■     ■■       \n");
        gotoxy(34,17);
        color(13);
        printf("无法移动，游戏失败！");                           //提示文字
        flag = 1;
    }
    return flag;                                                 //flag 的值默认是 0，返回 1，则表示游戏失败
}
```

上面代码使用了 ifup()、ifdown()、ifleft()和 ifright() 4 个函数，这些函数分别用于判断指定的数字是否能够在向上、向下、向左、向右 4 个方向上进行移动。它们的实现代码如下：

```c
/**
* 判断是否能够上移。如果可以上移，返回 1；如果不能上移，则返回 0
*/
int ifup()
{
    int i,j;
    int flag = 0;                                                //定义标志变量，只有 0 或 1
    for(j = 0;j < 4;j ++)
        for(i = 0;i < 3;i ++)
        {
```

```c
                //如果上下两个格子相加是 2 的 n 次方，并且下面的格子中有数
                if((if2n(BOX[i][j] + BOX[i+1][j]) == 1) && BOX[i+1][j])
                {
                    flag = 1;                                          //可以上移
                }
            }
        return flag;                                                   //返回 1，表示可以上移；返回 0，表示不能上移
}

/**
 * 判断是否能够下移。如果可以下移，则返回 1；不能下移，则返回 0
 */
int ifdown()
{
        int i,j;
        int flag = 0;
        for(j = 0;j < 4;j ++)
            for(i = 3;i > 0;i --)
            {
                //如果上下两个格子相加是 2 的 n 次方，并且上面的格子中有数
                if((if2n(BOX[i][j] + BOX[i-1][j]) == 1) && BOX[i-1][j])
                {
                    flag = 1;                                          //可以下移
                }
            }
        return flag;                                                   //返回 1，表示可以下移；返回 0，表示不能下移
}

/**
 * 判断是否能够左移。如果可以左移，则返回 1；如果不能左移，则返回 0
 */
int ifleft()
{
        int i,j;
        int flag = 0;
        for(i = 0;i < 4;i ++)
            for(j = 0;j < 3;j ++)
            {
                //如果左右两个格子相加是 2 的 n 次方，并且右面的格子中有数
                if((if2n(BOX[i][j] + BOX[i][j+1]) == 1) && BOX[i][j+1])
                {
                    flag = 1;                                          //可以左移
                }
            }
        return flag;                                                   //返回 1，表示可以左移；返回 0，表示不能左移
}

/**
 * 判断是否能够右移。如果可以右移，则返回 1；如果不能右移，则返回 0
 */
int ifright()
{
        int i,j;
        int flag = 0;
        for(i = 0;i < 4;i ++)
            for(j = 3;j > 0;j --)
            {
                //如果左右两个格子相加是 2 的 n 次方，并且左面的格子中有数
                if((if2n(BOX[i][j] + BOX[i][j-1]) == 1) && BOX[i][j-1])
                {
                    flag = 1;                                          //可以右移
                }
```

```
        }
        return flag;                           //返回1，表示可以右移，返回0，表示不能右移
}
```

上面 4 个函数中都使用了一个 if2n()函数，该函数为自定义函数，主要用于判断传入的参数 x 是否为 2 的 n 次方。如果是，那么该函数返回 1；否则，返回 0。if2n()函数的实现代码如下：

```
/**
 * 判断 x 是否是 2 的 n 次方
 */
int if2n(int x)
{
    int flag = 0;
    int n;
    int N = 1;
    for(n = 1;n <= 11;n++)                     //2 的 11 次方是 2048，游戏目标是达到 2048
    {
        if(x == pow(2,n))                      //计算 2 的 n 次方
        {
            flag = 1;
            if(n>N)
                N = n;
            return flag;
        }
    }
    return flag;
}
```

2.6.3 开始游戏功能的实现

在实现了游戏逻辑功能相关的函数后，我们定义一个 Gameplay()函数，该函数主要用于实现开始游戏功能。该函数首先调用自定义的 drawTheGameBox()函数绘制游戏界面；然后使用随机函数 rand()在游戏棋盘的随机空格位置上显示初始数字 2 或者 4；接下来使用 conio.h 库文件中的 kbhit()函数来检测玩家是否按下键盘上的方向键，并通过调用自定义的 keyboardControl()函数控制数字的移动和合并；最后调用自定义的 Gamewin()函数和 Gamefaile()函数判断游戏的成功或者失败，并在判断完成后，询问玩家是否重玩或是退出游戏。Gameplay()函数实现代码如下：

```
/**
 * 开始游戏
 */
void Gameplay()
{
    system("cls");                             //清屏
    int i = 0, j = 0;
    gameTime = time(NULL);                     //获取当前时间为开始时间
    drawTheGameBox();                          //绘制游戏界面
    int a,b;                                   //BOX[][]数组的横纵坐标
    srand(time(NULL));                         //设置随机数种子，初始化随机数
    do
    {
        a = rand()%4;
        b = rand()%4;                          //获得 4×4 棋盘中的随机位置
    }while(BOX[a][b]!=0);                      //一直到棋盘中没有空格
    if(rand() % 4 == 0)                        //2 或 4 随机出现在空格处（最开始出现在棋盘上的 2 或 4）
    {
        BOX[a][b] = 4;
```

```c
else
{
    BOX[a][b] = 2;
}
for(i = 0; i < 4; i ++)                          //遍历整个网格
{
    for(j = 0; j < 4; j ++)
    {
        if(BOX[i][j] == 0)                       //如果网格中有空位，就继续下去
        {
            continue;
        }
        gotoxy(15 + j * 10 + 5, 2 + i * 5 + 3);  //设置棋子显示位置
        int c = BOX[i][j];                       //获得棋盘上BOX[i][j]上的数字
        TextColors(c);                           //设置棋子的颜色，不同数字显示不同颜色
        printf("%d", c);                         //打印棋子
    }
}
while(1)
{
    //kbhit()检查当前是否有键盘输入。如果有则返回1；否则返回0
    while (kbhit())
    {
        //如果按下的按键不是在keyboardControl()函数中定义的，会没有反应，直到按下定义的按键
        if(!keyboardControl(getch()))
        {
            continue;
        }
        drawTheGameBox();                        //绘制棋盘
        for(i = 0; i < 4; i ++)                  //循环整个4×4的棋盘
        {
            for(j = 0; j < 4; j ++)
            {
                if(BOX[i][j] == 0)               //如果棋盘中有空位，则可一直进行按键
                {
                    continue;
                }
                gotoxy(15 + j * 10 + 5, 2 + i * 5 + 3);//合并后的数出现的位置
                int c = BOX[i][j];
                TextColors(c);
                printf("%d", c);
            }
        }
        do{
            a = rand()%4;
            b = rand()%4;                        //获得随机位置
        }while(BOX[a][b]!=0);
        if(rand() % 4 == 0)                      //2 或 4 随机出现在空格处（进行方向操作合并之后，在空白处出现）
        {
            BOX[a][b] = 4;                       //随机位置上设置为4
        } else {
            BOX[a][b] = 2;                       //随机位置上设置为2
        }
        step++;                                  //进行计步
        gotoxy(15 +  b * 10 + 5, 2 + a * 5 + 3); //随机出现的2或4
        int c = BOX[a][b];
        TextColors(c);
        printf("%d", c);
    }
    //只要Gamefaile()或者Gamewin()任意一个函数返回1，也就是成功或是失败都会出现下面的内容
    if(Gamefaile()+Gamewin() != 0)
    {
```

```
        int n;
        gotoxy(20,20);
        color(12);
        printf("我要重新玩一局-------1");
        gotoxy(45,20);
        printf("不玩了,退出吧-------2\n");
        gotoxy(43,21);
        color(11);
        scanf("%d", &n);
        switch (n)
        {
            case 1:
                Replay();                        //重玩游戏
                break;
            case 2:
                close();                         //关闭游戏
                break;
        }
    }
}
```

2.6.4 重玩或退出游戏

在 2.6.3 节的 Gameplay()函数中,当游戏成功或者失败时,会提醒用户选择重玩或退出游戏,这主要是通过自定义的 Replay()函数和 close()函数来实现的。其中,Replay()函数用于实现重玩游戏的功能,该函数首先通过 system()函数清除屏幕,并初始化分数、步数、BOX 棋盘数组,然后调用 Gameplay()函数重新开始游戏。Replay()函数的实现代码如下:

```
/**
 * 重新游戏
 */
void Replay()
{
    system("cls");                               //清屏
    score = 0,step = 0;                          //分数、步数归零
    memset(BOX,0,16*sizeof(int));                //初始化 BOX 数组
    Gameplay();                                  //开始游戏
}
```

close()函数用于实现退出游戏功能,其代码如下:

```
/**
 * 退出
 */
void close()
{
    exit(0);
}
```

2.7 游戏规则介绍界面设计

2.7.1 游戏规则介绍界面概述

在游戏欢迎界面输入数字 2,并按 Enter 键,即可进入游戏规则介绍界面,该界面主要以不同的文字颜

色显示游戏规则，如图 2.14 所示。

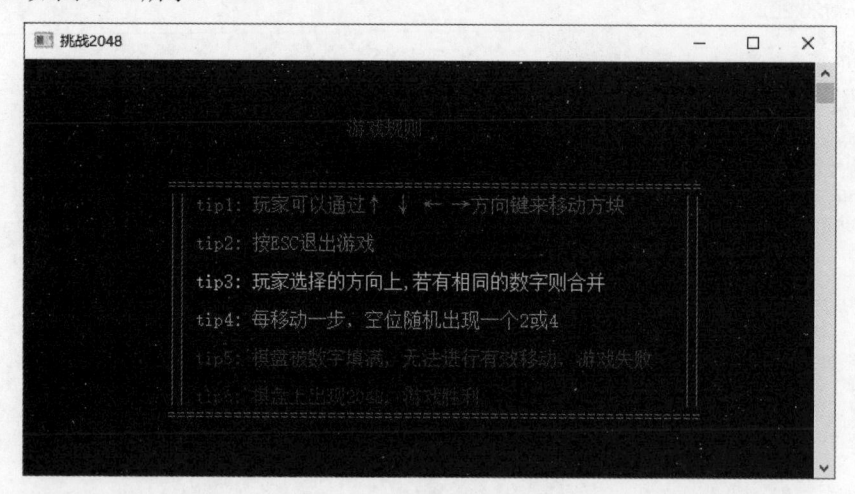

图 2.14　游戏规则介绍界面

2.7.2　游戏规则介绍的实现

定义一个 regulation()函数，用于绘制游戏规则介绍界面。该函数首先使用两个嵌套的 for 循环来绘制边框，然后通过调用自定义的 color()函数和 gotoxy()函数来确定规则介绍文字的颜色和位置，并使用 printf()函数输出相应的文字。regulation()函数的实现代码如下：

```c
/**
 * 游戏规则介绍
 */
void regulation()
{
    int i,j = 1;
    system("cls");
    color(13);
    gotoxy(34,3);
    printf("游戏规则");
    color(2);
    for (i = 6; i <= 18; i++)                              //输出上下边框===
    {
        for (j = 15; j <= 70; j++)                         //输出左右边框||
        {
            gotoxy(j, i);
            if (i == 6 || i == 18)
                printf("=");
            else if (j == 15 || j == 69)
                printf("||");
        }
    }
    color(3);
    gotoxy(18,7);
    printf("tip1: 玩家可以通过↑、↓、←、→方向键来移动方块");
    color(10);
    gotoxy(18,9);
    printf("tip2: 按 ESC 退出游戏");
    color(14);
    gotoxy(18,11);
    printf("tip3: 玩家选择的方向上,若有相同的数字则合并");
```

```
        color(11);
        gotoxy(18,13);
        printf("tip4：每移动一步，空位随机出现一个 2 或 4");
        color(4);
        gotoxy(18,15);
        printf("tip5：棋盘被数字填满，无法进行有效移动，游戏失败");
        color(5);
        gotoxy(18,17);
        printf("tip6：棋盘上出现2048，游戏胜利");
        getch();                              //按任意键返回游戏欢迎界面
        system("cls");
        main();
}
```

2.8 游戏按键说明功能设计

2.8.1 游戏按键说明功能概述

在游戏欢迎界面输入数字 3，并按 Enter 键，游戏欢迎界面的下方将会显示游戏的按键说明，如图 2.15 所示。

图 2.15 游戏按键说明效果

2.8.2 游戏按键说明的实现

定义一个 explanation()函数，该函数用于以不同的颜色显示游戏按键的说明文字，其实现代码如下：

```
/**
 * 按键说明
 */
void explanation()
{
        gotoxy(20,22);
```

```
        color(13);
        printf("①、↑、↓、←、→方向键进行游戏操作！");
        gotoxy(20, 24);
        printf("②、Esc 键退出游戏");
        getch();                                            //按任意键返回游戏欢迎界面
        system("cls");
        main();
}
```

2.9 项目运行

通过前述步骤，我们成功设计并完成了"挑战2048"游戏项目的开发。接下来，我们运行该游戏，以检验我们的开发成果。如图 2.16 所示，在 Dev-C++开发工具中，选择菜单栏中的"运行"→"编译运行"菜单项，即可成功运行程序。

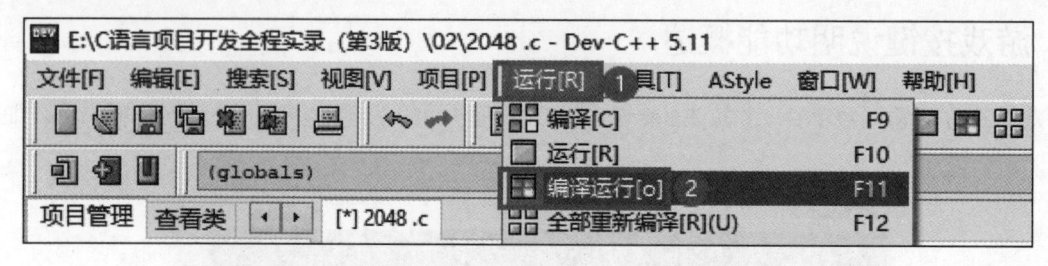

图 2.16 编译运行"挑战 2048"游戏项目

挑战 2048 游戏运行效果如图 2.17 所示，用户通过在图 2.17 中输入相应的菜单编号即可执行操作。

图 2.17 挑战 2048 游戏

> **说明**
>
> 通过在 Dev C++开发工具中选择"编译运行"菜单项，我们可以在项目的根目录中生成与项目同名的.exe 可执行文件，用户直接双击该文件即可运行程序。

本章主要使用 C 语言的输入输出函数、数组、指针函数、system()函数、控制台设置函数等技术，开发了一款名为"挑战 2048"的游戏。这款游戏具有规则简单、容易上手、趣味性强等特点，其商业版广受大众喜爱，因此具有很高的学习价值。同时，该游戏中的合并相同数字算法非常值得读者深入学习和反复实践。

2.10 源码下载

本章虽然详细地讲解了如何编码实现"挑战 2048"游戏的各个功能，但给出的代码都是代码片段，而非完整源码。为了方便读者学习，本书提供了完整的项目源码，读者只需扫描右侧的二维码，即可下载这些源码。

第 3 章
趣味俄罗斯方块

——二维数组 + switch 语句 + 嵌套 for 循环 + 结构体 + 内存管理 + 宏定义

俄罗斯方块游戏是一款深受喜爱的经典益智游戏，其规则简洁明了：在屏幕上堆叠各种形状的方块，一旦某一行被填满，该行就会消失，玩家因此获得分数；如果方块堆积至屏幕顶端，游戏便宣告结束。本章将运用 C 语言中的二维数组、switch 语句、嵌套 for 循环、结构体、内存管理以及宏定义等技术，开发一个名为"趣味俄罗斯方块"的游戏项目。

项目微视频

本项目的核心功能及实现技术如下：

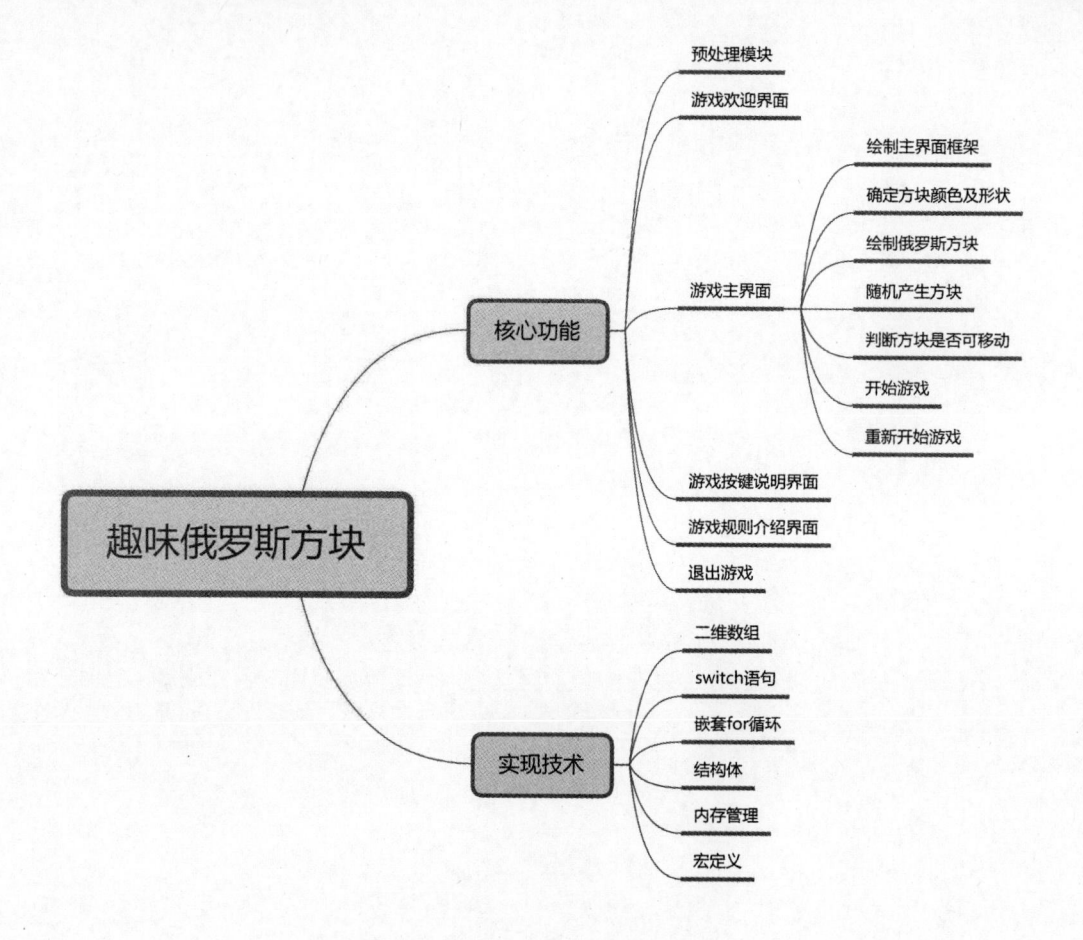

```
                                    ┌─ 预处理模块
                                    │
                                    ├─ 游戏欢迎界面
                                    │
                                    │              ┌─ 绘制主界面框架
                                    │              ├─ 确定方块颜色及形状
                                    │              ├─ 绘制俄罗斯方块
                          ┌─ 核心功能 ─┼─ 游戏主界面 ──┼─ 随机产生方块
                          │          │              ├─ 判断方块是否可移动
                          │          │              ├─ 开始游戏
                          │          │              └─ 重新开始游戏
                          │          │
                          │          ├─ 游戏按键说明界面
                          │          │
                          │          ├─ 游戏规则介绍界面
                          │          │
          趣味俄罗斯方块 ──┤          └─ 退出游戏
                          │
                          │          ┌─ 二维数组
                          │          ├─ switch语句
                          │          ├─ 嵌套for循环
                          └─ 实现技术 ─┼─ 结构体
                                     ├─ 内存管理
                                     └─ 宏定义
```

3.1 开发背景

俄罗斯方块是一款十分经典的益智类游戏，这款游戏以其简单易上手、受众极广的特点迅速风靡全球，成为流行文化的重要组成部分，影响了几代人的娱乐生活。它的规则简单却极富挑战性，能够激发玩家思维，提高玩家的反应能力，并能让玩家在轻松愉快的氛围中不断挑战自我，获得极高的成就感。使用 C 语言开发该游戏，无疑是一个十分明智的选择。C 语言作为一种通用、高效、更靠近底层硬件的编程语言，非常适用于开发需要高性能处理的游戏。C 语言提供了丰富的数据结构和算法实现手段，使得开发者能够灵活地控制游戏的各个方面，包括逻辑处理、图形渲染和用户输入等，进而打造出一个既保留经典玩法又融入新元素的游戏版本。同时，C 语言的可移植性强，使得这款游戏可以更容易地被移植到不同的平台或设备上，无论是计算机、移动设备还是游戏机，都能让玩家享受到俄罗斯方块游戏带来的乐趣。

本项目的实现目标如下：
- ☑ 用户界面简单，使玩家能够轻松愉快地享受游戏。
- ☑ 实现俄罗斯方块游戏的主要逻辑，包括方块的形状、旋转、下落和消除等。
- ☑ 能够通过键盘方便地控制方块的旋转。
- ☑ 实现一个随机生成不同形状方块的系统，为游戏增加更多的不确定性和挑战性。
- ☑ 建立一个计分系统，根据玩家消除的方块数量计算分数，并在游戏界面上实时显示。

3.2 系统设计

3.2.1 开发环境

本项目的开发及运行环境要求如下：
- ☑ 操作系统：推荐 Windows 10、Windows 11 或更高版本，兼容 Windows 7（SP1）。
- ☑ 开发工具：Dev C++ 5.11 或更高版本。
- ☑ 开发语言：C 语言。

3.2.2 业务流程

趣味俄罗斯方块游戏启动时，首先进入游戏欢迎界面，在该界面中可以通过输入菜单项对应的数字编号来执行相应的操作。其中，通过输入"开始游戏"菜单项对应的数字编号 1，进入游戏主界面，以开始俄罗斯方块游戏，这是本项目的核心功能。在游戏主界面中，首先需要进行游戏前期准备，包括游戏框架的绘制、俄罗斯方块的绘制、随机生成俄罗斯方块以及判断方块是否可移动等。前期准备完成后，自动开始游戏，这时生成的方格会自动下落，用户也可以使用键盘来控制方块的变形及移动。在方块自动下落或者键盘控制移动的过程中，程序会自动判断是否满行并自动消除、累加分数。另外，在开始游戏后，用户可以通过键盘控制游戏的暂停与继续。在游戏结束后，系统会询问用户是否重玩。如果选择是，则回到游戏主界面，重新开始游戏；否则，退出当前游戏。

本项目的业务流程如图 3.1 所示。

3.2.3 功能结构

本项目的功能结构已经在章首页中给出。作为一个经典的俄罗斯方块游戏项目，本项目实现的具体功能如下：
- ☑ 预处理模块：程序开发前的相关初始化工作。

- 游戏欢迎界面：游戏运行后的首屏界面，主要包含"开始游戏""按键说明""游戏规则"和"退出"等游戏菜单项。
- 游戏主界面：按照规则在该界面中实现俄罗斯方块游戏核心逻辑，其中主要包括绘制游戏主界面框架、俄罗斯方块的绘制、随机产生不同类型的俄罗斯方块、判断指定方块是否可移动、通过键盘控制方块的移动、满行自动消除并累计分数、重新开始游戏等功能。
- 游戏按键说明界面：显示游戏中按键的具体使用方法。
- 游戏规则介绍界面：显示游戏规则及玩法。
- 退出游戏：结束游戏，并退出当前程序。

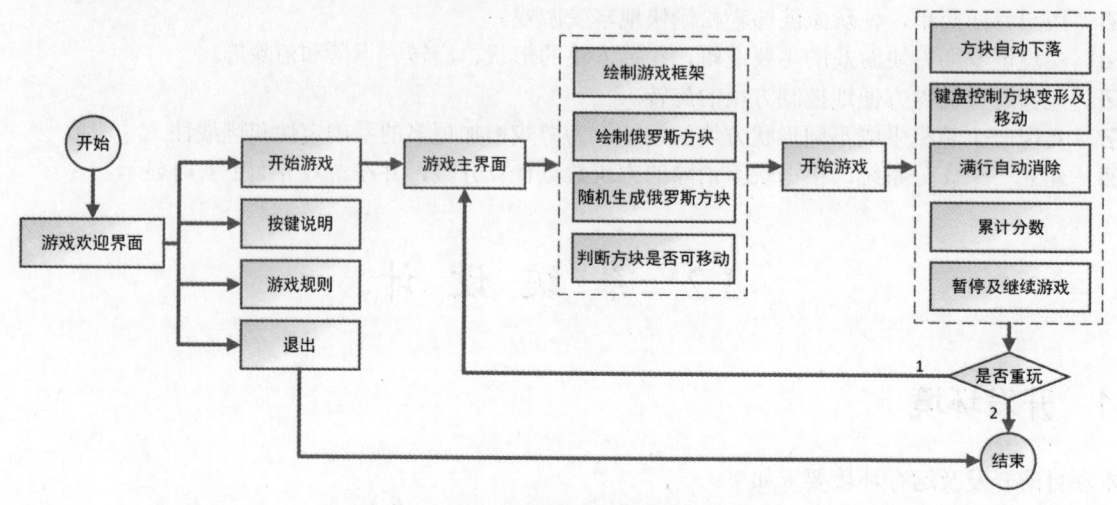

图 3.1 趣味俄罗斯方块游戏业务流程

3.3 技术准备

3.3.1 技术概览

- 二维数组：二维数组用于表示表格状的数据结构，其中每一维都会存储一个一维数组，二维数组元素的引用形式为"数组名[下标][下标]"。例如，本项目使用一个二维数组来表示俄罗斯方块的背景方格，代码如下：

```
int a[80][80]={0};
```

- switch 语句：switch 语句是一种用于多分支选择的流程控制语句，它提供了一种更简洁的方式来处理基于不同条件执行不同代码段的情况。例如，本项目在生成不同类型的方块时，使用 switch 语句，示例代码如下：

```
switch(tetris->flag)                    //共 7 大类，19 种类型
{
    case 1:                             /*田字方块 ■■
                                                  ■■ */
    {
        color(10);
        a[tetris->x][tetris->y-1]=b[1];
        a[tetris->x+2][tetris->y-1]=b[2];
```

```
                a[tetris->x+2][tetris->y]=b[3];
                break;
        }
        case 2:                                         /*直线方块 ■■■■*/
        {
                color(13);
                a[tetris->x-2][tetris->y]=b[1];
                a[tetris->x+2][tetris->y]=b[2];
                a[tetris->x+4][tetris->y]=b[3];
                break;
        }
        //其他方块的生成代码
}
```

- 嵌套 for 循环：嵌套 for 循环是指在一个 for 循环内部再包含另一个 for 循环的结构，这种结构在编程中十分常见，尤其适用于处理多维数据结构，如矩阵、图像处理、遍历多层嵌套的数据等。例如，下面的代码使用嵌套的 for 循环打印一个 5×5 的乘法表：

```
#include <stdio.h>

int main()
{
    //外层循环控制行
    for(int i = 1; i <= 5; i++)
    {
        //内层循环控制列
        for(int j = 1; j <= 5; j++)
        {
            //打印 i 和 j 的乘积，后面跟一个空格
            printf("%d ", i * j);
        }
        //每打印完一行后换行
        printf("\n");
    }
    return 0;
}
```

- 结构体：结构体是一种复合数据类型，允许开发人员将不同类型的数据组合在一起，这种特性使得结构体在处理复杂数据时非常有用。例如，在描述一个学生的信息（姓名、年龄、分数等）时，可以使用一个结构体来存储这些不同类型的信息，示例代码如下：

```
struct Student {
    char name[50];
    int age;
    float score;
};
```

- 内存管理：C 语言具备直接操作内存的能力，这对于优化性能、管理资源以及实现特定功能至关重要。C 语言的内存管理主要分为两种：一种是静态内存分配，它是指在编译时由编译器分配的内存，包括全局变量、静态局部变量以及在声明时赋初值的局部变量，静态分配的内存直到程序结束才会被释放；另一种是动态内存分配，它是在程序运行期间根据需要分配和释放内存的过程，C 语言提供了多个标准库函数来实现动态内存管理，如 malloc()函数、calloc()函数、realloc()函数、free()函数等。例如，下面的代码使用 malloc()函数动态分配内存，并在最后使用 free()函数释放内存：

```
#include <stdio.h>
#include <stdlib.h>

int main()
```

```c
{
    int *p = (int*)malloc(sizeof(int));      //分配一个 int 大小的内存
    if (p == NULL)
    {
        fprintf(stderr, "Memory allocation failed!\n");
        return 1;
    }
    *p = 42;                                  //在分配的内存中存储值
    printf("Value: %d\n", *p);
    free(p);                                  //释放内存
    return 0;
}
```

- ☑ 宏定义：C 语言中的宏定义是一种预处理功能，它允许开发人员使用预处理器指令#define 来替换文本。宏定义在程序编译之前由预处理器执行，它能够简化代码，并提高代码的可读性和可维护性，也可以用于优化性能。例如，下面的代码用来定义一个名称为 PI 的宏，以此来代替 3.14159 这个文本：

```
#define  PI  3.14159
```

《C 语言从入门到精通（第 6 版）》一书对二维数组、switch 语句、嵌套 for 循环、结构体、内存管理、宏定义等知识进行了详细的讲解。对这些知识不太熟悉的读者，可以参考该书对应的内容。下面将对俄罗斯方块游戏中的方块组变换以及方块移动算法进行必要介绍，以确保读者可以顺利完成本项目。

3.3.2 方块组变换分析

要开发趣味俄罗斯方块游戏，首先要明确该游戏的开发思路，具体如下：

- ☑ 明确俄罗斯方块游戏的规则：方块在移动时不得超出游戏边界；方块需相互拼接；某行一旦被完全填满，就会被消除，同时该行以上的所有行将下移一格；当屏幕上的方块堆至顶部且无法再进行消除时，游戏结束。
- ☑ 计算各方块组内的每个小方块的显示位置，如"7""T""田"等方块组。
- ☑ 计算各方块组一共有几种变换样式。
- ☑ 由于俄罗斯方块是用一个个方块组合而成的，因此要根据游戏背景的行数和列数定义多维数组。程序主要根据方块的行数和列数记录其是否存在，以及当前方块的颜色。
- ☑ 当方块组下移或变换样式时，判断其是否超出游戏边界或与已经排列好的方块发生重叠。方块组如果超出边界或与方块重叠，则应停止下移或变换样式。
- ☑ 当方块下移完成后，根据方块所在的最大行和最小行，判断其是否有填满的行。如果有，则去除该行，并将该行以上的所有行向下移动。
- ☑ 在去除指定的行后，重新生成一个新的随机方块组。

从上面的开发思路可以看出，俄罗斯方块游戏的核心是方块的组合、变换及移动。接下来对常见的几种方块组合样式进行介绍。俄罗斯方块游戏中常见的几种方块组合样式如图 3.2 所示。

接下来分析如何制作方块组，以及方块组如何进行变换。

在趣味俄罗斯方块游戏中，所有的方块组都是用 4 个子方块组成的。在计算各方块组时，首先要明确方块组中哪一个子方块是起始方块，然后通过起始方块的位置，计算其他子方块。下面以"7"字方块组的组合及变换过程为例进行说明。图 3.3 展示了"7"字方块组的起始样式，而图 3.4、图 3.5、图 3.6 分别展示了"7"字方块组以起始方块为中心的变换过程。

田字方块　　　T字方块　　　直线方块

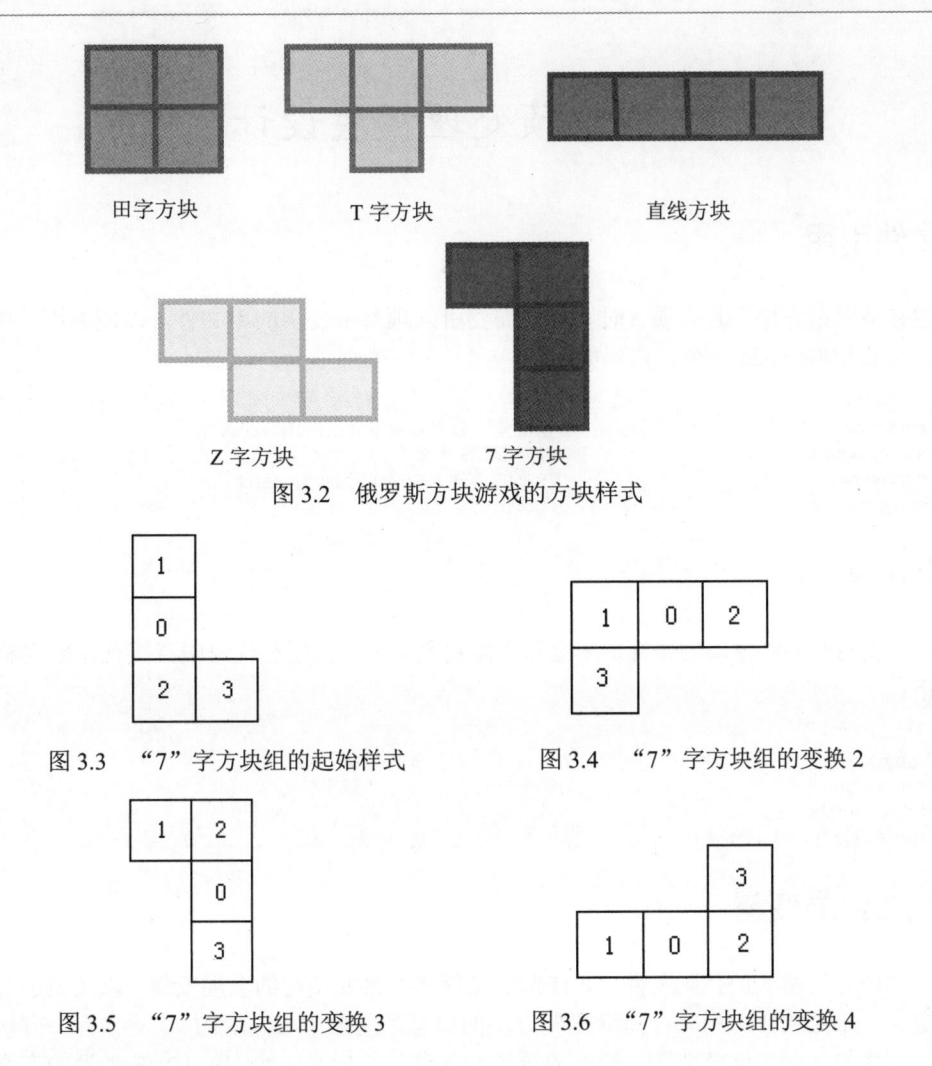

Z字方块　　　7字方块

图 3.2　俄罗斯方块游戏的方块样式

	1	
	0	
2	3	

图 3.3　"7"字方块组的起始样式

1	0	2
3		

图 3.4　"7"字方块组的变换 2

1	2
	0
	3

图 3.5　"7"字方块组的变换 3

		3
1	0	2

图 3.6　"7"字方块组的变换 4

3.3.3　方块移动算法分析

本项目采用定时更新坐标法来实现俄罗斯方块的移动，即将整个游戏方块元素载入一个二维数组中，如图 3.7 所示，然后通过方块元素的坐标与二维数组的下标建立关系，最后使用较小的间隔时间来更新数组中需要显示的元素，从而实现俄罗斯方块移动的效果。

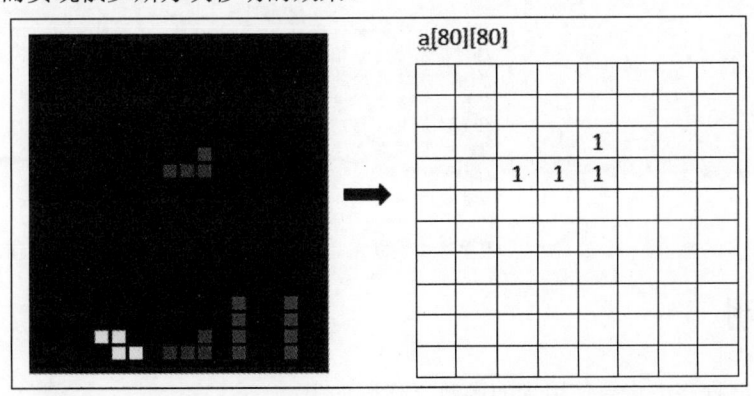

图 3.7　游戏方块元素与二维数组下标的关系

3.4 预处理模块设计

3.4.1 文件引用

开发"趣味俄罗斯方块"游戏项目时,首先需要引入项目中使用的库文件,以便调用其中的函数。在引用库文件时需要使用#include命令,代码如下:

```
/* 引入头文件 */
#include <stdio.h>              //标准输入输出函数库(printf()、scanf())
#include <windows.h>            //控制DOS界面(获取控制台上坐标位置、设置字体颜色)
#include <conio.h>              //接收键盘输入输出(kbhit()、getch())
#include <time.h>               //时间函数库
```

3.4.2 宏定义

本游戏中,我们将游戏窗口的坐标、高度和宽度定义为宏,以便在代码中直接使用宏名称来代替这些数据,代码如下:

```
/* 宏定义 */
#define FrameX 13               //游戏窗口左上角的X轴坐标为13
#define FrameY 3                //游戏窗口左上角的Y轴坐标为3
#define Frame_height  20        //游戏窗口的高度为20
#define Frame_width   18        //游戏窗口的宽度为18
```

3.4.3 定义全局变量

在趣味俄罗斯方块游戏的代码文件中,首先定义程序中将要使用的全局变量,以及表示游戏背景方格的二维数组;定义一个结构体,用来存储俄罗斯方块的信息,包括中心方块的x、y坐标、方块类型、下一个方块的类型、方块的移动速度及个数、游戏的分数和等级等;定义一个HANDLE类型的变量,表示控制台句柄,主要通过它来获取控制台上的坐标位置。代码如下:

```
/* 定义全局变量 */
int i,j,Temp,Temp1,Temp2;       //temp,temp1,temp2用于记住和转换方块变量的值
int a[80][80]={0};              //标记游戏背景方格
in b[4];                        //标记4个"口"方块: 1表示有方块, 0表示无方块
struct Tetris                   //声明俄罗斯方块的结构体
{
    int x;                      //中心方块的x轴坐标
    int y;                      //中心方块的y轴坐标
    int flag;                   //标记方块类型的序号
    int next;                   //下一个俄罗斯方块类型的序号
    int speed;                  //俄罗斯方块移动的速度
    int number;                 //生成俄罗斯方块的个数
    int score;                  //游戏的分数
    int level;                  //游戏的等级
};
HANDLE hOut;                    //控制台句柄
```

3.4.4 函数声明

在代码文件中声明程序中将要使用到的函数,代码如下:

```
/* 函数声明 */
void gotoxy(int x, int y);              //光标移到指定位置
int color(int c);                        //设置文字颜色
void DrawGameframe();                    //绘制游戏主界面框架
void Flag(struct Tetris *);              //随机产生方块类型的序号
void MakeTetris(struct Tetris *);        //确定俄罗斯方块颜色及形状
void DrawTetris(struct Tetris *);        //绘制俄罗斯方块
void CleanTetris(struct Tetris *);       //清除俄罗斯方块的痕迹
int  ifMove(struct Tetris *);            //判断是否能移动。返回值为1，表示能移动；否则表示不能移动
void Del_Fullline(struct Tetris *);      //判断是否满行，并删除满行的俄罗斯方块
void Gameplay();                         //开始游戏
void regulation();                       //游戏规则
void explanation();                      //按键说明
void welcome();                          //游戏欢迎界面中的菜单选项
void Replay(struct Tetris * tetris);     //重新开始游戏
void title();                            //欢迎界面上方的标题
void flower();                           //绘制字符画
void close();                            //退出游戏
```

3.5 游戏欢迎界面设计

3.5.1 游戏欢迎界面概述

趣味俄罗斯方块游戏的游戏欢迎界面主要提供了游戏的功能菜单，包括开始游戏、按键说明、游戏规则和退出这4个菜单。另外，该界面还会提示用户输入要操作的菜单编号。游戏欢迎界面运行效果如图3.8所示。

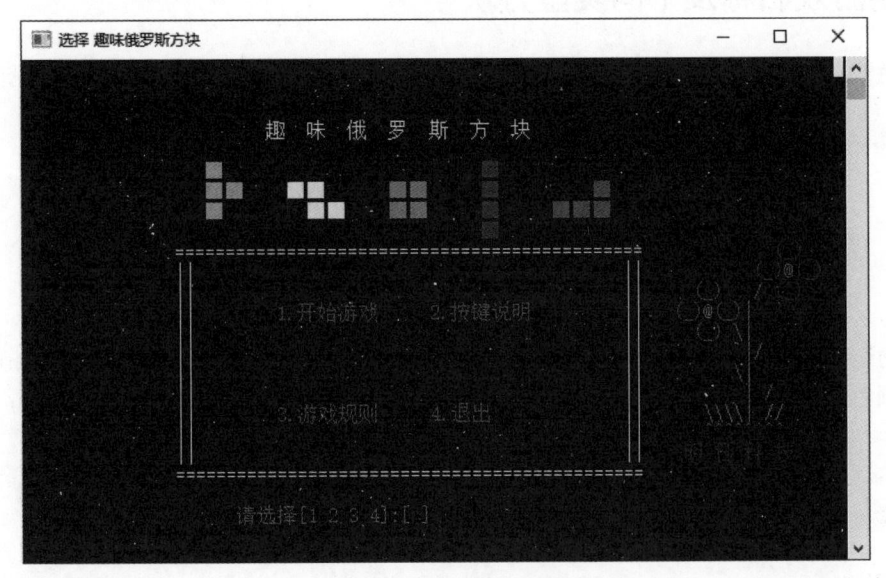

图3.8 游戏欢迎界面

3.5.2 设置文本颜色

为了美化趣味俄罗斯方块游戏，游戏界面中的文本以不同颜色进行显示，这主要通过自定义的color()函

数实现。该函数通过调用系统 API 函数 SetConsoleTextAttribute()对控制台窗口中的文本颜色进行设置。color()函数实现代码如下：

```c
/**
 * 文本颜色函数
 */
int color(int c)
{
    SetConsoleTextAttribute(GetStdHandle(STD_OUTPUT_HANDLE), c);    //更改文本颜色
    return 0;
}
```

3.5.3 设置文本显示位置

定义一个 gotoxy()函数，该函数通过调用系统 API 函数 SetConsoleCursorPosition()来实现对控制台中文本的坐标位置进行设置。gotoxy()函数的实现代码如下：

```c
/**
 *设置控制台中文本的光标位置
 */
void gotoxy(int x, int y)
{
    COORD pos;
    pos.X = x;                                                       //设置光标的横坐标
    pos.Y = y;                                                       //设置光标的纵坐标
    SetConsoleCursorPosition(GetStdHandle(STD_OUTPUT_HANDLE), pos);
}
```

3.5.4 绘制游戏名称及不同类型方块

本项目在游戏欢迎界面的上方显示游戏的名称及 5 种不同类型的俄罗斯方块图形，如图 3.9 所示。

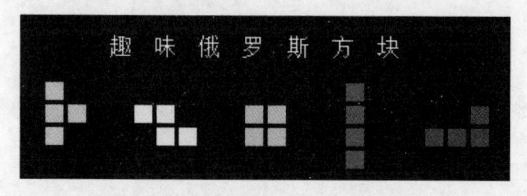

图 3.9　游戏名称及方块显示效果

该功能是通过自定义的 title()函数实现的。该函数主要通过调用 color()函数和 gotoxy()函数分别确定要绘制的文本的颜色和位置，然后使用 printf()函数输出相应文本。title()函数的实现代码如下：

```c
/**
 * 欢迎界面上方的标题
 */
void title()
{
    color(15);                                                       //亮白色
    gotoxy(24,3);
    printf("趣 味 俄 罗 斯 方 块\n");                                  //输出标题
    color(11);                                                       //亮蓝色
    gotoxy(18,5);
    printf("■");                                                     //■
    gotoxy(18,6);
    printf("■■");                                                   //■
```

```
            gotoxy(18,7);
            printf("■");
            color(14);                              //黄色
            gotoxy(26,6);
            printf("■■");                          //■■
            gotoxy(28,7);                           //  ■
            printf("■■");
            color(10);                              //绿色
            gotoxy(36,6);                           //■■
            printf("■■");                          //■■
            gotoxy(36,7);
            printf("■■");
            color(13);                              //粉色
            gotoxy(45,5);
            printf("■");                            //■
            gotoxy(45,6);
            printf("■");                            //■
            gotoxy(45,7);
            printf("■");                            //■
            gotoxy(45,8);
            printf("■");
            color(12);                              //亮红色
            gotoxy(56,6);
            printf("■");                            //  ■
            gotoxy(52,7);
            printf("■■■");                        //■■■
}
```

3.5.5 绘制装饰字符画

为了使游戏欢迎界面更加美观，本项目在该界面中加入字符画装饰，效果如图 3.10 所示。

图 3.10 字符画效果

该功能是通过自定义的 flower()函数实现的。该函数主要通过调用 color()函数和 gotoxy()函数分别确定要绘制的字符画符号的颜色和位置，然后使用 printf()函数输出字符画中各部分的符号。flower()函数实现代码如下：

```
/**
 * 绘制字符画
 */
void flower()
{
```

```c
        gotoxy(66,11);                    //确定屏幕上要输出的位置
        color(12);                        //设置颜色
        printf("(_)");                    //红花上边花瓣
        gotoxy(64,12);
        printf("(_)");                    //红花左边花瓣
        gotoxy(68,12);
        printf("(_)");                    //红花右边花瓣
        gotoxy(66,13);
        printf("(_)");                    //红花下边花瓣
        gotoxy(67,12);                    //红花花蕊
        color(6);
        printf("@");
        gotoxy(72,10);
        color(13);
        printf("(_)");                    //粉花左边花瓣
        gotoxy(76,10);
        printf("(_)");                    //粉花右边花瓣
        gotoxy(74,9);
        printf("(_)");                    //粉花上边花瓣
        gotoxy(74,11);
        printf("(_)");                    //粉花下边花瓣
        gotoxy(75,10);
        color(6);
        printf("@");                      //粉花花蕊
        gotoxy(71,12);
        printf("|");                      //两朵花之间的连接
        gotoxy(72,11);
        printf("/");                      //两朵花之间的连接
        gotoxy(70,13);
        printf("\\|");                    //注意\为转义字符。想要输出\,必须在它前面加上另一个\作为转义
        gotoxy(70,14);
        printf("`|/");
        gotoxy(70,15);
        printf("\\|");
        gotoxy(71,16);
        printf("| /");
        gotoxy(71,17);
        printf("|");
        gotoxy(67,17);
        color(10);
        printf("\\\\\\\\\\\\\\");         //草地
        gotoxy(73,17);
        printf("//");
        gotoxy(67,18);
        color(2);
        printf("^^^^^^^^");
        gotoxy(65,19);
        color(5);
        printf("明 日 科 技");             //公司名称
}
```

3.5.6 设计菜单选项

　　游戏欢迎界面的核心功能是设计俄罗斯方块游戏的菜单,其中包括4个菜单:开始游戏、按键说明、游戏规则和退出。另外,玩家可以在该界面中输入菜单对应的菜单编号,以执行相应的操作。游戏欢迎界面中的菜单选项部分效果如图3.11所示。

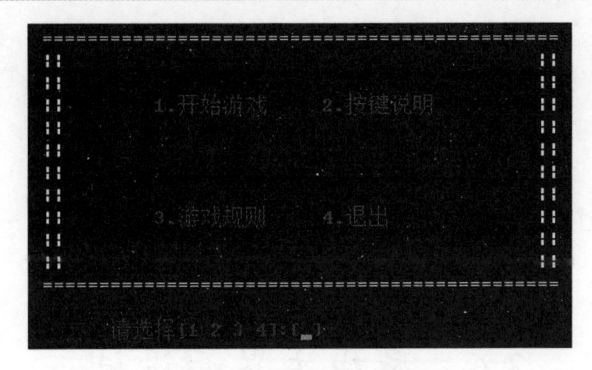

图 3.11 菜单选项效果

设计菜单选项主要通过自定义的 welcome()函数实现。该函数首先通过嵌套 for 循环绘制菜单选项的边框；然后使用 gotoxy()函数、color()函数和 printf()函数，在不同位置以不同颜色打印相应的菜单项文本和用户输入提示文本；最后使用 switch 多分支语句根据用户输入的菜单项编号，执行相应的操作。welcome()函数实现代码如下：

```c
/**
 * 游戏欢迎界面中的菜单选项
 */
void welcome()
{
    int n;
    int i,j = 1;
    color(14);                              //黄色边框
    for (i = 9; i <= 20; i++)               //输出上下边框 =
    {
        for (j = 15; j <= 60; j++)          //输出左右边框 ||
        {
            gotoxy(j, i);
            if (i == 9 || i == 20) printf("=");
            else if (j == 15 || j == 59) printf("||");
        }
    }
    color(12);
    gotoxy(25, 12);
    printf("1.开始游戏");
    gotoxy(40, 12);
    printf("2.按键说明");
    gotoxy(25, 17);
    printf("3.游戏规则");
    gotoxy(40, 17);
    printf("4.退出");
    gotoxy(21,22);
    color(3);
    printf("请选择[1 2 3 4]:[ ]\b\b");
    color(14);
    scanf("%d", &n);                        //输入选项
    switch (n)
    {
        case 1:
            system("cls");
            DrawGameframe();                //制作游戏窗口
            Gameplay();                     //开始游戏
            break;
        case 2:
            explanation();                  //按键说明函数
```

```
                break;
        case 3:
                regulation();                   //游戏规则函数
                break;
        case 4:
                close();                        //关闭游戏函数
                break;
        }
}
```

3.6 游戏主界面设计

3.6.1 游戏主界面概述

在游戏欢迎界面输入数字 1，并按 Enter 键后，玩家将进入游戏主界面，该界面展示了趣味俄罗斯方块的核心游戏功能。该界面主要分为两部分：左侧是游戏界面，右侧包含了得分统计、计时、下一出现方块展示和主要按键说明。游戏主界面效果如图 3.12 所示。

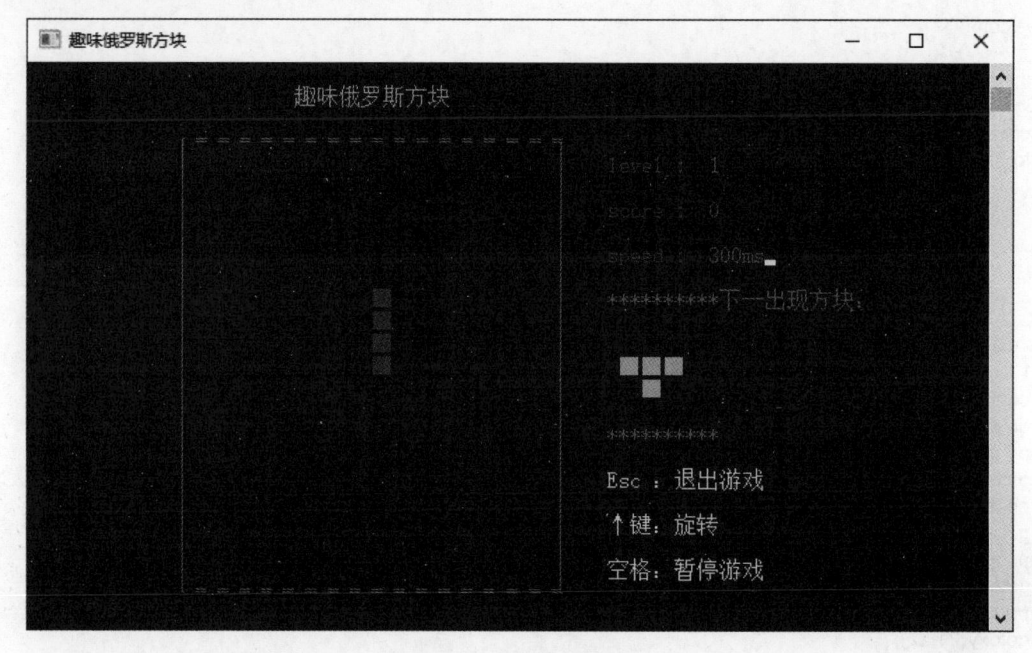

图 3.12　游戏主界面

3.6.2 绘制游戏主界面框架

游戏主界面框架主要由游戏名称、游戏边框、下一个出现的方块和主要按键说明等部分组成，如图 3.13 所示。

绘制游戏主界面框架主要通过自定义的 DrawGameframe()函数实现。该函数主要使用 gotoxy()函数、color()函数和 printf()函数，在不同位置以不同颜色打印框架中涉及的文本及符号。这里需要注意的是，在打印主界面框架左侧的游戏区域边框时，需要设置游戏方块的边界，即将左、右、下 3 个位置上的边框值都设

置为2,以防止方块在移动时越界。DrawGameframe()函数实现代码如下:

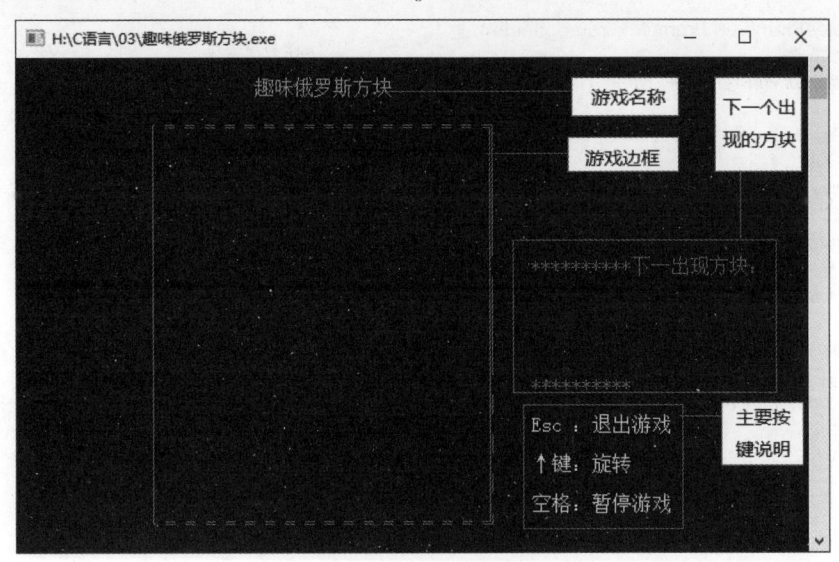

图3.13 游戏主界面框架效果

```c
/**
 * 绘制游戏主界面框架
 */
void DrawGameframe()
{
    gotoxy(FrameX+Frame_width-7,FrameY-2);              //设置游戏名称的显示位置
    color(11);                                           //将字体颜色设置为亮蓝色
    printf("趣味俄罗斯方块");                            //打印游戏名称
    gotoxy(FrameX+2*Frame_width+3,FrameY+7);            //设置上边框的显示位置
    color(2);                                            //将字体颜色设置为深绿色
    printf("**********");                                //打印下一个出现方块的上边框
    gotoxy(FrameX+2*Frame_width+13,FrameY+7);
    color(3);                                            //将字体颜色设置为深蓝绿色
    printf("下一出现方块:");
    gotoxy(FrameX+2*Frame_width+3,FrameY+13);
    color(2);
    printf("**********");                                //打印下一个出现方块的下边框
    gotoxy(FrameX+2*Frame_width+3,FrameY+17);
    color(14);                                           //将字体颜色设置为黄色
    printf("↑键：旋转");
    gotoxy(FrameX+2*Frame_width+3,FrameY+19);
    printf("空格：暂停游戏");
    gotoxy(FrameX+2*Frame_width+3,FrameY+15);
    printf("Esc：退出游戏");
    gotoxy(FrameX,FrameY);
    color(12);                                           //将字体颜色设置为红色
    printf("┌");                                        //打印框角
    gotoxy(FrameX+2*Frame_width-2,FrameY);    printf("┐");
    gotoxy(FrameX,FrameY+Frame_height);
    printf("└");
    gotoxy(FrameX+2*Frame_width-2,FrameY+Frame_height);
    printf("┘");
    for(i=2;i<2*Frame_width-2;i+=2)
    {
        gotoxy(FrameX+i,FrameY);
        printf("═");                                    //打印上横框
    }
```

```c
        for(i=2;i<2*Frame_width-2;i+=2)
        {
            gotoxy(FrameX+i,FrameY+Frame_height);
            printf("=");                                        //打印下横框
            a[FrameX+i][FrameY+Frame_height]=2;                 //标记下横框为游戏边框，防止方块出界
        }
        for(i=1;i<Frame_height;i++)
        {
            gotoxy(FrameX,FrameY+i);
            printf("‖");                                        //打印左竖框
            a[FrameX][FrameY+i]=2;                              //标记左竖框为游戏边框，防止方块出界
        }
        for(i=1;i<Frame_height;i++)
        {
            gotoxy(FrameX+2*Frame_width-2,FrameY+i);
            printf("‖");                                        //打印右竖框
            a[FrameX+2*Frame_width-2][FrameY+i]=2;              //标记右竖框为游戏边框，防止方块出界
        }
}
```

> **说明**
> 在3.4.3节中，我们定义了一个数组a[80][80]，用于标记游戏背景方格，该数组中的元素取值只有3个，分别是2、1、0。其中：2表示数组a所示的位置为游戏边框；1表示数组a所示的位置有方块；0则表示数组a所示的位置为空。

3.6.3 确定俄罗斯方块颜色及形状

定义一个MakeTetris()函数，用于确定各类型俄罗斯方块的形状。本游戏中的俄罗斯方块一共有7种基本图形，而不同基本图形旋转后又可以得到不同的旋转类型。其中："田字方块"旋转没有变化；"T字方块"一共有4种旋转图形，分别为"T字"、顺时针90°的"T字"、顺时针180°的"T字"和顺时针270°的"T字"；"直线方块"有横、竖两种旋转图形；"Z字方块"和"反Z字方块"各自都有两种旋转图形；"7字方块"和"反7字方块"各自都有4种旋转图形。因此，俄罗斯方块的7种基本图形旋转后共有19种旋转图形。MakeTetris()函数实现代码如下：

```c
/**
 * 确定俄罗斯方块颜色及形状
 */
void MakeTetris(struct Tetris *tetris)
{
    a[tetris->x][tetris->y]=b[0];                       //中心方块位置的图形状态
    switch(tetris->flag)                                //共7大类，19种类型
    {
        case 1:                                         /*田字方块 ■■
                                                                   ■■  */
        {
            color(10);
            a[tetris->x][tetris->y-1]=b[1];
            a[tetris->x+2][tetris->y-1]=b[2];
            a[tetris->x+2][tetris->y]=b[3];
            break;
        }
        case 2:                                         /*直线方块 ■■■■*/
        {
            color(13);
```

```
            a[tetris->x-2][tetris->y]=b[1];
            a[tetris->x+2][tetris->y]=b[2];
            a[tetris->x+4][tetris->y]=b[3];
            break;
    }
    case 3:                             /*直线方块   ■
                                                    ■
                                                    ■
                                                    ■  */
    {
            color(13);
            a[tetris->x][tetris->y-1]=b[1];
            a[tetris->x][tetris->y-2]=b[2];
            a[tetris->x][tetris->y+1]=b[3];
            break;
    }
    case 4:                             /*T字方块 ■■■
                                                   ■   */
    {
            color(11);
            a[tetris->x-2][tetris->y]=b[1];
            a[tetris->x+2][tetris->y]=b[2];
            a[tetris->x][tetris->y+1]=b[3];
            break;
    }
    case 5:                             /* 顺时针90°T字方块  ■
                                                             ■■
                                                             ■ */
    {
            color(11);
            a[tetris->x][tetris->y-1]=b[1];
            a[tetris->x][tetris->y+1]=b[2];
            a[tetris->x-2][tetris->y]=b[3];
            break;
    }
    case 6:                             /* 顺时针180°T字方块   ■
                                                              ■■■ */
    {
            color(11);
            a[tetris->x][tetris->y-1]=b[1];
            a[tetris->x-2][tetris->y]=b[2];
            a[tetris->x+2][tetris->y]=b[3];
            break;
    }
    case 7:                             /*顺时针270°T字方块 ■
                                                            ■■
                                                            ■  */
    {
            color(11);
            a[tetris->x][tetris->y-1]=b[1];
            a[tetris->x][tetris->y+1]=b[2];
            a[tetris->x+2][tetris->y]=b[3];
            break;
    }
    case 8:                             /* Z字方块 ■■
                                                    ■■*/
    {
            color(14);
            a[tetris->x][tetris->y+1]=b[1];
            a[tetris->x-2][tetris->y]=b[2];
            a[tetris->x+2][tetris->y+1]=b[3];
            break;
```

```
            }
            case 9:                              /* 顺时针 Z 字方块  ■
                                                              ■■
            {                                                 ■    */
                color(14);
                a[tetris->x][tetris->y-1]=b[1];
                a[tetris->x-2][tetris->y]=b[2];
                a[tetris->x-2][tetris->y+1]=b[3];
                break;
            }
            case 10:                             /* 反 Z 字方块   ■■
                                                               ■■  */
            {
                color(14);
                a[tetris->x][tetris->y-1]=b[1];
                a[tetris->x-2][tetris->y-1]=b[2];
                a[tetris->x+2][tetris->y]=b[3];
                break;
            }
            case 11:                             /* 顺时针反 Z 字方块   ■
                                                                   ■■
                                                                   ■   */
            {
                color(14);
                a[tetris->x][tetris->y+1]=b[1];
                a[tetris->x-2][tetris->y-1]=b[2];
                a[tetris->x-2][tetris->y]=b[3];
                break;
            }
            case 12:                             /* 7 字方块    ■■
                                                               ■
                                                               ■   */
            {
                color(12);
                a[tetris->x][tetris->y-1]=b[1];
                a[tetris->x][tetris->y+1]=b[2];
                a[tetris->x-2][tetris->y-1]=b[3];
                break;
            }
            case 13:                             /* 顺时针 90°7 字方块  ■
                                                                   ■■■  */
            {
                color(12);
                a[tetris->x-2][tetris->y]=b[1];
                a[tetris->x+2][tetris->y-1]=b[2];
                a[tetris->x+2][tetris->y]=b[3];
                break;
            }
            case 14:                             /* 顺时针 180°7 字方块   ■
                                                                     ■
                                                                    ■■  */
            {
                color(12);
                a[tetris->x][tetris->y-1]=b[1];
                a[tetris->x][tetris->y+1]=b[2];
                a[tetris->x+2][tetris->y+1]=b[3];
                break;
            }
            case 15:                             /* 顺时针 270°7 字方块 ■■■
                                                                    ■     */
            {
```

```
                color(12);
                a[tetris->x-2][tetris->y]=b[1];
                a[tetris->x-2][tetris->y+1]=b[2];
                a[tetris->x+2][tetris->y]=b[3];
                break;
            }
        case 16:                                        /* 反 7 字方块 ■■
                                                              ■
                                                              ■       */
            {
                color(9);
                a[tetris->x][tetris->y+1]=b[1];
                a[tetris->x][tetris->y-1]=b[2];
                a[tetris->x+2][tetris->y-1]=b[3];
                break;
            }
        case 17:                                        /* 顺时针 90°反 7 字方块 ■■■
                                                                            ■*/
            {
                color(9)
                a[tetris->x-2][tetris->y]=b[1];
                a[tetris->x+2][tetris->y+1]=b[2];
                a[tetris->x+2][tetris->y]=b[3];
                break;
            }
        case 18:                                        /* 顺时针 180°反 7 字方块   ■
                                                                              ■
                                                                            ■■  */
            {
                color(9);
                a[tetris->x][tetris->y-1]=b[1];
                a[tetris->x][tetris->y+1]=b[2];
                a[tetris->x-2][tetris->y+1]=b[3];
                break;
            }
        case 19:                                        /* 顺时针 270°反 7 字方块 ■
                                                                            ■■■*/
            {
                color(9);
                a[tetris->x-2][tetris->y]=b[1];
                a[tetris->x-2][tetris->y-1]=b[2];
                a[tetris->x+2][tetris->y]=b[3];
                break;
            }
        }
}
```

3.6.4 绘制俄罗斯方块

定义一个 DrawTetris()函数,用于根据 3.6.3 节中的 MakeTetris()函数确定的形状绘制相应的俄罗斯方块,并显示在游戏主界面的指定区域。此外,该函数还负责实现显示游戏等级、分数及方块移动速度的功能。DrawTetris()函数实现代码如下:

```
/**
 * 绘制俄罗斯方块
 */
void DrawTetris(struct Tetris *tetris)
{
    for(i=0;i<4;i++)                                //数组 b[4]中有 4 个元素,循环这 4 个元素,让每个元素的值都为 1
```

```
            {
                b[i]=1;                                 //数组 b[4]的每个元素的值都为 1
            }
            MakeTetris(tetris);                         //制作游戏窗口
            for( i=tetris->x-2; i<=tetris->x+4; i+=2 )
            {
                for(j=tetris->y-2;j<=tetris->y+1;j++)   //循环方块所有可能出现的位置
                {
                    if( a[i][j]==1 && j>FrameY )        //如果这个位置上有方块
                    {
                        gotoxy(i,j);
                        printf("■");                    //打印边框内的方块
                    }
                }
            }
            //打印菜单信息
            gotoxy(FrameX+2*Frame_width+3,FrameY+1);    //设置打印位置
            color(4);
            printf("level : ");
            color(12);
            printf(" %d",tetris->level);                //输出等级
            gotoxy(FrameX+2*Frame_width+3,FrameY+3);
            color(4);
            printf("score : ");
            color(12);
            printf(" %d",tetris->score);                //输出分数
            gotoxy(FrameX+2*Frame_width+3,FrameY+5);
            color(4);
            printf("speed : ");
            color(12);
            printf(" %dms",tetris->speed);              //输出速度
}
```

3.6.5 随机产生俄罗斯方块类型的序号

在进行游戏时,每次下落的方块都是随机产生的,因此,定义一个 Flag()函数,该函数使用 C 语言库中的 rand()函数来随机生成俄罗斯方块类型的序号,即 1~19 的任意一个数字。Flag()函数的实现代码如下:

```
/**
* 随机生成俄罗斯方块类型的序号
*/
void Flag(struct Tetris *tetris)
{
        tetris->number++;                       //记住生成方块的个数
        srand(time(NULL));                      //初始化随机数
        if(tetris->number==1)
        {
                tetris->flag = rand()%19+1;     //记住第一个方块的序号
        }
        tetris->next = rand()%19+1;             //记住下一个方块的序号
}
```

3.6.6 判断俄罗斯方块是否可移动

定义一个 ifMove()函数,用于判断俄罗斯方块是否可以移动。具体实现时,需要判断要移动到的位置是不是空位置,这需要判断该位置的中心方块 a[tetris->x][tetris->y]是否为方块或者边界。如果是方块或者边界,

则不可移动；否则，说明该位置的中心方块是无图案的，这时继续进行判断，如果19种不同形状的俄罗斯方块的各自方块位置上均无图案，则表示可以移动。例如，图3.14展示了一个田字方块，它的中心方块是左下角的"■"，从该图中可以看出：如果中心方块的上、右上、右的位置均为空，则该位置就可以放一个田字方块；只要有一个位置上不为空，就不能放下一个田字方块。

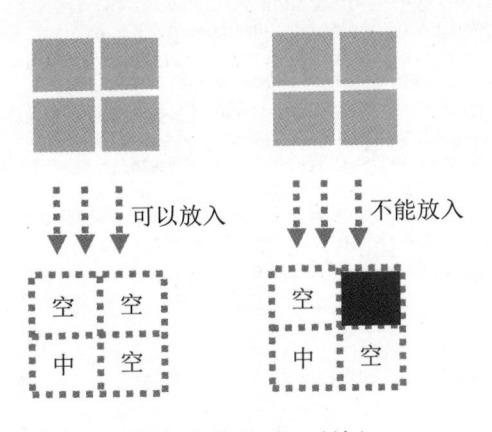

图3.14 俄罗斯方块是否可以放入

ifMove()函数实现代码如下：

```
/**
 * 判断是否可移动
 */
int ifMove(struct Tetris *tetris)
{
    if(a[tetris->x][tetris->y]!=0)//当中心方块位置上有图案时，返回值为0，即不可移动
    {
        return 0;
    }
    else
    {
        //当为田字方块且除中心方块位置外，其他方块位置上均无图案时
        //说明该位置能够放下田字方块，可以移动
        if(( tetris->flag==1   && ( a[tetris->x][tetris->y-1]==0
            && a[tetris->x+2][tetris->y-1]==0 && a[tetris->x+2][tetris->y]==0 ) ) ||
            //当为直线方块且除中心方块位置外，其他方块位置上均无图案时，可以移动
            ( tetris->flag==2   && ( a[tetris->x-2][tetris->y]==0
            && a[tetris->x+2][tetris->y]==0 && a[tetris->x+4][tetris->y]==0 ) ) ||
            ( tetris->flag==3   && ( a[tetris->x][tetris->y-1]==0
            && a[tetris->x][tetris->y-2]==0 && a[tetris->x][tetris->y+1]==0 ) ) ||    //直线方块（竖）
            ( tetris->flag==4   && ( a[tetris->x-2][tetris->y]==0   &&
            a[tetris->x+2][tetris->y]==0 && a[tetris->x][tetris->y+1]==0 ) ) ||        //T字方块
            ( tetris->flag==5   && ( a[tetris->x][tetris->y-1]==0   &&
            a[tetris->x][tetris->y+1]==0 && a[tetris->x-2][tetris->y]==0 ) ) ||        //T字方块（顺时针90°）
            ( tetris->flag==6   && ( a[tetris->x][tetris->y-1]==0   &&
            a[tetris->x-2][tetris->y]==0 && a[tetris->x+2][tetris->y]==0 ) ) ||        //T字方块（顺时针180°）
            ( tetris->flag==7   && ( a[tetris->x][tetris->y-1]==0   &&
            a[tetris->x][tetris->y+1]==0 && a[tetris->x+2][tetris->y]==0 ) ) ||        //T字方块（顺时针270°）
            ( tetris->flag==8   && ( a[tetris->x][tetris->y+1]==0   &&
            a[tetris->x-2][tetris->y]==0 && a[tetris->x+2][tetris->y+1]==0 ) ) ||      //Z字方块
            ( tetris->flag==9   && ( a[tetris->x][tetris->y-1]==0   &&
            a[tetris->x-2][tetris->y]==0 && a[tetris->x-2][tetris->y+1]==0 ) ) ||      //Z字方块（顺时针180°）
            ( tetris->flag==10 && ( a[tetris->x][tetris->y-1]==0   &&
            a[tetris->x-2][tetris->y-1]==0 && a[tetris->x+2][tetris->y]==0 ) ) ||      //Z字方块（反转）
            ( tetris->flag==11 && ( a[tetris->x][tetris->y+1]==0   &&
```

```
                    a[tetris->x-2][tetris->y-1]==0 && a[tetris->x-2][tetris->y]==0 ) ) ||
                    ( tetris->flag==12 && ( a[tetris->x][tetris->y-1]==0     &&              //7字方块
                    a[tetris->x][tetris->y+1]==0 && a[tetris->x-2][tetris->y-1]==0 ) ) ||
                    ( tetris->flag==15 && ( a[tetris->x-2][tetris->y]==0     &&              //7字方块（顺时针 90°）
                    a[tetris->x-2][tetris->y+1]==0 && a[tetris->x+2][tetris->y]==0 ) ) ||
                    ( tetris->flag==14 && ( a[tetris->x][tetris->y-1]==0     &&              //7字方块（顺时针 180°）
                    a[tetris->x][tetris->y+1]==0 && a[tetris->x+2][tetris->y+1]==0 ) ) ||
                    ( tetris->flag==13 && ( a[tetris->x-2][tetris->y]==0     &&              //7字方块（顺时针 270°）
                    a[tetris->x+2][tetris->y-1]==0 && a[tetris->x+2][tetris->y]==0 ) ) ||
                    ( tetris->flag==16 && ( a[tetris->x][tetris->y+1]==0     &&              //7字方块（反转）
                    a[tetris->x][tetris->y-1]==0 && a[tetris->x+2][tetris->y-1]==0 ) ) ||
                    ( tetris->flag==19 && ( a[tetris->x-2][tetris->y]==0     &&              //7字方块（反转+顺时针 90°）
                    a[tetris->x-2][tetris->y-1]==0 && a[tetris->x+2][tetris->y]==0 ) ) ||
                    ( tetris->flag==18 && ( a[tetris->x][tetris->y-1]==0     &&              //7字方块（反转+顺时针 180°）
                    a[tetris->x][tetris->y+1]==0 && a[tetris->x-2][tetris->y+1]==0 ) ) ||
                    ( tetris->flag==17 && ( a[tetris->x-2][tetris->y]==0     &&              //7字方块（反转+顺时针 270°）
                    a[tetris->x+2][tetris->y+1]==0 && a[tetris->x+2][tetris->y]==0 ) ) )
        {
                    return 1;
        }
    }
    return 0;
}
```

3.6.7 开始游戏的实现

定义一个 Gameplay()函数，用于实现开始俄罗斯方块游戏功能。该函数首先调用 DrawTetris()函数在游戏区域绘制俄罗斯方块，然后通过 kbhit()函数来检测当前是否有键盘输入，并使用 getch()函数读取用户按下键盘的 ASCII 码（方向键对应的 ASCII 码值分别为："↑"为 72，"↓"为 80，"←"为 75，"→"为 77），根据相应的 ASCII 码值控制方块的旋转和移动。如果用户按下空格键（ASCII 码值为 32），则暂停游戏；如果用户按下 Esc 键（ASCII 码值为 27），则退出本局游戏，返回游戏欢迎界面。Gameplay()函数的实现代码如下：

```
/**
 * 开始游戏
 */
void Gameplay()
{
    int n;
    struct Tetris t,*tetris=&t;                        //定义结构体的指针并指向结构体变量
    char ch;                                            //定义接收键盘输入的变量
    tetris->number=0;                                   //初始化俄罗斯方块数为 0 个
    tetris->speed=300;                                  //初始移动速度为 300ms
    tetris->score=0;                                    //初始游戏的分数为 0 分
    tetris->level=1;                                    //初始游戏为第 1 关
    while(1)                                            //循环产生方块，直至游戏结束
    {
        Flag(tetris);                                   //得到产生俄罗斯方块类型的序号
        Temp=tetris->flag;                              //记住当前俄罗斯方块序号
        tetris->x=FrameX+2*Frame_width+6;               //获得预览界面方块的 x 坐标
        tetris->y=FrameY+10;                            //获得预览界面方块的 y 坐标
        tetris->flag = tetris->next;                    //获得下一个俄罗斯方块的序号
        DrawTetris(tetris);                             //调用打印俄罗斯方块方法
        tetris->x=FrameX+Frame_width;                   //获得游戏窗口中心方块 x 坐标
        tetris->y=FrameY-1;                             //获得游戏窗口中心方块 y 坐标
        tetris->flag=Temp;                              //取出当前的俄罗斯方块序号
        while(1)                                        //控制方块方向，直至方块不再下移
```

```c
        {
            label:DrawTetris(tetris);                    //显示俄罗斯方块
            Sleep(tetris->speed);                        //延缓时间
            CleanTetris(tetris);                         //清除痕迹
            Temp1=tetris->x;                             //记住中心方块横坐标的值
            Temp2=tetris->flag;                          //记住当前俄罗斯方块序号
            if(kbhit())                                  //判断是否有键盘输入，如果有，则用getch()函数接收
            {
                ch=getch();
                if(ch==75)                               //按 ←键则向左动，中心横坐标减2
                {
                    tetris->x-=2;
                }
                if(ch==77)                               //按 →键则向右动，中心横坐标加2
                {
                    tetris->x+=2;
                }
                if(ch==80)                               //按 ↓键则加速下落
                {
                    if(ifMove(tetris)!=0)
                    {
                        tetris->y+=2;
                    }
                    if(ifMove(tetris)==0)
                        {
                            tetris->y=FrameY+Frame_height-2;
                        }
                }
                if(ch==72)                               //按 ↑键则变体,即当前方块顺时针转90度
                {
                    if( tetris->flag>=2 && tetris->flag<=3 )
                    {
                        tetris->flag++;
                        tetris->flag%=2;
                        tetris->flag+=2;
                    }
                    if( tetris->flag>=4 && tetris->flag<=7 )
                    {
                        tetris->flag++;
                        tetris->flag%=4;
                        tetris->flag+=4;
                    }
                    if( tetris->flag>=8 && tetris->flag<=11 )
                    {
                        tetris->flag++;
                        tetris->flag%=4;
                        tetris->flag+=8;
                    }
                    if( tetris->flag>=12 && tetris->flag<=15 )
                    {
                        tetris->flag++;
                        tetris->flag%=4;
                        tetris->flag+=12;
                    }
                    if( tetris->flag>=16 && tetris->flag<=19 )
                    {
                        tetris->flag++;
                        tetris->flag%=4;
                        tetris->flag+=16;
                    }
                }
```

```
            if(ch == 32)                                //按空格键，暂停
            {
                DrawTetris(tetris);
                while(1)
                {
                    if(kbhit())                         //再按空格键，继续游戏
                    {
                        ch=getch();
                        if(ch == 32)
                        {
                            goto label;
                        }
                    }
                }
            }
            if(ch == 27)
            {
                system("cls");
                memset(a,0,6400*sizeof(int));           //初始化 BOX 数组
                welcome();
            }
            if(ifMove(tetris)==0)                       //如果不可动，上面操作无效
            {
                tetris->x=Temp1;
                tetris->flag=Temp2;
            }
            else                                        //如果可动，执行操作
            {
                goto label;
            }
        }
        tetris->y++;                                    //如果没有操作指令，方块向下移动
        if(ifMove(tetris)==0)                           //如果向下移动且不可动，方块放在此处
        {
            tetris->y--;
            DrawTetris(tetris);
            Del_Fullline(tetris);
            break;
        }
    }
    for(i=tetris->y-2;i<tetris->y+2;i++)                //游戏结束条件：方块触到框顶位置
    {
        if(i==FrameY)
        {
            system("cls");
            gotoxy(29,7);
            printf("       \n");
            color(12);
            printf("\t\t\t■■  ■    ■  ■■■   \n");
            printf("\t\t\t■    ■■  ■  ■  ■   \n");
            printf("\t\t\t■■  ■ ■ ■  ■  ■   \n");
            printf("\t\t\t■    ■  ■■  ■  ■   \n");
            printf("\t\t\t■■  ■    ■  ■■■   \n");
            gotoxy(17,18);
            color(14);
            printf("我要重新玩一局-------1");
            gotoxy(44,18);
            printf("不玩了，退出吧-------2\n");
            int n;
            gotoxy(32,20);
            printf("选择【1/2】: ");
            color(11);
```

```
                scanf("%d", &n);
                switch (n)
                {
                    case 1:
                        system("cls");
                        Replay(tetris);                     //重新开始游戏
                        break;
                    case 2:
                        exit(0);
                        break;
                }
            }
            tetris->flag = tetris->next;                    //清除下一个俄罗斯方块的图形（右边窗口）
            tetris->x=FrameX+2*Frame_width+6;
            tetris->y=FrameY+10;
            CleanTetris(tetris);
        }
}
```

上面代码使用了 Del_Fullline()函数和 CleanTetris()函数。其中，Del_Fullline()函数用于判断方块是否填满了一整行，如果发现满行，则该行会自动被消除，并且相应的分数会被累计。Del_Fullline()函数实现代码如下：

```
/**
 * 判断是否满行，并删除满行的俄罗斯方块
 */
void Del_Fullline(struct Tetris *tetris)
{
    int k,del_rows=0;                                       //分别用于记录某行方块的个数和删除方块的行数的变量
    for(j=FrameY+Frame_height-1;j>=FrameY+1;j--)
    {
        k=0;
        for(i=FrameX+2;i<FrameX+2*Frame_width-2;i+=2)
        {
            if(a[i][j]==1)                                  //纵坐标依次从下往上，横坐标依次由左至右判断是否满行
            {
                k++;                                        //记录此行方块的个数
                if(k==Frame_width-2)                        //如果满行
                {
                                                            //删除满行的方块
                    for(k=FrameX+2;k<FrameX+2*Frame_width-2;k+=2)
                    {
                        a[k][j]=0;
                        gotoxy(k,j);
                        printf("  ");
                    }
                    //如果删除行以上的位置有方块，则先清除，再将方块下移一个位置
                    for(k=j-1;k>FrameY;k--)
                    {
                        for(i=FrameX+2;i<FrameX+2*Frame_width-2;i+=2)
                        {
                            if(a[i][k]==1)
                            {
                                a[i][k]=0;
                                gotoxy(i,k);
                                printf("  ");
                                a[i][k+1]=1;
                                gotoxy(i,k+1);
                                printf("■");
                            }
```

```
                                    }
                            }
                            //方块下移后,重新判断删除行是否满行
                            j++;
                            //记录删除方块的行数
                            del_rows++;
                        }
                    }
                }
            }
            tetris->score+=100*del_rows;
            //每删除一行,得 100 分
            if( del_rows>0 && ( tetris->score%1000==0 || tetris->score/1000>tetris->level-1 ) )
            {
                //如果得 1000 分即累计删除 10 行,速度加快 20ms 并升一级
                tetris->speed-=20;
                tetris->level++;
            }
}
```

> **说明**
>
> 当俄罗斯方块填满一行并消除该行时,由于游戏界面的宽度是 Frame_width,而左右两个竖边框各占两个方格,因此在判断某行是否满行时,只需要判断该行方块所占的宽度是否等于 Frame_width-2。

CleanTetris()函数用于清除俄罗斯方块下落的痕迹,其实现原理非常简单,只需要在方块移动后,在该方块之前的位置上输出两个空字符串(" ")即可。CleanTetris()函数的实现代码如下:

```
/**
 *  清除俄罗斯方块的痕迹
 */
void CleanTetris(struct Tetris *tetris)
{
    for(i=0;i<4;i++)                                    //数组 b[4]中有 4 个元素,循环这 4 个元素,让每个元素的值都为 0
    {
        b[i]=0;                                         //数组 b[4]的每个元素的值都为 0
    }
    MakeTetris(tetris);                                 //制作俄罗斯方块
    for( i = tetris->x - 2;i <= tetris->x + 4; i+=2 )   //■X■■    X 为中心方块
    {
        for(j = tetris->y-2;j <= tetris->y + 1;j++)     /*  ■
                                                            ■
                                                            X
                                                            ■   */
        {
            if( a[i][j] == 0 && j > FrameY )            //如果这个位置上没有图案,并且处于游戏界面中
            {
                gotoxy(i,j);
                printf("  ");                           //清除方块
            }
        }
    }
}
```

3.6.8 重新开始游戏

定义一个 Replay()函数,用于实现重新开始游戏功能。该函数首先使用 system()函数清空屏幕,然后调

用 DrawGameframe()函数重新绘制游戏的主界面框架,最后调用 Gameplay()函数开始新的游戏。Replay()函数实现代码如下:

```c
/**
 * 重新开始游戏
 */
void Replay(struct Tetris *tetris)
{
    system("cls");                          //清屏
    memset(a,0,6400*sizeof(int));           //初始化 BOX 数组,否则不会正常显示方块,导致游戏直接结束
    DrawGameframe();                        //制作游戏窗口
    Gameplay();                             //开始游戏
}
```

3.7 游戏按键说明界面设计

3.7.1 游戏按键说明界面概述

在游戏欢迎界面中输入数字 2,并按 Enter 键,即可进入游戏按键说明界面,该界面主要展示游戏中使用的所有按键及其功能。游戏按键说明界面如图 3.15 所示。

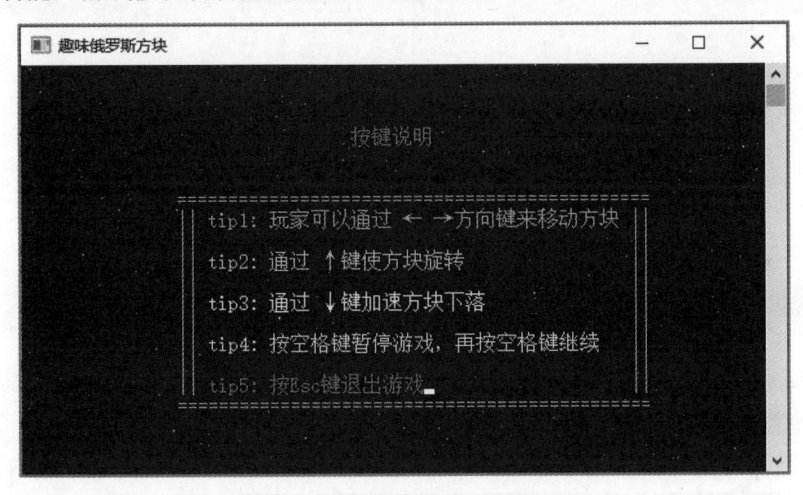

图 3.15　游戏按键说明界面

3.7.2 游戏按键说明的实现

定义一个 explanation()函数,该函数首先通过嵌套 for 循环绘制一个矩形的边框,然后使用 gotoxy()函数、color()函数和 printf()函数设置游戏按键的说明文字。explanation()函数实现代码如下:

```c
/**
 * 按键说明
 */
void explanation()
{
    int i,j = 1;
    system("cls");                          //清屏
    color(13);                              //粉色
    gotoxy(32,3);                           //设置显示位置
```

```c
        printf("按键说明");
        color(2);
        for (i = 6; i <= 16; i++)                      //输出上下边框===
        {
            for (j = 15; j <= 60; j++)                 //输出左右边框||
            {
                gotoxy(j, i);
                if (i == 6 || i == 16)
                    printf("=");
                else if (j == 15 || j == 59)
                    printf("||");
            }
        }
        color(3);
        gotoxy(18,7);
        printf("tip1: 玩家可以通过 ← →方向键来移动方块");
        color(10);
        gotoxy(18,9);
        printf("tip2: 通过 ↑键使方块旋转");
        color(14);
        gotoxy(18,11);
        printf("tip3: 通过 ↓键加速方块下落");
        color(11);
        gotoxy(18,13);
        printf("tip4: 按空格键暂停游戏，再按空格键继续");
        color(4);
        gotoxy(18,15);
        printf("tip5: 按 Esc 退出游戏");
        getch();                                        //按任意键返回欢迎界面
        system("cls");                                  //清屏
        main();                                         //返回主函数
}
```

3.8 游戏规则界面设计

3.8.1 游戏规则界面概述

在游戏欢迎界面中输入数字 3，并按 Enter 键，即可进入游戏规则界面，该界面主要以不同的文字颜色显示俄罗斯方块游戏的规则。游戏规则界面如图 3.16 所示。

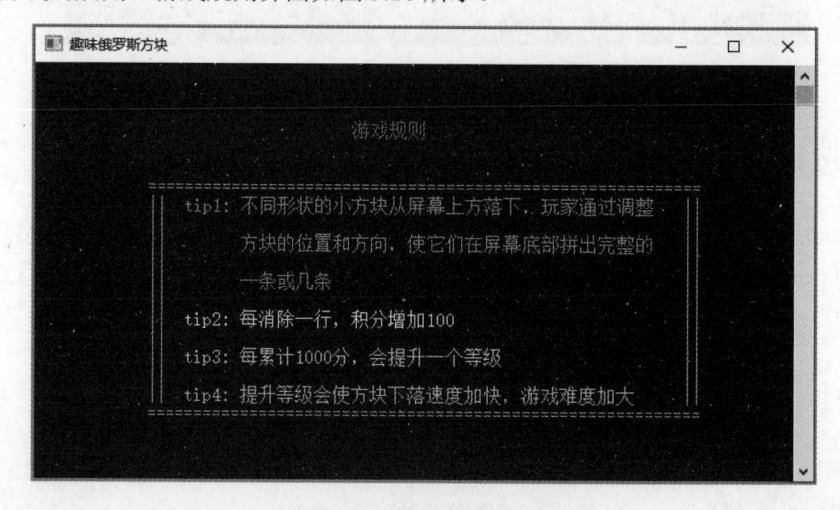

图 3.16　游戏规则界面

3.8.2 游戏规则的实现

定义一个 regulation()函数。该函数首先通过嵌套 for 循环绘制一个矩形的边框，然后使用 gotoxy()函数、color()函数和 printf()函数设置游戏规则的介绍文字。regulation()函数实现代码如下：

```c
/**
 * 游戏规则
 */
void regulation()
{
    int i,j = 1;
    system("cls");
    color(13);
    gotoxy(34,3);
    printf("游戏规则");
    color(2);
    for (i = 6; i <= 18; i++)                  //输出上下边框===
    {
        for (j = 12; j <= 70; j++)             //输出左右边框||
        {
            gotoxy(j, i);
            if (i == 6 || i == 18)
                printf("=");
            else if (j == 12 || j == 69)
                printf("||");
        }
    }
    color(12);
    gotoxy(16,7);
    printf("tip1: 不同形状的小方块从屏幕上方落下，玩家通过调整");
    gotoxy(22,9);
    printf("方块的位置和方向，使它们在屏幕底部拼出完整的");
    gotoxy(22,11);
    printf("一条或几条");
    color(14);
    gotoxy(16,13);
    printf("tip2: 每消除一行，积分增加 100");
    color(11);
    gotoxy(16,15);
    printf("tip3: 每累计 1000 分，会提升一个等级");
    color(10);
    gotoxy(16,17);
    printf("tip4: 提升等级会使方块下落速度加快，游戏难度加大");
    getch();                                   //按任意键返回游戏欢迎界面
    system("cls");
    welcome();
}
```

3.9 退出游戏

在游戏欢迎界面中输入数字 4，并按 Enter 键，即可退出游戏，该功能主要通过自定义的 close()函数实现，代码如下：

```c
/**
 * 退出游戏
 */
```

```
void close()
{
    exit(0);
}
```

3.10 项目运行

通过前述步骤，我们成功设计并完成了"趣味俄罗斯方块"游戏项目的开发。接下来，我们运行该游戏，以检验我们的开发成果。如图 3.17 所示，在 Dev-C++开发工具中打开"趣味俄罗斯方块.c"源代码文件，选择菜单栏中的"运行"→"编译运行"菜单项，即可成功运行程序。

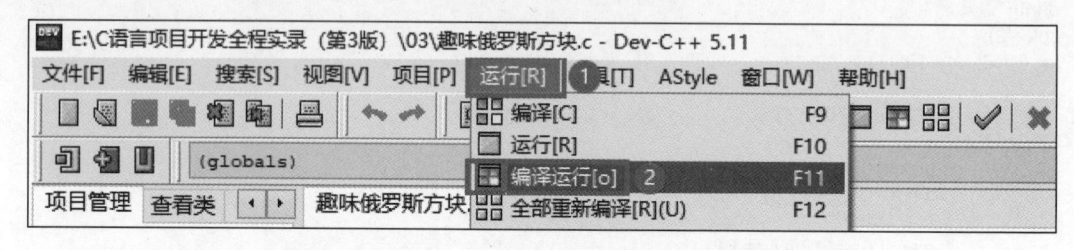

图 3.17 编译运行"趣味俄罗斯方块"游戏项目

趣味俄罗斯方块游戏运行效果如图 3.18 所示，用户通过在图 3.18 中输入相应的菜单编号即可执行操作。

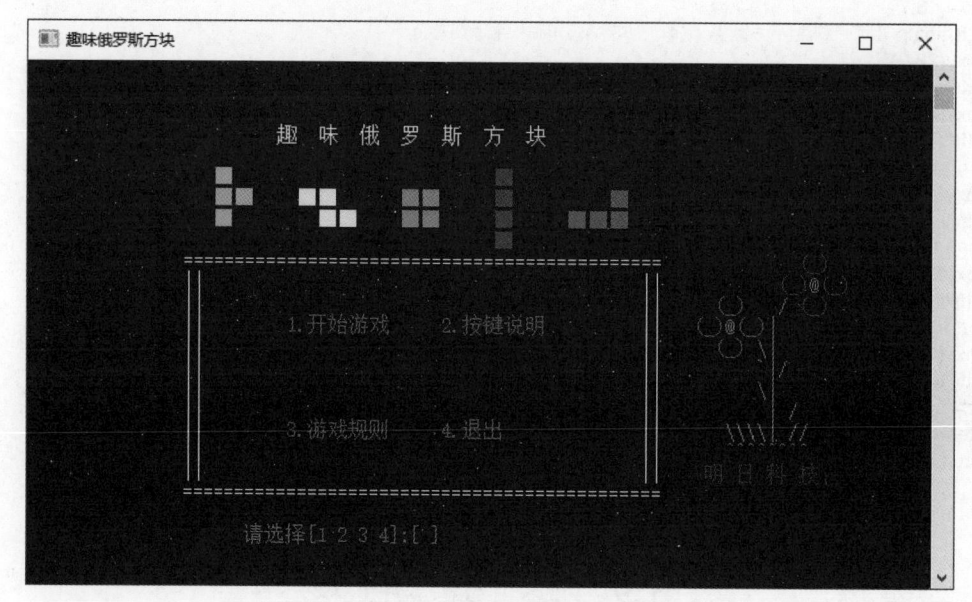

图 3.18 趣味俄罗斯方块运行效果

本章主要讲解了如何使用 C 语言开发一个控制台版的趣味俄罗斯方块游戏。其中，在实现游戏的基本逻辑功能时，本章主要使用了二维数组、switch 语句、嵌套 for 循环、结构体、内存管理、宏定义等技术；对于游戏界面的绘制，本章主要使用了控制台设置相关的函数，如 SetConsoleTextAttribute()、SetConsoleCursorPosition()等；游戏中方块的变换、移动等主要通过键盘进行控制，这主要通过判断相应键的 ASCII 码来实现。通过本项目的开发，读者不仅能够巩固 C 语言编程基础知识，还能加深对游戏开发流程的理解，为未来参与更复杂的游戏开发奠定坚实基础。

3.11 源 码 下 载

  本章虽然详细地讲解了如何编码实现"趣味俄罗斯方块"的各个功能，但给出的代码都是代码片段，而非完整源码。为了方便读者学习，本书提供了完整的项目源码，读者只需扫描右侧的二维码，即可下载这些源码。

第 4 章 畅联通讯录管家

——链表 + 字符串函数 + 文件操作 + typedef 关键字

通讯录是一种用于存储和管理联系人信息的工具，随着互联网的普及和通信技术的发展，人们对通讯录系统的需求越来越大。目前，通讯录系统已被广泛应用于各个行业。本章将使用 C 语言中的链表、字符串函数、文件操作、typedef 关键字等技术开发一个名为畅联通讯录管家的通讯录系统。

本项目的核心功能及实现技术如下：

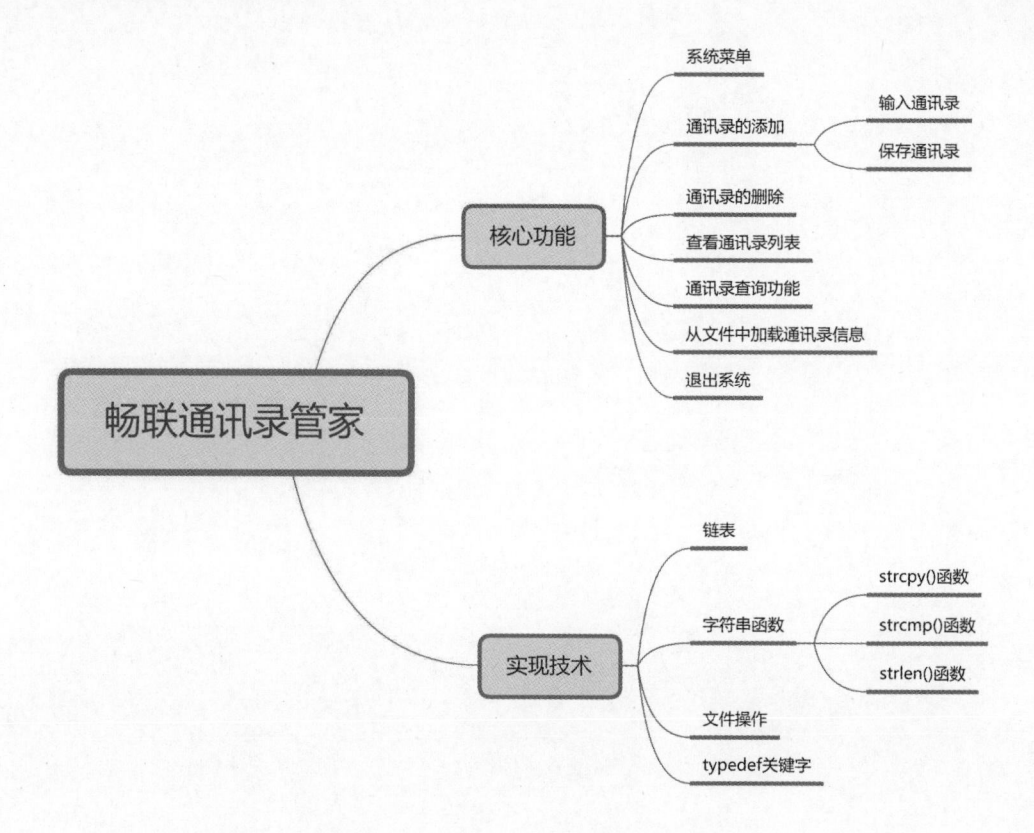

```
                                    ┌─ 系统菜单
                                    │                    ┌─ 输入通讯录
                                    ├─ 通讯录的添加 ─────┤
                                    │                    └─ 保存通讯录
                                    ├─ 通讯录的删除
                        ┌─ 核心功能 ─┼─ 查看通讯录列表
                        │           ├─ 通讯录查询功能
                        │           ├─ 从文件中加载通讯录信息
                        │           └─ 退出系统
         畅联通讯录管家 ─┤
                        │           ┌─ 链表                        ┌─ strcpy()函数
                        │           │                              │
                        └─ 实现技术 ─┼─ 字符串函数 ─────────────────┼─ strcmp()函数
                                    │                              │
                                    │                              └─ strlen()函数
                                    ├─ 文件操作
                                    └─ typedef关键字
```

4.1 开发背景

随着时代的发展，计算机已经成为人们生活中不可或缺的一部分，它打破了地域和时间的限制，改变了人们的工作和生活方式。随着人们相互之间的联系越来越便捷，社交网络也变得更加庞大，单纯依靠人脑已经很难记住所有人的联系方式和其他的通信信息，而传统的纸质通讯录也已经不能满足人们的需求，人们越来越多地依赖于手机或其他电子设备进行联系。这样，通讯录系统就成为每个人的必备的工具，它可以帮助用户更方便地存储和管理联系人信息，提高沟通效率。C 语言以简单、高效、跨平台而著称，因此本章将使用 C 语言开发一个控制台版的畅联通讯录管家，并将该系统移植到计算机上以便使用。

本项目的实现目标如下：
- ☑ 可以帮助用户快速录入通讯录信息，并且可以对通讯录信息进行基本的添加、删除、查询等操作。
- ☑ 能够批量录入通讯录信息。
- ☑ 能够将通讯录信息保存到磁盘文件中，方便查看。
- ☑ 能够以列表形式查看通讯录信息。
- ☑ 操作简单、方便。

4.2 系统设计

4.2.1 开发环境

本项目的开发及运行环境要求如下：
- ☑ 操作系统：推荐 Windows 10、Windows 11 或更高版本，兼容 Windows 7（SP1）。
- ☑ 开发工具：Dev C++ 5.11 或更高版本。
- ☑ 开发语言：C 语言。

4.2.2 业务流程

在项目启动后，程序首先展示的是"畅联通讯录管家"的菜单选择界面，该界面包含输入通讯录、删除通讯录、通讯录列表、查找通讯录、保存通讯录、加载通讯录和退出这 7 个菜单。用户输入每个菜单对应的数字编号，并按 Enter 键，即可进行相应的操作。

本项目的业务流程如图 4.1 所示。

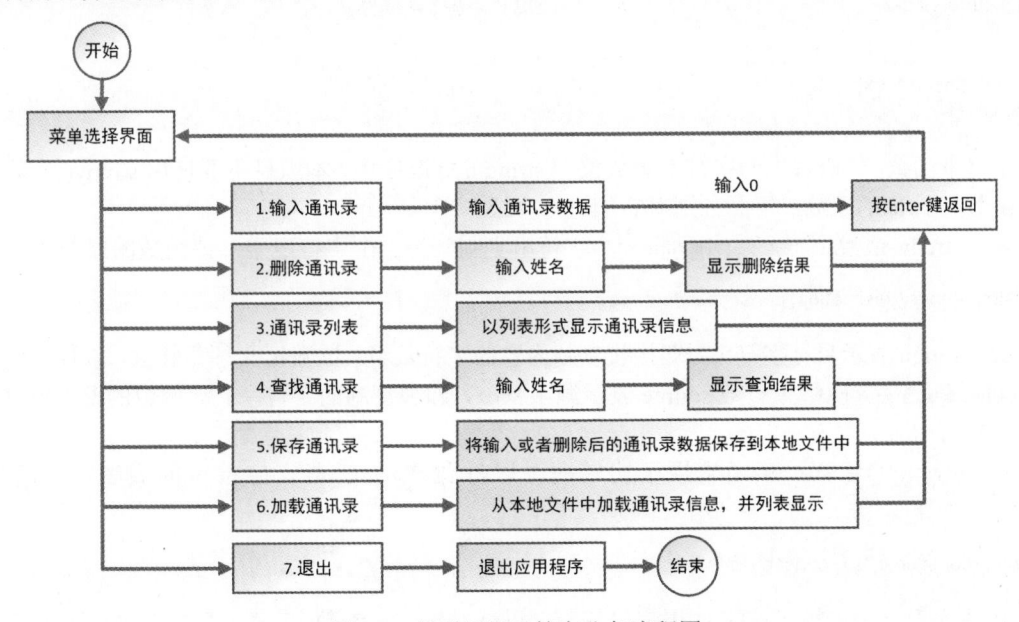

图 4.1 畅联通讯录管家业务流程图

4.2.3 功能结构

本项目的功能结构已经在章首页中给出。作为一个对通讯录进行管理的项目，本项目实现的具体功能如下：

- ☑ 系统菜单：包括输入通讯录、删除通讯录、通讯录列表、查找通讯录、保存通讯录、加载通讯录和退出这 7 个菜单。
- ☑ 通讯录的添加：输入通讯录信息（包括姓名、城市、省份、国家、电话信息），并将通讯录信息保存到本地文件中。
- ☑ 通讯录的删除：从链表和本地文件中删除指定姓名的通讯录信息。
- ☑ 查看通讯录列表：以列表形式显示所有的通讯录信息。
- ☑ 通讯录的查询：按照姓名查询指定的联系人信息。
- ☑ 从文件中加载通讯录信息：读取本地文件，加载所有通讯录信息，并以列表形式进行显示。
- ☑ 退出系统：退出该应用程序。

4.3 技术准备

在实现"畅联通讯录管家"项目过程中，我们使用 C 语言中的基础知识，如链表、字符串函数、文件操作、typedef 关键字等技术。基于此，这里将本项目所用的 C 语言核心技术点及其具体作用简述如下：

- ☑ 链表：链表是 C 语言中一种重要的数据结构，用于存储一系列数据元素，其中每个节点都包含数据部分和指向下一个节点的指针。链表相比于数组的优势在于插入和删除操作更加高效，其不需要移动元素。在链表操作时，尤其是在链表中插入和删除节点时，一定要注意内存管理，确保正确分配和释放内存，避免内存泄漏。例如，本项目定义一个通讯录链表的节点结构，以便更好地对通讯录信息进行添加和删除操作，代码如下：

```
typedef struct node                        //定义通讯录链表的节点结构
{
    struct Info data;
    struct node *next;
}Node,*link;
```

- ☑ 字符串函数：C 语言中的字符串函数位于 string.h 标准库中，本项目主要使用 strcpy()函数、strcmp()函数和 strlen()函数，下面分别对它们进行介绍。
  - ➤ strcpy()函数：该函数用于将一个字符串复制到另一个字符串中，该函数的原型如下：

```
char *strcpy(char *destination, const char *source);
```

参数 destination 表示目标字符串，即接收复制内容的字符数组，该数组必须足够大，以便容纳源字符串的内容（包括终止空字符\0）。参数 source 表示源字符串，即被复制的字符串。该函数的返回值是指向参数 destination 的指针。

  - ➤ strcmp()函数：该函数用于比较两个以\0 结尾的 C 语言字符串的顺序，该函数的原型如下：

```
int strcmp(const char *s1, const char *s2);
```

参数 s1 表示第一个进行比较的 C 语言字符串（以\0 结尾），参数 s2 表示第二个进行比较的 C 语言字符串（以\0 结尾）。strcmp()函数会逐个字符地比较两个字符串中的字符，直到遇到以下情况之一，则停止比较并返回相应的值：如果在任何位置，s1 的字符小于 s2 的对应字符（基于 ASCII 值比较），则返回负数；如果在任何位置 s1 的字符大于 s2 的对应字符，则返回正数；如果两个字符串的全部字符都相同（包括到\0），则返回 0。

> strlen()函数：用于计算一个字符串的长度，不包括结束的空字符\0，该函数的原型如下：

```
size_t strlen(const char *str);
```

参数 str 表示一个指向以空字符\0 结尾的字符串的指针。该函数从传入的字符串地址开始遍历，直到遇到空字符\0，并返回在此过程中所有的字符数量。

☑ 文件操作：C 语言通过标准库中的函数来实现文件操作，以下是一些常用的文件操作函数：

> fopen(const char *filename, const char *mode)函数：该函数用于打开或创建一个文件。其中，filename 表示文件名，mode 用来指定打开模式，如读（"r"）、写（"w"）、追加（"a"）、读写（"r+", "w+", "a+"）等。
> fclose(FILE *stream)函数：该函数用于关闭由 fopen()函数打开的文件流。
> fscanf(FILE *stream, const char *format, ...)函数：该函数用于从文件中按照指定格式读取数据。
> fgets(char *str, int n, FILE *stream)函数：该函数用于从文件中读取一行数据到字符串中，直到遇到换行符或读取 n 个字符。
> fread(void *ptr, size_t size, size_t count, FILE *stream)函数：该函数用于从文件中读取二进制数据。
> fprintf(FILE *stream, const char *format, ...)函数：该函数用于将数据格式化后输出到文件中。
> fputs(const char *str, FILE *stream)函数：该函数用于将字符串写入文件中。
> fwrite(const void *ptr, size_t size, size_t count, FILE *stream)函数：该函数用于向文件中写入二进制数据。
> fseek(FILE *stream, long offset, int whence)函数：该函数用于移动文件内部的位置指针。其中，参数 whence 的取值有 3 个，分别是 SEEK_SET（文件开头）、SEEK_CUR（当前位置）、SEEK_END（文件结尾）。
> ftell(FILE *stream)函数：该函数用于返回当前文件位置指针相对于文件开始的位置。
> ferror(FILE *stream)函数：该函数用于检查文件操作是否有错误。
> feof(FILE *stream)函数：该函数用于检查是否到达文件末尾。

☑ typedef 关键字：typedef 用于为现有的数据类型创建一个新的名称（别名），其主要目的是增强代码的可读性和可维护性，使得开发人员能够定义更具描述性的类型名。例如，本项目中定义一个存储通讯录信息的链表结构，然后使用 typedef 关键字为其定义别名以方便访问，示例代码如下：

```
//链表
typedef struct node                    //定义通讯录链表的节点结构
{
    struct Info data;
    struct node *next;
}Node,*link;
```

《C 语言从入门到精通（第 6 版）》一书详细地讲解了 C 语言中链表、字符串函数（包括 strcpy()函数、strcmp()函数、strlen()函数等）、文件操作、typedef 关键字等知识。对这些知识不太熟悉的读者，可以参考该书对应的内容。

4.4 预处理模块设计

4.4.1 文件引入

开发"畅联通讯录管家"项目时，首先需要引入项目中将要使用的库文件，以便能够调用这些库中的函数，在引用库文件时，需要使用#include命令，代码如下：

```c
#include<stdio.h>          //标准输入输出函数库（printf()、scanf()）
#include<stdlib.h>         //动态内存分配函数库（malloc()、free()）
#include<dos.h>            //MSDOS调用的一些常量和函数
#include<conio.h>          //接收键盘输入输出（kbhit()、getch()）
#include<string.h>         //字符串操作和内存操作函数
```

4.4.2 全局变量

在"畅联通讯录管家"中，通讯录信息包含多个字段，如姓名、城市、省份、国家、电话等，而每一个联系人都需要输入这些信息，因此本项目将其定义为一个全局的结构体类型。另外，为了更加灵活地添加、删除或遍历通讯录信息，需要定义一个全局的链表。关键代码如下：

```c
//通讯录信息
struct Info
{
    char name[15];              //姓名
    char city[10];              //城市
    char province[10];          //省份
    char state[10];             //国家
    char tel[15];               //电话
};

//链表
typedef struct node             //定义通讯录链表的节点结构
{
    struct Info data;
    struct node *next;
}Node,*link;
```

4.4.3 函数声明

根据畅联通讯录管家的功能需求，在代码文件中声明程序中将要使用的函数，代码如下：

```c
void stringinput();         //自定义字符串检测函数
void enter();               //通讯录录入函数
void del();                 //通讯录信息删除函数
void search();              //查询函数
void list();                //通讯录列表函数
void save();                //数据保存函数
void load();                //数据读取函数
int menu_select();          //功能列表函数
```

4.5 功能设计

4.5.1 设计系统菜单

畅联通讯录管家运行后，首先显示的是系统菜单，该菜单有 7 个菜单项，如图 4.2 所示。每个菜单项都对应一个编号，用户只需输入相应的编号并按 Enter 键，即可执行相应的操作。

定义一个 menu_select()函数，用于实现打印系统菜单的功能。该函数主要调用 C 语言标准库中的 printf()函数来打印系统菜单，然后在 do…while 循环中提示用户输入操作编号，并使用 scanf()函数来接收用户输入的菜单编号。menu_select()函数实现代码如下：

```c
int menu_select()
{
    int i;
    printf("\n\n\t*********************畅联通讯录管家********************\n\n");
    printf("\t*            1.输入通讯录                    *|\n");
    printf("\t*            2.删除通讯录                    *|\n");
    printf("\t*            3.通讯录列表                    *|\n");
    printf("\t*            4.查找通讯录                    *|\n");
    printf("\t*            5.保存通讯录                    *|\n");
    printf("\t*            6.加载通讯录                    *|\n");
    printf("\t*            7.退出                                *|\n");
    printf("\t ***************************************************\n");
    do
    {
        printf("\n\t 输入操作编号:");
        scanf("%d",&i);
    }while(i<0||i>7);
    return i;
}
```

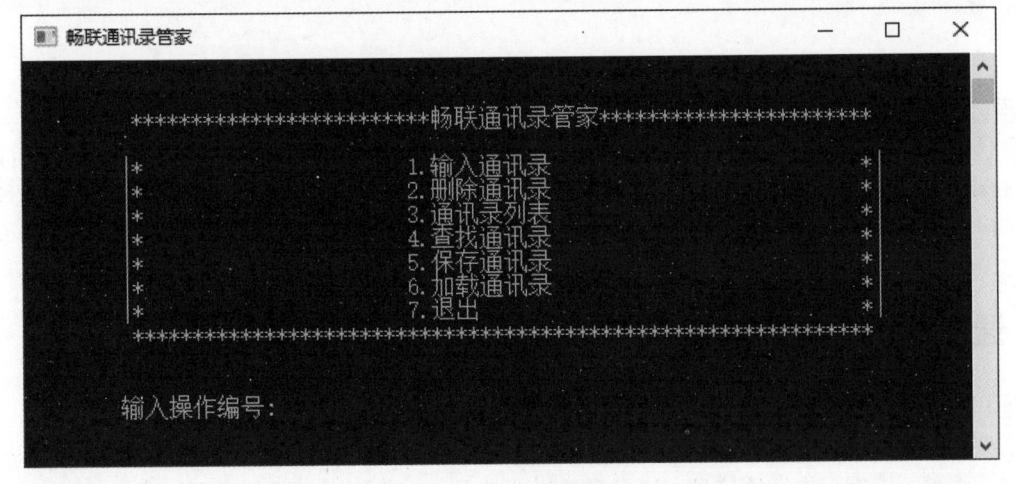

图 4.2 系统菜单

在 main()函数中，首先设置系统标题，并初始化通讯录链表结构；然后在 switch 语句中调用自定义的 menu_select()函数，并根据该函数的返回值来调用相应的方法以执行操作。main()函数的实现代码如下：

```c
int main()
{
    system("title  畅联通讯录管家");
    link l;
    l=(Node*)malloc(sizeof(Node));
    if(!l)
    {
        printf("\n 内存不足 ");        //如没有申请到，则输出提示信息
        return 0;
    }
    l->next=NULL;
    system("cls");
    while(1)
    {
        system("cls");
        switch(menu_select())
        {
            case 1:
                enter(l);              //添加通讯录信息
                break;
            case 2:
                del(l);                //删除通讯录信息
                break;
            case 3:
                list(l);               //查看通讯录列表
                break;
            case 4:
                search(l);             //查询通讯录信息
                break;
            case 5:
                save(l);               //将通讯录数据保存到文件中
                break;
            case 6:
                load(l);               //从文件中加载通讯录信息
                break;
            case 7:
                exit(0);               //退出程序
        }
    }
}
```

> **说明**
> 上面代码使用了 enter()、del()、list()、search()、save()、load()和 exit()这些函数。其中：enter()、del()、list()、search()、save()和 load()是自定义函数，分别用于实现不同的功能，本章后续节中将分别对它们进行详细介绍；exit()函数是 C 语言标准库中的函数，用于实现退出程序功能。

4.5.2 通讯录的添加

畅联通讯录管家系统中，添加通讯录主要分为两个步骤，分别是输入通讯录和保存通讯录。具体操作时，首先需要在菜单选择界面中输入数字 1 并按 Enter 键，程序会切换到输入通讯录模式，根据提示，输入姓名、城市、省份、国家、电话等信息。这里需要说明的是，在畅联通讯录管家系统中，支持通讯录信息的批量输入，即当完成一位联系人信息的输入后，程序会自动提示输入下一位联系人信息。输入通讯录信息时的界面如图 4.3 所示。

图 4.3 输入通讯录信息

在完成所有通讯录信息的输入后,输入数字 0 并按 Enter 键,切换回菜单选择界面。这时再输入数字 5 并按 Enter 键,即可将输入的通讯录信息保存到本地文件中,效果分别如图 4.4 和图 4.5 所示。

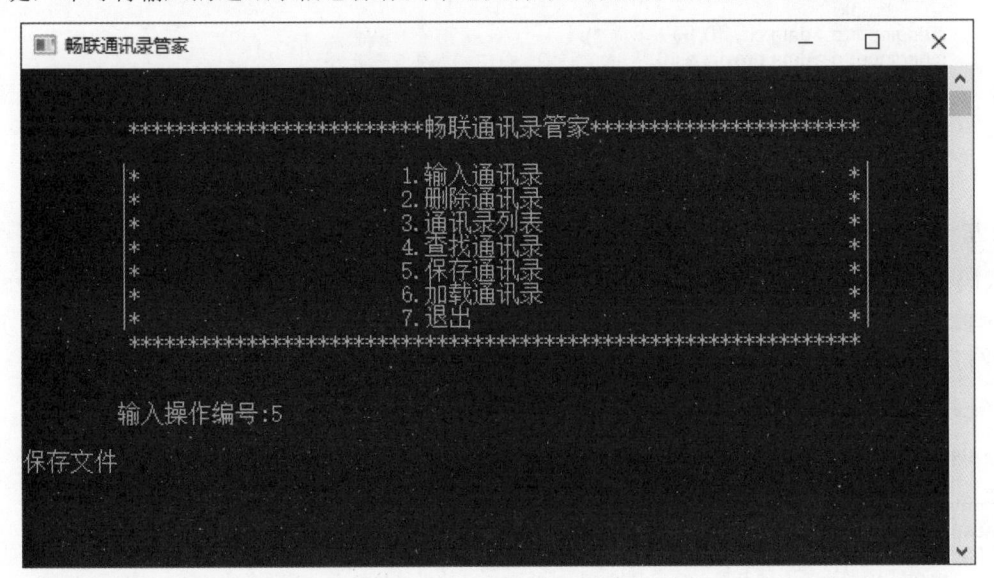

图 4.4 保存通讯录

图 4.5 保存到本地文件中的通讯录信息

> **说明**
>
> 在 C 语言中，默认写入文本文件的编码格式为 ANSI。因此，如果直接在计算机中通过记事本查看这些文件，部分内容会出现乱码。但在 C 语言程序中读取这些文件时，由于程序使用相同的默认格式进行解码，因此读取结果可以正常显示。

定义一个 enter()函数，用于实现通讯录信息的输入功能。这里在输入通讯录信息时，主要将用户输入的通讯录信息保存到链表中。该函数通过使用 while 无限循环，提示用户循环输入通讯录信息，直到用户在姓名处输入 0 时退出循环。每次循环时，程序都会通过指针 p 申请一个新的节点空间，用于存储输入的通讯录信息。enter()函数实现代码如下：

```c
void enter(link l)                                    //输入通讯录
{
    Node *p,*q;
    q=l;
    while(1)
    {
        p=(Node*)malloc(sizeof(Node));
        if(!p)                                        //申请节点空间
        {                                             //未申请成功，输出提示信息
            printf("内存不足\n");
            return;
        }
        stringinput(p->data.name,15,"输入姓名:");      //输入姓名
        if(strcmp(p->data.name,"0")==0)                //检测输入的姓名是否为 0
            break;
        stringinput(p->data.city,10,"输入城市:");      //输入城市
        stringinput(p->data.province,10,"输入省份:");   //输入省份
        stringinput(p->data.state,10,"输入国家:");      //输入国家
        stringinput(p->data.tel,15,"输入电话:");        //输入电话号码
        p->next=NULL;
        q->next=p;
        q=p;
    }
}
```

上面代码使用了一个名为 stringinput()的自定义函数。该函数主要通过 printf()函数提示用户输入，并通过 scanf()函数接收用户输入。在输入时，该函数需要调用 strlen()函数来验证输入信息的长度，并通过调用 strcpy()函数将用户输入的数据复制到链表中。stringinput()函数实现代码如下：

```c
void stringinput(char *t,int lens,char *notice)
{
    char n[50];
    do{
        printf("%s",notice);                          //显示提示信息
        scanf("%s",&n);                               //获取输入字符串
        if(strlen(n)>lens)
            printf("\n 超出要求的长度，请重新输入! \n");  //超过 lens 值，重新输入
    }while(strlen(n)>lens);
    strcpy(t,n);                                      //将输入的字符串复制到字符串 t 中
}
```

输入完通讯录信息后，需要将通讯录保存到本地文件中，这主要通过自定义的 save()函数实现。该函数接收链表头指针 link 对象作为参数。在该函数中，声明一个 FILE 指针，用于进行文件操作，然后调用 fopen()函数以二进制写入模式打开或创建本地文件 addresslist.txt；接下来使用 while 循环遍历链表，并调用 fwrite()函数将当前节点 p 的整个结构写入 addresslist.txt 文件中，从而实现将所有通讯录信息保存到本地文件中的功能。save()函数实现代码如下：

```
void save(link l)
{
    Node *p;
    FILE *fp;
    p=l->next;
    if((fp=fopen("addresslist.txt","wb"))==NULL)
    {
        printf("找不到该文件！\n");
        exit(1);
    }
    printf("\n 保存文件\n");
    while(p)                                        //将节点内容逐个写入本地文件中
    {
        fwrite(p,sizeof(Node),1,fp);
        p=p->next;
    }
    fclose(fp);
    getch();
}
```

4.5.3 通讯录的删除

畅联通讯录管家系统中，删除通讯录主要分为两个步骤，分别是删除通讯录和保存通讯录。其中，删除通讯录主要是从链表中删除指定的通讯录信息，而保存通讯录是将删除指定通讯录信息之后的链表内容重新保存到本地文件中。具体操作时，首先需要在菜单选择界面中输入数字 2，并按 Enter 键，这时程序会切换至删除通讯录模式，根据提示输入姓名，并按 Enter 键，这时如果输入的姓名存在，系统将从链表中删除该条通讯录信息，如图 4.6 所示。然后按任意键返回菜单选择界面，输入数字 5，并按 Enter 键，即可将删除指定记录之后的通讯录信息重新保存到本地文件中。

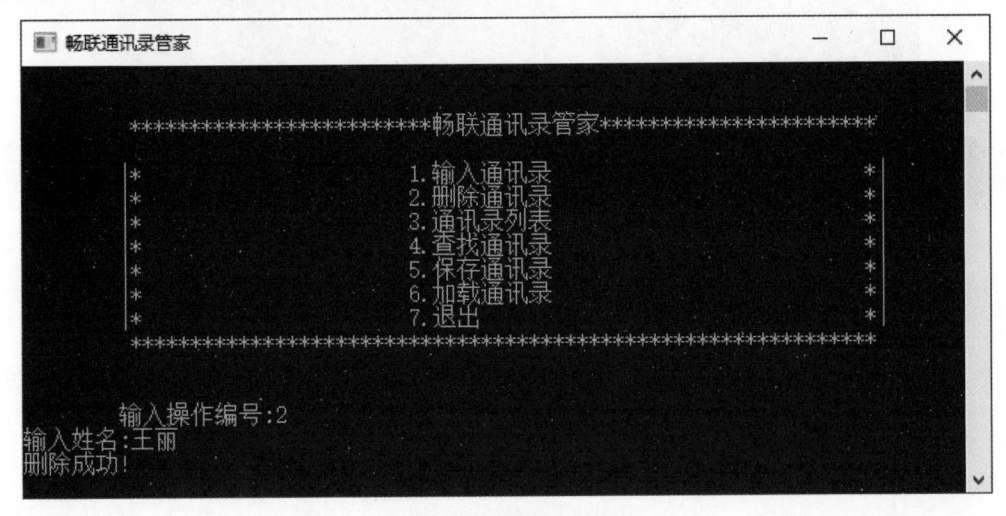

图 4.6 删除通讯录

定义一个 del()函数，用于实现删除通讯录信息的功能。该函数中，使用 while 循环遍历链表，并在每次循环中，使用 strcmp()函数比较当前节点 p 中的姓名字段与输入的姓名 s 是否相等，如果相等，表示找到了匹配的记录，这时通过更新前一节点 q 的 next 指针，使其指向当前节点 p 之后的节点，从而从链表中移除 p 节点，最后调用 free()函数释放被删除节点所占用的内存。del()函数实现代码如下：

```
void del(link l)
{
    Node *p,*q;
```

```c
        char s[20];
        q=l;
        p=q->next;
        printf("输入姓名:");
        scanf("%s",s);                                  //输入要删除的姓名
        while(p)
        {
            if(strcmp(s,p->data.name)==0)               //查找记录中与输入名字匹配的记录
            {
                q->next=p->next;                        //删除 p 节点
                free(p);                                //释放 p 节点占用的内存
                printf("删除成功!");
                break;
            }
            else
            {
                q=p;
                p=q->next;
            }
        }
        getch();
}
```

4.5.4 查看通讯录列表

在菜单选择界面中输入数字 3，并按 Enter 键，可以查看添加的通讯录信息，效果如图 4.7 所示。

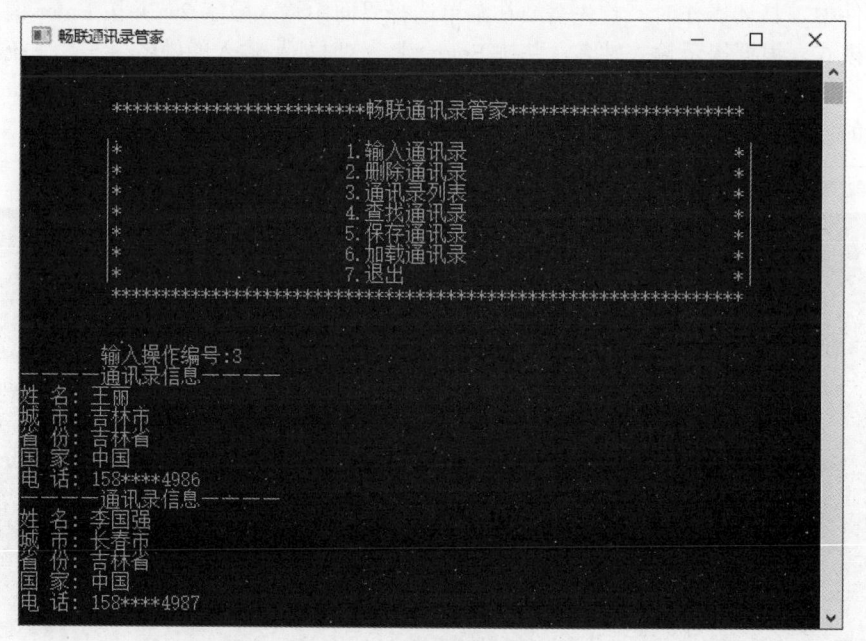

图 4.7 查看通讯录列表

定义一个 list()函数，用于实现以列表形式显示通讯录信息的功能。该函数接收链表头指针对象 link 作为参数。在该函数内部，定义一个指针 p，并将其初始化为链表头的下一个节点，然后使用 while 循环遍历链表，并调用 display()函数显示通讯录信息。list()函数实现代码如下：

```c
void list(link l)
{
    Node *p;
    p=l->next;
    while(p!=NULL)                                      //从首节点一直遍历到链表最后
    {
```

```
            display(p);                    //显示当前节点的通讯录信息
            p=p->next;
        }
        getch();
}
```

上面代码使用了一个 display()函数，该函数为自定义函数，主要用于以指定格式显示链表中的通讯录信息，其实现代码如下：

```
void display(Node *p)
{
    printf("————通讯录信息———— \n");
    printf("姓  名: %s\n",p->data.name);
    printf("城  市: %s\n",p->data.city);
    printf("省  份: %s\n",p->data.province);
    printf("国  家: %s\n",p->data.state);
    printf("电  话: %s\n",p->data.tel);
}
```

4.5.5 通讯录查询功能

畅联通讯录管家中提供了通讯录查询功能。在菜单选择界面中输入数字 4，并按 Enter 键，可以进入通讯录查询界面，根据提示输入要查询的联系人姓名，然后按 Enter 键，如果通讯录链表中存在符合条件的记录，系统将以列表形式显示该联系人的详细信息。通讯录查询功能效果如图 4.8 所示。

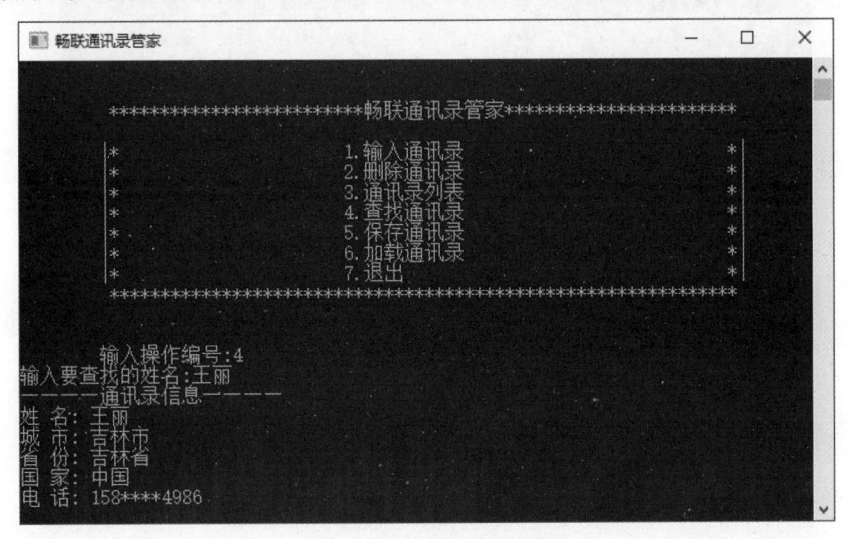

图 4.8 通讯录查询功能

定义一个 search()函数，该函数用于实现通讯录的查询功能，其参数为一个链表头指针对象。在该函数内部，首先调用 printf()函数提示用户输入要查询的姓名，并调用 scanf()函数接收用户输入的数据。然后使用 while 循环遍历链表，在循环内调用 strcmp()函数比较当前节点 p 中的姓名字段与用户输入的姓名 name 是否相等。如果相等，表示找到了匹配的记录，这时调用 display()函数以列表形式显示查询到的通讯录信息，并使用 break 语句退出循环；如果没有找到匹配的记录，则将链表的指针向下移，直到条件 p 为空。search() 函数实现代码如下：

```
void search(link l)
{
    char name[20];
    Node *p;
    p=l->next;
```

```
            printf("输入要查找的姓名:");
            scanf("%s",name);                                //输入要查找的名字
            while(p)
            {
                if(strcmp(p->data.name,name)==0)             //查找与输入的名字相匹配的记录
                {
                    display(p);                              //调用函数显示通讯录信息
                    getch();
                    break;
                }
                else
                    p=p->next;
            }
}
```

4.5.6 从文件中加载通讯录信息

畅联通讯录管家中，通讯录信息被保存到了本地文件中。因此，在对通讯录信息进行操作时，应该首先将本地文件中存储的通讯录信息加载到链表中。这需要在菜单选择界面中输入数字 6，并按 Enter 键，效果如图 4.9 所示。

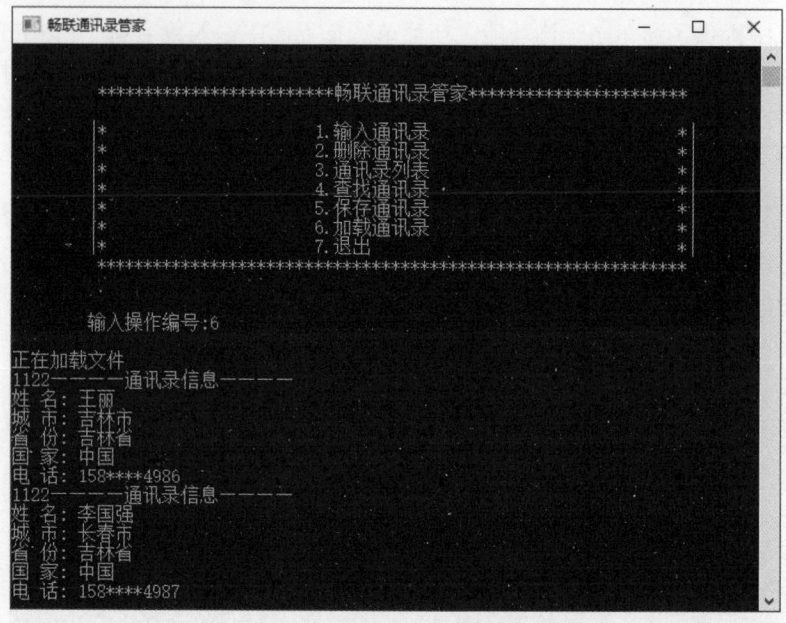

图 4.9　从文件中加载通讯录信息

定义一个 load()函数，用于从本地文件 addresslist.txt 中读取通讯录信息，并将其加载到链表中。另外，如果本地文件中有数据，则程序会调用 display()函数自动以列表形式显示本地文件中存储的通讯录信息。load()函数的实现代码如下：

```
void load(link l)
{
    Node *p,*r;
    FILE *fp;
    l->next=NULL;
    r=l;
    if((fp=fopen("addresslist.txt","rb"))==NULL)             //文件打开失败
    {
        printf("无法打开文件\n");
        exit(1);
    }
```

```
printf("\n 正在加载文件\n");
while(!feof(fp))
{
    p=(Node*)malloc(sizeof(Node));              //申请节点空间
    if(!p)
    {
        printf("内存不足! \n ");
        fclose(fp);
        return;
    }
    if(fread(p,sizeof(Node),1,fp)!=1) {          //读取数据,并将其存储到节点 p 中
        free(p);                                 //释放未成读取的节点空间
        break;
    }else
    {
        p->next=NULL;
        r->next=p;                               //将节点 p 插入链表中
        r=p;
        display(p);
    }
}
fclose(fp);                                      //关闭文件
getch();                                         //等待用户按键继续
}
```

4.5.7 退出系统

在菜单选择界面中输入数字 7,并按 Enter 键,可以退出当前系统,效果如图 4.10 所示。

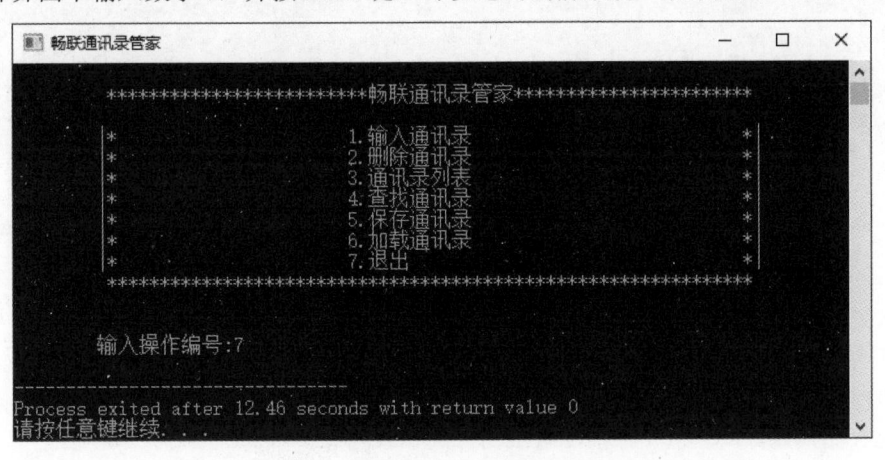

图 4.10 退出系统

通讯录的退出功能是通过调用 C 语言标准库函数 exit()来实现的。该函数位于 stdlib.h 库中,它接收一个整型参数,用于指示程序结束的状态码,当该参数为 0 或者 EXIT_SUCCESS 时,表示程序正常结束。实现退出系统功能的关键代码如下:

```
exit(0);
```

4.6 项 目 运 行

通过前述步骤,我们成功设计并完成了"畅联通讯录管家"项目的开发。接下来,我们运行该项目,以检验我们的开发成果。如图 4.11 所示,在 Dev-C++中打开"畅联通讯录管家.c"源代码文件,选择菜单栏中

的"运行"→"编译运行"菜单项,即可成功运行程序。

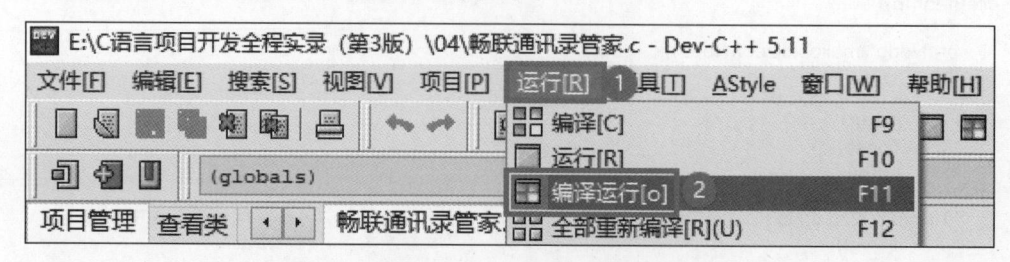

图 4.11 编译运行"畅联通讯录管家"项目

畅联通讯录管家运行后,用户可以根据提示输入相应的菜单编号来执行不同的操作,例如输入编号 1,则可以进行输入通讯录操作,效果如图 4.12 所示。

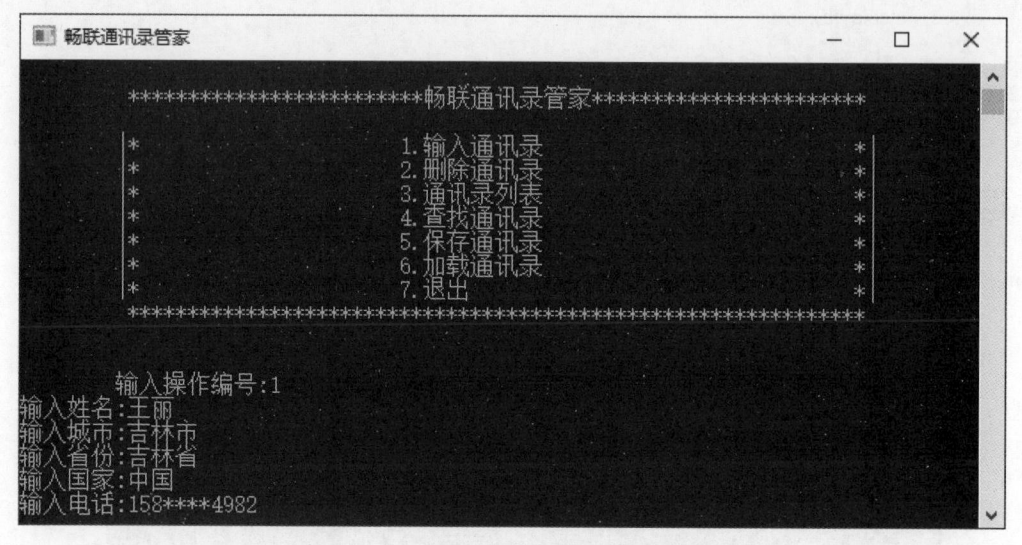

图 4.12 畅联通讯录管家运行效果

本章的畅联通讯录管家主要基于 C 语言开发,该项目充分利用了链表、字符串函数以及文件操作等核心技术。具体而言,该项目通过链表实现了通讯录信息的动态存储,使用 strcpy()函数和 strlen()函数实现了通讯录信息输入时的验证及复制,使用 strcmp()函数实现了通讯录的查询功能。此外,文件操作主要用于支持数据的持久化存储,允许用户从文件中读取或写入通讯录信息。

4.7 源码下载

本章虽然详细地讲解了如何编码实现"畅联通讯录管家"的各个功能,但给出的代码都是代码片段,而非完整的源码。为了方便读者学习,本书提供了完整的项目源码,读者只需扫描右侧的二维码,即可下载这些源码。

第 5 章 岁月通万年历

——数组+结构体+宏定义+枚举+日期函数

万年历是一种非常实用的日历查询与推算工具，它融合了多种历法（农历、公历）的特点，为人们的日常生活、工作和学习提供了极大的便利。本章将使用 C 语言开发一个万年历系统——岁月通万年历。该系统可以用来查询公历日期、农历日期，可以进行有关日期的计算，可以显示月历、二十四节气、公历节日、农历节日等。在开发该项目时，我们主要使用 C 语言中的数组、结构体、宏定义、枚举、日期函数（GetSystemTime()函数、GetTimeZoneInformation()函数）等知识。

项目微视频

本项目的核心功能及实现技术如下：

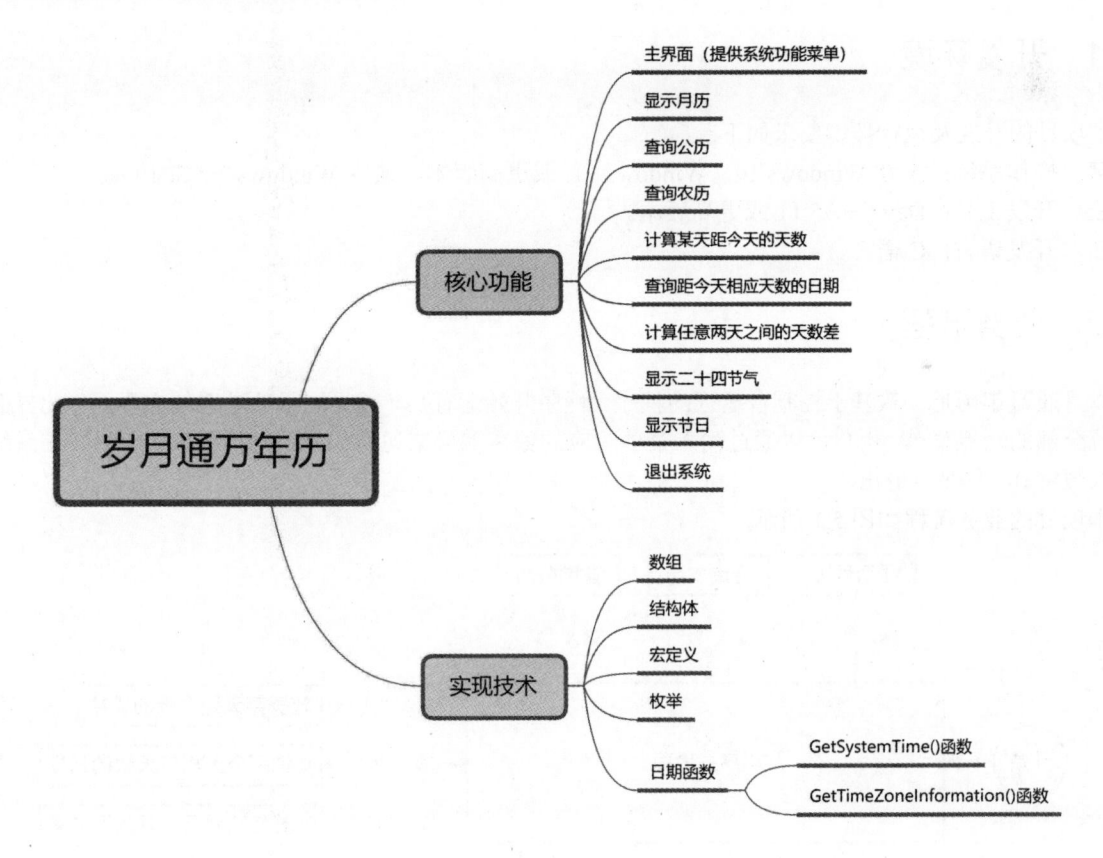

岁月通万年历
- 核心功能
  - 主界面（提供系统功能菜单）
  - 显示月历
  - 查询公历
  - 查询农历
  - 计算某天距今天的天数
  - 查询距今天相应天数的日期
  - 计算任意两天之间的天数差
  - 显示二十四节气
  - 显示节日
  - 退出系统
- 实现技术
  - 数组
  - 结构体
  - 宏定义
  - 枚举
  - 日期函数
    - GetSystemTime()函数
    - GetTimeZoneInformation()函数

5.1 开发背景

随着数字技术的不断发展，人们的生活方式发生了巨大的变化，传统的纸质万年历逐渐被数字设备上的应用程序所取代。尽管如此，万年历的重要性并未降低，一款功能全面的万年历系统依旧是人们日常生活中的必备的工具。基于这一背景，本章将开发一款 C 语言版的万年历应用程序。该程序能够查询 1840—2100 年的任意日期信息，涵盖公历、农历、节气、节日、干支纪年等丰富内容。

本项目的实现目标如下：
- ☑ 能够以清晰、友好的界面显示月历。
- ☑ 能够进行公历与农历之间的转换。
- ☑ 支持公历日期、农历日期、干支纪年、二十四节气、中国传统节日的显示。
- ☑ 日期转换算法足够精确。
- ☑ 支持常用的日期计算操作，如计算某天距今天的天数、距今天指定天数的日期、两个日期之间的天数差等。
- ☑ 良好的用户交互界面以及可扩展性。

5.2 系统设计

5.2.1 开发环境

本项目的开发及运行环境要求如下：
- ☑ 操作系统：推荐 Windows 10、Windows 11 或更高版本，兼容 Windows 7（SP1）。
- ☑ 开发工具：Dev C++ 5.11 或更高版本。
- ☑ 开发语言：C 语言。

5.2.2 业务流程

岁月通万年历是一款基于控制台运行的程序。程序开始运行后，首先展示的是系统主界面。此界面会显示系统全部的功能菜单，用户可以通过输入菜单对应的数字编号来访问相应的功能界面。当用户在系统主界面输入数字 0，程序将退出。

本项目的业务流程如图 5.1 所示。

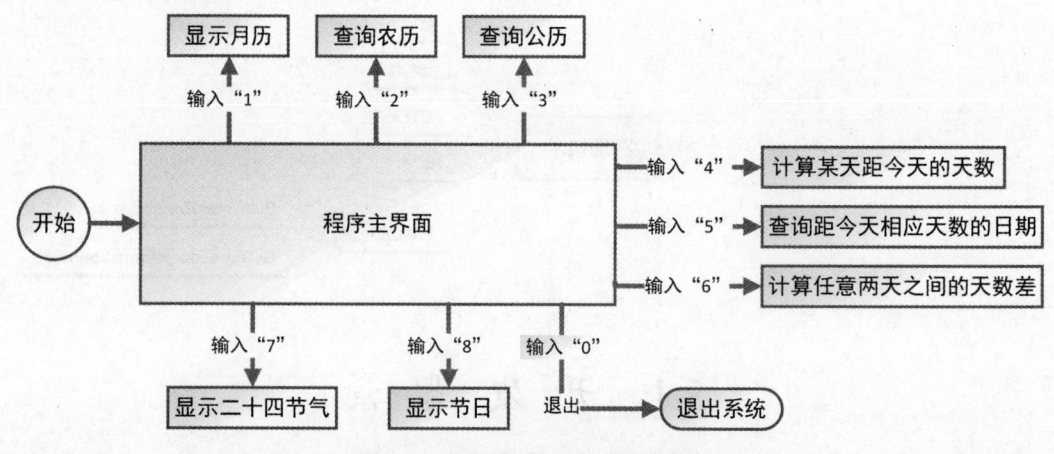

图 5.1 岁月通万年历业务流程图

5.2.3　功能结构

本项目的功能结构已经在章首页中给出。作为一个日历相关的项目，本项目实现的具体功能如下：
- ☑ 主界面：展示当前日期的显示，并提供功能菜单的显示及选择。
- ☑ 显示月历：根据输入的日期，显示当月的月历表。
- ☑ 查询公历：根据输入的农历日期，显示对应的公历日期。
- ☑ 查询农历：根据输入的公历日期，显示对应的农历日期及月历信息。
- ☑ 计算某天距今天的天数：根据输入的公历日期，计算输入日期比当前日期早多少天或晚多少天。
- ☑ 查询距今天相应天数的日期：根据输入的天数，计算出两个日期，一个是比当前日期早指定天数的日期，一个是比当前日期晚指定天数的日期。
- ☑ 计算任意两天之间的天数差：输入两个不同的日期，计算两个日期之间的天数差。
- ☑ 显示二十四节气：根据输入的年份，显示其对应的二十四节气列表。
- ☑ 显示节日：分别以公历和农历显示节日信息。选择以农历显示节日时，会直接显示所有的传统农历节日；选择以公历显示节日时，需要指定月份，然后系统将显示该月的所有公历节日。
- ☑ 退出系统：退出当前程序。

5.3　技术准备

5.3.1　技术预览

- ☑ 数组：在 C 语言中，数组是一种基本的数据结构，用于存储固定数量、类型相同的元素集合。数组中的每个元素都可以通过索引进行访问，索引通常是从 0 开始的整数。例如，本项目使用一个一维数组存储 24 节气信息，代码如下：

```
char *jieqi[24]={"冬至","小寒","大寒","立春","雨水","惊蛰","春分","清明","谷雨","立夏","小满","芒种","夏至","小暑","大暑","立秋","处暑","白露","秋分","寒露","霜降","立冬","小雪","大雪"};
```

- ☑ 结构体：结构体是一种复合数据类型，使用 struct 关键字进行定义，它可以将不同的数据类型整合到一个自定义的数据结构中。结构体的使用让组织和操作相关数据变得更加方便和高效。例如，本项目定义一个时间结构体，代码如下：

```
typedef struct _LONGTIME{
    int wYear;
    int wMonth;
    int wDayOfWeek;
    int wDay;
    int wHour;
    int wMinute;
    int wSecond;
    int wMillisecond;
}LONGTIME,*PLONGTIME,LPLONGTIME;        //时间结构体
```

- ☑ 宏定义：宏定义是 C 语言预处理器的一部分，它允许开发人员定义常量或代码片段，这样可以简化代码的编写，避免重复，并能够在编译时执行一些简单的代码生成任务。宏定义有两种主要形式：符号常量和函数式宏。例如，本项目定义一个名称为 start_year 的宏定义，用于表示万年历的开始年份，代码如下：

```
#define start_year 1840
```

- ☑ 枚举：枚举是一种特殊的类型，它允许开发人员定义一组命名的整数常量。这种类型在需要一组相关的常量时特别有用，例如用于表示状态、选项或标识符等。在 C 语言中，使用 enum 关键字定义枚举类型。例如，下面代码定义一个表示星期的枚举类型：

```
enum Weekday {
    Monday,
    Tuesday,
    Wednesday,
    Thursday,
    Friday,
    Saturday,
    Sunday
};
```

《C 语言从入门到精通（第 6 版）》一书详细地讲解了 C 语言中数组、结构体、宏定义、枚举等知识。对这些知识不太熟悉的读者，可以参考该书对应的内容进行深入学习。下面将对本项目中使用的 C 语言日期相关函数进行必要的介绍，以确保读者可以顺利完成本项目。

5.3.2 日期相关函数

C 语言的 windows.h 库文件提供了获取系统时间和时区信息的相关函数，本项目使用 GetSystemTime() 函数和 GetTimeZoneInformation() 函数，下面分别对它们进行介绍。

1. GetSystemTime()函数

GetSystemTime()函数用于获取当前系统时间，它将系统时间填充到一个 SYSTEMTIME 结构中。该结构包含了详细的日期和时间信息，如年、月、日、小时、分钟、秒以及毫秒等。GetSystemTime()函数语法格式如下：

```
BOOL GetSystemTime(
    LPSYSTEMTIME lpSystemTime
);
```

其中，参数 lpSystemTime 表示指向 SYSTEMTIME 结构的指针，该结构将被填充以包含当前系统时间。如果函数执行成功，返回非零值；如果失败，返回零。

例如，使用 GetSystemTime()函数获取当前系统时间，并分别输出年、月、日、小时、分钟、秒等信息，示例代码如下：

```
#include <windows.h>
int main() {
    SYSTEMTIME st;
    if (GetSystemTime(&st)) {
        printf("年: %d, 月: %d, 日: %d, 小时: %d, 分钟: %d, 秒: %d\n",
                st.wYear, st.wMonth, st.wDay, st.wHour, st.wMinute, st.wSecond);
    }
    return 0;
}
```

2. GetTimeZoneInformation()函数

GetTimeZoneInformation()函数用于获取当前系统的时区信息，其语法格式如下：

```
int GetTimeZoneInformation(
    LPTIME_ZONE_INFORMATION lpTimeZoneInformation
);
```

其中，参数 lpTimeZoneInformation 表示指向 TIME_ZONE_INFORMATION 结构的指针，该结构将被填充以包含当前系统的时区信息。返回值为以下整数值之一：

- ☑ TIME_ZONE_ID_UNKNOWN：表示无法确定时区标识。
- ☑ TIME_ZONE_ID_STANDARD：表示系统处于标准时间。
- ☑ TIME_ZONE_ID_DAYLIGHT：表示系统处于夏令时。

例如，使用 GetTimeZoneInformation()函数获取当前系统的时区信息，并输出这些信息，示例代码如下：

```
#include <windows.h>
#include <stdio.h>
int main()
{
    TIME_ZONE_INFORMATION tzInfo;
    DWORD res = GetTimeZoneInformation(&tzInfo);
    switch (res)
    {
        case TIME_ZONE_ID_UNKNOWN:
            printf("时区信息未知。\n");
            break;
        case TIME_ZONE_ID_STANDARD:
            printf("标准时区: %s\n", tzInfo.StandardName);
            printf("夏令时时区: %s\n", tzInfo.DaylightName);
            break;
        case TIME_ZONE_ID_DAYLIGHT:
            printf("当前处于夏令时。\n");
            printf("夏令时时区: %s\n", tzInfo.DaylightName);
            break;
        default:
            printf("从 GetTimeZoneInformation()获得的意外结果。\n");
            break;
    }
    return 0;
}
```

5.4 预处理模块设计

5.4.1 文件引用

开发"岁月通万年历"项目时，首先需要引入项目中需要的库文件，以便调用其中的函数。本项目主要使用 stdio.h 标准库和 windows.h 库中的日期相关函数，因此首先使用#include 命令引入这两个库文件，代码如下：

```
/* 文 件 引 用 */
#include <stdio.h>
#include <windows.h>
```

5.4.2 宏定义

在本项目的宏定义中，我们定义岁月通万年历的年份查询范围，其中起始年份为 1840 年，结尾年份为 2100 年。在后面的代码中，当需要使用 1840 年时，可以直接使用 start_year；同样，若需 2100 年时，则直接使用 end_year。另外，除了定义年份的宏，我们还定义一组用于表示文字颜色的宏，以便在项目的不同模块中使用。代码如下：

```
/* 宏 定 义 */
#define start_year 1840
#define end_year 2100
#define main_text_color1 FOREGROUND_INTENSITY|BACKGROUND_INTENSITY|BACKGROUND_RED| BACKGROUND
_GREEN|BACKGROUND_BLUE|FOREGROUND_RED

#define main_text_color2 FOREGROUND_INTENSITY|BACKGROUND_INTENSITY|BACKGROUND_RED| BACKGROUND
_GREEN|BACKGROUND_BLUE|FOREGROUND_RED|FOREGROUND_BLUE

#define main_text_color3 FOREGROUND_INTENSITY|BACKGROUND_INTENSITY|BACKGROUND_RED| BACKGROUND
_GREEN|BACKGROUND_BLUE|FOREGROUND_BLUE|FOREGROUND_GREEN

#define main_text_color4 BACKGROUND_INTENSITY|BACKGROUND_RED|BACKGROUND_GREEN| BACKGROUND_BL
UE

#define main_text_color5 FOREGROUND_INTENSITY|BACKGROUND_INTENSITY|BACKGROUND_RED| BACKGROUND
_GREEN|BACKGROUND_BLUE|FOREGROUND_BLUE

#define main_text_color6 FOREGROUND_INTENSITY|BACKGROUND_INTENSITY|BACKGROUND_RED| BACKGROUND
_GREEN|BACKGROUND_BLUE|FOREGROUND_BLUE|FOREGROUND_RED
```

> **说明**
>
> 使用宏定义的优势在于简化了程序的修改过程。例如，在这个项目中，假设没有使用宏定义，那么若要将 1840 这个数值更改为 1850，就必须在程序中逐一找出所有的 1840 并进行修改；而如果 1840 是通过宏定义指定的，如#define start_year 1840，则只需在程序起始处将此宏定义中的 1840 更改为 1850，便可轻松完成更新。

5.4.3 定义全局变量

本项目定义时间结构体、农历结构体、月序码表、月首码表（和月序码表配合使用以计算农历日期）、节气码表、农历日名、农历月名、天干、地支、生肖、节气、星期、控制台句柄等全局变量，代码如下：

```
/* 定 义 全 局 变 量 */
typedef enum {false = 0, true = 1} bool;

//时间结构体
typedef struct _LONGTIME
{
    int wYear;
    int wMonth;
    int wDayOfWeek;
    int wDay;
    int wHour;
    int wMinute;
    int wSecond;
    int wMillisecond;
}LONGTIME,*PLONGTIME,LPLONGTIME;

//农历日期结构体
typedef struct _LUNARDATE
{
    long int iYear;
```

```c
    int wMonth;
    int wDay;
    bool bIsLeap;
    unsigned int iDaysofMonth;
}LUNARDATE,*PLUNARDATE,LPLUNARDATE;

//月序码表
int Yuexu[]=
{
    0,1,2,3,4,5,6,7,8,9,10,11,12,13,    //1840
    0,1,2,3,4,5,6,7,8,9,10,11,12,       //1841
    //部分代码略……
    0,1,2,3,4,5,6,7,8,9,10,10,11,12,    //2109
    0,1,2,3,4,5,6,7,8,9,10,11,12,13,    //2110
};

//月首码表
int Yueshou[]=
{
    -58465,-58435,-58406,-58376,-58347,-58317,-58288,-58259,-58229,-58200,-58170,-58141,-58111,-58081,-58051,
    //部分代码略……
    40167,40196,40226,40255,40285,40315,40344,40374,40404,40433,40463,40492,40521,40551,40580,
};

//节气码表   24位，第23位：保留（保留位始终为0）
//第22至17位：农历正月初一的年内序数（农历正月初一距离公历元旦的天数）
//第16至13位：闰月（0表示无闰月，1至12表示闰月月份）
//第12至0：月份大小信息（从低位到高位分别对应从正月到（闰）十二月的每个月的大小，
// "1"表示大月，级该月有30天，"0"表示小月，即该月29天）
double Jieqi[]=
{
    -58448.6931602335,-58433.9788180894,-58419.2512883828,-58404.4827664288,-58389.6389288567,
    -58374.6989248949,-58359.6385648816,-58344.4515437680,-58329.1281003214,-58313.6819312553,
    -58298.1182927126,-58282.4715381649,-58266.7586595891,-58251.0281386724,-58235.3019020019,
    -58219.6301012004,-58204.0307181125,-58188.5423399723,-58173.1717623188,-58157.9379736951,
    -58142.8324522449,-58127.8537495048,-58112.9781749247,-58098.1884433475,   //1840
    //部分代码略……
    36514.4192843969,36529.1449522557,36543.8648146734,36558.6248174813,36573.4421602216,
    36588.3569454217,36603.3771640971,36618.5300448555,36633.8087928353,36649.2224969579,
    36664.7477332541,36680.3733164374,36696.0636406887,36711.7906191288,36727.5162474726,
    36743.2038456507,36758.8243750119,36774.3435825404,36789.7499457511,36805.0213043200,
    36820.1667661882,36835.1802488943,36850.0893525501,36864.9024815486,   //2100
};

//农历日名
char *dName[30]={"初一","初二","初三","初四","初五","初六","初七","初八","初九","初十","十一","十二","十三","十四","十五","十六","十七","十八","十九","二十","廿一","廿二","廿三","廿四","廿五","廿六","廿七","廿八","廿九","三十"};

//农历月名
char *mName[12]={"正月","二月","三月","四月","五月","六月","七月","八月","九月","十月","冬月","腊月"};

//天干
char *tiangan[10]={"甲","乙","丙","丁","戊","己","庚","辛","壬","癸"};

//地支
char *dizhi[12]={"子","丑","寅","卯","辰","巳","午","未","申","酉","戌","亥"};

//生肖
char *shengxiao[12]={"鼠","牛","虎","兔","龙","蛇","马","羊","猴","鸡","狗","猪"};

//节气
char *jieqi[24]={"冬至","小寒","大寒","立春","雨水","惊蛰","春分","清明","谷雨","立夏","小满","芒种","夏至","小暑","大暑",
```

"立秋","处暑","白露","秋分","寒露","霜降","立冬","小雪","大雪"};

// 星期
char *Xingqi[7]={"星期日","星期一","星期二","星期三","星期四","星期五","星期六"};

// 控制台句柄
HANDLE hOut;

5.4.4 函数声明

根据岁月通万年历的功能需求，在代码文件中声明程序中将使用的函数，代码如下：

```
/* 函 数 声 明 */
void DateRefer(int year,int month,int day,bool SST);                    // 公历查农历
// 取当前月份天数，mode 为 false 时，查公历，mode 为 true 时查农历，此时 bLeap 为是否闰月
int GetDaysOfMonth(int year,int month,bool mode,bool bLeap);
void ShowCalendar(int year,int month,int day);                          // 打印一个月的月历
int Jizhun(int year,int month,int day);                                 // 算出基准天
int int2(double v);                                                     // 取整
double GetDecimal(double n);                                            // 取得小数部分
LONGTIME GetDate(double n);                                             // 将小数日转公历
int GetGre(LUNARDATE LunarDate);                                        // 农历查公历
LONGTIME GetCurTime();                                                  // 取当前系统时间
LONGTIME SysTimeToLong(SYSTEMTIME SystemTime);                          // 时间结构体转换
LONGTIME GMTConvert(LONGTIME OrigTime);                                 // 时区转换
bool IsLeapYear(int nYear);                                             // 闰年
void ShowSolarTerms(int year);                                          // 显示二十四节气
void Holiday(int month);                                                // 公历节日
void MonthSolarTerms(int year,int month);                               // 显示指定年月份节气
void PrintYueli(YUELIDATA yldata);                                      // 打印指定数据的月历
void ItemMonthlyCalendar();                                             // 显示月历菜单项
void ItemQueryGregorian();                                              // 查询公历菜单项
void ItemQueryChinese();                                                // 查询农历菜单项
void ItemCountDays();                                                   // 计算某天距今天的天数菜单项
void ItemCountDate();                                                   // 查询距今天相应天数的日期菜单项
void ItemSubDays();                                                     // 计算任意两天之间的天数差菜单项
void ItemSolar();                                                       // 显示二十四节气菜单项
void ItemFestival();                                                    // 显示节日菜单项
```

5.5 功能设计

5.5.1 主界面设计

岁月通万年历的主界面主要显示项目的标题、当前日期时间，以及项目主菜单。此外，它还能接收用户输入，以便执行与菜单项相对应的操作。岁月通万年历的主界面效果如图 5.2 所示。

下面分别介绍主界面功能的实现过程。

1. 显示标题

主界面显示标题时，通过调用 printf() 函数输出相应的字符串即可，关键代码如下：

```
// 设置标题
printf("\t\t\t    岁月通万年历(1840～2100)\n\n");
```

```
┌─────────────────────────────────────────────┐
│ ■ 岁月通万年历                    —  □  × │
│              岁月通万年历(1840～2100)        │
│           2024-6-4 10:58:55 星期二           │
│                  ★★功能选择★★              │
│      ────────────────────────────────────    │
│          *  1、显示月历。                    │
│          *  2、查询公历。                    │
│          *  3、查询农历。                    │
│          *  4、计算某天距今天的天数。        │
│          *  5、查询距今天相应天数的日期。    │
│          *  6、计算任意两天之间的天数差。    │
│          *  7、显示二十四节气。              │
│          *  8、显示节日。                    │
│          *  0、退出。                        │
│      ────────────────────────────────────    │
│      您的输入：                              │
└─────────────────────────────────────────────┘
```

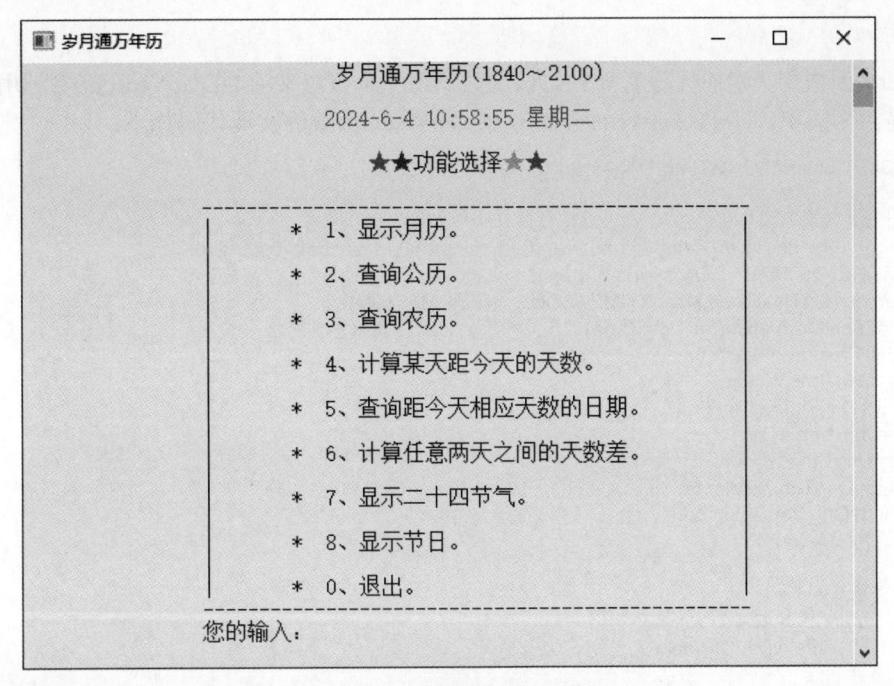

图 5.2 岁月通万年历主界面

2. 显示当前日期时间

定义一个 GetCurTime() 函数，该函数用于调用 GetSystemTime() 函数以获取当前日期与时间，接着通过 SysTimeToLong() 函数将获取到的值转换为长时间值，最后调用 GMTConvert() 函数将时间值转换为 GMT 格式（格林尼治标准时间），以确保日期时间是基于世界标准时区的获取。GetCurTime() 函数实现代码如下：

```
/**
 * 获得当前日期
 */
LONGTIME GetCurTime()
{
    SYSTEMTIME st;
    LONGTIME lt;
    GetSystemTime(&st);
    lt=SysTimeToLong(st);
    lt=GMTConvert(lt);
    return lt;
}
```

上面代码使用了 SysTimeToLong() 函数和 GMTConvert() 函数。其中，SysTimeToLong() 函数用于将时间结构体转换为长整型，其实现代码如下：

```
LONGTIME SysTimeToLong(SYSTEMTIME SystemTime)
{
    LONGTIME LongTime;
    LongTime.wYear=(long int)SystemTime.wYear;
    LongTime.wMonth=SystemTime.wMonth;
    LongTime.wDay=SystemTime.wDay;
    LongTime.wHour=SystemTime.wHour;
    LongTime.wMinute=SystemTime.wMinute;
    LongTime.wSecond=SystemTime.wSecond;
    LongTime.wMillisecond=SystemTime.wMilliseconds;
    LongTime.wDayOfWeek=SystemTime.wDayOfWeek;
    return LongTime;
```

}

GMTConvert()函数用于对时区进行转换，该函数调用一个自定义的 IsLeapYear()函数，用于判断参数中所传入的年份是否为闰年。GMTConvert()函数和 IsLeapYear()函数的实现代码如下：

```
LONGTIME GMTConvert(LONGTIME OrigTime)
{
    //从零时区转换到系统当前时区
    int m_hour=0,m_day=0,m_month=0,m_year=0,m_minute=0,m_second=0,zone=0;
    TIME_ZONE_INFORMATION stTimeZone;
    ZeroMemory(&stTimeZone,sizeof(TIME_ZONE_INFORMATION));
    GetTimeZoneInformation(&stTimeZone);                    //获取当前时区
    zone=0-stTimeZone.Bias/60;
    m_year=OrigTime.wYear;
    m_month=OrigTime.wMonth;
    m_day=OrigTime.wDay;
    m_hour=OrigTime.wHour;
    m_minute=OrigTime.wMinute;
    m_second=OrigTime.wSecond;
    if (m_hour>=24-zone)
    {
        //需要加一天
        m_hour=m_hour-24+zone;
        if (OrigTime.wDayOfWeek<7)
        {
            OrigTime.wDayOfWeek++;
        }else
        {
            OrigTime.wDayOfWeek=OrigTime.wDayOfWeek-6;
        }
        if (IsLeapYear(m_year))
        {
            if (m_month==2)
            {
                if (m_day==29)
                {
                    m_month++;
                    m_day=1;
                }else
                {
                    m_day++;
                }
            }else if (m_month==1||m_month==3||m_month==5||m_month==7||m_month==8||m_month==10)
            {
                if (m_day==31)
                {
                    m_month++;
                    m_day=1;
                }else
                {
                    m_day++;
                }
            }else if (m_month==4||m_month==6||m_month==9||m_month==11)
            {
                if (m_day==30)
                {
                    m_month++;
                    m_day=1;
                }else
                {
                    m_day++;
                }
```

```cpp
            }else if (m_month==12)
            {
                if (m_day==31)
                {
                    m_month=1;
                    m_day=1;
                    m_year++;
                }else
                {
                    m_day++;
                }
            }
        }else
        {
            if (m_month==2)
            {
                if (m_day==28)
                {
                    m_month++;
                    m_day=1;
                }else
                {
                    m_day++;
                }
            }else if (m_month==1||m_month==3||m_month==5||m_month==7||m_month==8||m_month==10)
            {
                if (m_day==31)
                {
                    m_month++;
                    m_day=1;
                }else
                {
                    m_day++;
                }
            }else if (m_month==4||m_month==6||m_month==9||m_month==11)
            {
                if (m_day==30)
                {
                    m_month++;
                    m_day=1;
                }else
                {
                    m_day++;
                }
            }else if (m_month==12)
            {
                if (m_day==31)
                {
                    m_month=1;
                    m_day=1;
                    m_year++;
                }else
                {
                    m_day++;
                }
            }
        }
    }else
    {
        m_hour=m_hour+zone;
    }
    OrigTime.wYear=m_year;
```

```
            OrigTime.wMonth=m_month;
            OrigTime.wDay=m_day;
            OrigTime.wHour=m_hour;
            OrigTime.wMinute=m_minute;
            OrigTime.wSecond=m_second;
            return OrigTime;
}

bool IsLeapYear(int nYear)
{
    if (nYear>1582)
    {
        if (nYear%4==0&&nYear%100!=0||nYear%400==0)
        {
            return true;
        }else
        {
            return false;
        }
        return true;
    }else if (nYear>-4713)
    {
        if (nYear%4==0)
        {
            return true;
        }else
        {
            return false;
        }
        return true;
    }
    return false;
}
```

在项目的 main()函数中，首先调用 GetCurTime()函数获取当前日期时间，接着使用系统 API 函数 SetConsoleTextAttribute()将日期时间的文本颜色设置为红色，最后使用 printf()函数输出结果，代码如下：

```
//设置当前时间
lt=GetCurTime();
//获取控制台输出句柄
hOut = GetStdHandle(STD_OUTPUT_HANDLE);
//设置文本颜色为红色
SetConsoleTextAttribute(hOut,FOREGROUND_INTENSITY|BACKGROUND_INTENSITY|BACKGROUND_RED
    |BACKGROUND_GREEN|BACKGROUND_BLUE|FOREGROUND_RED);
printf("\t\t\t     %d-%d-%d %02d:%02d:%02d %s\r\n\n",lt.wYear,lt.wMonth,lt.wDay,
            lt.wHour,lt.wMinute,lt.wSecond,Xingqi[lt.wDayOfWeek]);
```

3. 设置主菜单

项目菜单主要调用 printf()函数输出相应的文本内容，其关键代码如下：

```
//输出菜单选项
printf("\t\t----------------------------------------------------\n");
printf("\t\t|\t*    1、显示月历。\t\t|\n\t\t|\t\t\t\t\t\t|\n\t\t|\t*    "
    "2、查询公历。\t\t\t|\n\t\t|\t\t\t\t\t\t|\n\t\t|\t*    "
    "3、查询农历。\t\t\t|\n\t\t|\t\t\t\t\t\t|\n\t\t|\t*    "
    "4、计算某天距今天的天数。\t|\n\t\t|\t\t\t\t\t\t|\n\t\t|\t*    "
    "5、查询距今天相应天数的日期。\t|\n\t\t|\t\t\t\t\t\t|\n\t\t|\t*    "
    "6、计算任意两天之间的天数差。        |\n\t\t|\t\t\t\t\t\t|\n\t\t|\t*    "
    "7、显示二十四节气。\t\t|\n\t\t|\t\t\t\t\t\t|\n\t\t|\t*    "
    "8、显示节日。\t\t\t|\n\t\t|\t\t\t\t\t\t|\n\t\t|\t*    "
    "0、退出。\t\t\t|\n");
```

```
printf("\t\t-------------------------------------------------\n");
```

4. 接收用户输入

接收用户输入主要通过 scanf()函数结合 switch 语句来实现。其中，scanf()函数用于接收用户输入的菜单编号；switch 语句用于判断用户输入的菜单编号，以执行相应的操作。关键代码如下：

```
printf("\t\t您的输入：");
scanf("%d",&mode);
system("cls");
//无论选择哪项，都会在界面最上面显示当前时间
lt=GetCurTime();
printf("\t\t当前日期时间：%d-%d-%d %02d:%02d:%02d %s\r\n\r\n",
        lt.wYear,lt.wMonth,lt.wDay,lt.wHour,lt.wMinute,lt.wSecond,Xingqi[lt.wDayOfWeek]);
switch (mode)
{
    //退出程序
    case 0:
        exit(0);
        break;
    //显示月历
    case 1:
        ItemMonthlyCalendar();
        break;
    //查询公历
    case 2:
        ItemQueryGregorian();
        break;
    //查询农历
    case 3:
        ItemQueryChinese();
        break;
    //计算某天距今天的天数
    case 4:
        ItemCountDays();
        break;
    //查询距今天相应天数的日期
    case 5:
        ItemCountDate();
        break;
    //计算任意两天之间的天数差
    case 6:
        ItemSubDays();
        break;
    //显示二十四节气
    case 7:
        ItemSolar();
        break;
    //显示节日
    case 8:
        ItemFestival();
        break;
    default:
        error_times++;
        printf("您的输入有误，请重新输入（错误%d 次/5 次）。\r\n\r\n",error_times);
        if (error_times>=5)
        {
            printf("\r\n 错误次数已达到上限，请按任意键退出程序。");
            system("pause >nul");
            return 1;
        }
        break;
}
```

```
    printf("请按任意键返回主菜单。");
    system("pause >nul");
    system("cls");
```

5.5.2 显示月历

在岁月通万年历的主界面上输入数字 1，并按 Enter 键，程序便会切换至显示月历的界面。此时，系统会提示用户输入一个公历日期，例如输入"2024 5 1"，其中日期的格式为"年 月 日"（年、月、日之间用空格分隔），输入完毕后按 Enter 键，界面上即可显示相应的月历表，如图 5.3 所示。

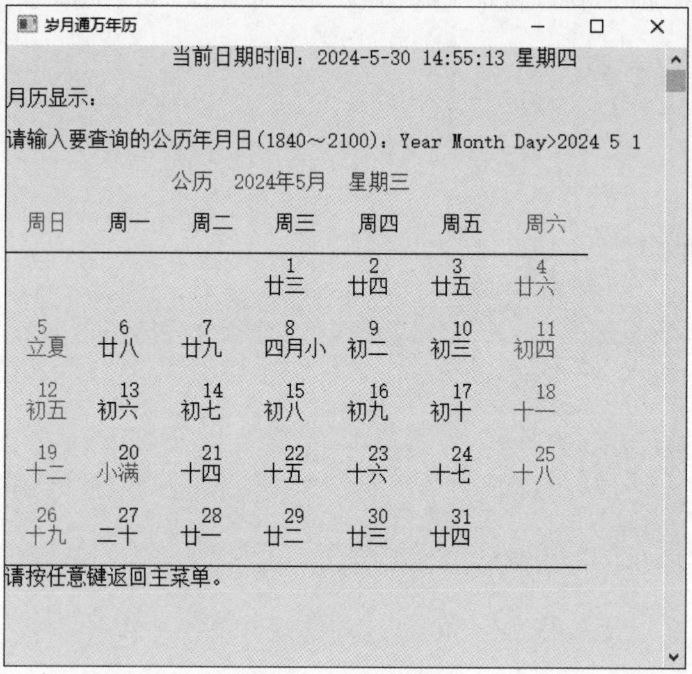

图 5.3　月历显示

月历的显示功能主要分为两个步骤实现：第一步是输入日期，第二步是根据输入的日期显示月历。具体实现过程如下。

定义一个名为 ItemMonthlyCalendar() 的函数。该函数首先通过 printf() 函数提示用户输入公历日期，接着使用 scanf() 函数接收用户输入的年、月、日数据，并对这些数据进行验证。一旦验证成功，ItemMonthlyCalendar() 函数就会调用 ShowCalendar() 函数来显示月历。ItemMonthlyCalendar() 函数的实现代码如下：

```
/**
 * 显示月历菜单项
 */
void ItemMonthlyCalendar()
{
    int year,month,day,error_times = 0;
    printf("月历显示：\r\n\r\n");
    printf("请输入要查询的公历年月日(1840～2100)：Year Month Day>");
    while (1)
    {
        scanf("%d %d %d",&year,&month,&day);
        if (year<=start_year||year>end_year||month<1||month>12)
        {
            error_times++;
```

```c
                printf("您输入的年月有误，请重新输入（错误%d 次/5 次）。Year Month>",error_times);
                if (error_times>=5)
                {
                            printf("\r\n 错误次数已达到上限，请按任意键退出程序。");
                            system("pause >nul");
                            return 1;
                }else
                {
                            break;
                }
        }
        ShowCalendar(year,month,day);
}
```

上面代码使用了 ShowCalendar() 函数，该函数为自定义函数，主要用于根据传入的年、月、日参数值来显示月历。在显示月历时，需要根据输入的数据，计算基准日、是否为闰月、月天数、月首星期等信息。ShowCalendar() 函数实现代码如下：

```c
/**
 * 打印出一个月的月历
 */
void ShowCalendar(int year,int month,int day)
{
        int base_days=Jizhun(year,month,day);            //基准日
        int dM0=Jizhun(year,month,1);                    //公历月首天数
        int dw0=(dM0+142113)%7;                          //月首星期
        int hang=0,lie=0;                                //行与列
        int Lyear=0,Lmonth=0,Lday=0;                     //农历年、月、日
        int lunar_ndays=0;                               //农历月总天数
        char *leap="";                                   //闰月
        char *daxiao="";                                 //大月或小月
        int dM0_lunar=0,dM_lunar=0;                      //月首的农历
        double jq1,jq2;                                  //用于存放本月节气时间
        int Lmonth_index=0;                              //农历月序
        int index_jieqi=0;                               //节气序号
        LONGTIME lt;                                     //时间结构体
        hang=year-start_year;                            //当前年份所处数据表中的行号
        lie=month-1;                                     //考虑到查询的范围,所以月份减1
        //查询公历月首所在的农历月
        for (lie;lie<15;lie++)                           //注意数据一行有15列
        {
                if ((Yueshou[hang*15+lie-1]<=dM0)&&(Yueshou[hang*15+lie]>dM0))    //查找当前公历月首所在农历月
                {
                        break;
                }
        }
        lie--;                                           //减掉 for 循环多加的 1
        //闰月
        if (Yuexu[hang*14+lie-1]==Yuexu[hang*14+lie])
        {
                leap="闰";                                //农历月序中出现两个相同的,则下个月为闰月
        }
        //判断此农历月有几天，如有 30 天, 为"大月"; 有 29 天, 则为"小月"
        lunar_ndays=Yueshou[hang*15+lie+1]-Yueshou[hang*15+lie];//农历月总天数
        if (lunar_ndays==31)                             //农历月大月 31 天,小月 30 天
        {
                daxiao="大";
        }else if (lunar_ndays==30)
        {
                daxiao="小";
```

```c
        }
        //计算月历中的第一天的农历日期
        Lyear=year;                              //农历年
        Lmonth_index=hang*14+lie;                //农历月索引
        Lmonth=Yuexu[Lmonth_index]-1;            //农历月从十一月开始(即冬至所在农历月为首)
        if (Lmonth<1)
        {
            Lmonth+=12;
        }
        if (Lmonth>10&&((hang*14+lie)%14<2))
        {
            Lyear--;                             //对于十一月和十二月，年份应为上一年的
        }
        Lday=dM0-Yueshou[hang*15+lie];           //农历日则是距农历月首的天数来算
        //计算节气日期所在位置
        dM0_lunar=Lday;                          //农历月首所在的
        dM_lunar=dM0_lunar;
        for (index_jieqi=(month-1)*2;index_jieqi<24;index_jieqi++)
        {
            jq1=Jieqi[hang*24+index_jieqi];
            jq2=Jieqi[hang*24+index_jieqi+1];
            if (int2(jq1+0.5)<=(dM0+14)&&int2(jq2+0.5)>(dM0+14))
            {
                break;
            }
        }
        //月历数据
        YUELIDATA yldata;
        yldata.year           = year;
        yldata.month          = month;
        yldata.base_days      = base_days;
        yldata.leap           = leap;
        yldata.dM_lunar       = dM_lunar;
        yldata.lunar_ndays    = lunar_ndays;
        yldata.jq1            = jq1;
        yldata.jq2            = jq2;
        yldata.dM0            = dM0;
        yldata.dw0            = dw0;
        yldata.Lmonth_index   = Lmonth_index;
        yldata.Lmonth         = Lmonth;
        yldata.hang           = hang;
        yldata.lie            = lie;
        yldata.index_jieqi    = index_jieqi;
        //打印月历
        PrintYueli(yldata);
}
```

上面代码使用了 int2() 函数和 PrintYueli() 函数。其中，int2() 函数用于获取小于或等于 v 参数的整数值，而它内部调用一个自定义的 GetDecimal() 函数，用于获取一个数的小数部分。int2() 函数和 GetDecimal() 函数的实现代码如下：

```c
int int2(double v)
{
    int a=(int)v;
    if (v<0)
    {
        double rm=GetDecimal(v);
        if (rm!=0)
        {
            a--;
        }
```

```
    }
    return a;
}

double GetDecimal(double n)
{
    n-=(int)n;
    return n;
}
```

PrintYueli()函数是一个自定义的函数，主要用于将月历信息打印到界面中进行显示，其实现代码如下：

```
/**
*打印月历
*/
void PrintYueli(YUELIDATA yldata)
{
    int year = yldata.year;
    int month = yldata.month;
    int base_days = yldata.base_days;
    char *leap = yldata.leap;
    int dM_lunar = yldata.dM_lunar;
    int lunar_ndays = yldata.lunar_ndays;
    double jq1 = yldata.jq1;
    double jq2 = yldata.jq2;
    int dM0 = yldata.dM0;
    int dw0 = yldata.dw0;
    int Lmonth_index = yldata.Lmonth_index;
    int Lmonth = yldata.Lmonth;
    int hang = yldata.hang;
    int lie = yldata.lie;
    int index_jieqi = yldata.index_jieqi;
    int jd_day=dM0;                                    //用于查询公历月首所在农历月份
    int nday0=1,nday1=1;                               //nday0 为公历,nday1 为农历
    int cal_item=0;                                    //格子计数,从 0 开始且小于 7
    bool isfirstline=true;                             //标记是否是第一行输出
    bool fillblanks=true;                              //标记是否需要填充空格
    bool islunarcal=false;                             //标记是否进行农历计算
    int idw=dw0;                                       //idw 用于标记星期,用于第一行填充
    int dMn=GetDaysOfMonth(year,month,false,false);    //本月总天数
    //开始打印日历
    HANDLE handle = GetStdHandle(STD_OUTPUT_HANDLE);   //获取控制台句柄
    SetConsoleTextAttribute(handle,main_text_color6);  //更改文字颜色,为粉色
    printf("\r\n\t\t 公历    %d 年%d 月    %s%s\r\n\r\n",year,month,Xingqi[(base_days+142113)%7],leap);
    SetConsoleTextAttribute(handle,main_text_color4);
    SetConsoleTextAttribute(handle,main_text_color1); //更改文字颜色,为红色
    printf("  周日\t");
    SetConsoleTextAttribute(handle,main_text_color4);
    printf("  周一\t 周二\t 周三\t 周四\t 周五\t");
    SetConsoleTextAttribute(handle,main_text_color1); //更改文字颜色,为红色
    printf("  周六\r\n");
    SetConsoleTextAttribute(handle,main_text_color4);
    printf("_____\r\n");
    //以下 for 循环开始打印日期,对应星期
    for (cal_item=0;cal_item<7;cal_item++)
    {
        if (!islunarcal)                              //判断是否是农历
        {
            //公历填充表格
            if (fillblanks)                           //判断是否是空格
            {
                if (isfirstline&&dw0!=0)              //第一天不为周日且在第一行
```

```c
            {
                printf("   \t   ");                    //格式控制,下同
            }
            if (dw0==0)
            {
                printf("");
                //本次没有任何填充,所以序号仍然是 0,而下个 for 循环时,此值会递增,因此将其设置为-1
                cal_item=-1;
            }
            for (idw;idw>1;idw--)
            {
                //填充空格,因为上一个 if 已经填充了一次,所以这里要少填充一次,条件控制到 idw>1
                printf("\t   ");                       //输出月首所在星期的前面几格
                cal_item++;                            //当前填充位置往后移一格
            }
            //空格输出完毕,到日期输出
            idw=dw0;                                   //重新赋值公历月首所在星期,为了控制对应的农历输出
            fillblanks=false;                          //取消填充空格
        }else
        {
            if (cal_item==0)
            {
                printf("   ");                         //格式控制,下同
            }
            printf("%d\t   ",nday0);
            nday0++;                                   //公历日序增加一天
            if (cal_item==5||cal_item==6)              //星期六和星期日红色字体输出公历日期
            {
                handle = GetStdHandle(STD_OUTPUT_HANDLE);       //获取控制台句柄
                SetConsoleTextAttribute(handle,main_text_color1);
            }else
            {
                SetConsoleTextAttribute(handle,main_text_color4);
            }
            //如果日期大于当月的总天数
            if (nday0>dMn)
            {
                printf("\r\n");
                cal_item=-1;                           //for 循环之后立刻加一,因此赋为-1
                islunarcal=true;                       //开始输出农历
            }
            if (cal_item==6)
            {
                cal_item=-1;
                printf("\r\n");
                islunarcal=true;                       //一行公历输出完成,转到农历输出
                if (isfirstline)
                {
                    fillblanks=true;                   //开始填充空格
                }
            }
        }
        //打印农历
    }else
    {
        if (fillblanks)
        {
            //农历填充空格
            if (isfirstline&&dw0!=0)
            {
                printf("   \t ");
            }
```

```c
            if (dw0==0)
            {
                    cal_item=-1;
            }
            for (idw;idw>2;idw--)
            {
                    printf("\t    ");       //填充首行农历前面空格，条件与公历不同，原因在于控制输出布局
                    cal_item++;             //当前填充位置往后移一格
            }
            if (dw0>1)
            {
                    printf("\t ");
                    cal_item++;
            }
            fillblanks=false;               //停止填充空格
    }else
    {
            if (dM_lunar>=lunar_ndays)
            {
                    //农历日超出本月天数,则为下一月
                    //下一月重新查询
                    Lmonth_index++;
                    Lmonth=Yuexu[Lmonth_index]-1;
                    if (Lmonth<1)
                    {
                            Lmonth+=12;
                    }
                    if (Lmonth>10)
                    {
                            year--;         //对于十一月和十二月，年份应为上一年的
                    }
                    //重新计算新的一个农历月天数
                    lunar_ndays=Yueshou[hang*15+lie+2]-Yueshou[hang*15+lie+1];
                    dM_lunar=0;             //从初一开始
            }
            //星期六和星期日红色字体输出农历日期
            if (cal_item==0||cal_item==6)
            {
                    handle = GetStdHandle(STD_OUTPUT_HANDLE);           //获取控制台句柄
                    SetConsoleTextAttribute(handle,main_text_color1);
            }else
            {
                    SetConsoleTextAttribute(handle,main_text_color4);
            }
            if (int2(jq1+0.5)==jd_day)
            {
                    if (cal_item==0)
                    {
                            printf("  ");
                    }
                    HANDLE handle = GetStdHandle(STD_OUTPUT_HANDLE);    //获取控制台句柄
                    SetConsoleTextAttribute(handle,main_text_color1);   //更改文字颜色，为红色
                    printf("%s",jieqi[(index_jieqi)%24]);               //如果当天有节气（jq1），则打印出节气名称
                    SetConsoleTextAttribute(handle,main_text_color4);
            }else if (int2(jq2+0.5)==jd_day)
            {
                    if (cal_item==0)
                    {
                            printf("  ");
                    }
                    HANDLE handle = GetStdHandle(STD_OUTPUT_HANDLE);    //获取控制台句柄
                    SetConsoleTextAttribute(handle,main_text_color1);   //更改文字颜色，为红色
```

```c
            printf("%s",jieqi[(index_jieqi+1)%24]);         //如果当天有节气（jq2），则打印出节气名称
            SetConsoleTextAttribute(handle,main_text_color4);
        }else
        {
            if (dM_lunar==0)
            {
                if (Yuexu[Lmonth_index]==Yuexu[Lmonth_index-1])
                {
                    printf("闰");                                                   //如果是闰月
                }else
                {
                    if (cal_item==0)
                    {
                        printf(" ");
                    }
                }
                printf("%s",mName[Lmonth-1]);
                if (lunar_ndays==30)
                {
                    printf("大");
                }else
                {
                    printf("小");
                }
            }else
            {
                if (cal_item==0)
                {
                    printf("   ");
                }
                printf("%s",dName[dM_lunar]);
            }
        }
        jd_day++;                                           //基准日指向下一天
        dM_lunar++;                                         //农历日指向下一天
        nday1++;                                            //天所在序号递增,指向下一天
        if(dM_lunar==lunar_ndays)
        {
            if (Yuexu[Lmonth_index+1]==Yuexu[Lmonth_index])
            {
                printf(" ");
            }else
            {
                printf("\t ");
            }
        }else
        {
            if (Yuexu[Lmonth_index-1]==Yuexu[Lmonth_index])
            {
                if (dM_lunar==0)
                {
                    printf(" ");
                }else
                {
                    printf("\t ");
                }
            }else
            {
                printf("\t ");
            }
        }
        if (nday1>dMn)
```

```
                    {
                        break;
                    }
                    if (cal_item==6)
                    {
                        cal_item=-1;                                    //for 循环之后立刻加 1,因此赋为-1
                        printf("\r\n\r\n");
                        islunarcal=false;                               //一行结束后开始转到公历输出
                        if (isfirstline)
                        {
                            isfirstline=false;
                        }
                        if (nday1>dMn)
                        {
                            break;
                        }
                    }
                }
            }
        }
        printf("\r\n_____\r\n");
}
```

上面代码中用到了 GetDaysOfMonth()函数,用来计算当前月份的天数,其实现代码如下:

```
int GetDaysOfMonth(int year,int month,bool mode,bool bLeap)
{
    int dM0=0,dMn=0;
    if (!mode)
    {
        dM0=Jizhun(year,month,1);                                       //月首天数
        if (month==12)
        {
            dMn=Jizhun(++year,1,1)-dM0;                                 //元旦
        }else
        {
            dMn=Jizhun(year,++month,1)-dM0;                             //下个月
        }
    }else
    {
        int leap_Month=-1;                                              //农历闰月所在位置
        int hang=year-start_year;                                       //所在行
        int i=0;
        int lie=month+1;
        for (i=0;i<14;i++)
        {
            if (Yuexu[hang*14+i+1]==Yuexu[hang*14+i])
            {
                leap_Month=i-1;
                break;
            }
        }
        if (leap_Month==-1)
        {
            if (bLeap)
            {
                return -1;                                              //如果当前年份无闰月,而输入有闰月,则返回-1,以代表输入错误
            }else
            {
                if (bLeap)
                {
```

```
                    if (leap_Month!=month)
                    {
                        return -1;              //当前年份有闰月，但并非当前输入月份
                    }
                }
                if (leap_Month!=-1)
                {
                    if (month>leap_Month)       //在当年闰月以及之后
                    {
                        lie++;
                    }else
                    {
                        if (bLeap==true&&month==leap_Month)
                        {
                            lie++;
                        }
                    }
                }
                dMn=Yueshou[hang*15+lie+1]-Yueshou[hang*15+lie];
            }
            return dMn;                         //返回当前公历月份的天数
        }
```

5.5.3　查询公历

在岁月通万年历的主界面上输入数字 2，并按 Enter 键，程序便会切换到公历查询界面。随后，根据界面的提示，输入农历日期，格式应为"年 月 日"（年、月、日之间用空格隔开），例如输入"1911 10 10"，随后按 Enter 键，程序便会显示输入的农历日期以及对应的公历日期信息，具体如图 5.4 所示。

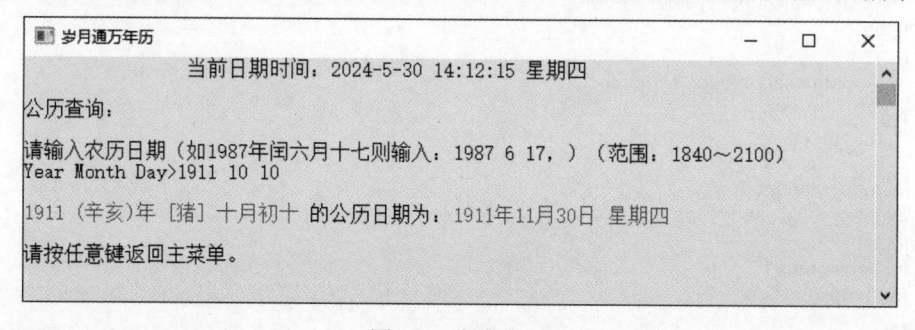

图 5.4　查询公历

定义一个名为 ItemQueryGregorian() 的函数。该函数首先通过 printf() 函数提示用户输入农历日期，随后使用 scanf() 函数接收用户输入的农历年、月、日数据，并对这些数据进行验证。若验证成功，ItemQueryGregorian() 函数将调用 GetGre() 函数，尝试将农历日期转换为公历日期。如果 GetGre() 函数的返回值为 0，表示转换成功，此时将退出循环。ItemQueryGregorian() 函数的实现代码如下：

```
/**
 * 查询公历菜单项
 */
void ItemQueryGregorian()
{
    int year,month,day,error_times=0;
    LUNARDATE lunar_date;
    printf("公历查询：\r\n\r\n");
```

```
        printf("请输入农历日期（如1987年闰六月十七则输入：1987 6 17，)（范围：1840~2100）\nYear Month Day>");
        while (1)
        {
                scanf("%d %d %d",&year,&month,&day);
                if (year<=start_year||year>end_year||month<1||month>12||day<1||day>30)
                {
                        error_times++;
                        printf("您输入的日期有误，请重新输入（错误%d 次/5 次）：Year Month Day>",error_times);
                        if (error_times>=5)
                        {
                                printf("\r\n 错误次数已达到上限，请按任意键退出程序。");
                                system("pause >nul");
                                return 1;
                        }
                }
                else
                {
                        //输入正确后，再判断输入天数是否超过当月天数
                        lunar_date.iYear=year;
                        lunar_date.wMonth=month;
                        lunar_date.wDay=day;
                        lunar_date.bIsLeap=false;
                        if (GetGre(lunar_date)!=0)
                        {
                                error_times++;
                                if (error_times>=5)
                                {
                                        printf("\r\n 错误次数已达到上限，请按任意键退出程序。");
                                        system("pause >nul");
                                        return 1;
                                }
                        }else
                        {
                                break;
                        }
                }
        }
        printf("\r\n");
}
```

定义一个 GetGre()函数，用于实现将农历日期转换为公历日期。该函数接收一个结构体类型的变量 LunarDate，该变量用于存储农历的年、月、日以及闰月标记。GetGre()函数的返回值是一个整型变量。如果转换成功，则打印出转换结果，包括年、月、日、星期几，以及农历年份的干支、生肖等信息，并返回 0；如果转换失败，则返回一个正整数值。GetGre()函数的实现代码如下：

```
/**
* 农历查公历
*/
int GetGre(LUNARDATE LunarDate)
{
        int hang=LunarDate.iYear-start_year;
        int lie=LunarDate.wMonth+1;
        int leap_month=-1;
        int i=0;
        double ndays=0.0;
        int ileapMonth=0;
        int dMn=0;
        LONGTIME lt;
        for (i=0;i<14;i++)
        {
                if (Yuexu[hang*14+i+1]==Yuexu[hang*14+i])
```

```c
                    {
                        leap_month=i-1;                                    //农历闰月
                        if (leap_month<=0)
                        {
                            leap_month+=12;
                        }
                        break;
                    }
            }
            if (leap_month==LunarDate.wMonth)
            {
                printf("当前月份是否为闰月？（是闰月则输入"Y"，否则输入"N"）>");
                ileapMonth=getche();
                if (ileapMonth==89||ileapMonth==121)
                {
                    LunarDate.bIsLeap=true;
                }else if (ileapMonth==78||ileapMonth==110)
                {
                    LunarDate.bIsLeap=false;
                }
                printf("\r\n");
            }
            dMn=GetDaysOfMonth(LunarDate.iYear,LunarDate.wMonth,true,LunarDate.bIsLeap);
            if (dMn==-1)
            {
                printf("当前农历闰月信息有误，请重新输入：Year Month Day>");
                return 2;                                                  //返回错误
            }else
            {
                if (dMn<LunarDate.wDay)
                {
                    if (LunarDate.bIsLeap)
                    {
                        printf("%d 年闰%s 只有 %d 天，请重新输入：Year Month Day>",
                            LunarDate.iYear,mName[LunarDate.wMonth-1],dMn);
                    }else
                    {
                        printf("%d 年%s 只有 %d 天，请重新输入：Year Month Day>",
                            LunarDate.iYear,mName[LunarDate.wMonth-1],dMn);
                    }
                    return 1;
                }
            }
            if (leap_month!=-1)
            {
                //定位当前列
                if (LunarDate.wMonth>leap_month)
                {
                    lie++;
                }else
                {
                    if (LunarDate.wMonth==leap_month&&LunarDate.bIsLeap==true)
                    {
                        lie++;
                    }
                }
            }
            ndays=Yueshou[hang*15+lie];
            ndays+=LunarDate.wDay;
            ndays--;
            lt=GetDate(ndays);
            HANDLE handle = GetStdHandle(STD_OUTPUT_HANDLE);               //获取控制台句柄
```

```
			SetConsoleTextAttribute(handle,main_text_color1);			//更改文字颜色，为红色
			printf("\r\n%d (%s%s)年  [%s] ",
						LunarDate.iYear,
						tiangan[(LunarDate.iYear-1984+9000)%10],
						dizhi[(LunarDate.iYear-1984+9000)%12],
						shengxiao[(LunarDate.iYear-1984+9000)%12]);
			if (LunarDate.bIsLeap)
			{
					printf("闰");
			}
			printf("%s%s ",mName[LunarDate.wMonth-1],dName[LunarDate.wDay-1]);
			SetConsoleTextAttribute(handle,main_text_color4);			//恢复颜色
			printf("的公历日期为：");
			SetConsoleTextAttribute(handle,main_text_color1);
			printf("%d 年%d 月%d 日  %s\r\n",lt.wYear,lt.wMonth,lt.wDay,Xingqi[lt.wDayOfWeek]);
			SetConsoleTextAttribute(handle,main_text_color4);			//恢复颜色
			return 0;
}
```

上面代码使用了 GetDate()函数，用于将小数形式表示的日期转为公历日期。该函数的实现代码如下：

```
LONGTIME GetDate(double n)
{
			LONGTIME lt;
			double A,F,D;
			int x=0;
			n+=0.5;
			x+=2;
			x*=10;
			x+=4;
			x*=10;
			x+=5;
			x*=10;
			x+=1;
			lt.wYear=0;
			lt.wMonth=0;
			lt.wDay=0;
			lt.wHour=0;
			lt.wMinute=0;
			lt.wSecond=0;
			lt.wMillisecond=0;
			x*=10;
			x+=5;
			x*=10;
			x+=4;
			x*=10;
			x+=5;
			n+=x;
			lt.wDayOfWeek=((int2)(n+1))%7;
			A=(int)n;
			F=n-A;
			if (A>=2299161)
			{
					D=(int)((A-1867216.25)/36524.25);
					A+=1+D-(int)(D/4);
			}
			A+=1524;
			lt.wYear=(int)((double)(A-122.1)/365.25);
			D=A-(int)(365.25*lt.wYear);
			lt.wMonth=(int)(D/30.6001);
			lt.wDay=(int)(D-(int)(lt.wMonth*30.6001));
			lt.wYear-=4716;
```

```
        lt.wMonth--;
        if (lt.wMonth>12)
        {
            lt.wMonth-=12;
        }
        if (lt.wMonth<=2)
        {
            lt.wYear++;
        }
        F*=24;
        lt.wHour=(int)F;
        F-=lt.wHour;
        F*=60;
        lt.wMinute=(int)F;
        F-=lt.wMinute;
        F*=60;
        lt.wSecond=(int)F;
        F-=lt.wSecond;
        F*=1000;
        lt.wMillisecond=(int)F;
        return lt;
}
```

5.5.4 查询农历

在岁月通万年历的主界面上输入数字 3，并按 Enter 键，程序将进农历查询界面。根据该界面提示，输入一个公历日期，日期格式为"年 月 日"（年、月、日之间用空格分隔），例如输入"2024 5 31"，随后按 Enter 键，程序便会显示输入的当前公历日期、月历、农历日期以及节气等信息，具体如图 5.5 所示。

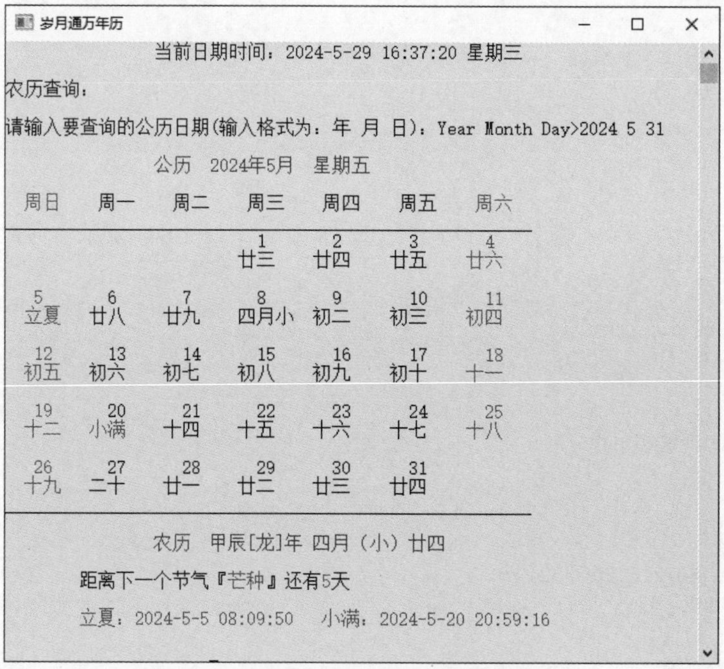

图 5.5　查询农历

查询农历的功能主要由 4 个部分组成，分别是公历年月日数据的输入、月历的显示、天干地支的显示、节气信息的显示。这些功能主要通过自定义的 ItemQueryChinese() 函数来实现，代码如下：

```c
/**
 * 查询农历
 */
void ItemQueryChinese()
{
    int year,month,day;
    int error_times=0,dMn;
    printf("农历查询：\n\n");
    printf("请输入要查询的公历日期(输入格式为：年 月 日)：Year Month Day>");
    while (1)
    {
        scanf("%d %d %d",&year,&month,&day);
        if (year<=start_year||year>end_year||month<1||month>12||day<1||day>31)
        {
            error_times++;
            printf("您输入的日期有误，请重新输入（错误%d 次/5 次）：Year Month Day>",error_times);
            if (error_times>=5)
            {
                printf("\r\n 错误次数已达到上限，请按任意键退出程序。");
                system("pause >nul");
                return 1;
            }
        }else
        {
            dMn=GetDaysOfMonth(year,month,false,false);
            if (day>dMn)
            {
                error_times++;
                printf("当前月份只有%d 天。请重新输入（错误%d 次/5 次）：Year Month Day>",dMn,error_times);
                if (error_times>=5)
                {
                    printf("\r\n 错误次数已达到上限，请按任意键退出程序。");
                    system("pause >nul");
                    return 1;
                }
            }else
            {
                break;
            }
        }
    }
    //显示月历
    ShowCalendar(year,month,day);
    //公历转农历
    DateRefer(year,month,day,false);
    //显示指定年月的节气信息
    MonthSolarTerms(year,month);
}
```

上面代码使用了 ShowCalendar()函数、DateRefer()函数和 MonthSolarTerms()函数。其中，ShowCalendar()函数主要用于显示月历信息，该函数的详细代码请参见 5.5.2 节。下面主要对 DateRefer()函数和 MonthSolarTerms()函数进行讲解。

DateRefer()函数为自定义函数，主要用于根据公历查询对应农历并进行显示，该函数接收 4 个参数，分别为公历的年、月、日数据，以及一个 bool 类型的 SST 参数。SST 参数用于控制是否显示节气信息。如果 SST 为 true，表示不显示节气信息；如果为 false，表示显示节气信息，节气信息具体显示为今日节气或距离下一个节气的天数。DateRefer()函数实现代码如下：

```c
/**
 * 公历查农历和节气
```

```c
*/
void DateRefer(int year,int month,int day,bool SST)
{
    int Lyear=0,Lmonth=0,Lday=0;
    int base_days=0;                                          //基准日
    int hang=0,lie=0;                                         //行与列
    int i=0,ijq0=0,ijq1=0;                                    //节气
    char *leap="";                                            //闰月
    char *daxiao="";                                          //大月或小月
    Lyear=year;
    base_days=Jizhun(year,month,day);
    hang=year-start_year;
    lie=month-1;
    for (lie;lie<15;lie++)
    {
        if ((Yueshou[hang*15+lie-1]<=base_days)&&(Yueshou[hang*15+lie]>base_days))
        {
            break;
        }
    }
    lie--;                                                    //减掉多加的1
    if (Yuexu[hang*14+lie-1]==Yuexu[hang*14+lie])
    {
        leap="闰";
    }
    if ((Yueshou[hang*15+lie+1]-Yueshou[hang*15+lie])==31)
    {
        daxiao="大";
    }else
    {
        daxiao="小";
    }
    Lmonth=Yuexu[hang*14+lie]-1;
    if (Lmonth<1)
    {
        Lmonth+=12;
    }
    if (Lmonth>10&&((hang*14+lie)%14<2))
    {
        Lyear--;                                              //对于十一月和十二月，年份应为上一年的
    }
    Lday=base_days-Yueshou[hang*15+lie];                      //从初一开始
    if (SST)                                                  //SST为true时，显示农历不显示节气
    {
        HANDLE handle = GetStdHandle(STD_OUTPUT_HANDLE);      //获取控制台句柄
        SetConsoleTextAttribute(handle,main_text_color6);     //更改文字颜色，为粉色
        printf("%s%s 年  %s%s(%s)%s",tiangan[(Lyear-1984+9000)%10],
            dizhi[(Lyear-1984+9000)%12],leap,mName[Lmonth-1],daxiao,dName[Lday]);
        SetConsoleTextAttribute(handle,main_text_color4);
    }else
    {
        HANDLE handle = GetStdHandle(STD_OUTPUT_HANDLE);      //获取控制台句柄
        SetConsoleTextAttribute(handle,main_text_color6);     //更改文字颜色，为粉色
        printf("\n\t\t 农历   %s%s[%s]年  %s%s（%s）%s\t\n",tiangan[(Lyear-1984+9000)%10],
            dizhi[(Lyear-1984+9000)%12],shengxiao[(Lyear-1984+9000)%12],
            leap,mName[Lmonth-1],daxiao,dName[Lday]);
        SetConsoleTextAttribute(handle,main_text_color4);
        for (i=(month-1)*2;i<48;i++)
        {
            ijq0=int2(Jieqi[hang*24+i]+0.5);
            ijq1=int2(Jieqi[hang*24+i+1]+0.5);
            if (ijq1>base_days&&ijq0<=base_days)
```

```
                {
                    if (ijq0==base_days)
                    {
                        LONGTIME lt=GetDate(Jieqi[hang*24+i]);
                        printf("\n\t今日节气：");
                        HANDLE handle = GetStdHandle(STD_OUTPUT_HANDLE);   //获取控制台句柄
                        SetConsoleTextAttribute(handle,main_text_color1);  //更改文字颜色，为红色
                        printf("%s",jieqi[i%24]);
                        SetConsoleTextAttribute(handle,main_text_color4);
                        printf(" 交节时间：");
                        SetConsoleTextAttribute(handle,main_text_color1);  //更改文字颜色，为红色
                        printf("%d-%d-%d %02d:%02d:%02d\r\n\r\n",
                        lt.wYear,lt.wMonth,lt.wDay,lt.wHour,lt.wMinute,lt.wSecond);
                        SetConsoleTextAttribute(handle,main_text_color4);
                    }else
                    {
                        printf("\n\t距离下一个节气『");
                        HANDLE handle = GetStdHandle(STD_OUTPUT_HANDLE);   //获取控制台句柄
                        SetConsoleTextAttribute(handle,main_text_color1);  //更改文字颜色，为红色
                        printf("%s",jieqi[(i+1)%24]);
                        SetConsoleTextAttribute(handle,main_text_color4);
                        printf("』还有");
                        SetConsoleTextAttribute(handle,main_text_color1);  //更改文字颜色，为红色
                        printf("%d",ijq1-base_days);
                        SetConsoleTextAttribute(handle,main_text_color4);
                        printf("天\n");
                    }
                    break;
                }
            }
        }
    }
}
```

MonthSolarTerms()函数用于显示指定年月的节气信息，该函数接收两个参数，分别表示年和月。MonthSolarTerms()函数主要根据传入的年和月参数计算公历首月天数，然后通过遍历 jieqi 数组，查找属于这个月份的两个节气，并使用 GetDate()函数将节气的日期转化为具体的年月日时分秒格式，最后通过 printf()函数打印节气信息。MonthSolarTerms()函数实现代码如下：

```
/**
 * 显示指定年月的节气信息
 */
void MonthSolarTerms(int year,int month)
{
    LONGTIME lt;
    double jq1,jq2;
    int index_jieqi=0;                                      //节气序号
    int dM0=Jizhun(year,month,1);                           //公历月首天数
    int hang=0,lie=0;                                       //行与列
    hang=year-start_year;                                   //当前年份所处数据表中的行号，从 0 开始
    for (index_jieqi=(month-1)*2;index_jieqi<24;index_jieqi++)
    {
        jq1=Jieqi[hang*24+index_jieqi];
        jq2=Jieqi[hang*24+index_jieqi+1];
        if (int2(jq1+0.5)<=(dM0+14)&&int2(jq2+0.5)>(dM0+14))
        {
            break;
        }
    }
    //显示当月节气
    lt=GetDate(jq1);
    hOut = GetStdHandle(STD_OUTPUT_HANDLE);                 //获取控制台句柄
```

```
            SetConsoleTextAttribute(hOut,main_text_color5);                    //更改文字颜色，为蓝色
            printf("\n\t%s： %d-%d-%d %02d:%02d:%02d    ",jieqi[(index_jieqi)%24],lt.wYear,
                    lt.wMonth,lt.wDay,lt.wHour,lt.wMinute,lt.wSecond);
            lt=GetDate(jq2);
            printf("%s： %d-%d-%d %02d:%02d:%02d\r\n\r\n",jieqi[(index_jieqi+1)%24],lt.wYear,
                    lt.wMonth,lt.wDay,lt.wHour,lt.wMinute,lt.wSecond);
            SetConsoleTextAttribute(hOut,main_text_color4);
}
```

5.5.5 计算某天距今天的天数

在岁月通万年历的主界面上输入数字 4，并按 Enter 键，程序将切换至计算某天距今天的天数界面。根据该界面提示，输入一个日期，日期的格式为"年 月 日"（年、月、日之间用空格分隔），例如输入"2024 4 1"，然后按 Enter 键，程序便会显示出输入日期与当前日期之间的天数差，如图 5.6 所示。

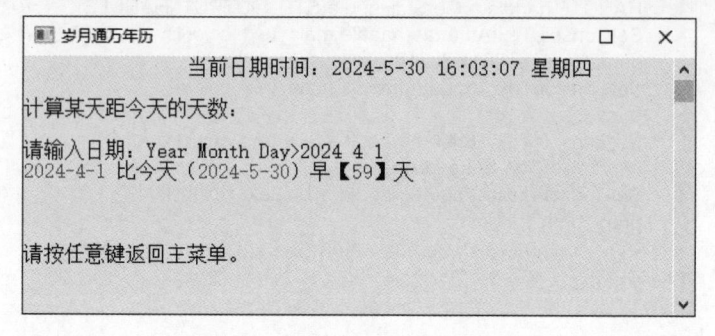

图 5.6 计算某天距今天的天数

定义一个 ItemCountDays()函数，用于实现计算某天距今天的天数的功能。该函数中，首先调用 Jizhun()函数将输入的日期数据转换为自指定基准日期（即公元 1582 年 10 月 15 日）以来的累计天数，然后将当前时间转换为距离指定基准日期的天数，最后使用输入日期转换的天数减去当前日期转换的天数，即可计算出相应的天数差。ItemCountDays()函数实现代码如下：

```
/**
 * 计算某天距今天的天数菜单项
 */
void ItemCountDays()
{
    int year,month,day,error_times=0;
    int dMn;
    LONGTIME lt;
    printf("计算某天距今天的天数：\r\n\r\n");
    printf("请输入日期：Year Month Day>");
    while (1)
    {
        scanf("%d %d %d",&year,&month,&day);
        if (year<=start_year||year>end_year||month>12||month<1||day>31||day<1)
        {
            error_times++;
            printf("您输入的日期有误，请重新输入（错误%d 次/5 次）：Year Month Day>",error_times);
            if (error_times>=5)
            {
                printf("\r\n 错误次数已达到上限，请按任意键退出程序。");
                system("pause >nul");
                return 1;
            }
        }else
```

```
                {
                    dMn=GetDaysOfMonth(year,month,false,false);
                    if (day>dMn)
                    {
                        error_times++;
                        printf("当前月份只有%d 天。请重新输入（错误%d 次/5 次）：Year Month Day>",dMn,error_times);
                        if (error_times>=5)
                        {
                            printf("\r\n 错误次数已达到上限，请按任意键退出程序。");
                            system("pause >nul");
                            return 1;
                        }
                    }else
                    {
                        break;;
                    }
                }
            }
            dMn=Jizhun(year,month,day);
            printf("%d",dMn);
            lt=GetCurTime();
            dMn-=Jizhun(lt.wYear,lt.wMonth,lt.wDay);
            hOut = GetStdHandle(STD_OUTPUT_HANDLE);              //获取控制台句柄
            if (dMn>=0)
            {
                SetConsoleTextAttribute(hOut,main_text_color5);  //更改文字颜色，为蓝色
                printf("%d-%d-%d",year,month,day);
                SetConsoleTextAttribute(hOut,main_text_color4);  //恢复文字颜色
                printf(" 比今天（");
                SetConsoleTextAttribute(hOut,main_text_color5);  //更改文字颜色为蓝色
                printf("%d-%d-%d",lt.wYear,lt.wMonth,lt.wDay);
                SetConsoleTextAttribute(hOut,main_text_color4);
                printf("）晚【");
                SetConsoleTextAttribute(hOut,main_text_color6);
                printf("%d",dMn);
                SetConsoleTextAttribute(hOut,main_text_color4);
                printf("】天\r\n\n\n\n");
            }else
            {
                SetConsoleTextAttribute(hOut,main_text_color5);  //更改文字颜色，为蓝色
                printf("%d-%d-%d",year,month,day);
                SetConsoleTextAttribute(hOut,main_text_color4);  //恢复文字颜色
                printf(" 比今天（");
                SetConsoleTextAttribute(hOut,main_text_color5);  //更改文字颜色为蓝色
                printf("%d-%d-%d",lt.wYear,lt.wMonth,lt.wDay);
                SetConsoleTextAttribute(hOut,main_text_color4);
                printf("）早【");
                SetConsoleTextAttribute(hOut,main_text_color6);
                printf("%d",-dMn);
                SetConsoleTextAttribute(hOut,main_text_color4);
                printf("】天\r\n\n\n\n");
            }
}
```

上面代码使用了一个 Jizhun()函数，该函数为自定义的函数，主要用于根据传入的年、月、日信息计算基准天数，其实现代码如下：

```
/**
* 计算基准天数
*/
int Jizhun(int year, int month, int day)
{
```

```c
    int basedays = 0;
    int x = 0, y = 0;
    //如果月份小于或等于2，则将年份减1，月份加12，以进行后续计算
    if (month <= 2 && month > 0)
    {
        year--;
        month += 12;
    }
    //计算年份中的闰年次数
    x = (int)(year / 100);
    y = 0;
    //如果年份是1582年，需要进行特殊处理
    if (year == 1582)
    {
        if (month == 10)
        {
            //如果日期大于或等于15，则进行闰年次数计算
            if (day >= 15)
            {
                y = 2 - x + (int)(x / 4);
            }
        }
        else if (month > 10)
        {
            //如果月份大于10，也进行闰年次数计算
            y = 2 - x + (int)(x / 4);
        }
    }
    else if (year > 1582)
    {
        //如果年份大于1582年，直接进行闰年次数计算
        y = 2 - x + (int)(x / 4);
    }
    //计算基准天数
    basedays = (int)(365.25 * (year + 16)) + 36525 * 47 + (int)(30.6001 * (month + 1)) + day + y - 2453069;
    return basedays;
}
```

5.5.6　查询距今天相应天数的日期

在岁月通万年历的主界面上输入数字5，并按Enter键，程序将切换至查询距今天相应天数的日期界面。该界面默认显示当前日期，用户可以根据提示输入一个天数，例如输入"10"，然后按Enter键，程序便会显示距离今天前后各10天的两个日期。例如，当前日期2024-5-30，则显示结果如图5.7所示。

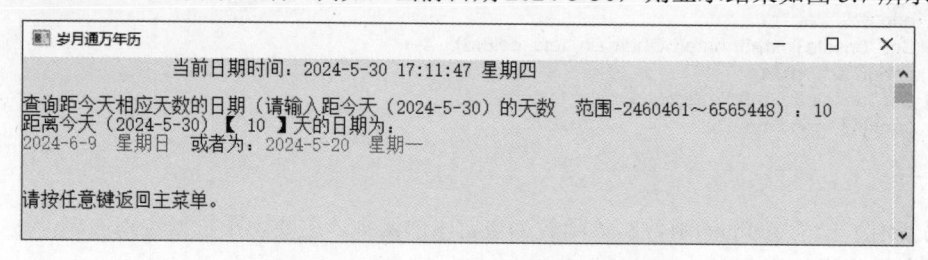

图5.7　查询距离今天相应天数的日期

定义一个ItemCountDate()函数，用来实现查询距离今天相应天数日期的功能，该函数需要调用Jizhun()函数将当前日期转换为距离指定基准日期的天数，然后将转换后的天数加或减用户输入的天数，并将得到的结果作为参数传给GetDate()函数，这样即可得到距离今天相应天数之前或者之后的日期。ItemCountDate()

函数实现代码如下：

```c
/**
 * 查询距今天相应天数的日期菜单项
 */
void ItemCountDate()
{
    int days,error_times=0,dMn;
    LONGTIME lt,lt2,lt3;
    lt=GetCurTime();
    dMn=Jizhun(lt.wYear,lt.wMonth,lt.wDay);
    hOut = GetStdHandle(STD_OUTPUT_HANDLE);                  //获取控制台句柄
    printf("查询距今天相应天数的日期（请输入距今天（%d-%d-%d）的天数　范围%d～%d）：",
        lt.wYear,lt.wMonth,lt.wDay,-dMn-2451545,6574364-dMn);
    while (1)
    {
        scanf("%d",&days);
        if (days>(6574364-dMn)||days<(-dMn-2451545))
        {
            error_times++;
            printf("您输入的天数有误，请重新输入（错误%d 次/5 次）：Days>",error_times);
            if (error_times>=5)
            {
                printf("\r\n 错误次数已达到上限，请按任意键退出程序。");
                system("pause >nul");
                return 1;
            }
        }else
        {
            break;
        }
    }
    lt2 = GetDate((double)(dMn+days));
    lt3 = GetDate((double)(dMn-days));
    printf("距离今天（%d-%d-%d）【 %d 】天的日期为：",lt.wYear,lt.wMonth,lt.wDay,days);
    SetConsoleTextAttribute(hOut,main_text_color1);          //红字
    printf("\n%d-%d-%d    %s",lt2.wYear,lt2.wMonth,lt2.wDay,Xingqi[lt2.wDayOfWeek]);
    SetConsoleTextAttribute(hOut,main_text_color4);          //恢复文字颜色
    printf("　或者为：");
    SetConsoleTextAttribute(hOut,main_text_color1);          //红字
    printf("%d-%d-%d    %s\r\n\n\n",lt3.wYear,lt3.wMonth,lt3.wDay,Xingqi[lt3.wDayOfWeek]);
    SetConsoleTextAttribute(hOut,main_text_color4);          //恢复文字颜色
}
```

5.5.7　计算任意两天之间的天数差

在岁月通万年历的主界面上输入数字 6，并按 Enter 键，程序将切换至计算任意两天之间的天数差界面。根据提示输入两个日期，然后按 Enter 键，程序将自动计算这两个日期之间的天数差，并将其显示出来，如图 5.8 所示。

图 5.8　计算任意两天之间的天数差

定义一个ItemSubDays()函数，用于计算任意两天之间的天数差。该函数主要通过调用Jizhun()函数，将要计算的两个日期转换为距离指定基准日期的天数，然后进行相减操作，最后通过调用 abs()函数对相减的结果求绝对值，从而得到任意两天之间的天数差。ItemSubDays()函数实现代码如下：

```c
/**
 */计算任意两天之间的天数差菜单项
 */
void ItemSubDays()
{
    int year,month,day,days;
    int error_times=0;
    int dMn;
    LONGTIME lt2;
    printf("计算任意两天之间的天数差：\r\n\r\n");
    printf("请输入第一个日期：Year Month Day>");
    while (1)
    {
        scanf("%d %d %d",&year,&month,&day);
        if (year<=start_year||year>end_year||month>12||month<1||day>31||day<1)
        {
            error_times++;
            printf("您输入的日期有误，请重新输入第一个日期（错误%d 次/5 次）：Year Month Day>",
                error_times);
            if (error_times>=5)
            {
                printf("\r\n 错误次数已达到上限，请按任意键退出程序。");
                system("pause >nul");
                return 1;
            }
        }else
        {
            dMn=GetDaysOfMonth(year,month,false,false);
            if (day>dMn)
            {
                error_times++;
                printf("当前月份只有%d 天。请重新输入第一个日期（错误%d 次/5 次）：Year Month Day>",
                    dMn,error_times);
                if (error_times>=5)
                {
                    printf("\r\n 错误次数已达到上限，请按任意键退出程序。");
                    system("pause >nul");
                    return 1;
                }
            }else
            {
                break;;
            }
        }
    }
    lt2.wYear=year;
    lt2.wMonth=month;
    lt2.wDay=day;
    printf("请输入第二个日期：Year Month Day>");
    while (1)
    {
        scanf("%d %d %d",&year,&month,&day);
        if (year<=start_year||year>end_year||month>12||month<1||day>31||day<1)
        {
            error_times++;
            printf("您输入的日期有误，请重新输入第二个日期（错误%d 次/5 次）：Year Month Day>",
                error_times);
            if (error_times>=5)
            {
                printf("\r\n 错误次数已达到上限，请按任意键退出程序。");
```

```
                system("pause >nul");
                return 1;
            }
        }else
        {
            dMn=GetDaysOfMonth(year,month,false,false);
            if (day>dMn)
            {
                error_times++;
                printf("当前月份只有%d 天。请重新输入第二个日期（错误%d 次/5 次）：Year Month Day>",
                    dMn,error_times);
                if (error_times>=5)
                {
                    printf("\r\n 错误次数已达到上限，请按任意键退出程序。");
                    system("pause >nul");
                    return 1;
                }
            }else
            {
                break;;
            }
        }
    }
    days=Jizhun(lt2.wYear,lt2.wMonth,lt2.wDay)-Jizhun(year,month,day);
    hOut = GetStdHandle(STD_OUTPUT_HANDLE);              //获取控制台句柄
    SetConsoleTextAttribute(hOut,main_text_color5);      //蓝字
    printf("\n%d-%d-%d ",lt2.wYear,lt2.wMonth,lt2.wDay);
    SetConsoleTextAttribute(hOut,main_text_color4);      //恢复文字颜色
    printf("与 ");
    SetConsoleTextAttribute(hOut,main_text_color5);      //蓝字
    printf("%d-%d-%d ",year,month,day);
    SetConsoleTextAttribute(hOut,main_text_color4);      //恢复文字颜色
    printf("相差 【");
    SetConsoleTextAttribute(hOut,main_text_color1);      //红字
    printf(" %d ",abs(days));
    SetConsoleTextAttribute(hOut,main_text_color4);      //恢复文字颜色
    printf(" 】天。\r\n");
}
```

5.5.8 显示二十四节气

在岁月通万年历的主界面上输入数字 7，并按 Enter 键，程序将切换显示二十四节气的界面。根据提示输入要查询的年份，然后按 Enter 键，程序即可显示指定年份的全部节气信息，如图 5.9 所示。

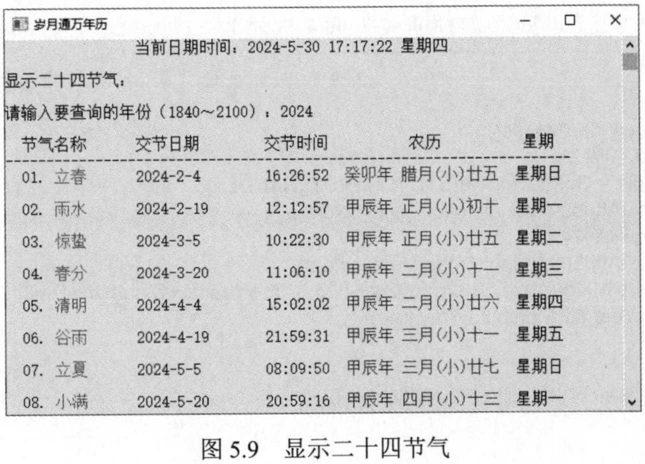

图 5.9 显示二十四节气

显示二十四节气主要是通过自定义的 ItemSolar() 函数实现的。该函数会提示用户输入一个年份，并对输入的年份进行判断。如果年份在指定范围内，则该函数会调用 ShowSolarTerms() 函数来显示指定年份的二十四节气。ItemSolar() 函数的实现代码如下：

```c
void ItemSolar()
{
    int year,error_times = 0;
    printf("显示二十四节气：\r\n\r\n");
    printf("请输入要查询的年份（1840～2100）：");
    while (1)
    {
        scanf("%d",&year);
        if (year<=start_year||year>end_year)
        {
            error_times++;
            printf("您输入的年份有误，请重新输入（错误%d 次/5 次）：Year>",error_times);
            if (error_times>=5)
            {
                printf("\r\n 错误次数已达到上限，请按任意键退出程序。");
                system("pause >nul");
                return;
            }
        }
        else
        {
            break;
        }
    }
    ShowSolarTerms(year);
}
```

上面代码使用了 ShowSolarTerms() 函数，该函数是一个自定义函数，主要用于显示指定年份二十四节气。该函数接收一个整型的年份值作为参数。其中，节气信息主要通过遍历 jieqi 数组获得，而相应的农历信息则需要通过调用 DateRefer() 函数获得。ShowSolarTerms() 函数的实现代码如下：

```c
/**
 * 显示二十四节气
 */
void ShowSolarTerms(int year)
{
    int hang=year-start_year;
    int lie=3;                              //从立春开始计算
    LONGTIME lt;
    printf("\r\n   节气名称\t交节日期\t交节时间\t   农历\t\t星期\r\n");
    printf("--------------------------------------------------------------\r\n");
    for (lie;lie<27;lie++)                  //因为 lie 初始为 3，则算 24 个节气后，lie 为 26，因此循环条件为小于 27
    {
        lt=GetDate(Jieqi[hang*24+lie]);
        printf("   %02d. ",lie-2);
        HANDLE handle = GetStdHandle(STD_OUTPUT_HANDLE);        //获取控制台句柄
        SetConsoleTextAttribute(handle,main_text_color1);       //设置文字颜色为红色
        printf("%s",jieqi[lie%24]);
        SetConsoleTextAttribute(handle,main_text_color4);
        printf("    \t%04d-%02d-%02d\t%02d:%02d:%02d  ",lt.wYear,lt.wMonth,lt.wDay,lt.wHour,lt.wMinute,lt.wSecond);
        DateRefer(lt.wYear,lt.wMonth,lt.wDay,true);
        if (lie==26)
        {
            printf("   %s\r\n",Xingqi[lt.wDayOfWeek]);
        }else
        {
```

```
            printf("    %s\r\n\r\n",Xingqi[lt.wDayOfWeek]);
        }
    }
    printf("------------------------------------------------------------\r\n");
}
```

5.5.9 显示节日

在岁月通万年历的主界面上输入数字 8，并按 Enter 键，程序将切换至节日选项界面。该界面提供了两个菜单选项，分别是"显示公历节日"和"显示农历节日"，如图 5.10 所示。

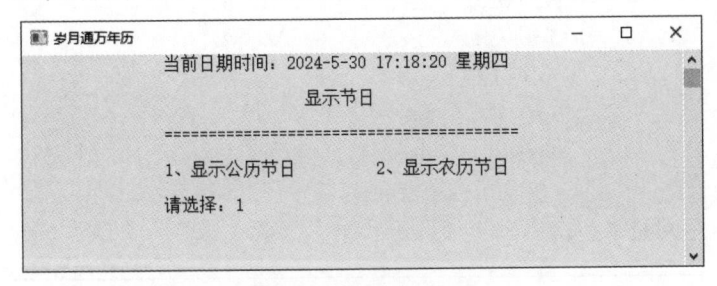

图 5.10 节日选项界面

在节日选项界面的输入提示处输入数字 1，并按 Enter 键，程序将切换至公历节日查询界面，如图 5.11 所示。按照提示输入您想要查询的月份，按 Enter 键，该界面将显示该月份的公历节日，如图 5.12 所示。

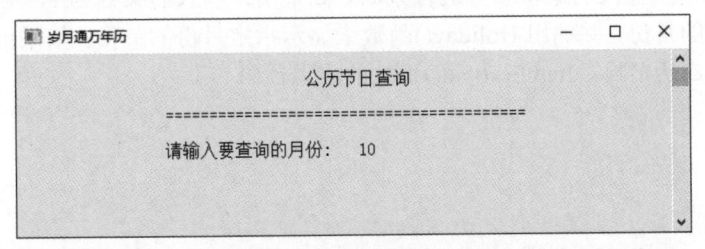

图 5.11 公历节日查询界面

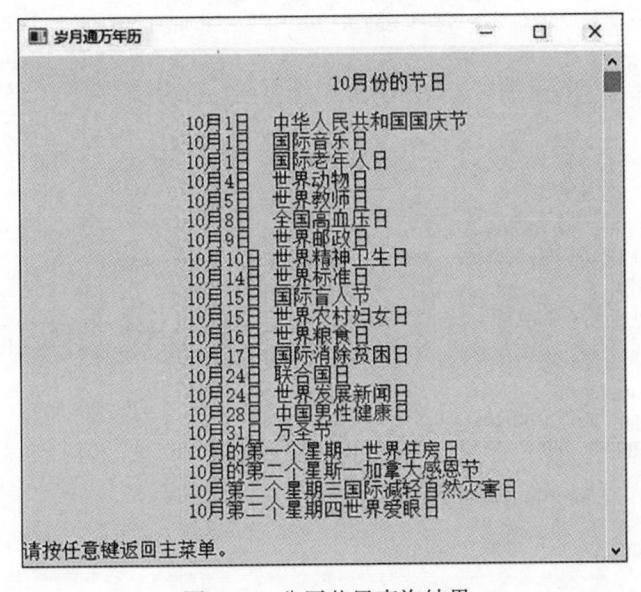

图 5.12 公历节日查询结果

在节日选项界面的输入提示处输入数字 2，并按 Enter 键，程序将直接显示全年的农历节日，如图 5.13 所示。

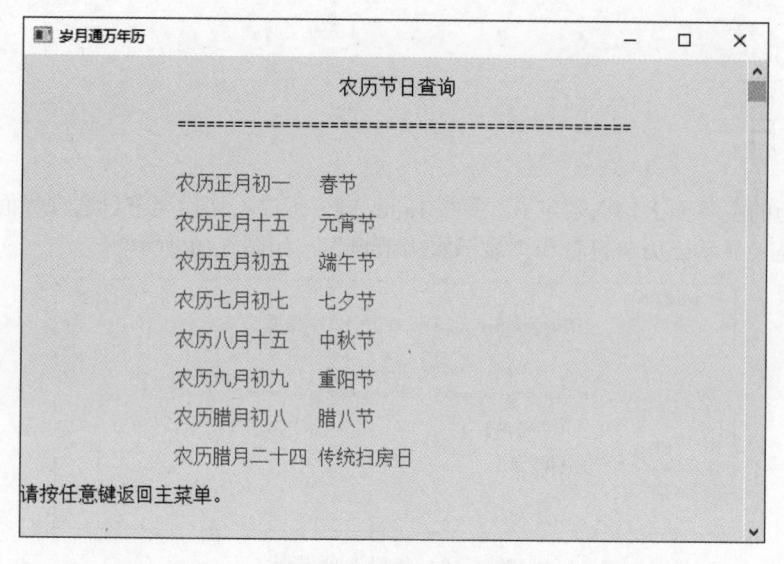

图 5.13　农历节日查询

定义一个 ItemFestival()函数，用于实现节日选项界面。该函数首先使用 printf()函数输出节日选项菜单，然后通过 switch 语句对用户输入的菜单编号进行判断。如果用户输入的编号为 1，则表示查询公历节日，这时需要继续输入要查询的月份，并调用 Holiday()函数来显示指定月份的节日；如果用户输入的编号为 2，则程序会直接显示所有的农历节日。ItemFestival()函数的实现代码如下：

```c
/**
 * 显示节日菜单项
 */
void ItemFestival()
{
    printf("\t\t\t      显示节日\r\n\r\n");
    printf("\t\t=======================================\n");
    printf("\n\t\t1、显示公历节日\t\t2、显示农历节日\n");
    printf("\n\t\t请选择：");
    int choice=0;
    scanf("%d",&choice);
    system("cls");                                              //调用 DOS 清屏命令
    switch(choice)
    {
        case 1:
            printf("\n\t\t\t\t 公历节日查询\n\n");
            printf("\t\t =======================================\n");
            printf("\n");
            printf("\t\t 请输入要查询的月份:    ");
            while(1)
            {
                int month=0;
                scanf("%d",&month);
                if(month<0||month>13)
                {
                    printf("\t\t 输入错误，请输入正确月份（1~12）:");
                }
                else
                {
                    hOut = GetStdHandle(STD_OUTPUT_HANDLE);      //获取控制台句柄
```

```
                    SetConsoleTextAttribute(hOut,main_text_color1);        //红字
                    printf("\n\t\t\t\t%d 月份的节日\n",month);
                    SetConsoleTextAttribute(hOut,main_text_color4);        //恢复文字颜色
                    Holiday(month);
                    break;
                }
            }
            break;
        case 2:
            printf("\n\t\t\t\t 农历节日查询\n\n");
            printf("\t\t===============================================\n");
            printf("\n");
            hOut = GetStdHandle(STD_OUTPUT_HANDLE);                //获取控制台句柄
            SetConsoleTextAttribute(hOut,main_text_color5);        //蓝字
            printf("\n\t\t 农历正月初一      春节\n");
            printf("\n\t\t 农历正月十五      元宵节\n");
            printf("\n\t\t 农历五月初五      端午节\n");
            printf("\n\t\t 农历七月初七      七夕节\n");
            printf("\n\t\t 农历八月十五      中秋节\n");
            printf("\n\t\t 农历九月初九      重阳节\n");
            printf("\n\t\t 农历腊月初八      腊八节\n");
            printf("\n\t\t 农历腊月二十四   传统扫房日\n\n");
            SetConsoleTextAttribute(hOut,main_text_color4);        //恢复文字颜色
            break;
    }
}
```

上面代码使用了 Holiday()函数，该函数为自定义函数，主要用于根据传入的月份参数来显示其对应的公历节日。Holiday()函数的实现代码如下：

```
/**
 * 获得公历节日
 */
void Holiday(int month)
{
    HANDLE handle = GetStdHandle(STD_OUTPUT_HANDLE);        //获取控制台句柄
    switch(month)
    {
        case 1:
            SetConsoleTextAttribute(handle,main_text_color5);        //蓝字
            printf("\n\t\t 1 月 1 日元旦\n");
            printf("\t\t 1 月最后一个星期日国际麻风节\n\n");
            SetConsoleTextAttribute(handle,main_text_color4);        //恢复文字颜色
            break;
        case 2:
            SetConsoleTextAttribute(handle,main_text_color5);        //蓝字
            printf("\n\t\t 2 月 2 日   世界湿地日\n");
            printf("\t\t 2 月 14 日   情人节\n\n");
            SetConsoleTextAttribute(handle,main_text_color4);        //恢复文字颜色
            break;
        case 3:
            SetConsoleTextAttribute(handle,main_text_color5);        //蓝字
            printf("\n\t\t 3 月 3 日    全国爱耳日\n");
            printf("\t\t 3 月 5 日    青年志愿者服务日\n");
            printf("\t\t 3 月 8 日    国际妇女节\n");
            printf("\t\t 3 月 9 日    保护母亲河日\n");
            printf("\t\t 3 月 12 日   中国植树节\n");
            printf("\t\t 3 月 14 日   白色情人节\n");
            printf("\t\t 3 月 14 日   国际警察节\n");
            printf("\t\t 3 月 15 日   世界消费者权益日\n");
            printf("\t\t 3 月 21 日   世界森林日\n");
            printf("\t\t 3 月 21 日   世界睡眠日\n");
```

```c
            printf("\t\t 3 月 22 日  世界水日\n");
            printf("\t\t 3 月 23 日  世界气象日\n");
            printf("\t\t 3 月 24 日  世界防治结核病日\n");
            printf("\t\t 3 月最后一个完整周的星期一中小学生安全教育日\n\n");
            SetConsoleTextAttribute(handle,main_text_color4);      //恢复文字颜色
            break;
    case 4:
            SetConsoleTextAttribute(handle,main_text_color5);      //蓝字
            printf("\n\t\t 4 月 1 日     愚人节\n");
            printf("\t\t 4 月 5 日     清明节\n");
            printf("\t\t 4 月 7 日     世界卫生日\n");
            printf("\t\t 4 月 22 日    世界地球日\n");
            printf("\t\t 4 月 26 日    世界知识产权日\n\n");
            SetConsoleTextAttribute(handle,main_text_color4);      //恢复文字颜色
            break;
    case 5:
            SetConsoleTextAttribute(handle,main_text_color5);      //蓝字
            printf("\n\t\t 5 月 1 日     国际劳动节\n");
            printf("\t\t 5 月 7 日     世界防治哮喘日\n");
            printf("\t\t 5 月 4 日     中国青年节\n");
            printf("\t\t 5 月 8 日     世界红十字日\n");
            printf("\t\t 5 月 12 日    国际护士节\n");
            printf("\t\t 5 月 15 日    国际家庭日\n");
            printf("\t\t 5 月 17 日    世界电信日\n");
            printf("\t\t 5 月 20 日    全国学生营养日\n");
            printf("\t\t 5 月 23 日    国际牛奶日\n");
            printf("\t\t 5 月 31 日    世界无烟日\n");
            printf("\t\t 5 月第二个星期日母亲节\n");
            printf("\t\t 5 月第三个星期日全国助残日\n\n");
            SetConsoleTextAttribute(handle,main_text_color4);      //恢复文字颜色
            break;
    case 6:
            SetConsoleTextAttribute(handle,main_text_color5);      //蓝字
            printf("\n\t\t 6 月 1 日     国际儿童节\n");
            printf("\t\t 6 月 5 日     世界环境日\n");
            printf("\t\t 6 月 6 日     全国爱眼日\n");
            printf("\t\t 6 月 17 日    世界防治荒漠化和干旱日\n");
            printf("\t\t 6 月 23 日    国际奥林匹克日\n");
            printf("\t\t 6 月 25 日    全国土地日\n");
            printf("\t\t 6 月 26 日    国际禁毒日\n");
            printf("\t\t 6 月第三个星期日父亲节\n\n");
            SetConsoleTextAttribute(handle,main_text_color4);      //恢复文字颜色
            break;
    case 7:
            SetConsoleTextAttribute(handle,main_text_color5);      //蓝字
            printf("\n\t\t 7 月 1 日     中国共产党诞生日\n");
            printf("\t\t 7 月 2 日     国际体育记者日\n");
            printf("\t\t 7 月 7 日     中国人民抗日战争纪念日\n");
            printf("\t\t 7 月 11 日    世界人口日\n\n");
            SetConsoleTextAttribute(handle,main_text_color4);      //恢复文字颜色
            break;
    case 8:
            SetConsoleTextAttribute(handle,main_text_color5);      //蓝字
            printf("\n\t\t 8 月 1 日     中国人民解放军建军节\n");
            printf("\t\t 8 月 12 日    国际青年节\n\n");
            SetConsoleTextAttribute(handle,main_text_color4);      //恢复文字颜色
            break;
    case 9:
            SetConsoleTextAttribute(handle,main_text_color5);      //蓝字
            printf("\n\t\t 9 月 8 日     国际扫盲日\n");
            printf("\t\t 9 月 10 日    中国教师节\n");
            printf("\t\t 9 月 16 日    中国脑健康日\n");
```

```c
            printf("\t\t 9 月 16 日   国际臭氧层保护日\n");
            printf("\t\t 9 月 20 日   全国爱牙日\n");
            printf("\t\t 9 月 21 日   世界停火日\n");
            printf("\t\t 9 月 27 日   世界旅游日\n");
            printf("\t\t 9 月第三个星期二国际和平日\n");
            printf("\t\t 9 月第三个星期六全国国防教育日\n");
            printf("\t\t 9 月第四个星期日国际聋人节\n\n");
            SetConsoleTextAttribute(handle,main_text_color4);    //恢复文字颜色
            break;
        case 10:
            SetConsoleTextAttribute(handle,main_text_color5);    //蓝字
            printf("\n\t\t 10 月 1 日   中华人民共和国国庆节\n");
            printf("\t\t 10 月 1 日   国际音乐日\n");
            printf("\t\t 10 月 1 日   国际老年人日\n");
            printf("\t\t 10 月 4 日   世界动物日\n");
            printf("\t\t 10 月 5 日   世界教师日\n");
            printf("\t\t 10 月 8 日   全国高血压日\n");
            printf("\t\t 10 月 9 日   世界邮政日\n");
            printf("\t\t 10 月 10 日   世界精神卫生日\n");
            printf("\t\t 10 月 14 日   世界标准日\n");
            printf("\t\t 10 月 15 日   国际盲人节\n");
            printf("\t\t 10 月 15 日   世界农村妇女日\n");
            printf("\t\t 10 月 16 日   世界粮食日\n");
            printf("\t\t 10 月 17 日   国际消除贫困日\n");
            printf("\t\t 10 月 24 日   联合国日\n");
            printf("\t\t 10 月 24 日   世界发展新闻日\n");
            printf("\t\t 10 月 28 日   中国男性健康日\n");
            printf("\t\t 10 月 31 日   万圣节\n");
            printf("\t\t 10 月的第一个星期一世界住房日\n");
            printf("\t\t 10 月的第二个星斯一加拿大感恩节\n");
            printf("\t\t 10 月第二个星期三国际减轻自然灾害日\n");
            printf("\t\t 10 月第二个星期四世界爱眼日\n\n");
            SetConsoleTextAttribute(handle,main_text_color4);    //恢复文字颜色
            break;
        case 11:
            SetConsoleTextAttribute(handle,main_text_color5);    //蓝字
            printf("\n\t\t 11 月 8 日   中国记者节\n");
            printf("\t\t 11 月 9 日   消防宣传日\n");
            printf("\t\t 11 月 14 日   世界防治糖尿病日\n");
            printf("\t\t 11 月 17 日   国际大学生节\n");
            printf("\t\t 11 月 25 日   国际消除对妇女的暴力日\n");
            printf("\t\t 11 月最后一个星期四美国感恩节\n\n");
            SetConsoleTextAttribute(handle,main_text_color4);    //恢复文字颜色
            break;
        case 12:
            SetConsoleTextAttribute(handle,main_text_color5);    //蓝字
            printf("\n\t\t 12 月 1 日   世界爱滋病日\n");
            printf("\t\t 12 月 3 日   世界残疾人日\n");
            printf("\t\t 12 月 4 日   全国法制宣传日\n");
            printf("\t\t 12 月 9 日   世界足球日\n");
            printf("\t\t 12 月 25 日   圣诞节\n");
            SetConsoleTextAttribute(handle,main_text_color4);    //恢复文字颜色
            break;
    }
}
```

5.5.10　退出系统

在岁月通万年历的主界面上输入数字 0，然后按 Enter 键，即可退出当前系统，如图 5.14 所示。

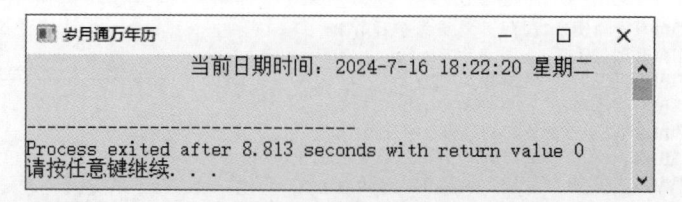

图 5.14　退出系统

岁月通万年历的退出功能是通过调用 C 语言标准库中的函数 exit()实现的。该函数位于 stdlib.h 库中，它接收一个整型参数，用于指示程序结束的状态码，当参数为 0 或者 EXIT_SUCCESS 时，表示程序以正常方式退出。实现退出系统功能的关键代码如下：

exit(0);

5.6　项目运行

通过前述步骤，我们成功设计并完成了"岁月通万年历"项目的开发。接下来，我们运行该项目，以检验我们的开发成果。如图 5.15 所示，在 Dev-C++中打开"岁月通万年历.c"源代码文件，选择菜单栏中的"运行"→"编译运行"菜单项，即可成功运行程序。

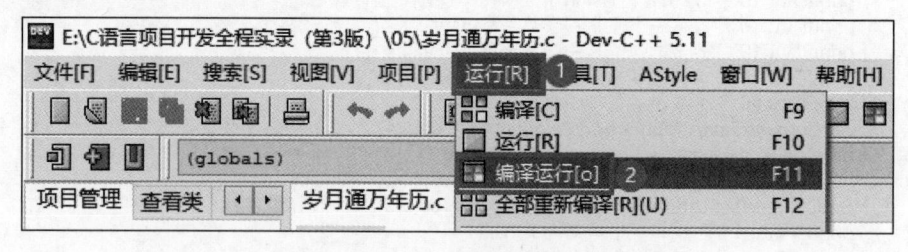

图 5.15　编译运行"岁月通万年历"项目

岁月通万年历项目运行后，首先会显示主界面，用户可以根据提示输入相应的菜单编号来执行指定的操作，效果如图 5.16 所示。

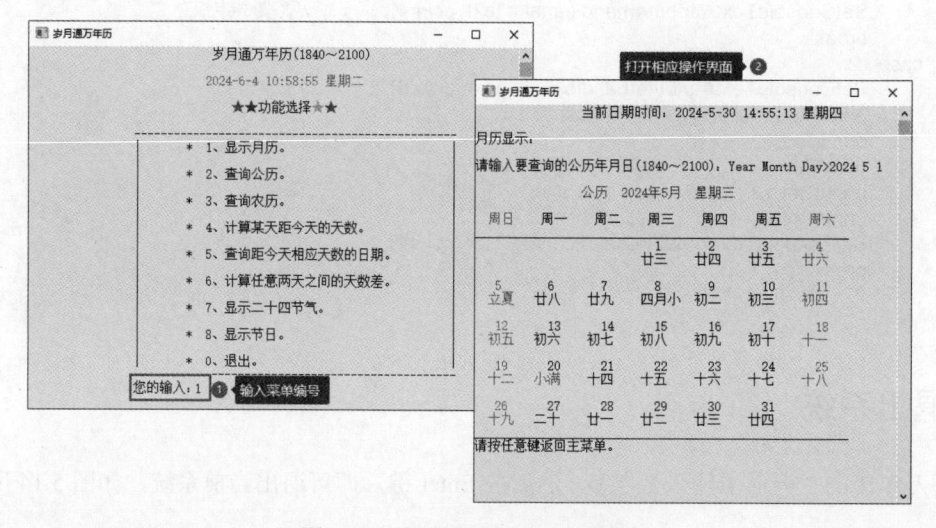

图 5.16　岁月通万年历运行效果

本章主要使用 C 语言中的数组、结构体、宏定义、枚举和日期函数（如 GetSystemTime()和 GetTimeZoneInformation()）等技术，开发了一个名为"岁月通万年历"的系统。该系统具备公历与农历之间的转换、月历的显示、日期的计算、二十四节气的显示等主要功能。本项目中包含很多关于日期时间的算法，因此在学习本项目时，读者需要重点关注这些算法的实现，如判断闰年、公历与农历转换等。

5.7 源码下载

本章虽然详细地讲解了如何编码实现"岁月通万年历"项目的各个功能，但给出的代码都是代码片段，而非完整的源码。为了方便读者学习，本书提供了该项目的完整源码，读者只需扫描右侧的二维码，即可下载这些源码。

第 6 章 网络通信系统

——指针 + Socket 网络编程 + 链接外部库文件 + 多线程技术 + fflush()函数

自 20 世纪 90 年代以来，互联网技术飞速发展，无时无刻不在改变着人类的生活方式。互联网的全球普及极大地促进了信息的传播和交流，这要求软件开发者能够开发出可以跨越网络边界进行数据交换的应用程序。作为网络通信的核心组件，Socket 自然而然地成为了开发网络应用的关键技术。本章将使用 Socket 网络编程结合多线程、fflush()函数、指针等技术，开发一款 C 语言版的网络通信系统。

本项目的核心功能及实现技术如下：

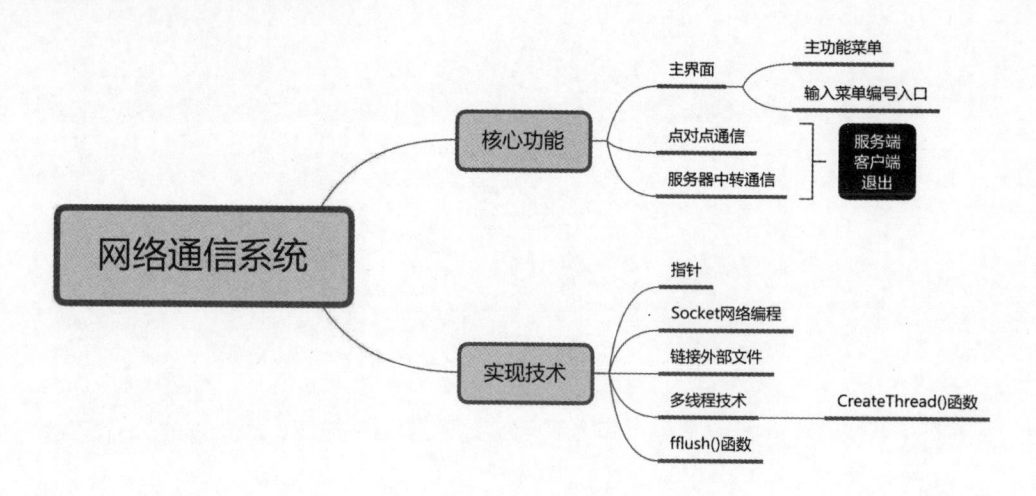

- 核心功能
  - 主界面
    - 主功能菜单
    - 输入菜单编号入口
  - 点对点通信（服务端、客户端、退出）
  - 服务器中转通信（服务端、客户端、退出）
- 实现技术
  - 指针
  - Socket网络编程
  - 链接外部文件
  - 多线程技术 —— CreateThread()函数
  - fflush()函数

6.1 开发背景

随着互联网的普及和技术的不断进步，网络通信以其经济性和多功能性等显著优势，吸引了越来越多的用户。它不仅能够节省通信开支，还能满足复杂的通信需求，成为当今主流的沟通方式。网络通信系统在面对不同用户群体时，需要展现出多样化的需求适应性。对于那些对通信质量要求较高的应用场景，采用面向连接的方式更为适宜，这种方式可以确保数据传输的稳定性和可靠性。如果追求消息发送的快速性，则面向无连接的方式更为合适，它能有效减少传输延迟，加快信息流通速度。本章将使用 C 语言设计一个网络通信系统，该项目使用面向连接的方式实现。另外，该项目是一个在公司内部使用的通信软件，其不仅可以解决内部员工的通信需求，而且可以防止员工和公司外的人员进行通信，以防泄密。

本项目的实现目标如下：

- ☑ 不仅功能完善，而且能够进行扩展。
- ☑ 能够进行点对点连接，也可以通过服务器进行消息的中转。
- ☑ 系统的每个模块单元相互独立。

- ☑ 可以保证发送和接收消息的实时性和准确性。
- ☑ 能够将消息存储到本地文件中，以方便查看。
- ☑ 系统简单实用，操作简便。

6.2 系统设计

6.2.1 开发环境

本项目的开发及运行环境要求如下：
- ☑ 操作系统：推荐 Windows 10、Windows 11 或更高版本。
- ☑ 开发工具：Visual Studio 2022。
- ☑ 开发语言：C 语言。

6.2.2 业务流程

本章开发的网络通信系统包含两种通信模式：点对点通信和服务器中转通信。这两种模式都分为服务端和客户端。其中：点对点通信的工作方式如图 6.1 所示，它仅限于两台计算机之间的直接通信，一台充当服务器，另一台充当客户端，且它们不能与其他计算机建立通信连接；而服务器中转通信的工作方式如图 6.2 所示，在这种模式下，每台计算机发送的消息首先被上传至服务器，随后服务器再将这些消息转发到其他目标计算机。

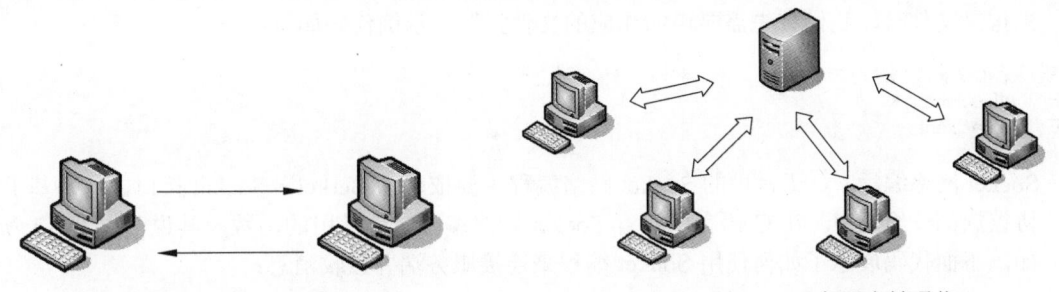

图 6.1 点对点通信　　　　图 6.2 服务器中转通信

本项目的业务流程如图 6.3 所示。

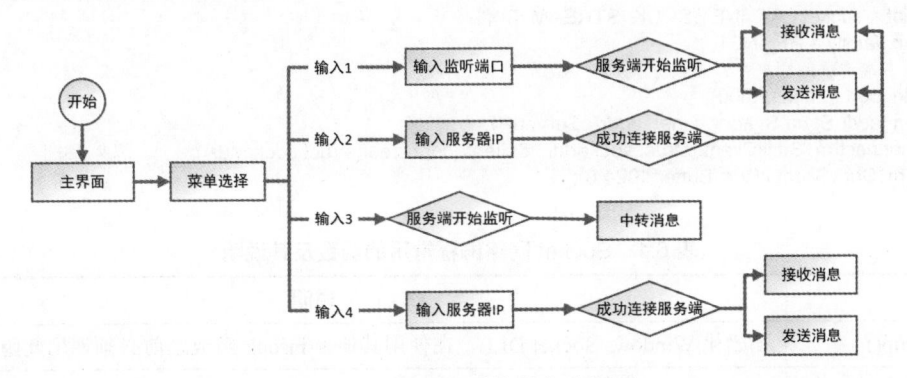

图 6.3 网络通信系统业务流程图

6.2.3 功能结构

本项目的功能结构已经在章首页中给出,作为一个网络通信相关的项目,本项目实现的具体功能如下:
- ☑ 主界面:包含主功能菜单,并提供用户输入菜单编号的入口。
- ☑ 点对点通信:
  - ➢ 服务端:通过设置的端口号,对端口进行绑定,并监听来自客户端的连接请求与消息,一旦有客户端成功连接,服务端就可以向该客户端发送消息。
  - ➢ 客户端:通过设置服务器的 IP,与指定的服务器进行连接,连接成功后,客户端与服务端可以互相发送消息。
- ☑ 服务器中转通信:
  - ➢ 服务端:服务端运行后,它会监听来自客户端的消息,然后将接收到的消息转发给其他用户。
  - ➢ 客户端:客户端运行后,接收来自服务端中转的消息,并可以通过服务端向其他用户发送消息。

6.3 技术准备

6.3.1 技术概览

- ☑ 指针:指针是一个非常强大的特性,它允许开发人员直接处理内存地址,进而实现更底层的控制和操作。指针变量存储的是另一个变量的地址,而不是变量中的数据。例如,在本项目中,当操作消息记录文件时,我们首先需要声明相应的文件指针,示例代码如下:

```
//声明用于记录聊天记录的文件指针
FILE *ioutfileServer;
FILE *ioutfileClient;
```

- ☑ Socket 网络编程:C 语言中的 Socket 网络编程主要依赖于 Berkeley Socket 接口,它是基于 TCP/IP 协议族的一组 API。在 C 语言中进行 Socket 网络编程时,常用的函数及其说明如表 6.1 所示。例如,下面代码展示了如何使用 Socket 编程来连接服务端并接收消息:

```
SOCKET m_SockClient;
struct sockaddr_in clientaddr;
int iCnnRes;                                                            //存储连接结果
m_SockClient = socket ( AF_INET,SOCK_STREAM, 0 );
clientaddr.sin_family = AF_INET;
//客户端向服务端请求的端口号,应该与服务端绑定的端口号一致
clientaddr.sin_port = htons(4600);
clientaddr.sin_addr.S_un.S_addr = inet_addr(cServerIP);
iCnnRes = connect(m_SockClient,(struct sockaddr*)&clientaddr,sizeof(struct sockaddr));   //发送连接
num = recv(m_SockClient,cRecvBuffer,1024,0);                            //接收消息
```

表 6.1 Socket 网络编程常用的函数及其说明

函数	说明
WSAStartup()	初始化 Windows Socket DLL,在使用其他 Winsock 函数之前必须调用此函数
WSACleanup()	释放 Winsock DLL 资源,通常在程序结束时调用此函数

续表

函数	说明
socket()	创建一个套接字，指定地址族、类型和协议
closesocket()	关闭一个套接字并释放与之相关的资源
bind()	将套接字绑定到一个本地 IP 地址和端口
connect()	客户端调用此函数，以连接到指定的服务器地址和端口
listen()	服务器端调用此函数，将套接字置于监听状态，准备接收连接请求
accept()	服务器端调用此函数，接收一个连接请求，并返回新的套接字，用于与客户端进行通信
htons()	用于网络字节序与主机字节序之间的转换
send()	发送数据
recv()	接收数据
inet_addr()	将点分十进制的 IP 地址字符串转换为 32 位的网络字节序 IP 地址
inet_ntoa()	将 32 位的网络字节序 IP 地址转换为点分十进制的 IP 地址字符串
gethostbyname()	通过主机名获取 IP 地址信息

> **说明**
> 　　点分十进制是 IPv4 地址的一种表示方式，通常用于描述互联网协议第 4 版（IPv4）的 32 位地址。点分十进制格式的 IP 地址由 4 个十进制数字组成，每个数字范围为 0～255，数字之间用点（.）分隔。例如，一个点分十进制的 IPv4 地址可以表示为 192.168.1.1，其中 192、168、1 和 1 分别代表 IP 地址的 4 个八位字节。

☑ Visual Studio 2022 开发工具：Visual Studio 2022 是微软推出的最新一代集成开发环境（IDE），是目前最流行的 Windows 平台应用程序的集成开发环境之一，并支持大多数的主流编程语言，如 C 语言、C++、C#、Python 等，用其编写的程序适用于微软支持的所有平台。本章的网络通信系统使用 Visual Studio 2022 进行开发。

《C 语言从入门到精通（第 6 版）》一书详细地讲解了指针、Socket 网络编程、Visual Studio 2022 开发工具的相关知识。对这些知识不太熟悉的读者，可以参考该书对应的内容。下面对实现本项目所需的其他主要技术点进行必要的介绍，如链接外部库文件、多线程技术、fflush()函数等，以确保读者可以顺利完成本项目。

6.3.2　链接外部库文件

本项目需要使用一个名为 ws2_32.lib 的外部库文件，该文件是一个 Windows Sockets 应用程序接口，主要用于支持 Internet 和网络应用程序。使用该文件时，需要使用预处理指令#pragma comment。该预处理指令是一个编译指令，用于在 C/C++代码中向编译器发出特定的指令，主要作用是在链接阶段执行一些特定的操作，特别是指定链接器需要引入的库文件。例如，本项目使用#pragma comment 指令引入 ws2_32.lib 库文件，代码如下：

```
#pragma comment (lib,"ws2_32.lib")
```

6.3.3 多线程技术

在 C 语言中，我们主要使用 CreateThread()函数实现多线程。该函数主要用于创建一个新的线程，使得程序能够并行执行多个任务，它是 Windows API 的一部分，而非标准 C 语言库函数。CreateThread()函数的语法格式如下：

```
HANDLE CreateThread(
    LPSECURITY_ATTRIBUTES lpThreadAttributes,
    SIZE_T dwStackSize,
    LPTHREAD_START_ROUTINE lpStartAddress,
    LPVOID lpParameter,
    DWORD dwCreationFlags,
    LPDWORD lpThreadId
);
```

CreateThread()函数的参数说明如表 6.2 所示。

表 6.2 CreateThread()函数的参数说明

参数	说明
lpThreadAttributes	指向 SECURITY_ATTRIBUTES 结构的指针，用于控制线程的安全属性，该参数通常传入 NULL，以使用默认安全描述符
dwStackSize	指定线程栈的大小。如果为 0，系统会使用默认的栈大小
lpStartAddress	指向线程开始执行的函数地址（线程入口点），该函数必须符合特定的签名，通常是 DWORD WINAPI ThreadFunction(LPVOID lpParam)，其中 lpParam 表示通过 lpParameter 传递的参数
lpParameter	传递给线程函数的参数，它可以是任何类型的数据指针
dwCreationFlags	控制线程创建标志，常见的有 0（默认创建，立即启动线程）、CREATE_SUSPENDED（创建挂起的线程，需要手动调用 ResumeThread()函数来开始执行）等
lpThreadId	输出参数，用于接收新创建线程的 ID。该参数可以被设置为 NULL，在这种情况下，将不会获取线程 ID

CreateThread()函数执行成功时，返回线程的句柄 HANDLE；执行失败时返回 NULL，开发人员可以通过调用 GetLastError()函数获取失败原因。

下面通过一个示例演示 CreateThread()函数的使用方法。定义一个 MyThreadFunction()函数，表示新线程的入口点；在 main()主函数中，使用 CreateThread()函数创建线程，执行完操作后，使用 CloseHandle()函数释放线程句柄。示例代码如下：

```
#include <windows.h>
DWORD WINAPI MyThreadFunction(LPVOID lpParam) {
    printf("Hello from thread!\n");
    return 0;                                                              //线程函数返回值
}
int main() {
    HANDLE hThread;
    DWORD dwThreadId;
    hThread = CreateThread(NULL, 0, MyThreadFunction, NULL, 0, &dwThreadId);
    if (hThread == NULL) {
        printf("创建线程失败，错误码: %lu\n", GetLastError());
        return 1;
    }
```

```
    printf("线程已创建, ID: %u\n", dwThreadId);
    //关闭线程句柄（如果不再需要）
    CloseHandle(hThread);
    return 0;
}
```

6.3.4　fflush()函数

fflush()函数是 C 语言标准库中的一个函数，主要用于刷新流（通常是输出流）的缓冲区。当程序向文件或标准输出写入数据时，为了提高效率，数据通常会被保存在一个缓冲区中，而 fflush()函数可以强制立即将缓冲区中的数据写入关联的设备上。fflush()函数语法格式如下：

int fflush(FILE *stream);

参数 stream 表示指向 FILE 结构体的指针，其代表要刷新的流，如果 stream 参数被设置为 NULL，该函数会刷新所有已打开的输出流。如果成功刷新了指定的流，该函数会返回 0；在出现错误的情况下，该函数将返回非零值，具体的错误码可以通过 errno 全局变量获取。

例如，下面的示例通过调用 fflush()函数确保写入 example.txt 中的数据被立即写入磁盘中，而不是等待缓冲区满或程序结束时才进行写入操作，示例代码如下：

```
#include <stdio.h>
int main() {
    FILE *filePtr;
    //打开文件用于写入
    filePtr = fopen("example.txt", "w");
    if (filePtr == NULL) {
        perror("打开文件失败");
        return 1;
    }
    //写入一些数据
    fputs("Hello, World!", filePtr);
    //强制将缓冲区内容写入文件
    if (fflush(filePtr) != 0) {
        perror("写入错误");
        fclose(filePtr);
        return 1;
    }
    //关闭文件
    fclose(filePtr);
    return 0;
}
```

6.4　主界面设计

网络通信系统主界面主要负责提供整个项目的功能菜单，它根据用户在主界面上的选择来决定执行哪个模块。主界面运行效果如图 6.4 所示。

图 6.4 网络通信系统主界面

网络通信系统主要使用的函数如表 6.3 所示。

表 6.3 系统自定义函数列表

函　　数	描　　述
CreateServer()	创建点对点的服务端
threadpro***()	点对点方式中用来接收消息的线程，服务端和客户端使用相同的线程，服务端定义为 threadproServer()，客户端定义为 threadproClient()
CheckIP()	对输入的 IP 进行合法性检查
CreateClient()	创建点对点的客户端
ExitSystem()	退出点对点通信
CreateTranServer()	创建服务器中转方式的服务端
threadTranServer()	服务端用来接收消息的线程
NotyifyProc()	通知有新用户上线的线程，将消息发送给所有在线用户
CreateTranClient()	创建服务器中转的客户端
threadTranClient()	服务器中转的客户端用来接收消息的线程
ExitTranSystem()	退出服务器中转的客户端

在该系统中，首先添加网络连接的头文件引用以及一些消息类型的宏定义，代码如下：

```
#include <stdio.h>
#include <winsock2.h>
#pragma comment (lib,"ws2_32.lib")
//客户端发送给服务端的消息类型
#define CLIENTSEND_EXIT 1
#define CLIENTSEND_TRAN 2
#define CLIENTSEND_LIST 3
//服务端发送给客户端的消息类型
#define SERVERSEND_SELFID 1
#define SERVERSEND_NEWUSR 2
#define SERVERSEND_SHOWMSG 3
#define SERVERSEND_ONLINE 4
//定义记录聊天记录的文件指针
FILE *ioutfileServer;
FILE *ioutfileClient;
//服务端接收消息的结构体，客户端使用这个结构发送数据
struct CReceivePackage
{
    int iType;                  //存放消息类型
    int iToID;                  //存放目标用户 ID
    int iFromID;                //存放原用户 ID
```

```c
    char cBuffer[1024];              //存放消息内容
};
//服务端发送消息的结构体，服务端使用这个结构发送数据
struct CSendPackage
{
    int iType;                       //消息类型
    int iCurConn;                    //当前在线用户数量
    char cBuffer[1024];              //存放消息内容
};
//服务端存储在线用户信息的结构体
struct CUserSocketInfo
{
    int ID;                          //用户的ID
    char cDstIP[64];                 //用户的IP地址，扩展使用
    int iPort;                       //用户应用程序端口扩展使用
    SOCKET sUserSocket;              //网络句柄
};
//客户端存储在线用户列表的结构体
struct CUser
{
    int ID;                          //用户的ID
    char cDstIP[64];                 //用户的IP地址扩展时使用
};
struct CUser usr[20];                //客户端存储用户信息的对象
int bSend=0;                         //是否可以发送消息
int iMyself;                         //自己的ID
int iNew=0;                          //在线用户数
struct CUserSocketInfo usrinfo[20];  //服务端存储用户信息的对象
```

main()函数是网络通信系统的主函数，该函数首先调用 WSAStartup()函数来初始化网络接口，然后在 do…while 循环中使用 printf()函数打印项目菜单，并使用 scanf()函数接收用户输入的菜单编号，最后使用 switch 语句判断用户输入的编号，以执行指定操作。main()函数实现代码如下：

```c
int main(void)
{
    int iSel=0;
    WSADATA wsd;
    WSAStartup(MAKEWORD(2,2),&wsd);
    do
    {
        printf("选择程序类型： \n");
        printf("点对点服务端: 1\n");
        printf("点对点客户端: 2\n");
        printf("服务器中转服务端: 3\n");
        printf("服务器中转客户端: 4\n");
        scanf("%d",&iSel);
    }while(iSel<0 || iSel >4);
    switch(iSel)
    {
        case 1:
            CreateServer();
            break;
        case 2:
            CreateClient();
            break;
        case 3:
            CreateTranServer();
            break;
```

```
                case 4:
                        CreateTranClient();
                        break;
        }
        printf("退出系统\n");
        return 0;
}
```

6.5　点对点通信设计

点对点通信包括点对点通信服务端和点对点通信客户端，如图 6.5 所示。选择 1，表示创建点对点服务端；选择 2，表示创建点对点客户端。

点对点通信方式的启动步骤如下：

（1）启动网络通信系统，根据提示菜单选择 1，即可创建点对点服务端，服务端需要用户输入一个端口号，该端口号要求大于 1024，例如输入 4600（客户端连接服务器所使用的端口），按 Enter 键，即可启动服务端，服务端启动后会处于监听状态，并输出字符串"start listen"，如图 6.6 所示。

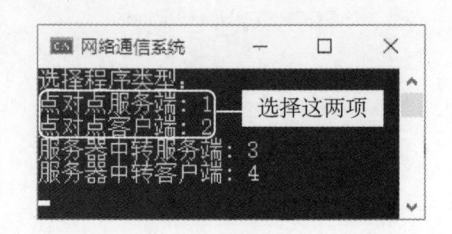

图 6.5　点对点通信

图 6.6　点对点通信服务端

（2）再次启动一个新的网络通信系统，根据提示菜单选择 2，即可创建点对点客户端，接着根据提示输入服务器 IP 地址，然后按 Enter 键，即可接收服务端发送的默认消息"Welcome to you"，并显示"start："提示，如图 6.7 所示。

> **说明**
>
> 多次运行网络通信系统的方法是，进入项目根目录，在项目根目录中打开 Debug 文件夹，然后找到"main.exe"可执行文件，双击该文件即可。

（3）使用打开的两个网络通信系统程序相互发送消息即可。

图 6.7 点对点通信客户端

下面对点对点通信设计的实现过程进行详细讲解。

6.5.1 创建点对点服务端

定义一个 CreateServer()函数，用于创建点对点通信的服务端。该服务端主要负责监听客户端发送的连接请求，一旦监听到有客户端发送连接，该服务端就会启动接收消息的线程并进入发送消息的循环中。在循环中，该服务端调用 send()函数发送消息，并将发送成功的消息写入本地日志文件中。CreateServer()函数实现代码如下：

```
void CreateServer()
{
    SOCKET m_SockServer;
    struct sockaddr_in serveraddr;                          //本地地址信息
    struct sockaddr_in serveraddrfrom;                      //连接的地址信息
    int iPort=4600;                                         //设定为固定端口
    int iBindResult=-1;                                     //绑定结果
    int iWhileCount=200;
    struct hostent* localHost;
    char* localIP;
    SOCKET m_Server;
    char cWelcomBuffer[]="Welcome to you\0";
    int len=sizeof(struct sockaddr);
    int iWhileListenCount=10;
    DWORD nThreadId = 0;
    int ires;                                               //发送操作的返回值
    char cSendBuffer[1024];                                 //发送消息缓冲区
    char cShowBuffer[1024];                                 //接收消息缓冲区
    ioutfileServer= fopen("MessageServer.txt","a");         //打开用于记录消息的文件
    m_SockServer = socket ( AF_INET,SOCK_STREAM,  0);
    printf("本机绑定的端口号(大于 1024): ");
    scanf("%d",&iPort);
    localHost = gethostbyname("");
    localIP = inet_ntoa (*(struct in_addr *)*localHost->h_addr_list);
    //设置网络地址信息
    serveraddr.sin_family = AF_INET;
    serveraddr.sin_port = htons(iPort);                     //端口
    serveraddr.sin_addr.S_un.S_addr = inet_addr(localIP);   //IP 地址
    //绑定地址信息
    iBindResult=bind(m_SockServer,(struct sockaddr*)&serveraddr,sizeof(struct sockaddr));
    //如果端口不能被绑定，重新设置端口
    while(iBindResult!=0 && iWhileCount > 0)
    {
```

```c
            printf("绑定失败，重新输入：");
            scanf("%d",iPort);
            //设置网络地址信息
            serveraddr.sin_family = AF_INET;
            serveraddr.sin_port = htons(iPort);                        //端口
            serveraddr.sin_addr.S_un.S_addr = inet_addr(localIP);      //IP 地址
            //绑定地址信息
            iBindResult = bind(m_SockServer,(struct sockaddr*)&serveraddr,sizeof(struct sockaddr));
            iWhileCount--;
            if(iWhileCount<=0)
            {
                    printf("端口绑定失败，重新运行程序\n");
                    exit(0);
            }
    }
    while(iWhileListenCount>0)
    {
            printf("start listen\n");
            listen(m_SockServer,0);                                    //判断单个监听是否超时
            m_Server=accept(m_SockServer,(struct sockaddr*)&serveraddrfrom,&len);
            if(m_Server!=INVALID_SOCKET)
            {
                    //成功建立连接，发送欢迎信息
                    send(m_Server,cWelcomBuffer,sizeof(cWelcomBuffer),0);
                    //启动接收消息的线程
                    CreateThread(NULL,0,threadproServer, (LPVOID)m_Server,0,&nThreadId);
                    break;
            }
            printf(".");
            iWhileListenCount--;
            if(iWhileListenCount<=0)
            {
                    printf("\n 建立连接失败\n");
                    exit(0);
            }
    }
    while(1)
    {
            memset(cSendBuffer,0,1024);
            scanf("%s",cSendBuffer);                                   //输入消息
            if(strlen(cSendBuffer)>0)                                  //输入消息不能为空
            {
                    ires = send(m_Server,cSendBuffer,strlen(cSendBuffer),0);  //发送消息
                    if(ires<0)
                    {
                            printf("发送失败");
                    }
                    else
                    {
                            sprintf(cShowBuffer,"Send to : %s\n",cSendBuffer);
                            printf("%s",cShowBuffer);
                            fwrite(cShowBuffer ,sizeof(char),strlen(cShowBuffer),ioutfileServer);   //将消息写入日志
                    }
                    if(strcmp("exit",cSendBuffer)==0)
                    {
                            ExitSystem();
                    }
            }
    }
}
```

上面代码在创建服务端接收消息的线程时使用了 threadproServer()函数，该函数为自定义函数，主要用于调用 Socket 编程中的 recv()函数，在服务端实现接收消息并对这些消息进行记录的功能。threadproServer()函数的实现代码如下：

```
DWORD WINAPI threadproServer(LPVOID pParam)
{
    SOCKET hsock=(SOCKET)pParam;
    char cRecvBuffer[1024];
    char cShowBuffer[1024];
    int num=0;
    if(hsock!=INVALID_SOCKET)
        printf("start:\n");
    while(1)
    {
        num = recv(hsock,cRecvBuffer,1024,0);                                //接收消息
        if(num >= 0)
        {
            cRecvBuffer[num]='\0';
            sprintf(cShowBuffer,"to me : %s\n",cRecvBuffer);
            printf("%s",cShowBuffer);
            //记录消息
            fwrite(cShowBuffer ,sizeof(char),strlen(cShowBuffer),ioutfileServer);
            fflush(ioutfileServer);
            if(strcmp("exit",cRecvBuffer)==0)
            {
                ExitSystem();
            }
        }
    }
    return 0;
}
```

6.5.2 创建点对点客户端

定义一个 CreateClient()函数，主要用于创建点对点通信的客户端。该客户端会要求用户输入服务端的 IP 地址，以便与服务端建立连接，进而实现发送和接收消息的功能。CreateClient()函数的实现代码如下：

```
void CreateClient()
{
    SOCKET m_SockClient;
    struct sockaddr_in clientaddr;
    char cServerIP[128];
    int iWhileIP=10;                                    //循环次数
    int iCnnRes;                                        //连接结果
    DWORD nThreadId = 0;                                //线程 ID 值
    char cSendBuffer[1024];                             //发送缓存
    char cShowBuffer[1024];                             //显示缓存
    char cRecvBuffer[1024];                             //接收缓存
    int num;                                            //接收的字符个数
    int ires;                                           //发送消息的结果
    int iIPRes;                                         //检测 IP 是否正确
    m_SockClient = socket ( AF_INET,SOCK_STREAM, 0 );
    printf("请输入服务器地址：");
    scanf("%s",cServerIP);
    //判断 IP 地址
    if(strlen(cServerIP)==0)
        strcpy(cServerIP,"127.0.0.1");                  //没有输入地址，使用回环地址
    else
```

```
    {
            iIPRes=CheckIP(cServerIP);
            while(!iIPRes && iWhileIP>0)
            {
                    printf("请重新输入服务器地址：\n");
                    scanf("%s",cServerIP);                              //重新输入 IP 地址
                    iIPRes=CheckIP(cServerIP);                          //检测 IP 的合法性
                    iWhileIP--;
                    if(iWhileIP<=0)
                    {
                            printf("输入次数过多\n");
                            exit(0);
                    }
            }
    }
    ioutfileClient= fopen("MessageServerClient.txt","a");               //打开记录消息的文件
    clientaddr.sin_family = AF_INET;
    //客户端向服务端请求的端口号，应该与服务端绑定的端口号一致
    clientaddr.sin_port = htons(4600);
    clientaddr.sin_addr.S_un.S_addr = inet_addr(cServerIP);
    iCnnRes = connect(m_SockClient,(struct sockaddr*)&clientaddr,sizeof(struct sockaddr));
    if(iCnnRes==0)                                                      //连接成功
    {
        num = recv(m_SockClient,cRecvBuffer,1024,0);                    //接收消息
        if( num > 0 )
        {
            printf("Receive form server : %s\n",cRecvBuffer);
            //启动接收消息的线程
            CreateThread(NULL,0,threadproClient,(LPVOID)m_SockClient,0,&nThreadId );
        }
        while(1)
        {
            memset(cSendBuffer,0,1024);
            scanf("%s",cSendBuffer);
            if(strlen(cSendBuffer)>0)
            {
                ires=send(m_SockClient,cSendBuffer,strlen(cSendBuffer),0);
                if(ires<0)
                {
                    printf("发送失败\n");
                }
                else
                {
                    sprintf(cShowBuffer,"Send to : %s\n",cSendBuffer);   //整理要显示的字符串
                    printf("%s",cShowBuffer);
                    fwrite(cShowBuffer ,sizeof(char),strlen(cShowBuffer),ioutfileClient);  //记录发送消息
                    fflush(ioutfileClient);
                }
                if(strcmp("exit",cSendBuffer)==0)
                {
                    ExitSystem();
                }
            }
        }
    }                                                                   //iCnnRes
    else
    {
        printf("连接不正确\n");
    }
}
```

上面代码在创建客户端接收消息的线程时使用了 threadproClient()函数，该函数为自定义函数，主要用于调用 Socket 编程中的 recv()函数，在客户端实现接收消息并对这些消息进行记录的功能。threadproClient()函数的实现代码如下：

```
DWORD WINAPI threadproClient(LPVOID pParam)
{
    SOCKET hsock=(SOCKET)pParam;
    char cRecvBuffer[1024];
    char cShowBuffer[1024];
    int num=0;
    if(hsock!=INVALID_SOCKET)
        printf("start:\n");
    while(1)
    {
        num = recv(hsock,cRecvBuffer,1024,0);
        if(num >= 0)
        {
            cRecvBuffer[num]='\0';
            sprintf(cShowBuffer,"to me : %s\n",cRecvBuffer);
            printf("%s",cShowBuffer);
            fwrite(cShowBuffer ,sizeof(char),strlen(cShowBuffer),ioutfileClient);
            fflush(ioutfileClient);
            if(strcmp("exit",cRecvBuffer)==0)
            {
                ExitSystem();
            }
        }
    }
    return 0;
}
```

另外，当客户端用户输入 IP 地址时，需要验证 IP 地址格式是否正确，这一验证主要通过自定义的 CheckIP()函数来完成。CheckIP()函数的实现代码如下：

```
int CheckIP(char *cIP)
{
    char IPAddress[128];              //IP 地址字符串
    char IPNumber[4];                 //IP 地址中每组的数值
    int iSubIP=0;                     //IP 地址中 4 段之一
    int iDot=0;                       //IP 地址中"."的个数
    int iResult=0;
    int iIPResult=1;
    int i;                            //循环控制变量
    memset(IPNumber,0,4);
    strncpy(IPAddress,cIP,128);
    for(i=0;i<128;i++)
    {
        if(IPAddress[i]=='.')
        {
            iDot++;
            iSubIP=0;
            if(atoi(IPNumber)>255)
                iIPResult = 0;
            memset(IPNumber,0,4);
        }
        else
        {
            IPNumber[iSubIP++]=IPAddress[i];
        }
        if(iDot==3 && iIPResult!=0)
```

```
            iResult= 1;
    }
    return iResult;
}
```

6.5.3 退出点对点通信

定义一个 ExitSystem()函数，用于实现点对点通信的退出功能。该函数首先需要判断服务端文件指针和客户端文件指针是否非空，如果这些指针非空，则调用 fclose()函数关闭文件。然后，ExitSystem()函数会调用 WSACleanup()函数释放 Socket 网络编程所占用的资源，并调用 exit()方法退出点对点通信。ExitSystem()函数的实现代码如下：

```
void ExitSystem()
{
    if(ioutfileServer!=NULL)
        fclose(ioutfileServer);
    if(ioutfileClient!=NULL)
        fclose(ioutfileClient);
    WSACleanup();
    exit(0);
}
```

6.6 服务器中转通信设计

服务器中转通信包含两个选项：服务器中转服务端和服务器中转客户端，如图 6.8 所示。选择 3，表示创建服务器中转服务端；选择 4，表示创建服务器中转客户端。

服务器中转通信方式的启动步骤如下：

（1）启动网络通信系统，根据提示菜单选择 3，即可创建服务器中转通信的服务端，服务端默认处于监听状态，并输出字符串"start listen"，如图 6.9 所示。

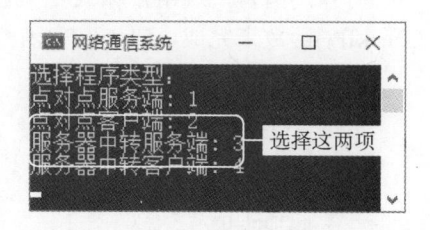

图 6.8 服务器中转通信

（2）再次启动一个新的网络通信系统，根据提示菜单选择 4，即可创建服务器中转通信的客户端，根据提示输入服务器 IP 地址，按 Enter 键，即可连接服务端，此时在线列表为空，如图 6.10 所示。

图 6.9 服务器中转通信服务端

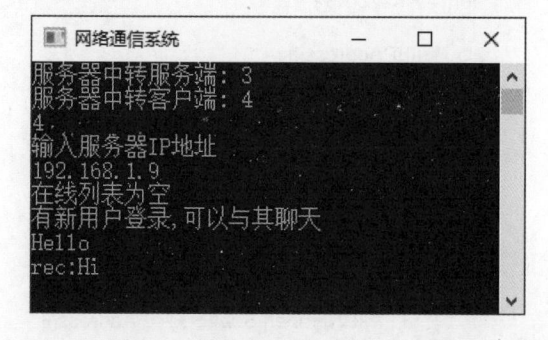

图 6.10 服务器中转通信客户端 1

（3）由于服务器中转通信体现的是两个客户端通过服务器中转进行通信，因此需要启动两个客户端程序。再次启动一个新的网络通信系统，并根据提示菜单选择 4，再次创建一个服务器中转通信的客户端。根据提示输入服务器 IP 地址，按 Enter 键，这时在服务端可以监听到有多个用户登录，如图 6.11 所示。然后，两个客户端之间可以互相发送和接收消息，如图 6.12 所示。

图 6.11　服务器中转通信服务端　　　　　　图 6.12　服务器中转通信客户端 2

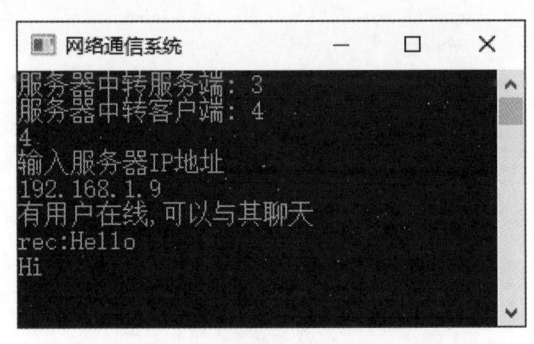

6.6.1　创建中转服务端

定义一个 CreateTranServer()函数，用于创建服务器中转通信的服务端。中转服务器主要负责监听客户端发送的请求，并将该请求发送给所有登录的客户端，通知有新用户登录。具体实现时，首先需要创建 Socket 套接字连接，然后调用 lilsten()函数开启监听，并调用 accept()函数接收连接请求，如果连接成功，说明有客户端登录。这时启动接收消息线程和通知各客户端的线程，在通知各客户端时，主要是将保存的新登录客户端套接字句柄发送给每一个已登录的客户端。CreateTranServer()函数的实现代码如下：

```
void CreateTranServer()
{
    SOCKET m_SockServer;                                    //开始监听的 SOCKET 句柄
    struct sockaddr_in serveraddr;                          //用于绑定的地址信息
    struct sockaddr_in serveraddrfrom;                      //接收到的连接的地址信息
    int iRes;                                               //获取绑定的结果
    SOCKET m_Server;                                        //已建立连接的 SOCKET 句柄
    struct hostent* localHost;                              //主机环境指针
    char* localIP;                                          //本地 IP 地址
    struct CSendPackage sp;                                 //发送包
    int iMaxConnect=20;                                     //允许的最大连接个数
    int iConnect=0;                                         //建立连接的个数
    DWORD nThreadId = 0;                                    //获取线程的 ID 值
    char cWarnBuffer[]="It is voer Max connect\0";          //警告字符串
    int len=sizeof(struct sockaddr);
    int id;                                                 //新分配的客户 ID
    localHost = gethostbyname("");
    localIP = inet_ntoa (*(struct in_addr *)*localHost->h_addr_list);  //获取本地 IP
    serveraddr.sin_family = AF_INET;
    serveraddr.sin_port = htons(4600);                      //设置绑定的端口号
    serveraddr.sin_addr.S_un.S_addr = inet_addr(localIP);   //设置本地 IP
    //创建套接字
    m_SockServer = socket ( AF_INET,SOCK_STREAM,   0);
    if(m_SockServer == INVALID_SOCKET)
    {
        printf("建立套接字失败\n");
        exit(0);
    }
    //绑定本地 IP 地址
```

```c
iRes=bind(m_SockServer,(struct sockaddr*)&serveraddr,sizeof(struct sockaddr));
if(iRes < 0)
{
    printf("建立套接字失败\n");
    exit(0);
}
//程序主循环
while(1)
{
    listen(m_SockServer,0);                                              //开始监听
    m_Server=accept(m_SockServer,(struct sockaddr*)&serveraddrfrom,&len);  //接收请求
    if(m_Server!=INVALID_SOCKET)
    {
        printf("有新用户登录");                                            //对方已登录
        if(iConnect < iMaxConnect)
        {
            //启动接收消息线程
            CreateThread(NULL,0,threadTranServer,(LPVOID)m_Server,0,&nThreadId );
            //构建连接用户的信息
            usrinfo[iConnect].ID=iConnect+1;                              //存放用户 ID
            usrinfo[iConnect].sUserSocket=m_Server;
            usrinfo[iConnect].iPort=0;                                    //存放端口，扩展用
            //构建发包信息
            sp.iType=SERVERSEND_SELFID;                                   //获取的 ID 值，返回信息
            sp.iCurConn=iConnect;                                         //在线个数
            id=iConnect+1;
            sprintf(sp.cBuffer,"%d\0",id);
            send(m_Server,(char*)&sp,sizeof(sp),0);                       //发送客户端的 ID 值
            //通知各个客户端
            if(iConnect>0)
                CreateThread(NULL,0,NotyifyProc,(LPVOID)&id,0,&nThreadId );
            iConnect++;
        }
        else
            send(m_Server,cWarnBuffer,sizeof(cWarnBuffer),0);             //已超出最大连接数
    }
}
WSACleanup();
}
```

上面代码使用了两个自定义函数：threadTranServer()函数和NotyifyProc()函数。接下来，我们将分别对这两个函数进行介绍。

threadTranServer()函数主要用于中转消息，并向所有客户端发送在线用户列表。该函数的实现代码如下：

```c
DWORD WINAPI threadTranServer(LPVOID pParam)
{
    SOCKET hsock=(SOCKET)pParam;                                         //获取 SOCKET 句柄
    SOCKET sTmp;                                                         //临时存放用户的 SOCKET 句柄
    char cRecvBuffer[1024];                                              //接收消息的缓存
    int num=0;                                                           //发送的字符串
    int m,j;                                                             //循环控制变量
    int ires;
    struct CSendPackage sp;                                              //发包
    struct CReceivePackage *p;
    if(hsock!=INVALID_SOCKET)
        printf("start:%d\n",hsock);
    while(1)
    {
        num=recv(hsock,cRecvBuffer,1024,0);                              //接收发送过来的信息
        if(num>=0)
        {
```

```
                p = (struct CReceivePackage*)cRecvBuffer;
                switch(p->iType)
                {
                        case CLIENTSEND_TRAN:                              //对消息进行中转
                                for(m=0;m<2;m++)
                                {
                                        if(usrinfo[m].ID==p->iToID)
                                        {
                                                //组包
                                                sTmp=usrinfo[m].sUserSocket;
                                                memset(&sp,0,sizeof(sp));
                                                sp.iType=SERVERSEND_SHOWMSG;
                                                strcpy(sp.cBuffer,p->cBuffer);
                                                ires = send(sTmp,(char*)&sp,sizeof(sp),0);//发送内容
                                                if(ires<0)
                                                        printf("发送失败\n");
                                        }
                                }
                                break;
                        case CLIENTSEND_LIST:                              //发送在线用户列表
                                memset(&sp,0,sizeof(sp));
                                for(j=0;j<2;j++)
                                {
                                        if(usrinfo[j].ID!=p->iFromID && usrinfo[j].ID!=0)
                                        {
                                                sp.cBuffer[j]=usrinfo[j].ID;
                                                printf("%d\n",sp.cBuffer[j]);
                                        }
                                }
                                sp.iType=SERVERSEND_ONLINE;
                                send(hsock,(char*)&sp,sizeof(sp),0);
                                break;
                        case CLIENTSEND_EXIT:
                                printf("退出系统\n");
                                return 0;                                  //结束线程
                                break;
                }
        }
        return 0;
}
```

NotyifyProc()函数主要用于实现服务器通知所有客户端有新用户登录的功能。该函数的实现代码如下：

```
DWORD WINAPI NotyifyProc(LPVOID pParam)
{
        struct CSendPackage sp;                                    //发送包
        SOCKET sTemp;                                              //连接用户的 SOCKET 句柄
        int *p;                                                    //接收主线程发送过来的 ID 值
        int j;                                                     //循环控制变量
        p=(int*)pParam;                                            //新用户 ID
        for(j=0;j<2;j++)                                           //去除新登录的，已经连接的用户
        {
                if(usrinfo[j].ID !=  (*p))
                {
                        sTemp=usrinfo[j].sUserSocket;
                        sp.iType=SERVERSEND_NEWUSR;                //新上线通知
                        sprintf(sp.cBuffer,"%d\n",(*p));
                        send(sTemp,(char*)&sp,sizeof(sp),0);       //发送新用户上线通知
                }
        }
        return 0;
```

}

6.6.2 创建中转客户端

定义一个 CreateTranClient()函数，用于创建服务器中转通信的客户端。该函数首先创建 Socket 套接字连接，然后与服务端建立连接，接着调用 CreateThread()函数启动接收消息线程，并进入发送消息循环，在循环中主要调用 send()函数实现消息的发送功能。CreateTranClient()函数实现代码如下：

```
void CreateTranClient()
{
    SOCKET m_SockClient;                                    //建立连接的 SOCKET
    struct sockaddr_in clientaddr;                          //目标的地址信息
    int iRes;                                               //函数执行情况
    char cSendBuffer[1024];                                 //发送消息的缓存
    DWORD nThreadId = 0;                                    //保存线程的 ID 值
    struct CReceivePackage sp;                              //发包结构
    char IPBuffer[128];
    printf("输入服务器 IP 地址\n");
    scanf("%s",IPBuffer);
    clientaddr.sin_family = AF_INET;
    clientaddr.sin_port = htons(4600);                      //连接的端口号
    clientaddr.sin_addr.S_un.S_addr = inet_addr(IPBuffer);
    m_SockClient = socket ( AF_INET,SOCK_STREAM, 0 );       //创建 SOCKET
    //建立与服务端的连接
    iRes = connect(m_SockClient,(struct sockaddr*)&clientaddr,sizeof(struct sockaddr));
    if(iRes < 0)
    {
        printf("连接错误\n");
        exit(0);
    }
    //启动接收消息的线程
    CreateThread(NULL,0,threadTranClient,(LPVOID)m_SockClient,0,&nThreadId );
    while(1)                                                //接收到自己的 ID
    {
        memset(cSendBuffer,0,1024);
        scanf("%s",cSendBuffer);                            //输入发送内容
        if(bSend)
        {
            if(sizeof(cSendBuffer)>0)
            {
                memset(&sp,0,sizeof(sp));
                strcpy(sp.cBuffer,cSendBuffer);
                sp.iToID=usr[0].ID;                         //聊天对象是固定的
                sp.iFromID=iMyself;                         //指定自己的 ID
                sp.iType=CLIENTSEND_TRAN;
                send(m_SockClient,(char*)&sp,sizeof(sp),0); //发送消息
            }
            if(strcmp("exit",cSendBuffer)==0)
            {
                memset(&sp,0,sizeof(sp));
                strcpy(sp.cBuffer,"退出");                  //设置发送消息的文本内容
                sp.iFromID=iMyself;
                sp.iType=CLIENTSEND_EXIT;                   //退出
                send(m_SockClient,(char*)&sp,sizeof(sp),0); //发送消息
                ExitTranSystem();
            }
        }
        else
```

```
                printf("没有接收对象,发送失败\n");
            Sleep(10);
        }
}
```

上面代码使用了 threadTranClient()函数，该函数为自定义函数，主要用于实现客户端接收消息功能。在该函数内，调用 recv()函数接收消息，然后根据接收内容的类型进行以下 3 种处理：

- ☑ 如果是自己登录成功，则在获取到 ID 后，向服务端发送获取在线用户的请求。
- ☑ 如果是其他客户端发送给自己的消息，则直接进行显示。
- ☑ 如果是服务端发送的用户列表，则根据列表内容决定聊天用户。

threadTranClient()函数的实现代码如下：

```
DWORD WINAPI threadTranClient(LPVOID pParam)
{
    SOCKET hsock=(SOCKET)pParam;
    int i;                                              //循环控制变量
    char cRecvBuffer[2048];                             //接收消息的缓存
    int num;                                            //接收消息的字符数
    struct CReceivePackage sp;                          //服务端的接收包是客户端的发送包
    struct CSendPackage *p;                             //服务端的发送包是客户端的接收包
    int iTemp;                                          //临时存放接收到的 ID 值
    while(1)
    {
        num = recv(hsock,cRecvBuffer,2048,0);           //接收消息
        if(num>=0)
        {
            p = (struct CSendPackage*)cRecvBuffer;
            if(p->iType==SERVERSEND_SELFID)
            {
                iMyself=atoi(p->cBuffer);
                sp.iType=CLIENTSEND_LIST;               //请求在线人员列表
                send(hsock,(char*)&sp,sizeof(sp),0);
            }
            if(p->iType==SERVERSEND_NEWUSR)             //登录用户 ID
            {
                iTemp = atoi(p->cBuffer);
                usr[iNew++].ID=iTemp;                   //iNew 表示有多少个新用户登录
                printf("有新用户登录,可以与其聊天\n");
                bSend=1;                                //可以发送消息聊天
            }
            if(p->iType==SERVERSEND_SHOWMSG)            //显示接收的消息
            {
                printf("rec:%s\n",p->cBuffer);
            }
            if(p->iType==SERVERSEND_ONLINE)             //获取在线列表
            {
                for(i=0;i<2;i++)
                {
                    if(p->cBuffer[i]!=iMyself && p->cBuffer[i]!=0)
                    {
                        usr[iNew++].ID=p->cBuffer[i];
                        printf("有用户在线,可以与其聊天\n");
                        bSend=1;                        //可以发送消息聊天
                    }
                }
                if(!bSend)
                    printf("在线列表为空\n");
            }
        }
```

```
    }
    return 0;
}
```

6.6.3 退出中转服务器

定义一个 ExitTranSystem()函数,用于实现服务器中转通信的退出功能。该函数首先调用 WSACleanup()函数释放 Socket 网络编程所占用的资源,然后调用 exit()方法退出服务器中转通信。ExitTranSystem()函数的实现代码如下:

```
void ExitTranSystem()
{
    WSACleanup();
    exit(0);
}
```

6.7 项目运行

通过前述步骤,我们成功设计并完成了"网络通信系统"项目的开发。接下来,我们运行该项目,以检验我们的开发成果。如图 6.13 所示,使用 Visual Studio 2022 打开网络通信系统项目,单击工具栏中的"本地 Windows 调试器"按钮或者按 F5 快捷键,即可成功编译并运行该项目。

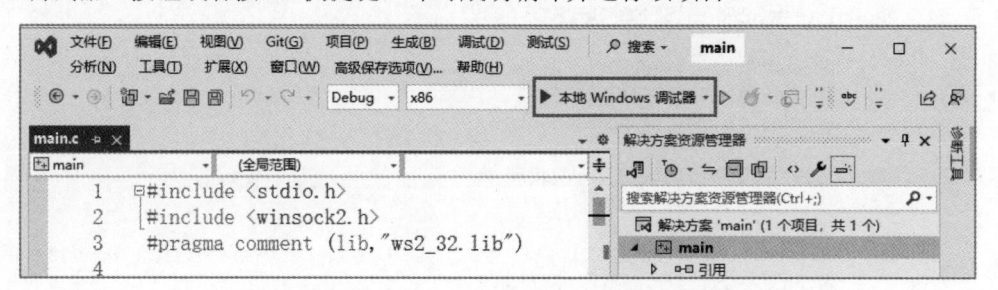

图 6.13 编译运行"网络通信系统"项目

编译并成功运行项目后,会在项目的 Debug 文件夹中生成相应的.exe 可执行文件,如图 6.14 所示。

图 6.14 生成的.exe 可执行文件

由于网络通信系统在运行时，需要启动两个或者多个窗口进行测试，因此需要直接在项目的 Debug 文件夹中多次双击.exe 可执行文件，以启动多次。例如，分别双击两次.exe 可执行文件来启动两个网络通信系统的窗口，然后在两个窗口中分别输入 1 和 2，以测试点对点通信方式的功能，如图 6.15 和图 6.16 所示。

图 6.15　点对点通信服务端

图 6.16　点对点通信客户端

本章主要使用 C 语言中的指针、Socket 网络编程、链接外部库文件、多线程技术、fflush()函数等技术，开发了一款网络通信系统。该系统主要实现了两种主流的通信方式，一种是点对点通信，一种是服务器中转通信，这两种通信方式在网络通信领域具有广泛的应用。通过本章的学习，读者不仅可以了解 C 语言中网络通信项目的开发流程，还可以对 C 语言中 Socket 网络编程和多线程等技术在实际开发中的应用有更深刻的认识。

6.8　源　码　下　载

本章虽然详细地讲解了如何编码实现"网络通信系统"项目的各个功能，但给出的代码都是代码片段，而非完整的源码。为了方便读者学习，本书提供了完整的项目源码，读者只需扫描右侧的二维码，即可下载这些源码。

第 7 章 智企员工管理系统

——指针+存储管理+字符串函数+链表+异或运算符+文件操作

员工信息管理是现代企业管理工作中不可缺少的一部分,是推动企业走向规范化发展的必要条件。本章将使用C语言中的链表、文件操作等技术开发一个员工信息管理方面的软件系统——智企员工管理系统。C语言具有简单、高效的特性,使得开发控制台类项目变得便捷高效。通过文件操作技术,该系统可以方便地对系统数据进行持久化保存。利用链表技术,该系统可以很高效地对员工信息进行添加、修改、删除及查询等操作,显著提高数据处理的能力与灵活性。

本项目的核心功能及实现技术如下:

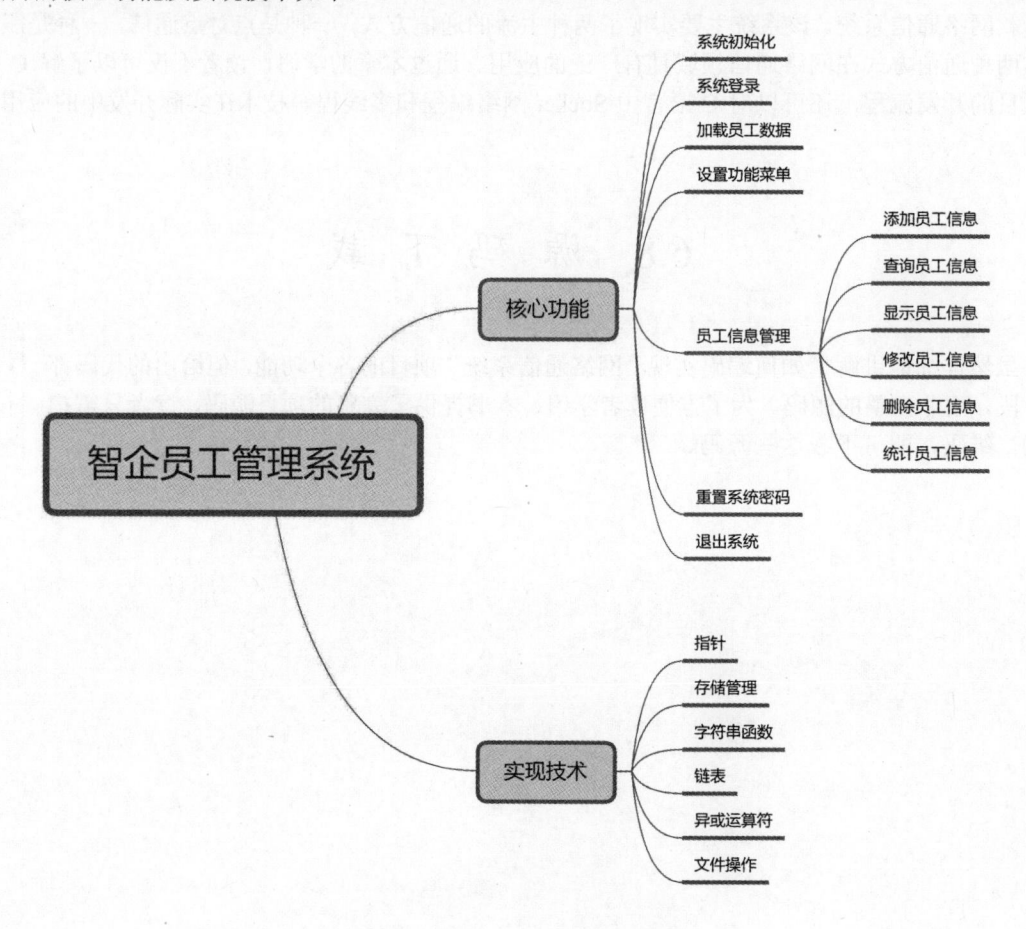

智企员工管理系统
- 核心功能
  - 系统初始化
  - 系统登录
  - 加载员工数据
  - 设置功能菜单
  - 员工信息管理
    - 添加员工信息
    - 查询员工信息
    - 显示员工信息
    - 修改员工信息
    - 删除员工信息
    - 统计员工信息
  - 重置系统密码
  - 退出系统
- 实现技术
  - 指针
  - 存储管理
  - 字符串函数
  - 链表
  - 异或运算符
  - 文件操作

7.1 开发背景

在日益激烈的市场竞争环境下,企业对于内部的员工信息管理方式提出了更高的要求。传统的员工信息管理方式，如手工记录员工信息、纸质文件归档等，不仅耗时耗力，而且容易出错，难以满足现代企业管理的精细化、数字化需求。基于此背景，本项目使用 C 语言开发了一个控制台版的员工信息管理系统，该系统要求能够方便、快捷地对员工信息进行添加、修改、删除和查询等操作，并且可以实现基本的员工信息统计操作，如统计员工的数量、员工的工资总数、不同性别的员工数量等。

本项目的实现目标如下：
- ☑ 操作简单方便。
- ☑ 为了更加安全地使用系统，对系统数据操作前需要进行登录验证。
- ☑ 能够对员工信息进行基本的增、删、改、查等操作。
- ☑ 能够对员工信息进行基本的统计操作。
- ☑ 员工信息支持本地持久化保存。
- ☑ 系统运行稳定、安全可靠。

7.2 系 统 设 计

7.2.1 开发环境

本项目的开发及运行环境要求如下：
- ☑ 操作系统：推荐 Windows 10、Windows 11 或更高版本，兼容 Windows 7（SP1）。
- ☑ 开发工具：Dev C++ 5.11 或更高版本。
- ☑ 开发语言：C 语言。

7.2.2 业务流程

智企员工管理系统运行时，首先需要判断是否为首次运行。如果是首次运行，系统将要求初始化密码，并在设置完成后重新启运程序；如果非首次运行，用户将直接跳转至系统登录界面，在此界面上，系统需要验证用户输入的密码是否正确。若密码错误，则重新输入（限制用户有三次机会重新输入）；如果密码正确，用户将进入系统的主界面。主界面展示了所有的功能菜单，用户通过输入菜单对应的编号来执行相应的操作，例如添加、修改、删除、查询、显示和统计员工信息等。需要注意的是，如果用户在主界面输入编号 0，程序将直接退出。

本项目的业务流程如图 7.1 所示。

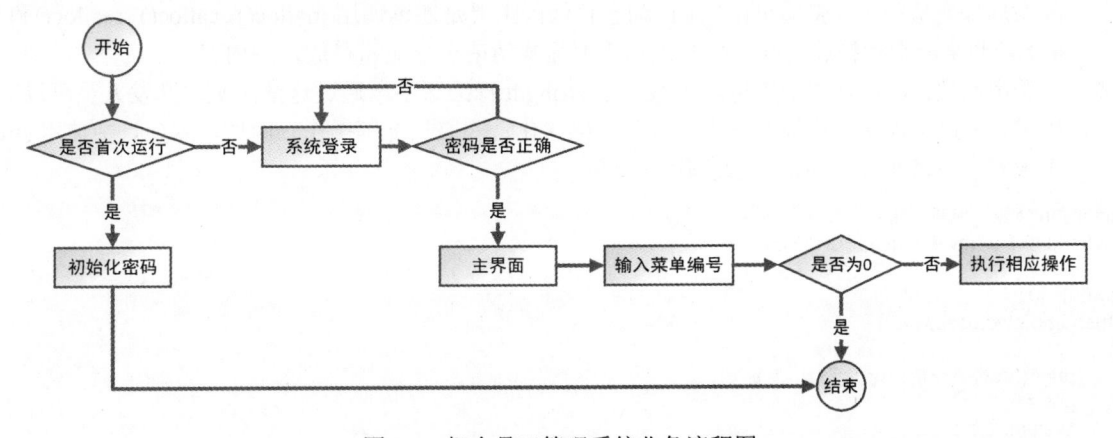

图 7.1 智企员工管理系统业务流程图

7.2.3 功能结构

本项目的功能结构已经在章首页中给出,作为一款与员工管理相关的项目,本项目实现的具体功能如下:
- ☑ 系统初始化:首次使用系统时,初始化系统密码,并将其保存到本地文件中。
- ☑ 系统登录:系统启动时验证用户设置的密码,以保障系统使用的安全性。
- ☑ 主界面菜单:提供系统功能菜单,用户可以通过输入菜单项对应的编号来执行相应操作。
- ☑ 添加员工信息:输入员工信息,并将其保存到本地文件中。
- ☑ 查询员工信息:按姓名、工号、电话和 QQ 号等条件对员工信息进行查询。
- ☑ 显示员工信息:以列表形式显示员工信息。
- ☑ 修改员工信息:按员工姓名查找员工信息,并在找到员工信息后,对员工的职务、文化程度、办公电话、家庭电话、移动电话、住址、年龄、工资等信息进行修改。
- ☑ 删除员工信息:按员工姓名查找员工信息,并在找到员工信息后,确认是否对其执行删除操作。
- ☑ 统计员工信息:统计员工数量、员工工资总数、不同性别的员工数量等信息。
- ☑ 重置系统密码:验证旧密码,并设置新的密码。
- ☑ 退出系统:退出当前程序。

7.3 技术准备

- ☑ 指针:指针本质上是一个变量,它的值是另一个变量的内存地址。例如,本项目在对文件进行操作时,创建一个指针,并使用 fopen()函数为其赋值,示例代码如下:

```
FILE *fp,*fp1;                                      //声明文件型指针
if((fp=fopen("config.dat","rb"))==NULL)             //判断系统密码文件是否为空
{

}
```

- ☑ 存储管理:C 语言中的存储管理是指在程序运行时对内存的分配和释放过程的控制。C 语言提供了几种不同的存储区域,包括自动存储区(栈)、静态存储区和动态存储区(堆),每种区域都有其生命周期和管理方式。其中,自动存储区主要为局部变量和函数参数分配空间;静态存储区主要为静态局部变量和全局变量分配空间;动态存储区主要是通过调用 malloc()、calloc()、realloc()和 free() 4 个函数来分配和释放内存,开发人员需要显式地请求分配和释放这些内存。
- ☑ 字符串函数:C 语言中的字符串函数位于 string.h 标准库中,通过这些函数,开发人员可以对字符串进行复制、连接、比较、搜索、分割、格式化、获取长度等操作。例如,本项目中使用 strcmp() 函数对登录密码进行验证,示例代码如下:

```
printf("\n 请输入密码: ");
for(i=0;i<8 && ((pwd[i]=getch())!=13);i++)
    putch('*');
pwd[i]='\0';
if(!strcmp(pwd,password))
{
    printf("\n 密码错误,请重新输入! \n");
    getch();
    system("cls");
    n--;
```

```
}
else
 break;
```

- 链表：链表主要用于存储一系列数据元素，其中每个节点都包含数据部分和指向下一个节点的指针。例如，本项目定义一个存储员工信息的链表，以便更高效地对员工信息进行添加、修改、删除、查询等操作，示例代码如下：

```
//存储员工信息的链表
typedef struct employee
{
    int num;                            //员工号
    char duty[10];                      //员工职务
    char name[10];                      //员工姓名
    char sex[3];                        //员工性别
    unsigned char age;                  //员工年龄
    char edu[10];                       //教育水平
    int salary;                         //员工工资
    char tel_office[13];                //办公电话
    char tel_home[13];                  //家庭电话
    char mobile[13];                    //手机
    char qq[11];                        //QQ 号码
    char address[31];                   //家庭住址
    struct employee *next;
}EMP;
```

- 异或运算符：异或运算符使用"^"表示，其遵循以下规则：如果两个比较的位相同（即两个位都是 1 或都是 0），则结果为 0；如果两个比较的位不同（即一个位是 1，另一个位是 0），则结果为 1。异或运算由于其独特的性质，在加密、解密、算法设计、位操作、错误检测以及数据处理等多个领域被广泛采用。例如，在本项目中，我们使用异或运算符对用户设置的密码进行加密处理，相关关键代码如下：

```
char pwd[9];
char strt='8';
getch();
for(i=0;i<8&&((pwd[i]=getch())!=13);i++)
    putch('*');
pwd[i]='\0';
i=0;
while(pwd[i])
{
    pwd2[i]=(pwd[i]^ strt);             //使用异或运算符对密码进行加密
    i++;
}
```

- 文件操作：C 语言通过标准库中的函数来实现文件操作，本项目主要使用以下函数：
  - fopen(const char *filename, const char *mode)函数：用于打开或创建一个文件。其中，filename 表示文件名，mode 用来指定打开模式，如读（"r"）、写（"w"）、追加（"a"）、读写（"r+", "w+", "a+"）等。
  - fclose(FILE *stream)函数：用于关闭由 fopen()函数打开的文件流。
  - fread(void *ptr, size_t size, size_t count, FILE *stream)函数：从文件中读取二进制数据。
  - fwrite(const void *ptr, size_t size, size_t count, FILE *stream)函数：向文件中写入二进制数据。

例如，调用 fopen()函数打开本地文件，并判断文件是否为空。如果文件不为空，则调用 fread()函数读取文件内容，并将其存储到员工信息链表中。最后调用 fclose()函数关闭文件。示例代码如下：

```
FILE *fp;
```

```
EMP *emp1;
if((fp=fopen("employee.dat","rb"))==NULL)
{
    gfirst=1;
    return;
}
while(!feof(fp))
{
    emp1=(EMP *)malloc(sizeof(EMP));
    if(emp1==NULL)
    {
        printf("内存分配失败！\n");
        getch();
        return;
    }
    fread(emp1,sizeof(EMP),1,fp);
    if(feof(fp))   break;
    if(emp_first==NULL)
    {
        emp_first=emp1;
        emp_end=emp1;
    }else{
        emp_end->next=emp1;
        emp_end=emp1;
    }
    emp_end->next=NULL;
}
gfirst=0;
fclose(fp);
```

《C语言从入门到精通（第6版）》详细阐述了C语言中的指针、存储管理、字符串函数、链表、异或运算符和文件操作等知识。对于这些知识不太熟悉的读者，可以阅读该书的相关章节以加深对这些知识点的理解和掌握。

7.4 预处理模块设计

7.4.1 文件引用

开发"智企员工管理系统"项目时，首先需要引入项目中需要的库文件，以便调用其中的函数。本项目主要使用stdio.h、stdlib.h和string.h这3个标准库文件，因此首先使用#include命令引入这3个库文件，代码如下：

```
/* 文件引用 */
#include <stdio.h>
#include <stdlib.h>
#include <string.h>
```

7.4.2 定义全局变量

开发项目前，首先需要定义项目所需的全局变量。本项目主要定义系统密码、员工链表指针、判断是否需要保存数据的标识、判断是否首次初始化用户信息的标识，以及存储员工信息的链表，代码如下：

```c
/* 全局变量 */
char password[9];                                    //系统密码
EMP *emp_first,*emp_end;                             //定义指向链表的头节点和尾节点的指针
char gsave,gfirst;                                   //判断标识
//存储员工信息的链表
typedef struct employee
{
    int num;                                         //员工编号
    char duty[10];                                   //员工职务
    char name[10];                                   //员工姓名
    char sex[3];                                     //员工性别
    unsigned char age;                               //员工年龄
    char edu[10];                                    //教育水平
    int salary;                                      //员工工资
    char tel_office[13];                             //办公电话
    char tel_home[13];                               //家庭电话
    char mobile[13];                                 //手机
    char qq[11];                                     //QQ 号码
    char address[31];                                //家庭住址
    struct employee *next;
}EMP;
```

7.4.3 函数声明

基于智企员工管理系统的功能需求，在代码文件中声明程序所需使用的函数，代码如下：

```c
/* 函数声明 */
void addemp(void);                                   //添加员工信息的函数
void findemp(void);                                  //查找员工信息的函数
void listemp(void);                                  //显示员工信息列表的函数
void modifyemp(void);                                //修改员工信息的函数
void summaryemp(void);                               //统计员工信息的函数
void delemp(void);                                   //删除员工信息的函数
void resetpwd(void);                                 //重置系统的函数
void readdata(void);                                 //读取文件数据的函数
void savedata(void);                                 //保存数据的函数
int modi_age(int s);                                 //修改员工年龄的函数
int modi_salary(int s);                              //修改员工工资的函数
char *modi_field(char *field,char *s,int n);         //修改员工其他信息的函数
EMP *findname(char *name);                           //按员工姓名查找员工信息
EMP *findnum(int num);                               //按员工工号查找员工信息
EMP *findtelephone(char *name);                      //按员工的电话号码查找员工信息
EMP *findqq(char *name);                             //按员工的QQ号查找员工信息
void displayemp(EMP *emp,char *field,char *name);    //显示员工信息
void checkfirst(void);                               //初始化检测
void bound(char ch,int n);                           //绘制分界线
void login();                                        //登录检测
void menu();                                         //主菜单列表
```

7.5 程序入口设计

7.5.1 系统初始化

用户首次使用智企员工管理系统时，程序会提示需要设置密码。用户需要输入一个不超过 8 位的密码，

并在二次确认后，按 Enter 键，系统初始化即可成功完成，如图 7.2 所示。

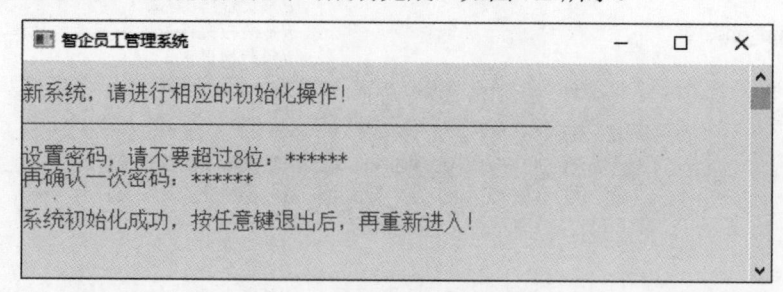

图 7.2　系统初始化成功页面

系统初始化功能是通过自定义的 checkfirst()函数实现的。在该函数中，主要使用 fopen()函数打开项目的 config.dat 配置文件，在打开该文件时，首先判断该文件是否为空。如果该文件为空，则进行系统初始化操作，即提示用户设置密码；如果该文件不为空，则直接从该文件中读取密码信息，并将其存储到 password 全局变量中，以便在后续登录系统时进行验证。checkfirst()函数的实现代码如下：

```c
/**
*  首次使用，初始化系统信息
*/
void checkfirst()
{
    FILE *fp,*fp1;                                          //声明文件型指针
    char pwd[9],pwd1[9],pwd2[9],pwd3[9],ch;
    int i;
    char strt='8';
    if((fp=fopen("config.dat","rb"))==NULL)                 //判断系统密码文件是否为空
    {
        printf("\n 新系统，请进行相应的初始化操作！\n");
        bound('_',50);
        getch();
        do{
            printf("\n 设置密码，请不要超过 8 位：");
            for(i=0;i<8&&((pwd[i]=getch())!=13);i++)
                putch('*');
            printf("\n 再确认一次密码：");
            for(i=0;i<8&&((pwd1[i]=getch())!=13);i++)
                putch('*');
            pwd[i]='\0';
            pwd1[i]='\0';
            if(strcmp(pwd,pwd1)!=0)                         //判断两次新密码是否一致
            {
                printf("\n 两次密码输入不一致，请重新输入！\n\n");
            }
            else break;
        }while(1);
        if((fp1=fopen("config.dat","wb"))==NULL)
        {
            printf("\n 系统创建失败，请按任意键退出！");
            getch();
            exit(1);
        }
        i=0;
        while(pwd[i])
        {
            pwd2[i]=(pwd[i]^ strt);
            putw(pwd2[i],fp1);                              //将数组元素写入文件中
            i++;
```

```
        }
        fclose(fp1);                              //关闭文件流
        printf("\n\n 系统初始化成功，按任意键退出后，再重新进入！\n");
        getch();
        exit(1);
    }else{
        i=0;
        while(!feof(fp)&&i<8)                     //判断是否读完密码文件
            pwd[i++]=(getw(fp)^strt);             //从文件流中读出字符并将其赋值给数组
        pwd[i-1]='\0';                            //将数组最后一位设定为字符串的结束符
        strcpy(password,pwd);                     //将数组 pwd 中的数据复制到数组 password 中
    }
}
```

上面代码使用了一个 bound()函数，该函数用于使用指定的字符串绘制边界线，从而使界面结构看起来更加清晰。bound()函数实现代码如下：

```
/**
 *  输出指定字符构成的边界线
 */
void bound(char ch, int n)
{
    //循环 n 次，每次输出字符 ch
    while(n--)
        putch(ch);
    printf("\n");                                 //输出换行符，使下一次输出位于新的一行
    return;                                       //函数返回，结束执行
}
```

7.5.2 系统登录

智企员工管理系统中，如果不是第一次运行，系统会直接在界面中提示"请输入密码"，如图 7.3 所示。用户需要输入系统初始化时设置的密码，然后按 Enter 键，如果密码输入错误，程序会给出提示，如图 7.4 所示。如果连续输入错误密码超过 3 次，程序会给出提示并退出程序，如图 7.5 所示，这是为了保障系统安全。如果密码验证成功，程序会直接显示主界面。

图 7.3 提示输入密码　　　　　　　　　　图 7.4 密码输入提示页面

图 7.5 三次密码输入错误强制退出提示页面

系统登录功能的实现是调用 login()函数来实现的。该函数首先使用 getch()函数接收用户输入的密码，并将该密码保存到 pwd 字符数组中，然后使用 strcmp()函数验证输入的密码与项目配置文件中存储的密码是

否一致。如果密码不一致，则给出错误提示并要求用户重新输入密码，而如果用户连续输入错误密码超过3次，则给出错误提示并退出程序；如果密码一致，直接退出循环，这样即可显示程序主界面。login()函数实现代码如下：

```c
/**
 *  检测登录密码
 */
void login()
{
    int i,n=3;
    char pwd[9];
    do{
        printf("\n 请输入密码：");
        for(i=0;i<8 && ((pwd[i]=getch())!=13);i++)
            putch('*');
        pwd[i]='\0';
        if(!strcmp(pwd,password))
        {
            printf("\n 密码错误，请重新输入！\n");
            getch();
            system("cls");
            n--;
        }
        else
            break;
    } while(n>0);                                        //密码输入3次的控制
    if(!n)
    {
        printf("请退出，你已输入三次错误密码！");
        getch();
        exit(1);
    }
}
```

7.5.3 加载员工数据

智企员工管理系统在运行时，首先需要加载数据文件中已经存在的员工数据，并将其存储到员工信息链表中，以方便后期的员工信息管理操作，该功能主要是通过自定义的readdata()函数实现的，其代码如下：

```c
/**
 *  从二进制文件中读取员工数据并构建链表
 */
void readdata(void)
{
    FILE *fp;                                            //定义文件指针
    EMP *emp1;                                           //定义指向员工结构体的指针
    if((fp=fopen("employee.dat","rb"))==NULL)            //尝试以二进制读模式打开文件
    {
        //如果文件打开失败，设置全局变量gfirst为1，表示首次运行
        gfirst = 1;
        return;                                          //直接返回
    }
    //当文件未结束时循环读取
    while(!feof(fp))
    {
        emp1 = (EMP *)malloc(sizeof(EMP));               //分配内存存储一个员工信息
        //检查内存分配是否成功
        if(emp1 == NULL)
```

```
    {
        printf("内存分配失败！\n");          //内存分配失败，打印错误信息
        getch();                              //等待用户按键后返回
        return;                               //返回，结束函数执行
    }
    fread(emp1, sizeof(EMP), 1, fp);          //从文件中读取一个员工的信息并将其存储到 emp1 中
    //检查文件是否已结束
    if(feof(fp))  break;
    //如果链表为空，初始化链表的第一个和最后一个元素
    if(emp_first == NULL)
    {
        emp_first = emp1;
        emp_end = emp1;
    }else{
        //否则，将新读取的员工添加到链表末尾
        emp_end->next = emp1;
        emp_end = emp1;
    }
    emp_end->next = NULL;                     //设置当前最后一个元素的 next 指针为 NULL
}
gfirst = 0;                                   //设置全局变量 gfirst 为 0，表示非首次运行
fclose(fp);                                   //关闭文件
}
```

7.5.4 设计功能菜单

用户登录成功后，程序会显示主界面，主界面的核心功能是提供系统的功能菜单，用户可以根据需求输入相应菜单的编号，以执行对应的操作。主界面的效果如图 7.6 所示。

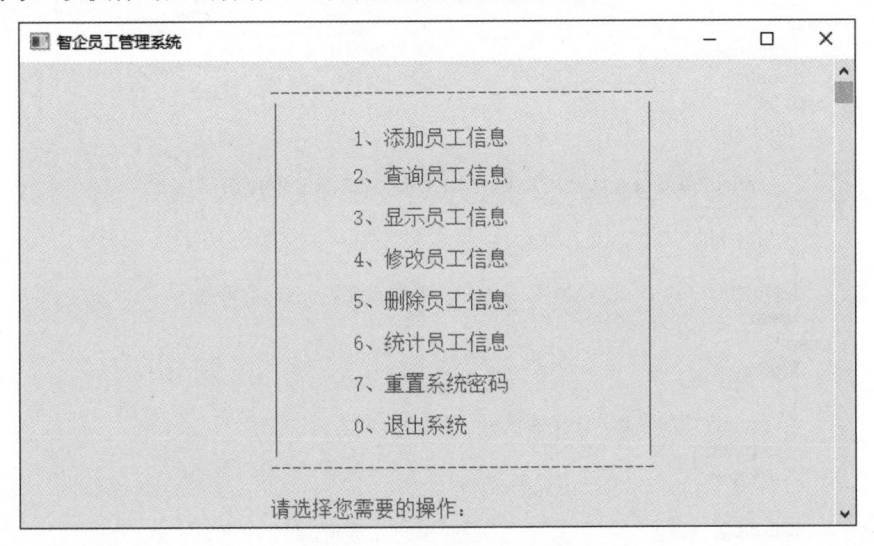

图 7.6 系统功能菜单界面

主界面中的功能菜单是通过自定义的 menu()函数实现的。该函数主要使用 printf()函数打印功能菜单，并使用 getchar()函数获取用户输入的菜单编号，然后使用 switch 语句根据用户输入的菜单编号来执行相应的操作。menu()函数的实现代码如下：

```
/**
* 主功能菜单
*/
void menu()
```

```c
{
    char choice;
    system("cls");
    do{
        printf("\n\t\t\t\t 智企员工管理系统\n\n");
        printf("\t\t\t-------------------------------------\n");
        printf("\t\t\t|\t\t\t\t    |\n");
        printf("\t\t\t|   \t1、添加员工信息\t\t    |\n");
        printf("\t\t\t|\t\t\t\t    |\n");
        printf("\t\t\t|   \t2、查询员工信息\t\t    |\n");
        printf("\t\t\t|\t\t\t\t    |\n");
        printf("\t\t\t|   \t3、显示员工信息\t\t    |\n");
        printf("\t\t\t|\t\t\t\t    |\n");
        printf("\t\t\t|   \t4、修改员工信息\t\t    |\n");
        printf("\t\t\t|\t\t\t\t    |\n");
        printf("\t\t\t|   \t5、删除员工信息\t\t    |\n");
        printf("\t\t\t|\t\t\t\t    |\n");
        printf("\t\t\t|   \t6、统计员工信息\t\t    |\n");
        printf("\t\t\t|\t\t\t\t    |\n");
        printf("\t\t\t|   \t7、重置系统密码\t\t    |\n");
        printf("\t\t\t|\t\t\t\t    |\n");
        printf("\t\t\t|   \t0、退出系统\t\t    |\n");
        printf("\t\t\t|\t\t\t\t    |\n");
        printf("\t\t\t-------------------------------------\n");
        printf("\n\t\t\t 请选择您需要的操作：");
        do{
            fflush(stdin);
            choice=getchar();
            system("cls");
            switch(choice)
            {
                case '1':
                    addemp();                           //调用添加员工信息的函数
                    break;
                case '2':
                    if(gfirst)
                    {
                        printf("系统信息中无员工信息，请先添加员工信息！\n");
                        getch();
                        break;
                    }
                    findemp();                          //调用查询员工信息的函数
                    break;
                case '3':
                    if(gfirst)
                    {
                        printf("系统信息中无员工信息，请先添加员工信息！\n");
                        getch();
                        break;
                    }
                    listemp();                          //调用显示员工列表的函数
                    break;
                case '4':
                    if(gfirst)
                    {
                        printf("系统信息中无员工信息，请先添加员工信息！\n");
                        getch();
                        break;
                    }
                    modifyemp();                        //调用修改员工信息的函数
                    break;
                case '5':
```

```
                    if(gfirst)
                    {
                        printf("系统信息中无员工信息，请先添加员工信息！\n");
                        getch();
                        break;
                    }
                    delemp();                           //调用删除员工信息的函数
                    break;
                case '6':
                    if(gfirst)
                    {
                        printf("系统信息中无员工信息，请先添加员工信息！\n");
                        getch();
                        break;
                    }
                    summaryemp();                       //调用统计员工信息函数
                    break;
                case '7':
                    resetpwd();                         //调用重置系统的函数
                    break;
                case '0':
                    savedata();                         //调用保存数据的函数
                    exit(0);
                default:
                    printf("请输入 0~7 的数字");
                    getch();
                    menu();
            }
        } while(choice<'0'||choice>'7');
        system("cls");
    }while(1);
}
```

> **说明**
> 上面代码使用了 addemp()函数、findemp()函数、listemp()函数、modifyemp()函数、delemp()函数、summaryemp()函数、resetpwd()函数、savedata()函数。这些函数都是自定义的函数，分别用于实现不同的功能，本章后续内容将分别对它们进行详细介绍。

7.5.5 实现主函数

在智企员工管理系统中，main()函数作为程序的入口点，首先使用 system()函数设置系统背景色与文字颜色，然后对员工信息链表及判断标识变量进行初始化，最后分别调用自定义的 checkfirst()函数、login()函数、readdata()函数、menu()函数以实现系统初始化、系统登录、加载员工数据、显示系统功能菜单等功能。main()函数实现代码如下：

```
/**
 * 主函数
 */
int main(void)
{
    system("color f0\n");
    emp_first=emp_end=NULL;
    gsave=gfirst=0;
    checkfirst();                           //系统初始化
    login();                                //系统登录
    readdata();                             //加载员工数据
```

```c
    menu();                                              //显示系统功能菜单
    system("PAUSE");
    return 0;
}
```

7.6 员工信息管理模块设计

7.6.1 添加员工信息

在程序主界面中输入数字 1，并按 Enter 键，即可进行员工信息的添加操作，如图 7.7 所示。

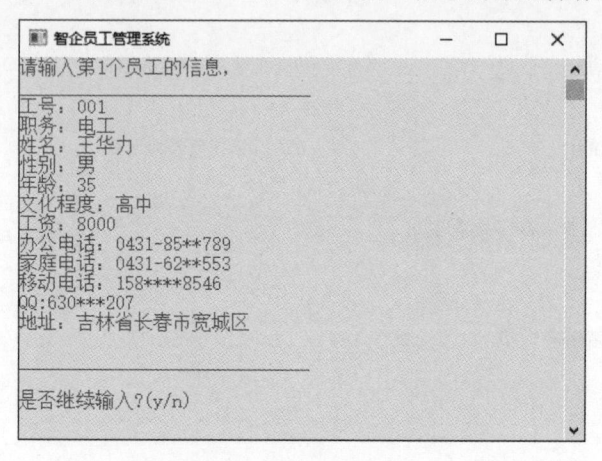

图 7.7 添加员工信息

添加员工信息功能是通过自定义的 addemp() 函数实现的。该函数首先使用 fopen() 函数打开 employee.dat 文件，该文件主要用于存储员工信息；然后使用 scanf() 函数获取用户输入的数据，并将其存储到员工信息链表中；最后通过 fwrite() 函数把输入的员工信息保存到 employee.dat 文件中。addemp() 函数实现代码如下：

```c
/**
*   添加员工信息
*/
void addemp()
{
    FILE *fp;
    EMP *emp1;                                           //声明一个文件型指针
    int i=0;                                             //声明一个结构型指针
    char choice='y';
    if((fp=fopen("employee.dat","ab"))==NULL)            //判断信息文件中是否有信息
    {
        printf("打开文件 employee.dat 出错！\n");
        getch();
        return;
    }
    do{
        i++;
        emp1=(EMP *)malloc(sizeof(EMP));                 //申请一段内存
        if(emp1==NULL)                                   //判断内存是否分配成功
        {
            printf("内存分配失败，按任意键退出！\n");
            getch();
```

```c
            return;
        }
        printf("请输入第%d 个员工的信息，\n",i);
        bound('_',30);
        printf("工号：");
        scanf("%d",&emp1->num);
        printf("职务：");
        scanf("%s",&emp1->duty);
        printf("姓名：");
        scanf("%s",&emp1->name);
        printf("性别：");
        scanf("%s",&emp1->sex);
        printf("年龄：");
        scanf("%d",&emp1->age);
        printf("文化程度：");
        scanf("%s",&emp1->edu);
        printf("工资：");
        scanf("%d",&emp1->salary);
        printf("办公电话：");
        scanf("%s",&emp1->tel_office);
        printf("家庭电话：");
        scanf("%s",&emp1->tel_home);
        printf("移动电话：");
        scanf("%s",&emp1->mobile);
        printf("QQ:");
        scanf("%s",&emp1->qq);
        printf("地址：");
        scanf("%s",&emp1->address);
        emp1->next=NULL;
        if(emp_first==NULL)                                //判断链表头指针是否为空
        {
            emp_first=emp1;
            emp_end=emp1;
        }else {
            emp_end->next=emp1;
            emp_end=emp1;
        }
        fwrite(emp_end,sizeof(EMP),1,fp);                  //向数据流中添加数据项
        gfirst=0;
        printf("\n");
        bound('_',30);
        printf("\n 是否继续输入?(y/n)");
        fflush(stdin);                                     //清除缓冲区
        choice=getch();
        if(toupper(choice)!='Y')                           //把小写字母转换成大写字母
        {
            fclose(fp);                                    //关闭文件流
            printf("\n 输入完毕，按任意键返回\n");
            getch();
            return;
        }
        system("cls");
    }while(1);
}
```

7.6.2 查询员工信息

在程序主界面中输入数字 2，并按 Enter 键，即可执行查询员工信息的操作。本项目提供了 4 种查询员工信息的方式，分别是按姓名、工号、电话和 QQ 号进行查询，如图 7.8 所示。

输入指定查询方式对应的编号,并按 Enter 键,即可按照提示进行查询操作。例如,输入编号 1,即可按姓名查询员工信息,效果如图 7.9 所示。

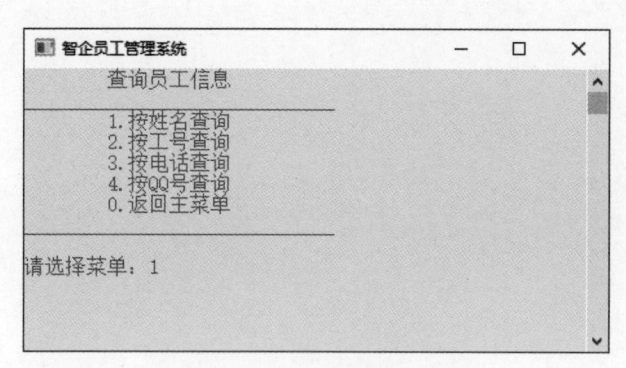

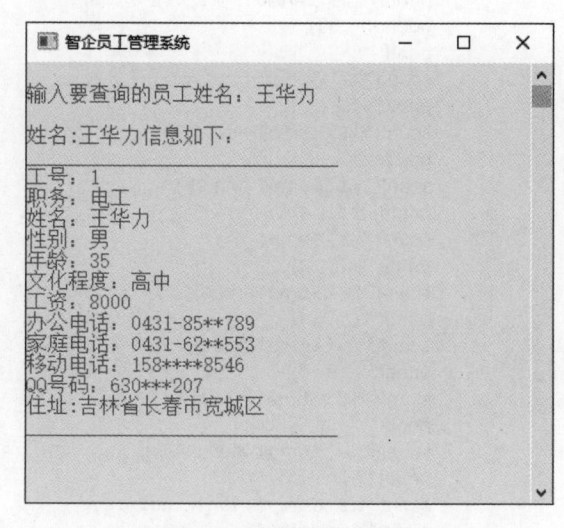

图 7.8 员工信息查询方式

图 7.9 查询到的员工信息

查询员工信息功能是通过自定义的 findemp()函数实现的。该函数首先使用 getchar()函数获取用户输入的查询方式编号;然后使用 switch 语句进行判断,并根据判断结果,分别调用 findname()、findnum()、findtelephone()或 findqq()函数按指定方式查询员工信息;最后调用 displayemp()函数显示查询到的员工信息。findemp()函数的实现代码如下:

```c
/**
* 查询员工信息
*/
void findemp()
{
    int choice,ret=0,num;
    char str[13];
    EMP *emp1;
    system("cls");
    do{
        printf("\t 查询员工信息\n");
        bound('_',30);                              //绘制分界线
        printf("\t1.按姓名查询\n");
        printf("\t2.按工号查询\n");
        printf("\t3.按电话查询\n");
        printf("\t4.按 QQ 号查询\n");
        printf("\t0.返回主菜单\n");
        bound('_',30);
        printf("\n 请选择菜单: ");
        do{
            fflush(stdin);                          //清除缓冲区
            choice=getchar();
            system("cls");
            switch(choice)
            {
                case '1':
                    printf("\n 输入要查询的员工姓名: ");
                    scanf("%s",str);
                    emp1=findname(str);
                    displayemp(emp1,"姓名",str);    //显示员工信息
                    getch();
```

```
                    break;
                case '2':
                    printf("\n 请输入要查询的员工的工号");
                    scanf("%d",&num);
                    emp1=findnum(num);
                    itoa(num,str,10);
                    displayemp(emp1,"工号",str);
                    getch();
                    break;
                case '3':
                    printf("\n 输入要查询员工的电话:");
                    scanf("%s",str);
                    emp1=findtelephone(str);
                    displayemp(emp1,"电话",str);
                    getch();
                    break;
                case '4':
                    printf("\n 输入要查询的员工的 QQ 号：");
                    scanf("%s",str);
                    emp1=findqq(str);
                    displayemp(emp1,"QQ 号码",str);
                    getch();
                    break;
                case '0':
                    ret=1;
                    break;
            }
        }while(choice<'0'||choice>'4');
        system("cls");
        if(ret) break;
    }while(1);
}
```

上面代码使用了 findname()、findnum()、findtelephone()、findqq() 和 displayemp() 这 5 个自定义函数，下面分别对它们进行介绍。

findname()、findnum()、findtelephone() 和 findqq() 4 个函数分别用于按照姓名、工号、电话和 QQ 号查询员工信息。这些函数的实现原理类似，它们主要是遍历员工信息链表，并将传入的参数与遍历到的员工指定信息进行比对。如果找到匹配的记录，则返回该条员工记录；如果没有找到匹配的记录，则返回 NULL。findname()、findnum()、findtelephone() 和 findqq() 4 个函数的实现代码如下：

```
/**
* 按照姓名查询员工信息
*/
EMP *findname(char *name)
{
    EMP *emp1;
    emp1=emp_first;
    while(emp1)
    {
        if(strcmp(name,emp1->name)==0) return emp1;    //比较输入的姓名和链表中的姓名是否相同
        emp1=emp1->next;
    }
    return NULL;
}

/**
* 按照工号查询员工信息
*/
EMP *findnum(int num)
{
```

```c
    EMP *emp1;

    emp1=emp_first;
    while(emp1)
    {
        if(num==emp1->num)    return emp1;
        emp1=emp1->next;
    }
    return NULL;
}

/**
* 按照电话查询员工信息
*/
EMP *findtelephone(char *name)
{
    EMP *emp1;

    emp1=emp_first;
    while(emp1)
    {
        if((strcmp(name,emp1->tel_office)==0)||
           (strcmp(name,emp1->tel_home)==0)||
           (strcmp(name,emp1->mobile)==0))           //使用逻辑或判断电话号码
            return emp1;
        emp1=emp1->next;
    }
     return NULL;
}

/**
* 按照QQ号查询员工信息
*/
EMP *findqq(char *name)
{
    EMP *emp1;
    emp1=emp_first;
    while(emp1)
    {
        if(strcmp(name,emp1->qq)==0)    return emp1;
        emp1=emp1->next;
    }
    return NULL;
}
```

displayemp()函数主要用于根据传入的员工指针 emp 以及两个字符串 field 和 name，在页面中以指定格式显示员工的详细信息。该函数接收 3 个参数，分别表示员工指针、员工字段标识和员工姓名。displayemp()函数的实现代码如下：

```c
void displayemp(EMP *emp,char *field,char *name)
{
    if(emp)
    {
        printf("\n%s:%s 信息如下：\n",field,name);
        bound('_',30);
        printf("工号：  %d\n",emp->num);
        printf("职务：  %s\n",emp->duty);
        printf("姓名：  %s\n",emp->name);
        printf("性别：  %s\n",emp->sex);
        printf("年龄：  %d\n",emp->age);
        printf("文化程度：%s\n",emp->edu);
```

```c
            printf("工资: %d\n",emp->salary);
            printf("办公电话: %s\n",emp->tel_office);
            printf("家庭电话: %s\n",emp->tel_home);
            printf("移动电话: %s\n",emp->mobile);
            printf("QQ 号码: %s\n",emp->qq);
            printf("住址:%s\n",emp->address);
            bound('_',30);
        }else {
            bound('_',40);
            printf("资料库中没有%s 为：%s 的员工！请重新确认！",field,name);
        }
        return;
}
```

7.6.3 显示员工信息

在程序主界面中输入数字 3，并按 Enter 键，即可以列表形式显示所有的员工信息，如图 7.10 所示。

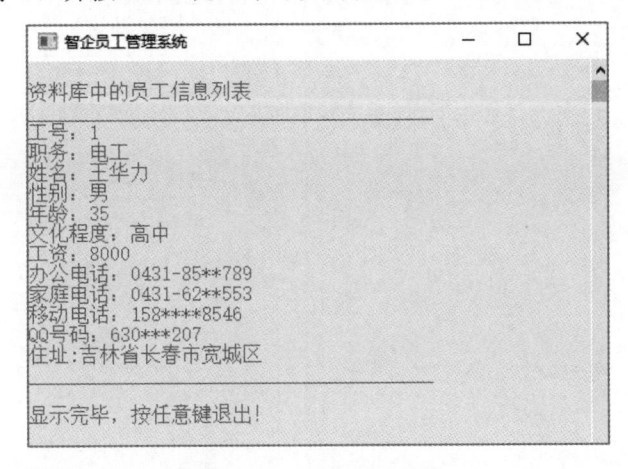

图 7.10 显示员工信息

显示员工信息功能是通过自定义的 listemp()函数实现的。该函数通过遍历员工信息链表，并使用 printf() 函数逐个输出遍历到的所有员工信息。listemp()函数的实现代码如下：

```c
void listemp()
{
    EMP *emp1;
    printf("\n 资料库中的员工信息列表\n");
    bound('_',40);
    emp1=emp_first;
    while(emp1)
    {
        printf("工号: %d\n",emp1->num);
        printf("职务: %s\n",emp1->duty);
        printf("姓名: %s\n",emp1->name);
        printf("性别: %s\n",emp1->sex);
        printf("年龄: %d\n",emp1->age);
        printf("文化程度: %s\n",emp1->edu);
        printf("工资: %d\n",emp1->salary);
        printf("办公电话: %s\n",emp1->tel_office);
        printf("家庭电话: %s\n",emp1->tel_home);
        printf("移动电话: %s\n",emp1->mobile);
        printf("QQ 号码: %s\n",emp1->qq);
        printf("住址:%s\n",emp1->address);
```

```
            bound(_,40);
            emp1=emp1->next;
        }
        printf("\n 显示完毕，按任意键退出！\n");
        getch();
        return;
}
```

7.6.4 修改员工信息

在程序主界面中输入数字 4，并按 Enter 键，即可切换到修改员工信息界面。根据提示输入员工姓名，并按 Enter 键，可以显示该员工的详细信息，如图 7.11 所示。在员工信息的下面会显示所有可以修改的员工信息项。输入修改项对应的编号，例如，要修改员工工资，则输入数字 4，并按 Enter 键，然后在光标处输入新的工资数，再按 Enter 键，即可完成对员工工资信息的修改，如图 7.12 所示。

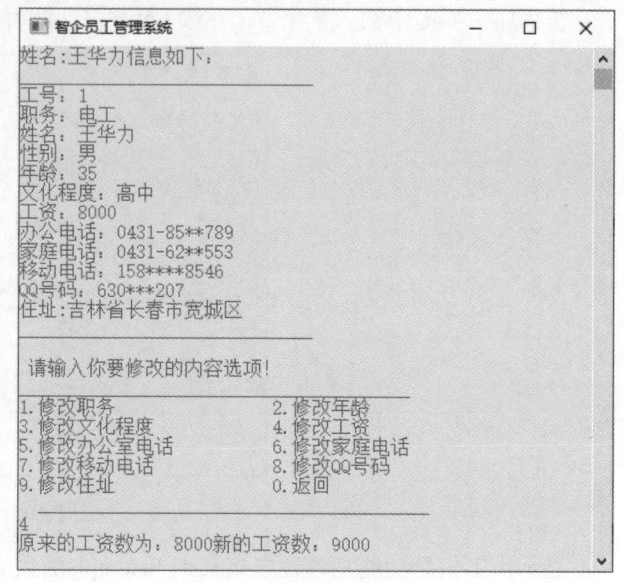

图 7.11　选择要修改的员工信息　　　　　　　图 7.12　修改后的员工信息

修改员工信息功能是通过自定义的 modifyemp()函数实现的。该函数首先需要调用 findname()函数按姓名查询员工信息，并调用 displayemp()函数显示查询到的员工信息；然后调用 getchar()获取用户输入的要修改项的编号，并使用 switch 语句对该编号进行判断，根据判断结果，分别调用不同的函数对指定的员工信息进行修改。modifyemp()函数的实现代码如下：

```
/**
 * 修改员工信息
 */
void modifyemp()
{
    EMP *emp1;
    char name[10],*newcontent;
    int choice;
    printf("\n 请输入您要修改的员工的姓名:");
    scanf("%s",&name);
    emp1=findname(name);
    displayemp(emp1,"姓名",name);
    if(emp1)
```

```c
{
    printf("\n 请输入你要修改的内容选项！\n");
    bound('_',40);
    printf("1.修改职务                2.修改年龄\n");
    printf("3.修改文化程度            4.修改工资\n");
    printf("5.修改办公室电话          6.修改家庭电话\n");
    printf("7.修改移动电话            8.修改QQ号码 \n");
    printf("9.修改住址                0.返回\n   ");
    bound('_',40);
    do{
        fflush(stdin);                                              //清除缓冲区
        choice=getchar();
        switch(choice)                                              //操作选择函数
        {
            case '1':
                newcontent=modi_field("职务",emp1->duty,10);        //调用修改函数以修改基本信息
                if(newcontent!=NULL)
                {
                    strcpy(emp1->duty,newcontent);
                    free(newcontent);
                }
                break;
            case '2':
                emp1->age=modi_age(emp1->age);                      //修改员工年龄
                break;
            case '3':
                newcontent=modi_field("文化程度",emp1->edu,10);      //修改文化程度
                if(newcontent!=NULL)
                {
                    strcpy(emp1->edu,newcontent);                   //获取新信息内容
                    free(newcontent);
                }
                break;
            case '4':
                emp1->salary=modi_salary(emp1->salary);             //修改工资
                break;
            case '5':
                newcontent=modi_field("办公室电话",emp1->tel_office,13);
                if(newcontent!=NULL)
                {
                    strcpy(emp1->tel_office,newcontent);
                    free(newcontent);
                }
                break;
            case '6':
                newcontent=modi_field("家庭电话",emp1->tel_home,13); //修改家庭电话
                if(newcontent!=NULL)
                {
                    strcpy(emp1->tel_home,newcontent);
                    free(newcontent);
                }
                break;
            case '7':
                newcontent=modi_field("移动电话",emp1->mobile,12);   //修改移动电话
                if(newcontent!=NULL)
                {
                    strcpy(emp1->mobile,newcontent);
                    free(newcontent);
                }
                break;
            case '8':
                newcontent=modi_field("QQ号码",emp1->qq,10);         //修改QQ号码
```

```
                        if(newcontent==NULL)
                        {
                            strcpy(emp1->qq,newcontent);
                            free(newcontent);
                        }
                        break;
                    case '9':
                        newcontent=modi_field("住址",emp1->address,30);    //修改住址
                        if(newcontent!=NULL)
                        {
                            strcpy(emp1->address,newcontent);
                            free(newcontent);                              //释放内存空间
                        }
                        break;
                    case '0':
                        return;
                }
            }while(choice<'0' || choice>'9');
            gsave=1;
            savedata();                                                    //保存修改的数据信息
            printf("\n 修改完毕，按任意键退出！\n");
            getch();
        }
        return;
}
```

上面代码在修改员工信息时使用了 modi_salary()函数、modi_age()函数和 modi_field()函数。其中：modi_salary()函数用于修改员工工资信息；modi_age()函数用于修改员工年龄信息；modi_field()函数用于修改员工的除工资和年龄之外的其他信息，如职务、文化程度、办公电话、家庭电话、移动电话、住址等。这3个函数的实现代码如下：

```
int modi_salary(int salary)
{
    int newsalary;
    printf("原来的工资数为：%d",salary);
    printf("新的工资数：");
    scanf("%d",&newsalary);
    return(newsalary);
}

int modi_age(int age)
{
    int newage;
    printf("原来的年龄为：%d",age);
    printf("新的年龄：");
    scanf("%d",&newage);
    return(newage);
}

char *modi_field(char *field,char *content,int len)
{
    char *str;
    str=malloc(sizeof(char)*len);
    if(str==NULL)
    {
        printf("内存分配失败，按任意键退出！");
        getch();
        return NULL;
    }
    printf("原来%s 为：%s\n",field,content);
    printf("修改为（内容不要超过%d 个字符！）：",len);
```

```
    scanf("%s",str);
    return str;
}
```

另外,在修改完员工信息后,需要将修改的信息更新到存储员工信息的二进制文件 employee.dat 中,这主要通过自定义的 savedata()函数实现。该函数遍历员工信息列表,并调用 fwrite()函数将遍历到的员工信息写入 employee.dat 文件中。savedata()函数的实现代码如下:

```
/**
*   保存数据到二进制文件中
*/
void savedata()
{
    FILE *fp;                                           //定义文件指针
    EMP *emp1;                                          //定义指向员工结构体的指针,用于遍历链表
    //如果不需要保存数据,则直接返回
    if(gsave == 0) return;
    //尝试以二进制写模式打开文件
    if((fp=fopen("employee.dat","wb"))==NULL)
    {
        printf("打开文件 employee.dat 出错!\n");         //如果打开文件失败,显示错误信息
        getch();                                        //等待用户按键后返回
        return;                                         //返回,结束函数执行
    }
    emp1 = emp_first;                                   //设置 emp1 指向链表的第一个元素
    //遍历链表中的每个员工节点
    while(emp1)
    {
        fwrite(emp1, sizeof(EMP), 1, fp);               //将员工信息写入文件中
        emp1 = emp1->next;                              //移动到下一个员工节点
    }
    gsave = 0;                                          //标记数据已经保存
    fclose(fp);                                         //关闭文件
}
```

7.6.5 删除员工信息

在程序主界面中输入数字 5,并按 Enter 键,即可切换到删除员工信息界面,如图 7.13 所示。

根据提示输入要删除的员工姓名,并按 Enter 键,系统将显示该员工的信息,并询问用户是否真的要删除该员工,如图 7.14 所示。如果输入 y 或者 Y,则执行删除操作;否则,不删除。

图 7.13　删除员工信息界面　　　　　　　　图 7.14　确认删除员工信息

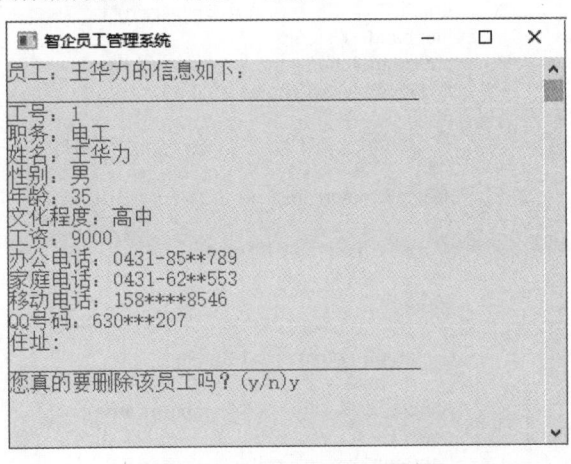

删除员工信息的功能是通过自定义的 delemp()函数来完成的。该函数首先会提示用户输入想要删除的员工姓名，随后系统会从员工信息链表中自动查找并显示该员工的信息。接着 delemp()函数会使用 printf()函数输出一条确认删除的提示信息，并通过 getchar()函数获取用户的输入。如果用户输入的不是 y 或 Y，则 delemp()函数将直接返回，不进行删除操作；如果用户输入的是 y 或 Y，则 delemp()函数会从员工信息链表中删除该员工的信息，并调用 savedata()函数将更新后的数据保存到 employee.dat 文件中。delemp()函数实现代码如下：

```c
/**
 * 删除员工信息
 */
void delemp()
{
    int findok=0;
    EMP *emp1,*emp2;
    char name[10],choice;
    system("cls");                                              //对屏幕清屏
    printf("\n 输入要删除的员工姓名：");
    scanf("%s",name);
    emp1=emp_first;
    emp2=emp1;
    while(emp1)
    {
        if(strcmp(emp1->name,name)==0)
        {
            findok=1;
            system("cls");
            printf("员工：%s 的信息如下：",emp1->name);        //显示要删除的员工信息
            bound('_',40);
            printf("工号： %d\n",emp1->num);
            printf("职务： %s\n",emp1->duty);
            printf("姓名： %s\n",emp1->name);
            printf("性别： %s\n",emp1->sex);
            printf("年龄： %d\n",emp1->age);
            printf("文化程度： %s\n",emp1->edu);
            printf("工资： %d\n",emp1->salary);
            printf("办公电话： %s\n",emp1->tel_office);
            printf("家庭电话： %s\n",emp1->tel_home);
            printf("移动电话： %s\n",emp1->mobile);
            printf("QQ 号码： %s\n",emp1->qq);
            printf("住址:%ns",emp1->address);
            bound('_',40);
            printf("您真的要删除该员工吗？(y/n)");
            fflush(stdin);                                      //清除缓冲区
            choice=getchar();
            if(choice!='y' && choice!='Y')
            {
                return;
            }
            if(emp1==emp_first)
            {
                emp_first=emp1->next;
            }
            else
            {
                emp2->next=emp1->next;
            }
            printf("员工%s 已被删除",emp1->name);
            getch();
            free(emp1);
```

```
                gsave=1;
                savedata();                                //保存数据
                return;
            }else{
                emp2=emp1;
                emp1=emp1->next;
            }
        }
        if(!findok)
        {
            bound('_',40);
            printf("\n 没有找到姓名是：%s 的信息！\n",name);     //没找到信息后的提示
            getch();
        }
        return;
    }
```

7.6.6 统计员工信息

在程序主界面中输入数字 6，并按 Enter 键，即可启动对员工基本信息的统计功能，包括统计员工数量、员工工资总数、不同性别的员工数量等，如图 7.15 所示。

图 7.15 统计员工信息

员工信息的统计功能是通过自定义的 summaryemp()函数实现的。该函数主要通过遍历员工信息链表，并使用++自增运算符来统计员工总数、工资总数、男员工数和女员工数。summaryemp()函数的实现代码如下：

```
/**
 * 统计学生信息
 */
void summaryemp()
{
    EMP *emp1;
    int sum=0,num=0,man=0,woman=0;
    emp1=emp_first;
    while(emp1)
    {
        num++;
        sum+=emp1->salary;                                  //累计工资数
        char strw[2];
        strncpy(strw,emp1->sex,2);
        if((strcmp(strw,"ma")==0)||(strcmp(emp1->sex,"男")==0)) man++;
        else woman++;
        emp1=emp1->next;
    }
    printf("\n 下面是相关员工的统计信息！\n");
    bound('_',40);
    printf("员工总数是：%d\n",num);
```

```c
        printf("员工的工资总数是：%d\n",sum);
        printf("男员工数为：%d\n",man);
        printf("女员工数为：%d\n",woman);
        bound('_',40);
        printf("按任意键退出！\n");
        getch();
        return;
}
```

7.7 重置系统密码

智企员工管理系统提供了重置系统密码的功能。用户只需在程序主界面中输入数字 7，并按 Enter 键，随后根据系统提示，依次输入旧密码和新密码，即可完成系统密码的重置操作，效果如图 7.16 所示。

图 7.16 重置系统密码

重置系统密码功能是通过自定义的 resetpwd() 函数实现的。该函数首先提示用户输入旧密码，并验证旧密码是否正确。如果旧密码不正确，则该函数将输出错误提示；如果旧密码正确，则继续提示用户输入两次新密码。随后，该函数将输入的新密码保存到 config.dat 配置文件中。resetpwd() 函数的实现代码如下：

```c
/**
 * 重置系统
 */
void resetpwd()
{
    char pwd[9],pwd1[9],ch;
    int i;
    FILE *fp1;
    system("cls");
    printf("\n 请输入旧密码：\n");
    for(i=0;i<8 && ((pwd[i]=getch())!=13);i++)
    {
        putch('*');
    }
    pwd[i]='\0';
    if(strcmp(password,pwd)!=0)
    {
        printf("\n 密码错误，请按任意键退出！\n");        //比较旧密码，判断用户权限
        getch();
        return;
    }
    do{
        printf("\n 设置新密码，请不要超过 8 位：");
        for(i=0;i<8&&((pwd[i]=getch())!=13);i++)
```

```c
        {
            putch('*');
        }
        printf("\n 再确认一次密码: ");
        for(i=0;i<8&&((pwd1[i]=getch())!=13);i++)
        {
            putch('*');                              //屏幕中输出提示字符
        }
        pwd[i]='\0';
        pwd1[i]='\0';

        if(strcmp(pwd,pwd1)!=0)
        {
            printf("\n 两次密码输入不一致,请重新输入! \n\n");
        }
        else
        {
            break;
        }
    }while(1);
    if((fp1=fopen("config.dat","wb"))==NULL)         //打开密码文件
    {
        printf("\n 系统创建失败,请按任意键退出! ");
        getch();
        exit(1);
    }
    i=0;
    while(pwd[i])
    {
        putw(pwd[i],fp1);                            //将新密码写入文件中
        i++;
    }
    fclose(fp1);                                     //关闭文件流
    printf("\n 密码修改成功,按任意键退出! \n");
    getch();
    return;
}
```

7.8 退出系统

退出系统的功能是在功能菜单函数 menu()中实现的。当检测到用户输入的是数字 0 时,该函数将调用 close()函数来执行退出系统的操作。需要注意的是,在退出系统之前,需要调用自定义的 savedata()函数将员工信息链表中的数据保存到本地文件 employee.dat 中。关键代码如下:

```c
case '0':
    savedata();                                      //调用保存数据的函数
    exit(0);                                         //退出系统
```

7.9 项目运行

通过前述步骤,我们成功设计并完成了"智企员工管理系统"项目的开发。接下来,我们运行该项目,

以检验我们的开发成果。如图 7.17 所示，在 Dev-C++中打开"智企员工管理系统.c"源代码文件，选择菜单栏中的"运行"→"编译运行"菜单项，即可成功运行程序。

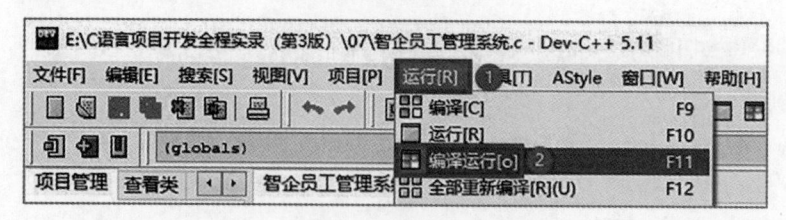

图 7.17　编译运行智企员工管理系统

智企员工管理系统运行后，首先使用初始化密码进行登录，进入主界面后，根据提示输入相应的菜单编号，即可执行相关操作，例如输入编号 1，即可进行添加员工信息的操作，效果如图 7.18 所示。

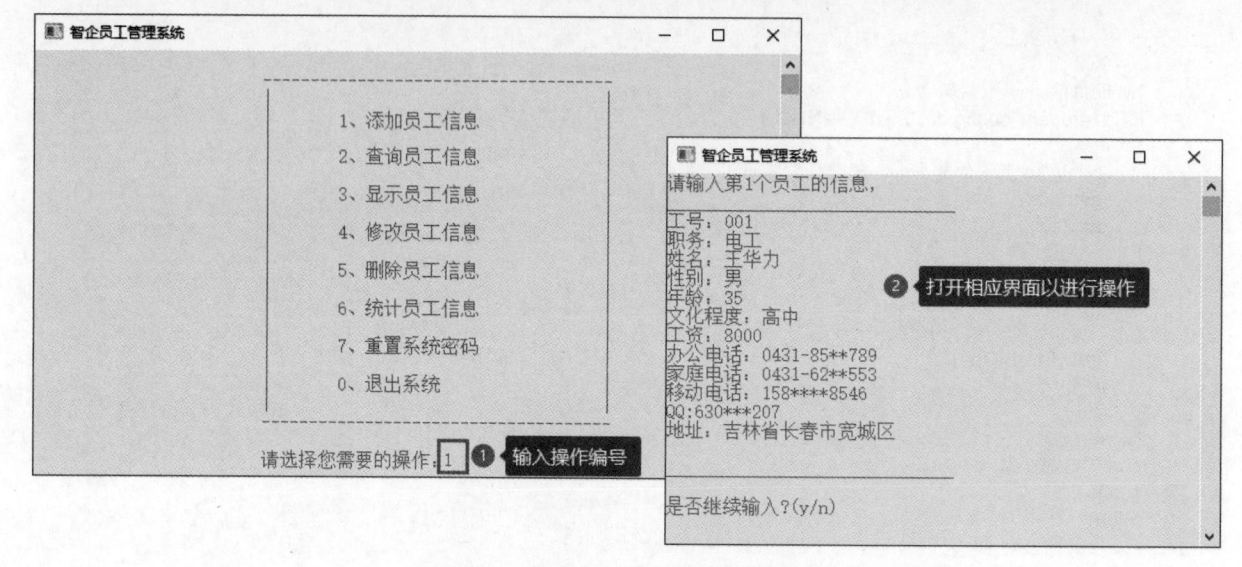

图 7.18　智企员工管理系统运行效果

本章根据软件的开发流程，对智企员工管理系统的开发过程进行了详细讲解。通过学习本章内容，读者应该能够掌握如何使用 C 语言中的指针、链表、文件操作等技术对员工信息进行添加、修改、删除和查询等操作。此外，读者还应该掌握如何使用异或运算符对密码进行简单的加密和解密操作，从而提升系统的安全性。

7.10　源　码　下　载

本章虽然详细地讲解了如何编码实现"智企员工管理系统"的各个功能，但给出的代码都是代码片段，而非完整的源码。为了方便读者学习，本书提供了完整的项目源码，读者只需扫描右侧的二维码，即可下载这些源码。

第 8 章 智行共享汽车管理系统

——函数 + 嵌套语句 + SQL 语句 + C 语言操作 SQL Server 数据库

随着城市化进程的加快和技术的进步，共享经济模式正在全球范围内迅速发展。其中，共享汽车作为一种新兴的出行方式，因其便捷、灵活和环保的特性而受到了广泛关注。本章将使用 C 语言结合 SQL Server 数据库技术，开发一款名为"智行共享汽车管理系统"的应用程序，该系统将包括基础的认证租车、一键转让、确认还车以及信息查询等功能。

本项目的核心功能及实现技术如下：

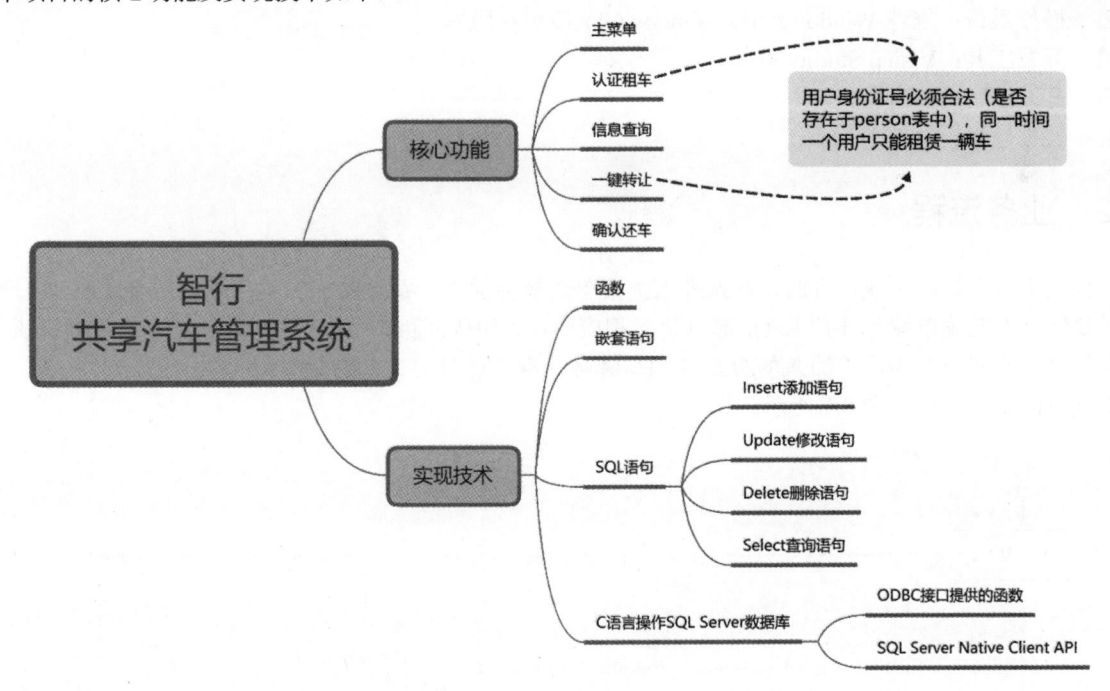

- 核心功能
  - 主菜单
  - 认证租车 ---> 用户身份证号必须合法（是否存在于 person 表中），同一时间一个用户只能租赁一辆车
  - 信息查询
  - 一键转让
  - 确认还车
- 实现技术
  - 函数
  - 嵌套语句
  - SQL 语句
    - Insert 添加语句
    - Update 修改语句
    - Delete 删除语句
    - Select 查询语句
  - C 语言操作 SQL Server 数据库
    - ODBC 接口提供的函数
    - SQL Server Native Client API

8.1 开发背景

随着共享经济的迅速崛起，共享汽车服务作为一种创新的出行方式，正日益受到人们的青睐。然而，在共享汽车服务的背后，需要一套高效、稳定且易于维护的管理系统来支撑其日常运营。当前市场上，大多数共享汽车管理系统都是基于移动应用平台开发的，这对于熟悉移动开发技术的企业来说较为便利，但对于那些在传统技术栈（如 C 语言）方面有着深厚积累的企业而言，却存在一定的转型挑战。鉴于 C 语言在软件开发领域的广泛应用和卓越表现，本章将使用 C 语言结合 SQL Server 数据库开发一个名为"智行共享汽车管理系统"的项目。通过这个项目，我们将带领读者一同探索如何使用传统技术开发热门应用，进一步拓宽 C 语言的应用场景，激发读者的开发创新思维。

本项目的实现目标如下：
- ☑ 系统界面友好，操作简单，用户体验良好。
- ☑ 能够对用户输入的数据有效性进行校验。
- ☑ 支持基础的车辆租赁、转让和还车功能。
- ☑ 能够根据车牌号和身份证号对租车信息进行查询。

8.2 系统设计

8.2.1 开发环境

本项目的开发及运行环境要求如下：
- ☑ 操作系统：推荐 Windows 10、Windows 11 或更高版本。
- ☑ 开发工具：Visual Studio 2022。
- ☑ 开发语言：C 语言。
- ☑ 数据仓库：SQL Server。

8.2.2 业务流程

智行共享汽车管理系统运行时，首先进入主菜单选择界面，该界面展示了程序中的所有功能，用户可以根据需要输入对应菜单编号并按 Enter 键以执行相应操作，如认证租车、信息查询、一键转让、确认还车等，但在执行时需要提前校验用户输入的数据（如车牌号、身份证号等）的有效性。

本项目的业务流程如图 8.1 所示。

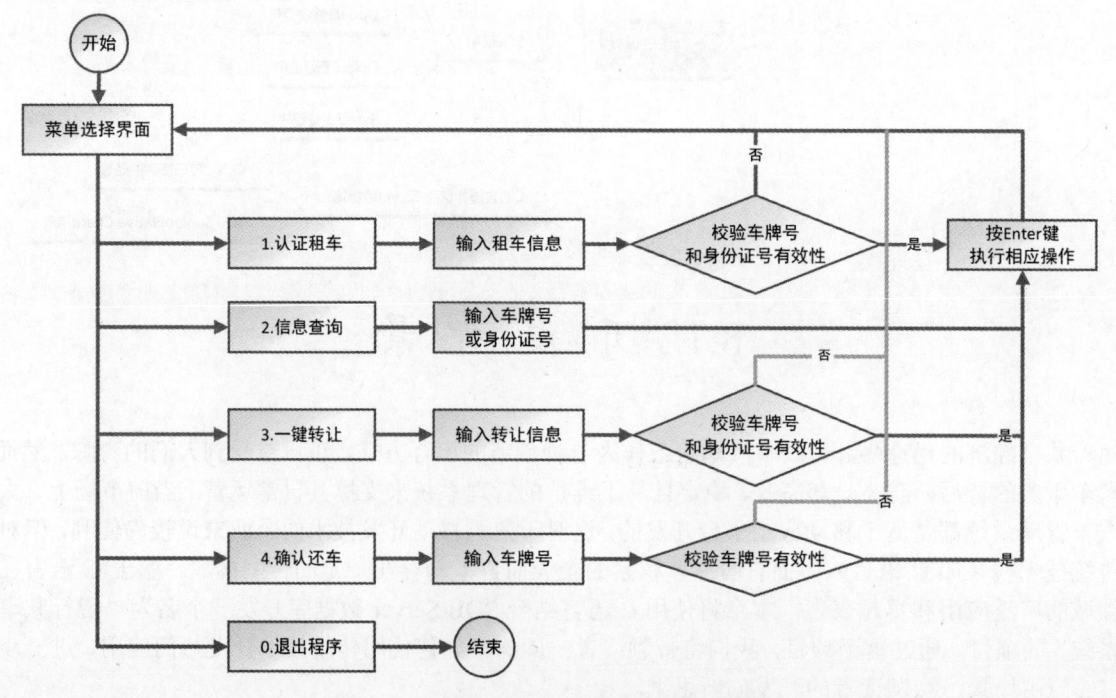

图 8.1 智行共享汽车管理系统业务流程图

8.2.3 功能结构

本项目的功能结构已经在章首页中给出。作为一个对共享汽车租赁业务进行管理的项目，本项目实现的具体功能如下：

- ☑ 主菜单：系统菜单的显示及选择，根据输入的菜单编号执行相应操作。
- ☑ 认证租车：对车牌号和身份证号的有效性进行校验，并可以实现租车功能。
- ☑ 信息查询：可以分别根据车牌号和身份证号对租车信息进行查询。
- ☑ 一键转让：用户可以选择将已租用的汽车转让给其他用户。
- ☑ 确认还车：用户可以确认归还指定的车辆。

8.3 技 术 准 备

8.3.1 技术概览

- ☑ 函数：在 C 语言中，函数是一段可重用的代码块，用于执行特定的任务。例如，本项目将连接 SQL Server 数据库的代码封装成一个函数，以便在其他地方需要连接数据库时，直接调用该函数，示例代码如下：

```c
void openCon()
{
    SQLINTEGER card = SQL_NTS, type = SQL_NTS, owner = SQL_NTS;
    SQLAllocHandle(SQL_HANDLE_ENV, SQL_NULL_HANDLE, &henv);          //申请环境句柄
    SQLSetEnvAttr(henv, SQL_ATTR_ODBC_VERSION, (void *)SQL_OV_ODBC3, 0);   //设置环境属性
    SQLAllocHandle(SQL_HANDLE_DBC, henv, &dbc);                       //申请数据库连接句柄
    SQLDriverConnectW(dbc, NULL,
        L"DRIVER={SQL Server};SERVER=(local); DATABASE=db_vehicle;UID=sa;PWD=111;",
        SQL_NTS, NULL, 0, NULL, SQL_DRIVER_COMPLETE);                 //连接数据库
}

//调用函数连接数据库
openCon();
```

- ☑ 嵌套语句：嵌套语句指的是在一个控制结构（如 if、while、for 等）内部使用另一个控制结构。这种做法可以使开发人员编写更复杂的逻辑流程。例如，本项目在校验车牌号及身份证号是否有效时使用了多层嵌套的 if 语句，示例代码如下：

```c
/*检查车牌号是否存在，如果车牌号不存在于 vehicle 表中*/
if (!check_vehicle(card))
{
    printf("\t 请输入车型：");
    scanf("%s", type);
    printf("\t 请输入车主身份证号：");
    scanf("%s", owner);
    /*检查车主是否合法存在，如果车主身份证号需要存在 person 表中，但不存在 vehicle 表中，表示没有租车*/
    if (check_person(owner))
    {
        if (check_person_vehicle(owner))
        {
            /* 初始化句柄 */
```

```
                    ret = SQLAllocHandle(SQL_HANDLE_STMT, dbc, &stmt);
                    ret = SQLSetStmtAttr(stmt, SQL_ATTR_ROW_BIND_TYPE,
                        (SQLPOINTER)SQL_BIND_BY_COLUMN, SQL_IS_INTEGER);
                    SQLPrepare(stmt, sql, SQL_NTS);
                    SQLBindParameter(stmt, 1, SQL_PARAM_INPUT, SQL_C_CHAR, SQL_CHAR,
                        50, 0, card, 50, &P);                                              //绑定车牌号参数
                    SQLBindParameter(stmt, 2, SQL_PARAM_INPUT, SQL_C_CHAR, SQL_CHAR,
                        50, 0, type, 50, &P);                                              //绑定车辆类型参数
                    SQLBindParameter(stmt, 3, SQL_PARAM_INPUT, SQL_C_CHAR, SQL_CHAR,
                        50, 0, owner, 50, &P);                                             //绑定身份证号参数
                    ret = SQLExecute(stmt);                                                //执行 SQL 语句
                    if (ret == SQL_SUCCESS || ret == SQL_SUCCESS_WITH_INFO)
                    {
                        printf("\t租车成功！\n");
                    }
                    else
                    {
                        printf("\t租车失败！\n");
                    }
                }
                else {
                    printf("\t已有车辆在租赁，请还车后，再进行操作。\n");
                }
            }
            else {
                printf("\t车主身份证号不合法，请检查输入。\n");
            }
        }
```

《C 语言从入门到精通（第 6 版）》一书对 C 语言中函数和嵌套语句的知识进行了详细的讲解，对这些知识不太熟悉的读者，可以参考该书对应的内容。下面，我们将对 SQL 语句与使用 C 语言操作 SQL Server 数据库技术进行必要的讲解，以确保读者可以顺利完成本项目。

8.3.2　SQL 语句基础

本项目在实现时使用 SQL 语句对数据库中的数据表进行添加、修改、删除和查询操作，本节将分别对它们的使用进行介绍。

1．添加操作

在 SQL 语句中，使用 INSERT 语句可以向数据表中添加新数据。其语法如下：

INSERT[INTO] table_name (column_list)　　VALUES(expression)

INSERT 语句中的参数及其说明如表 8.1 所示。

表 8.1　INSERT 语句中的参数及其说明

参　　数	说　　　　明
[INTO]	可选关键字，用在 INSERT 和目标表之前
table_name	待插入的表或 table 变量的名称
(column_list)	需插入数据的一列或多列的列表。column_list 必须包含在括号内，用逗号进行分隔
VALUES	引入要插入数据值的列表。column_list 或表中的各列都必须有一个数据值，值列表必须包含在圆括号内。如果 VALUES 列表中的值、表中的值与表中列的顺序不同，或者未包含表中所有列的值，则需要用 column_list 明确指定存储每个传入值的列
expression	一个常量、变量或表达式，其中不能包含 SELECT 或 EXECUTE 语句

例如，可以使用 INSERT 语句向数据表 tb_test 中插入一条新的商品信息，代码如下：

insert into tb_test(商品名称,商品价格,商品类型,商品产地,新旧程度) values('洗衣机',890,'家电','进口','全新')

2. 修改操作

使用 UPDATE 语句可以修改数据表中的数据，在修改时，可以修改一列或者几列中的值，但一次只能修改一个表。语法如下：

UPDATE table_name SET column_name=expression WHERE <search_condition>

UPDATE 语句中的参数及其说明如表 8.2 所示。

表 8.2　UPDATE 语句中的参数及其说明

参　　数	说　　明
table_name	待更新表的名称。如果该表不在当前服务器或数据库中，或不为当前用户所有，则这个名称可用链接服务器、数据库和所有者名称来限定
SET	待更新的列或变量名称的列表
column_name	含有待更新数据的列的名称，必须位于 UPDATE 子句指定的表或视图中。注意，标识列不能进行更新
expression	变量、字面值、表达式或加上括号的返回单个值的 subSELECT 语句。expression 返回的值将替换 column_name 或@variable 中的现有值
WHERE	指定条件来限定所更新的行
<search_condition>	搜索条件，也可以是连接所基于的条件。其中的谓词数量没有限制

例如，由于进口商品价格上调，洗衣机的价格也随之上调。使用 Update 语句更新数据表 tb_test 中洗衣机的商品价格，代码如下：

update tb_test set 商品价格=1500 where 商品名称='洗衣机'

3. 删除操作

使用 DELETE 语句删除数据，可以使用一条单一的 DELETE 语句来删除表中的一行或多行。如果表中没有行满足 WHERE 子句中指定的条件，那么不会删除任何行，也不会产生错误。其语法如下：

DELETE[FROM] table_name　WHERE < search_condition >

DELETE 语句中的参数及其说明如表 8.3 所示。

表 8.3　DELETE 语句中的参数及其说明

参　　数	说　　明
table_name	待删除表的名称。如果该表不在当前服务器或数据库中，或不为当前用户所有，则这个名称可用链接服务器、数据库和所有者名称来限定
WHERE	指定条件来限定所更新的行
<search_condition>	搜索条件，也可以是连接所基于的条件。其中的谓词数量没有限制

例如，要删除数据表 tb_test 中商品名称为"洗衣机"且商品产地是"进口"的商品信息，可以使用以下代码：

delete from tb_test where 商品名称='洗衣机' and 商品产地='进口'

4. 查询操作

使用 SELECT 语句可以在数据表中查询数据，并将查询结果以表格形式返回。其语法如下：

```
SELECT select_list
[ INTO new_table ]
FROM table_source
[ WHERE search_condition ]
[ GROUP BY group_by_expression ]
[ HAVING search_condition ]
[ ORDER BY order_expression [ASC| DESC ]]
```

SELECT 语句中的参数及其说明如表 8.4 所示。

表8.4　SELECT 语句中的参数及其说明

参　　数	说　　明
select_list	select_list 用于指定查询后返回的列。这是一个用逗号分隔的表达式列表，定义了数据格式（数据类型和大小）和结果集列的数据来源。表达式通常是对获取数据的源表和视图列的引用，也可能是其他表达式（如常量或 T-SQL 函数）。在选择列表中使用"*"，可返回源表中的所有列
INTO new_table	INTO 子句用于创建新表，并将查询行插入新表中，new_table 为新表名称
FROM table_source	FROM 子句用于指定待检索的表，这包括基表、视图和链接表。它还可以包含连接说明，这些说明定义了表之间导航的特定路径。此外，FROM 子句还可用在 DELETE 和 UPDATE 语句中，用于指定要修改的表
WHERE search_condition	WHERE 子句用于限制返回行的搜索条件。此外，它还可以用在 DELETE 和 UPDATE 语句中，用于定义目标表中要修改的行
GROUP BY group_by_expression	GROUP BY 子句用于对结果集进行分组，分组依据是 group_by_expression 列中的字段
HAVING search_condition	HAVING 子句用于指定搜索条件,通过中间结果集（由 FROM、WHERE 或 GROUP BY 子句创建）对行进行筛选。它常与 GROUP BY 子句一起使用
ORDER BY order_expression [ASC | DESC]	ORDER BY 子句用于定义结果集中行的排列顺序，其中 order_expression 为排序字段所在的列，ASC 为升序排列，DESC 为降序排列

例如，使用 SELECT 语句查询数据表 tb_test 中商品的新旧程度为"二手"的数据，代码如下：

```
select * from tb_test where 新旧程度='二手'
```

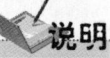

说明

在 SQL 语句中，关键字不区分大小写。例如，在查询数据时，使用 SELECT、select、Select 等都是可以的。

8.3.3　C 语言操作 SQL Server 数据库

本项目主要使用 SQL Server 数据库来存储数据。SQL Server 是由微软公司开发的一个大型关系型数据库系统，它为用户提供了一个安全、可靠、易管理、高性能的客户/服务器数据库平台。关于 SQL Server 的详细知识，读者可以参考《SQL Server 从入门到精通（第 5 版）》。这里，我们主要介绍如何使用 C 语言操作 SQL Server 数据库。

在 C 语言中操作 SQL Server 数据库有两种方式，分别是使用微软提供的 ODBC 接口或者使用 SQL Server Native Client API，本项目综合使用这两种方式对 SQL Server 数据库进行操作。其中，我们在操作数据库时会使用 ODBC 接口提供的函数，而在连接数据库时则会使用 SQL Server Native Client API 方式。

下面对 ODBC 接口中提供的数据库操作函数进行介绍。

1. SQLAllocHandle()函数

SQLAllocHandle()函数用于在应用程序和数据库驱动程序之间分配句柄。其中，句柄是用来管理资源的对象，如数据库连接或环境设置等。该函数的语法如下：

```
SQLRETURN SQLAllocHandle(
    SQLSMALLINT HandleType,
    SQLHANDLE InputHandle,
    SQLHANDLE* OutputHandlePtr );
```

参数说明：

- HandleType：指定要创建的句柄类型。句柄类型可以是以下值之一：
  - SQL_HANDLE_ENV：用于申请环境句柄。
  - SQL_HANDLE_DBC：用于申请连接句柄。
  - SQL_HANDLE_DESC：用于申请描述符句柄。
  - SQL_HANDLE_STMT：用于申请语句句柄。
- InputHandle：指向一个已存在的句柄，该句柄与要创建的新句柄相关联。InputHandle 的含义取决于 HandleType 参数：
  - 如果 HandleType 是 SQL_HANDLE_ENV，则 InputHandle 可以是 SQL_NULL_HANDLE 或者一个已经存在的环境句柄。
  - 如果 HandleType 是 SQL_HANDLE_DBC，则 InputHandle 应该是一个环境句柄。
  - 如果 HandleType 是 SQL_HANDLE_STMT，则 InputHandle 应该是一个数据库连接句柄。
- OutputHandlePtr：这是一个指向变量的指针，该变量将接收新创建句柄的地址。在函数执行成功后，这个指针所指向的变量会包含新创建句柄的值。

2. SQLSetEnvAttr()函数

SQLSetEnvAttr()函数用于设置环境句柄的属性，这通常是在建立与数据库的连接之前设置环境的配置选项。其语法如下：

```
SQLRETURN SQLSetEnvAttr(
    SQLHENV EnvironmentHandle,
    SQLINTEGER Attribute,
    SQLPOINTER ValuePtr,
    SQLINTEGER StringLength );
```

参数说明：

- EnvironmentHandle：指向一个已经分配的环境句柄，这是通过 SQLAllocHandle()函数创建的环境句柄。
- Attribute：指定要设置的属性。常用的属性如下：
  - SQL_ATTR_ODBC_VERSION：设置 ODBC 版本。
  - SQL_ATTR_CONNECTION_POOLING：控制连接池的使用。
  - SQL_ATTR_METADATA_ID：设置元数据标识。
  - SQL_ATTR_TRACE：启用或禁用跟踪。
  - SQL_ATTR_TRACEFILE：设置跟踪文件的路径。
  - SQL_ATTR_TRANSLATE_LIB：设置翻译库。
  - SQL_ATTR_TRANSLATE_OPTION：设置翻译选项。
- ValuePtr：指向要设置的属性值的指针，属性值的类型依赖于具体的属性，具体如下：
  - 对于布尔值属性，可以是 SQL_TRUE 或 SQL_FALSE。
  - 对于数值属性，可以是整数值。

> 对于字符串属性，可以是指向字符串的指针。

☑ StringLength：如果 ValuePtr 是一个字符串指针，则该参数指定字符串的长度（不包括 null 终止符）；如果 ValuePtr 不是指向字符串的指针，则应将该参数设置为 0。

3. SQLDriverConnectW()函数

SQLDriverConnectW()函数用于连接到数据库。其语法如下：

```
SQLRETURN SQLDriverConnectW(
    SQLHDBC ConnectionHandle,
    HWND hwndParent,
    SQLWCHAR *InConnectionString,
    SQLSMALLINT StringLength1,
    SQLWCHAR *OutConnectionString,
    SQLSMALLINT BufferLength,
    SQLSMALLINT *StringLength2Ptr,
    SQLUSMALLINT DriverCompletion );
```

参数说明：

☑ ConnectionHandle：已经分配的数据库连接句柄，这是通过 SQLAllocHandle()函数创建的连接句柄。

☑ hwndParent：父窗口句柄，用于创建对话框。如果不需要显示对话框，则可以将该参数设置为 NULL。

☑ InConnectionString：指向宽字符字符串的指针，该字符串包含连接字符串。如果需要显示对话框，可以传递 NULL。

☑ StringLength1：InConnectionString 的长度，以字符为单位。如果 InConnectionString 为 NULL，则应将此参数设置为 SQL_NTS。

☑ OutConnectionString：指向宽字符缓冲区的指针，用于接收输出连接字符串。如果不需要输出连接字符串，则可以将此参数设置为 NULL。

☑ BufferLength：OutConnectionString 缓冲区的大小，以字符为单位。

☑ StringLength2Ptr：指向整数的指针，用于接收实际输出连接字符串的长度（不包括 null 终止符）。如果不需要这个信息，则可以将此参数设置为 NULL。

☑ DriverCompletion：指定驱动程序完成连接字符串的方式。该参数可以被设置为以下任一值：
> SQL_DRIVER_NOPROMPT：驱动程序不应提示用户输入任何信息。
> SQL_DRIVER_COMPLETE：驱动程序必须完成连接字符串，而不提示用户。
> SQL_DRIVER_PROMPT：驱动程序可以提示用户输入任何缺少的信息。
> SQL_DRIVER_NEED_DATA：驱动程序无法完成连接字符串，需要用户输入信息。

4. SQLExecDirect()函数

SQLExecDirect()函数用于直接执行 SQL 语句，其语法如下：

```
SQLRETURN SQLExecDirect(
    SQLHSTMT StatementHandle,
    SQLCHAR *StatementText,
    SQLINTEGER TextLength );
```

参数说明：

☑ StatementHandle：已经分配的语句句柄，该句柄是通过 SQLAllocHandle()函数创建的。

☑ StatementText：指向 SQL 语句的指针，其类型可以是 char 或 wchar_t，具体取决于编译时的设置。

☑ TextLength：StatementText 的长度。如果 StatementText 以 null 终止，则可以将此参数设置为 SQL_NTS，表示字符串的自然终止。

5. SQLPrepare()函数

SQLPrepare()函数用于预编译 SQL 语句，这样可以提高性能，因为它允许多次执行相同的 SQL 语句而不需要重新解析和编译。其语法如下：

```
SQLRETURN SQLPrepare(
    SQLHSTMT StatementHandle,
    SQLCHAR * StatementText,
    SQLINTEGER TextLength );
```

该函数中的参数表示的意义与 SQLExecDirect()函数中的参数意义完全一致，具体可参见 SQLExecDirect()函数的参数说明。

6. SQLBindCol()函数

SQLBindCol()函数用于将结果集中的一列绑定到应用程序的缓冲区中。当从结果集中检索数据时，需要使用 SQLBindCol()函数来指定每一列的数据应该如何被存储在应用程序的内存中。其语法如下：

```
SQLRETURN SQLBindCol(
    SQLHSTMT StatementHandle,
    SQLUSMALLINT ColumnNumber,
    SQLSMALLINT TargetType,
    SQLPOINTER TargetValuePtr,
    SQLINTEGER BufferLength,
    SQLLEN * StrLen_or_Ind );
```

参数说明：

- ☑ StatementHandle：已经分配的语句句柄，该句柄是通过 SQLAllocHandle()函数创建的。
- ☑ ColumnNumber：指定要绑定的结果集中列的编号。列编号从 1 开始。
- ☑ TargetType：指定目标缓冲区的数据类型，该类型应该与结果集中对应列的数据类型相匹配。常见的类型包括：
    - ➢ SQL_C_CHAR：字符串类型。
    - ➢ SQL_C_LONG：整数类型。
    - ➢ SQL_C_DOUBLE：浮点数类型。
    - ➢ SQL_C_DATE：日期类型。
    - ➢ SQL_C_TIMESTAMP：时间戳类型。
    - ➢ SQL_C_BINARY：二进制数据类型。
- ☑ TargetValuePtr：指向缓冲区的指针，用于接收结果集中列的数据。
- ☑ BufferLength：目标缓冲区的大小，以字节为单位。
- ☑ StrLen_or_Ind：指向整数的指针，用于接收实际读取的数据长度（对于字符串类型）或指示器值（对于非字符串类型）。如果不需要这个信息，则可以将该参数设置为 NULL。

7. SQLFetch()函数

SQLFetch()函数用于从结果集中获取下一行数据。当执行一个查询并得到一个结果集时，可以使用 SQLFetch()函数逐行检索数据。其语法如下：

```
SQLRETURN SQLFetch(
    SQLHSTMT StatementHandle );
```

其中，参数 StatementHandle 表示已经分配的语句句柄，该句柄是通过 SQLAllocHandle()函数创建的。该句柄应该已经被用来执行了一个查询或存储过程，从而产生了结果集。

8. SQLDisconnect()函数

SQLDisconnect()函数用于断开与数据库的连接。其语法如下：

```
SQLRETURN SQLDisconnect(
```

```
SQLHDBC ConnectionHandle );
```

其中，参数 ConnectionHandle 表示已经分配的数据库连接句柄，该句柄是通过 SQLAllocHandle()函数创建的。

9. SQLFreeHandle()函数

SQLFreeHandle()函数用于释放通过 SQLAllocHandle()分配的句柄。其语法如下：

```
SQLRETURN SQLFreeHandle(
    SQLSMALLINT HandleType,
    SQLHANDLE Handle );
```

- ☑ HandleType：指定要释放的句柄类型。句柄类型可以是以下值之一：
  - ➢ SQL_HANDLE_ENV：环境句柄。
  - ➢ SQL_HANDLE_DBC：数据库连接句柄。
  - ➢ SQL_HANDLE_STMT：语句句柄。
  - ➢ SQL_HANDLE_DESC：描述符句柄。
- ☑ Handle：要释放的句柄，该句柄是通过 SQLAllocHandle()函数创建的。

例如，下面代码使用 C 语言对 SQL Server 数据库进行操作，向 class 数据表中添加一条数据：

```c
#include <stdio.h>
#include <string.h>
#include <windows.h>
#include <sql.h>
#include <sqlext.h>
#include <sqltypes.h>
#include <odbcss.h>
SQLHENV henv = SQL_NULL_HENV;
SQLHDBC hdbc1 = SQL_NULL_HDBC;
SQLHSTMT hstmt1 = SQL_NULL_HSTMT;
int main() {
    RETCODE retcode;
    UCHAR szDSN[SQL_MAX_DSN_LENGTH + 1] = "csql",szUID[MAXNAME] = "sa",
        szAuthStr[MAXNAME] = "111";
    //SQL 语句
    UCHAR sql[200] = "insert into class values('C2407','二四级七班','王梓','52','数学系')";
    //预编译 SQL 语句
    UCHAR pre_sql[200] = "insert into class values(?,?,?,?,?)";
    //连接数据源，设置环境句柄
    retcode = SQLAllocHandle(SQL_HANDLE_ENV, NULL, &henv);
    retcode = SQLSetEnvAttr(henv, SQL_ATTR_ODBC_VERSION,
        (SQLPOINTER)SQL_OV_ODBC3, SQL_IS_INTEGER);
    //连接句柄
    retcode = SQLAllocHandle(SQL_HANDLE_DBC, henv, &hdbc1);
    retcode = SQLConnect(hdbc1, szDSN, 4, szUID, 2, szAuthStr, 3);
    //判断连接是否成功
    if ((retcode != SQL_SUCCESS) && (retcode != SQL_SUCCESS_WITH_INFO)) {
        printf("连接失败!\n");
        getchar();
    }
    else {
        retcode = SQLAllocHandle(SQL_HANDLE_STMT, hdbc1, &hstmt1);
        //直接执行
        SQLExecDirect(hstmt1,sql,200);
        printf("操作成功!");
        getchar();
        SQLCloseCursor(hstmt1);
        SQLFreeHandle(SQL_HANDLE_STMT, hstmt1);
    }
```

```
SQLDisconnect(hdbc1);
SQLFreeHandle(SQL_HANDLE_DBC, hdbc1);
SQLFreeHandle(SQL_HANDLE_ENV, henv);
return(0);
}
```

> **说明**
>
> 程序中使用 SQL Server 数据库时，首先需要下载并安装 SQL Server 数据库，其下载地址为：https://www.microsoft.com/zh-cn/sql-server/sql-server-downloads。

8.4 数据库设计

本项目采用 SQL Server 数据库存储数据，数据库名称为 db_vehicle。该数据库包含两张数据表，分别是 vehicle 数据表和 person 数据表。其中，vehicle 表为共享汽车租用表，其结构如表 8.5 所示。

表 8.5 vehicle 数据表结构

字 段	类 型	长 度	是否是主外键	描 述
card	nchar	10	主键	车牌号
type	nchar	10	否	车辆类型
owner	nchar	20	外键	车主身份证号

person 表为人员信息表，其结构如表 8.6 所示。

表 8.6 person 数据表结构

字 段	类 型	长 度	是否是主外键	描 述
id	nchar	20	主键	身份证号
name	nchar	10	否	姓名
phone	nchar	15	否	手机号
province	nchar	10	否	所在省份
city	nchar	10	否	所在城市

8.5 预处理模块设计

8.5.1 文件引用

开发"智行共享汽车管理系统"项目时，首先需要引入项目中需要的库文件，以便调用其中的函数，这里需要注意引入操作 SQL Server 数据库相关的库文件，代码如下：

```
#include<windows.h>
#include<stdio.h>
#include<string.h>
#include <sql.h>
#include <sqlext.h>
```

```
#include <sqltypes.h>
```

8.5.2 定义全局变量

本项目需要定义与数据库操作相关的全局变量,代码如下:

```
#define MAXBUFLEN 255
SQLHENV henv = SQL_NULL_HENV;                    //定义环境句柄
SQLHDBC dbc;                                      //定义数据源句柄
SQLHSTMT stmt;                                    //定义语句句柄
RETCODE retcode;                                  //记录各 SQL 函数的返回情况
```

8.6 定义公共函数

本项目中的数据被存储在 SQL Server 数据库中,在进行任何具体操作之前,都需要与数据库进行连接。因此,我们将连接数据库和关闭数据库的代码封装成公共的函数,以提高代码的重用性。

定义一个 openCon()函数,该函数的作用是使用 SQL Server Native Client API 来建立与 SQL Server 数据库的连接,代码如下:

```
void openCon()
{
    SQLINTEGER card = SQL_NTS, type = SQL_NTS, owner = SQL_NTS;
    SQLAllocHandle(SQL_HANDLE_ENV, SQL_NULL_HANDLE, &henv);           //申请环境句柄
    SQLSetEnvAttr(henv, SQL_ATTR_ODBC_VERSION, (void *)SQL_OV_ODBC3, 0);  //设置环境属性
    SQLAllocHandle(SQL_HANDLE_DBC, henv, &dbc);                       //申请数据库连接句柄
    SQLDriverConnectW(dbc, NULL,
        L"DRIVER={SQL Server};SERVER=(local); DATABASE=db_vehicle;UID=sa;PWD=111;",
        SQL_NTS, NULL, 0, NULL, SQL_DRIVER_COMPLETE);                 //连接数据库
}
```

定义一个 closeCon()函数,用于在执行完数据库操作后,关闭数据库连接,并释放资源,代码如下:

```
void closeCon()
{
    SQLHDBC hdbc = SQL_NULL_HDBC;                                     //定义数据库连接句柄
    SQLFreeHandle(SQL_HANDLE_STMT, stmt);                             //释放语句句柄
    SQLDisconnect(hdbc);                                              //断开与数据库的连接
    SQLFreeHandle(SQL_HANDLE_DBC, hdbc);                              //释放连接句柄
    SQLFreeHandle(SQL_HANDLE_ENV, henv);                              //释放环境句柄
}
```

8.7 功能设计

8.7.1 设计主菜单

智行共享汽车管理系统运行后,首先显示的是系统菜单,本系统包含 5 个菜单项,如图 8.2 所示。每个菜单项都有一个对应的编号,用户输入相应编号并按 Enter 键,即可执行相应的操作。

图 8.2 显示主菜单

在系统主函数 main()中，使用 C 语言标准库中的 printf()函数来打印系统菜单，并提示用户输入操作编号，然后使用 scanf()函数来接收用户输入的菜单编号，最后通过 switch 语句判断用户输入的菜单编号，并根据编号值调用相应的自定义函数执行相应操作。main()函数的实现代码如下：

```c
int main()
{
    int cmd;                             //定义输入的选项
    int flag = 1;
    while (flag)
    {
        printf("\n\n");
        printf("\t┌──────────────────────────────┐\n");
        printf("\t│        智 行 共 享 汽 车 管 理 系 统        │\n");
        printf("\t├──────────────────────────────┤\n");
        printf("\t│            1 - 认 证 租 车                │\n");
        printf("\t│            2 - 信 息 查 询                │\n");
        printf("\t│            3 - 一 键 转 让                │\n");
        printf("\t│            4 - 确 认 还 车                │\n");
        printf("\t│            0 - 退 出 程 序                │\n");
        printf("\t└──────────────────────────────┘\n");
        printf("            请 选 择(0-4):");
        scanf("%d", &cmd);               //输入选择功能的编号
        getchar();
        system("cls");                   //清屏
        switch(cmd)
        {
            case 1:                      //1 表示认证租车
                add_vehicle();
                break;
            case 2:                      //2 表示车辆信息查询
                query_vehicle();
                break;
            case 3:                      //3 表示车辆一键转让
                edit_vehicle();
                break;
            case 4:                      //4 表示确认还车
                delete_vehicle();
                break;
            case 0:                      //0 表示退出程序
                exit(0);
                break;
            default:
                break;
        }
    }
    return 0;
}
```

> **说明**
>
> 上面代码使用了 add_vehicle()函数、query_vehicle()函数、edit_vehicle()函数、delete_vehicle()函数和 exit()函数。其中：前 4 个函数是自定义的函数，分别用于实现不同的功能，后续内容将会分别对它们进行详细介绍；而 exit()函数为 C 语言标准库中的函数，用于实现退出程序功能。

8.7.2 认证租车

在菜单选择界面中输入数字 1 并按 Enter 键，将进入认证租车界面。在该界面中，输入车辆信息及正确的个人身份证号，再按 Enter 键，即可完成租车操作，效果如图 8.3 所示。

图 8.3 认证租车

这里需要注意的是，在认证租车时，需要对用户输入的车牌号、身份证号进行验证。如果输入的车牌号已经被租赁，系统将显示如图 8.4 所示的提示信息。

图 8.4 汽车已被租赁的提示信息

如果用户输入的身份证号不合法，系统会显示如图 8.5 所示的提示信息。

图 8.5 身份证号不合法的提示信息

> **说明**
>
> 本项目在验证用户输入的身份证号是否合法时，是通过与 person 数据表中已经存在的记录进行比对实现的。

另外，本系统限制同一个身份证号同一时间只能租一辆车。因此，在输入身份证号时，还需要判断其是否已经租赁了车辆，如果是，则出现如图 8.6 所示的提示信息。

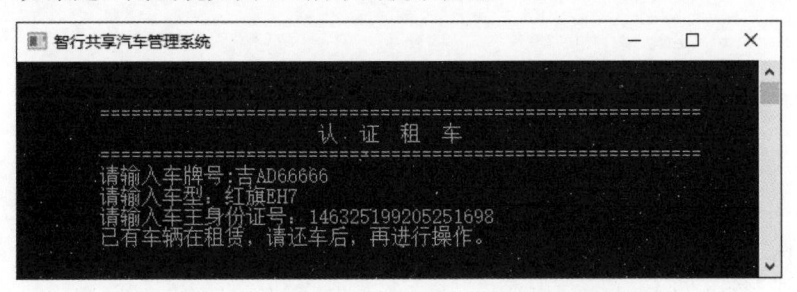

图 8.6　同一身份证号尝试租第二辆车时的提示信息

认证租车功能是通过自定义的 add_vehicle() 函数实现的，该函数主要调用 SQLExecute() 函数执行 SQL 语句，向 vehicle 共享汽车租用表中插入一条数据，在执行时，需要调用相应的自定义函数校验输入数据的合法性。add_vehicle() 函数的实现代码如下：

```c
void add_vehicle()
{
    SQLRETURN ret;
    char card[20], type[20], owner[20];                //分别用于存储车牌号、车型、车主身份证号
    SQLCHAR sql[100] = "insert into vehicle(card,type,owner)values(?,?,?)";  //定义插入 SQL 语句
    SQLINTEGER P = SQL_NTS;
    openCon();                                          //连接数据库
    /*判断连接是否成功*/
    if ((retcode == SQL_SUCCESS) || (retcode == SQL_SUCCESS_WITH_INFO))
    {
        /*显示认证租车表头*/
        printf("\n\n");
        printf("\t==================================================\n");
        printf("\t                     认  证  租  车                \n");
        printf("\t==================================================\n");
        printf("\t 请输入车牌号:");
        scanf("%s", card);
        /*检查车牌号是否存在，如果车牌号不存在于 vehicle 表中*/
        if (!check_vehicle(card))
        {
            printf("\t 请输入车型： ");
            scanf("%s", type);
            printf("\t 请输入车主身份证号： ");
            scanf("%s", owner);
            /*检查车主是否合法存在,如果车主身份证号存在于 person 表中，但不存在于 vehicle 表中，表示没有租车*/
            if (check_person(owner))
            {
                if (check_person_vehicle(owner))
                {
                    /* 初始化句柄 */
                    ret = SQLAllocHandle(SQL_HANDLE_STMT, dbc, &stmt);
                    ret = SQLSetStmtAttr(stmt, SQL_ATTR_ROW_BIND_TYPE,
                        (SQLPOINTER)SQL_BIND_BY_COLUMN, SQL_IS_INTEGER);
                    SQLPrepare(stmt, sql, SQL_NTS);
```

```c
                                    SQLBindParameter(stmt, 1, SQL_PARAM_INPUT, SQL_C_CHAR, SQL_CHAR,
                                        50, 0, card, 50, &P);              //绑定车牌号参数
                                    SQLBindParameter(stmt, 2, SQL_PARAM_INPUT, SQL_C_CHAR, SQL_CHAR,
                                        50, 0, type, 50, &P);              //绑定车辆类型参数
                                    SQLBindParameter(stmt, 3, SQL_PARAM_INPUT, SQL_C_CHAR, SQL_CHAR,
                                        50, 0, owner, 50, &P);             //绑定身份证号参数
                                    ret = SQLExecute(stmt);                //执行 SQL 语句
                                    if (ret == SQL_SUCCESS || ret == SQL_SUCCESS_WITH_INFO)
                                    {
                                        printf("\t 租车成功！\n");
                                    }
                                    else
                                    {
                                        printf("\t 租车失败！\n");
                                    }
                                }
                                else {
                                    printf("\t 已有车辆在租赁，请还车后，再进行操作。\n");
                                }
                            }
                            else {
                                printf("\t 车主身份证号不合法，请检查输入。\n");
                            }
                        }
                        else {
                            printf("\t 该车已被租赁，请重新输入。\n");
                        }
                    }
                    else
                    {
                        printf("连接数据库失败!\n");
                    }
                    closeCon();                                            //断开与数据库的连接
                }
```

上面代码在校验数据输入合法性时，使用了 check_vehicle()函数、check_person()函数、check_person_vehicle()函数，它们都是自定义的函数，下面分别对它们进行介绍。

check_vehicle()函数主要用于验证车牌号是否已经存在于系统中。如果车牌号已经存在，则该函数返回 1；如果车牌号不存在，则该函数返回 0。在具体实现时，该函数主要在 vehicle 数据表中查询 card 字段中是否有与传入参数中车牌号相同的记录。如果有，则表示该车牌号已经存在；否则，表示该车牌号不存在，可以正常租赁。check_vehicle() 函数的实现代码如下：

```c
short check_vehicle(char *card)
{
    short flag;                                              //标志
    SQLRETURN ret;
    SQLINTEGER P = SQL_NTS;
    SQLCHAR sql[100] = "select card from vehicle where card=?";
    openCon();                                               //连接数据库
    /* 初始化句柄 */
    ret = SQLAllocHandle(SQL_HANDLE_STMT, dbc, &stmt);
    ret = SQLSetStmtAttr(stmt, SQL_ATTR_ROW_BIND_TYPE,
            (SQLPOINTER)SQL_BIND_BY_COLUMN, SQL_IS_INTEGER);
    ret = SQLPrepare(stmt, sql, SQL_NTS);                    //准备 SQL 语句
    //绑定车牌号参数
    ret = SQLBindParameter(stmt, 1, SQL_PARAM_INPUT, SQL_C_CHAR, SQL_VARCHAR, 50, 0, card, 50, &P);
    ret = SQLExecute(stmt);                                  //执行 SQL 语句
    if ((ret = SQLFetch(stmt)) == SQL_NO_DATA)               //如果没有找到车牌为 card 的车辆信息，flag 为 1，否则为 0
    {
        flag = 0;
```

```
        }
        else
        {
            flag = 1;
        }
        closeCon();                                    //关闭数据库连接
        return flag;                                   //返回结果,0表示查询失败或不存在,1表示数据存在
}
```

check_person()函数主要用于校验身份证号是否合法,即检查输入的身份证号是否存在于 person 数据表中。如果存在,则该函数返回 1;如果不存在,则该函数返回 0。具体实现时,该函数主要是在 person 数据表中查询 id 字段中是否有与参数中传入的身份证号相同的记录。如果有,则表示该身份证号是合法的;否则,表示该身份证号是不合法的。check_person()函数的实现代码如下:

```
short check_person(char *id)
{
    short flag;                                        //标志
    SQLRETURN ret;
    SQLINTEGER P = SQL_NTS;
    UCHAR sql[100] = "select id from person where id=?";
    openCon();                                         //连接数据库
    ret = SQLAllocHandle(SQL_HANDLE_STMT, dbc, &stmt); //申请 SQL 语句句柄
    //设置 SQL 语句句柄的属性
    ret = SQLSetStmtAttr(stmt, SQL_ATTR_ROW_BIND_TYPE,
        (SQLPOINTER)SQL_BIND_BY_COLUMN, SQL_IS_INTEGER);
    ret = SQLPrepare(stmt, sql, SQL_NTS);              //准备 SQL 语句
    //绑定身份证号参数
    ret = SQLBindParameter(stmt, 1, SQL_PARAM_INPUT, SQL_C_CHAR, SQL_VARCHAR, 50, 0, id, 50, &P);
    ret = SQLExecute(stmt);                            //执行 SQL 语句
    if ((ret = SQLFetch(stmt)) == SQL_NO_DATA)         //此身份证号存在于 person 表中,flag 为 1,否则为 0
    {
        flag = 0;
    }
    else
    {
        flag = 1;
    }
    closeCon();                                        //关闭数据库连接
    return flag;                                       //返回结果,其中 0 表示查询失败或不存在,1 表示数据存在
}
```

check_person_vehicle()函数用于校验指定的身份证号是否已经在同一时间租赁了车辆。该函数通过检查输入的身份证号是否出现在 vehicle 数据表的记录中来完成这一任务:如果该身份证号未在表中,则该函数返回 1,表示可以租赁车辆;如果该身份证号已在表中,则该函数返回 0,表示车主已租赁了车辆。在具体实现上,该函数会检查 vehicle 数据表的 owner 字段,查询是否有记录与传入的身份证号相匹配。若找到匹配记录,则表明该身份证号的车主已经租用了车辆;如果没有找到,则表示该身份证号的车主尚未租车,可以按正常流程进行租车。check_person_vehicle()函数的实现代码如下:

```
short check_person_vehicle(char *id)
{
    short flag;                                        //标志
    SQLRETURN ret;
    SQLINTEGER P = SQL_NTS;
    UCHAR sql[100] = "select owner from vehicle where owner=?";
    openCon();                                         //连接数据库
    ret = SQLAllocHandle(SQL_HANDLE_STMT, dbc, &stmt); //申请 SQL 语句句柄
    //设置 SQL 语句句柄的属性
    ret = SQLSetStmtAttr(stmt, SQL_ATTR_ROW_BIND_TYPE,
        (SQLPOINTER)SQL_BIND_BY_COLUMN, 0);
```

```
ret = SQLPrepare(stmt, sql, SQL_NTS);                        //准备 SQL 语句
ret = SQLBindParameter(stmt, 1, SQL_PARAM_INPUT, SQL_C_CHAR, SQL_VARCHAR, 50, 0, id, 50, &P);
                                                             //绑定身份证号作为输入参数
ret = SQLExecute(stmt);                                      //执行 SQL 语句
if ((ret = SQLFetch(stmt)) != SQL_NO_DATA)                   //此身份证号不在 vehicle 表中，flag 为 1，否则为 0
{
    flag = 0;
}
else
{
    flag = 1;
}
closeCon();                                                  //关闭数据库连接
return flag;                                                 //返回结果
}
```

8.7.3 信息查询

在菜单选择界面中输入数字 2，然后按 Enter 键，可以进入信息查询界面。该界面中输入车牌号或者身份证号，并按 Enter 键，系统将根据输入的车牌号或者身份证号查询租车信息。查询效果分别如图 8.7 和图 8.8 所示。

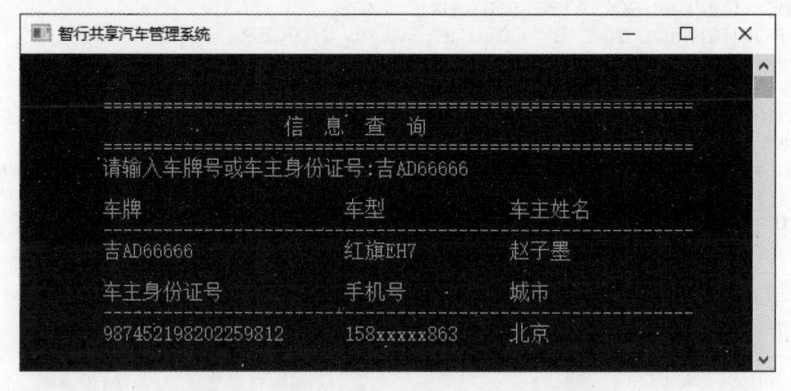

图 8.7　根据车牌号查询租车信息的效果

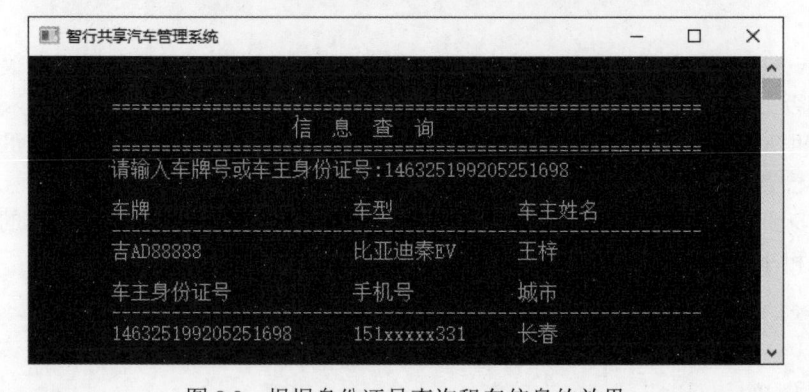

图 8.8　根据身份证号查询租车信息的效果

信息查询功能是通过自定义的 query_vehicle()函数实现的。该函数主要调用 SQLExecDirect()函数执行 SQL 查询语句，然后判断查询结果是否为空。如果结果为空，则表示没有查找到有效信息，此时 query_vehicle() 函数会使用 printf()函数打印相应的提示信息；如果结果非空，query_vehicle()函数会使用 while 循环遍历查询结果，并输出查询到的租车信息。query_vehicle()函数的实现代码如下：

```c
void query_vehicle()
{
    SQLRETURN ret;
    //将查询的结果存储在这些变量中
    SQLCHAR 车牌[20], 车型[20], 车主身份证号[20];
    SQLINTEGER ccard = SQL_NTS, type = SQL_NTS, owner = SQL_NTS;
    SQLCHAR 车主姓名[20], 手机号[20], 城市[20];
    SQLINTEGER name = SQL_NTS, province = SQL_NTS, city = SQL_NTS;
    char inputifo[30];
    char sql[250] = "select vehicle.card,vehicle.type,vehicle.owner,person.name, person.phone,person.city from vehicle,
        person where vehicle.owner = person.id and (vehicle.card ='";
    openCon();                                                                //连接数据库
    /*判断连接是否成功*/
    if ((retcode != SQL_SUCCESS) && (retcode != SQL_SUCCESS_WITH_INFO)) {
        printf("连接数据库失败\n");
    }
    else {
        printf("\n\n");
        printf("\t===================================================\n");
        printf("\t                 信  息  查  询                    \n");
        printf("\t===================================================\n");
        printf("\t请输入车牌号或车主身份证号:");
        scanf("%s", inputifo);
        strcat(sql, inputifo);
        strcat(sql, "' or person.id='");
        strcat(sql, inputifo);
        strcat(sql, "');");
        /* 初始化句柄 */
        ret = SQLAllocHandle(SQL_HANDLE_STMT, dbc, &stmt);
        ret = SQLSetStmtAttr(stmt, SQL_ATTR_ROW_BIND_TYPE,
            (SQLPOINTER)SQL_BIND_BY_COLUMN, SQL_IS_INTEGER);
        ret = SQLExecDirect(stmt, (SQLCHAR *)(sql), SQL_NTS);                 //执行查询
        if (ret == SQL_SUCCESS || ret == SQL_SUCCESS_WITH_INFO)
        {
            /* SQLBindCol()函数的参数分别为: 句柄、列、变量类型、接收缓冲、缓冲长度、返回的长度 */
            ret = SQLBindCol(stmt, 1, SQL_C_CHAR, 车牌, 20, &ccard);
            ret = SQLBindCol(stmt, 2, SQL_C_CHAR, 车型, 20, &type);
            ret = SQLBindCol(stmt, 3, SQL_C_CHAR, 车主身份证号, 20, &owner);
            ret = SQLBindCol(stmt, 4, SQL_C_CHAR, 车主姓名, 20, &name);
            ret = SQLBindCol(stmt, 5, SQL_C_CHAR, 手机号, 20, &province);
            ret = SQLBindCol(stmt, 6, SQL_C_CHAR, 城市, 20, &city);
        }
        /*当输入一个person表中不存在的身份证号(如"222"),或者输入一个存在于person表中
            但不存在于vehicle表中的身份证号时(因为此人没有租车),会给出提示*/
        if ((ret = SQLFetch(stmt)) == SQL_NO_DATA)                            //没有找到可用的信息
        {
            printf("\t此人尚未租车!\n");
        }
        else
        {
            while (ret != SQL_NO_DATA)
            {
                /*打印查询结果*/
                printf("\n\t 车牌\t\t 车型\t\t 车主姓名\n");
                printf("\t------------------------------------------------------ \n");
                printf("\t%s\t\t%s\t%s\n", 车牌, 车型, 车主姓名);
                printf("\n\t 车主身份证号\t\t 手机号\t\t 城市\n");
                printf("\t------------------------------------------------------ \n");
                printf("\t%s\t%s\t%s\n\n", 车主身份证号, 手机号, 城市);
                ret = SQLFetch(stmt);
            }
        }
    }
}
```

```
        getchar();
        closeCon();                                              //关闭连接
    }
}
```

8.7.4 一键转让

在菜单选择界面中输入数字 3，然后按 Enter 键，可以进入一键转让界面。该界面中输入要转让的车牌号和新的车主身份证号，并按 Enter 键，系统将执行车辆转让操作。转让成功的界面效果如图 8.9 所示。

图 8.9 一键转让成功的界面效果

在车辆转让成功后，可以再次在菜单选择界面中输入数字 2 并按 Enter 键，进入信息查询界面，在该界面中输入转让的车牌号，查询其转让结果，如图 8.10 所示。从该图中可以看出，车牌号为"吉 AD66666"的车辆已经成功地由用户赵子墨（见图 8.7）转让给了用户林逸轩。

图 8.10 校验转让结果

在实现一键转让功能时，需要对车牌号和身份证号进行校验。其中，对车牌号的校验主要是确认输入的车牌号是否存在于 vehicle 数据表中，即该车牌号对应的车辆是否处于租赁状态。只有当车牌号存在且车辆处于租凭状态时，才能继续进行转让操作；若不满足条件，系统将显示如图 8.11 所示的提示信息。

图 8.11 未被租赁的车辆不能转让

对身份证号的校验，主要有两步：首先需要校验身份证号是否合法，即在 person 数据表中是否存在输入的身份证号；其次需要校验该身份证号是否已经处于租车状态。如果身份证号处于租车状态，系统将显示相应的信息提示，如图8.12所示。

图8.12 输入的身份证号处于租车状态时的提示

一键转让功能是通过自定义的 edit_vehicle()函数实现的，该函数主要调用 SQLExecute()函数执行 SQL 语句，修改 vehicle 共享汽车租用表中指定车牌号的租车车主身份证号数据。在执行操作之前，edit_vehicle() 函数需要调用 8.7.2 节中自定义的 check_vehicle()、check_person()和 check_person_vehicle()函数对输入的车牌号和身份证号信息进行校验。edit_vehicle()函数的实现代码如下：

```c
void edit_vehicle()
{
    SQLRETURN ret;
    char card[20], owner[20];                        //分别用于保存车牌号、车主身份证号
    SQLINTEGER P = SQL_NTS;
    SQLCHAR sql[100] = "update vehicle set owner=? where card=?";
    openCon();                                        //连接数据库
    /*判断连接是否成功*/
    if ((retcode == SQL_SUCCESS) || (retcode == SQL_SUCCESS_WITH_INFO))
    {
        /*显示添加车辆信息表头*/
        printf("\n\n");
        printf("\t=============================================\n");
        printf("\t                一 键 转 让                  \n");
        printf("\t=============================================\n");
        printf("\t 请输入要转让的车牌号：");
        scanf("%s", card);

        if (!check_vehicle(card))                     //检查车牌号是存在于 vehicle 表中
        {
            printf("\t 该车正在空闲中，请直接进行租车操作。\n");
        }
        else {
            printf("\t 请输入新车主身份证号：");
            scanf("%s", owner);
            /*检查新车主身份证号是否合法*/
            if (check_person(owner))
            {
                /*检查新车主是否正在租赁汽车中*/
                if (check_person_vehicle(owner))
                {
                    /*初始化句柄*/
                    ret = SQLAllocHandle(SQL_HANDLE_STMT, dbc, &stmt);
                    ret = SQLSetStmtAttr(stmt, SQL_ATTR_ROW_BIND_TYPE,
                        (SQLPOINTER)SQL_BIND_BY_COLUMN, SQL_IS_INTEGER);
                    SQLPrepare(stmt, sql, SQL_NTS);           //准备 SQL 语句
                    SQLBindParameter(stmt, 1, SQL_PARAM_INPUT, SQL_C_CHAR, SQL_CHAR,
                        50, 0, owner, 50, &P);                //绑定身份证号参数
                    SQLBindParameter(stmt, 2, SQL_PARAM_INPUT, SQL_C_CHAR, SQL_CHAR,
                        50, 0, card, 50, &P);                 //绑定车牌号参数
```

```
                    ret = SQLExecute(stmt);                      //执行 SQL 语句
                    if (ret == SQL_SUCCESS || ret == SQL_SUCCESS_WITH_INFO)
                    {
                        printf("\t 转让成功！\n");
                    }
                    else
                    {
                        printf("\t 转让失败！\n");
                    }
                }
                else {
                    printf("\t 已有车辆在租赁，请还车后，再进行操作。\n");
                }
            }else                                                 //车主身份不合法
            {
                printf("\t 该车主身份证号不合法，请检查输入。\n");
            }
        }
    }else
    {
        printf("连接数据库失败!\n");
    }
    closeCon();                                                   //断开与数据库的连接
}
```

8.7.5 确认还车

在菜单选择界面中，输入数字 4 并按 Enter 键，可以进入确认还车界面。在该界面中输入要归还的车辆车牌号，然后按 Enter 键，即可完成相应车辆的归还操作，效果如图 8.13 所示。

图 8.13 确认还车界面

确认还车功能本质上是从 vehicle 数据表中删除指定车牌号对应的记录。该功能是通过自定义的 delete_vehicle()函数实现的。该函数主要调用 SQLExecute()函数执行 SQL 语句，从 vehicle 数据表中删除指定车牌号的信息，在执行删除操作之前，delete_vehicle()函数需要调用 8.7.2 节中自定义的 check_vehicle()函数校验输入的车牌号是否存在。delete_vehicle()函数的实现代码如下：

```
void delete_vehicle()
{
    SQLRETURN ret;
    char card[10];
    SQLINTEGER P = SQL_NTS;
    SQLCHAR sql[100] = "delete from vehicle where card=?";
    /*显示确认还车表头*/
    printf("\n\n");
    printf("\t═══════════════════════════════════════════\n");
    printf("\t                   确 认 还 车                \n");
    printf("\t═══════════════════════════════════════════\n");
    printf("\t 请输入车牌号:");
```

```
            scanf("%s", card);
            if (check_vehicle(card))/*如果车牌号存在*/
            {
                /* 初始化句柄 */
                ret = SQLAllocHandle(SQL_HANDLE_STMT, dbc, &stmt);
                ret = SQLSetStmtAttr(stmt, SQL_ATTR_ROW_BIND_TYPE,
                        (SQLPOINTER)SQL_BIND_BY_COLUMN, SQL_IS_INTEGER);
                ret = SQLPrepare(stmt, sql, SQL_NTS);                //准备 SQL 语句
                ret = SQLBindParameter(stmt, 1, SQL_PARAM_INPUT, SQL_C_CHAR, SQL_VARCHAR,
                        50, 0, card, 50, &P);                        //绑定车牌号参数
                ret = SQLExecute(stmt);                              //执行 SQL 语句
                if (ret == SQL_SUCCESS || ret == SQL_SUCCESS_WITH_INFO)
                {
                    printf("\t还车成功！\n");
                }
                else
                {
                    printf("还车失败！\n");
                }
                closeCon();                                          //断开与数据库的连接
            }
            else                                                     //车牌号不存在
            {
                printf("\t该车牌号不存在。\n");
            }
        }
```

8.8 项目运行

通过前述步骤，我们成功设计并完成了"智行共享汽车管理系统"项目的开发。接下来，我们运行该游戏项目，以检验我们的开发成果。如图 8.14 所示，使用 Visual Studio 2022 打开智行共享汽车管理系统项目，单击工具栏中的"本地 Windows 调试器"按钮或者按 F5 快捷键，即可成功编译并运行该项目。

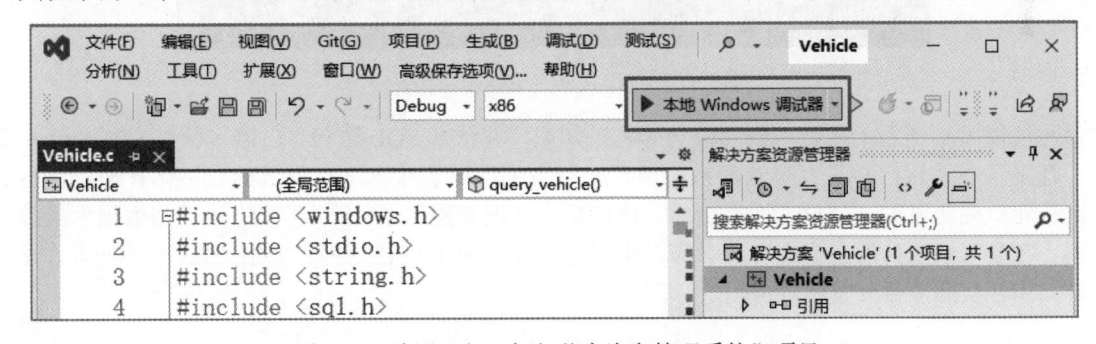

图 8.14 编译运行"智行共享汽车管理系统"项目

说明

在 Visual Studio 中运行本项目时，需要确保已经在 SQL Server 数据库中附加了 db_vehicle 数据库，并且已经将 Vehicle.c 文件的 openCon() 函数中的数据库连接字符串信息修改为您自己的 SQL Server 服务器名、数据库登录名和密码。

项目运行后，首先显示系统菜单界面，效果如图 8.15 所示。

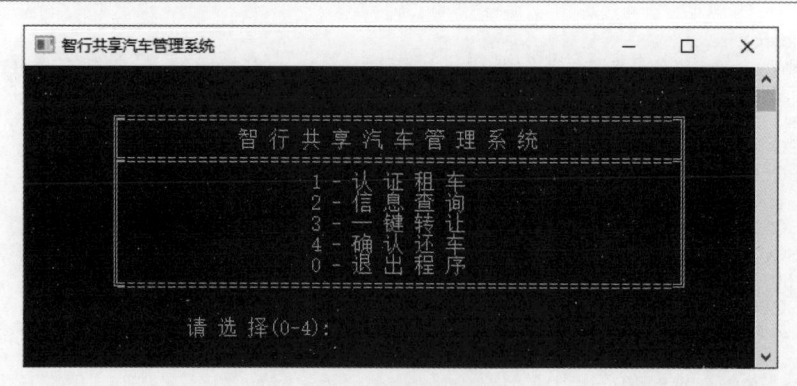

图 8.15　系统菜单

在系统菜单界面中输入菜单对应的编号，即可执行相应操作。例如，输入菜单编号 1 并按 Enter 键，即可执行认证租车操作，而在执行完认证租车操作后，会继续在界面下方显示系统菜单，用户可以继续输入相应菜单编号执行其他操作，如图 8.16 所示。

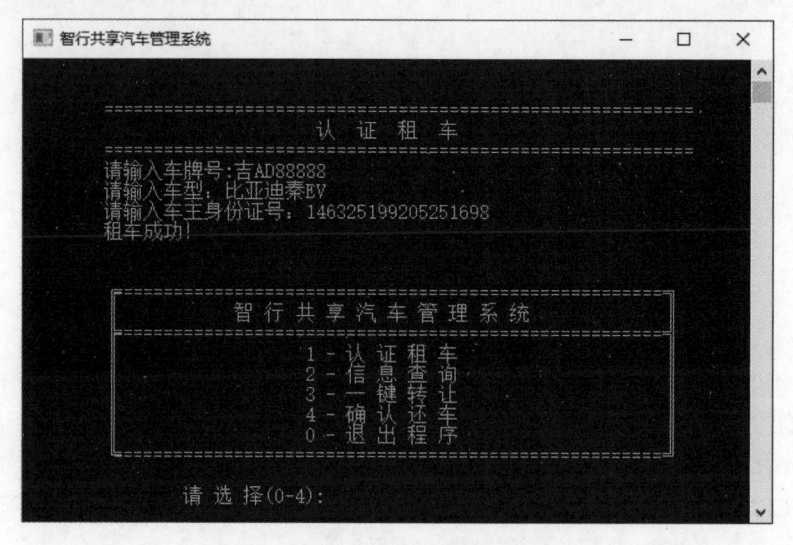

图 8.16　智行共享汽车管理系统操作

本章通过使用 C 语言的函数、嵌套语句等基础知识，并结合 SQL 语句、C 语言操作 SQL Server 数据库等技术，开发了一个智行共享汽车管理系统项目。该系统实现了共享汽车租赁的数字化管理，包括认证租车、一键转让、确认还车、信息查询等功能。该项目为开发者提供了一个学习 C 语言与数据库集成开发的实用案例。在学习该项目的过程中，读者应该重点掌握如何使用 C 语言操作 SQL Server 数据库，并巩固 C 语言基础知识在实际项目开发中的应用。

8.9　源码下载

本章虽然详细地讲解了如何编码实现"智行共享汽车管理系统"项目的各个功能，但给出的代码都是代码片段，而非完整的源码。为了方便读者学习，本书提供了完整的项目源码，读者只需扫描右侧的二维码，即可下载这些源码。

第 9 章
阅界藏书管理系统（窗体版）

——结构体 + 预处理命令 + WINAPI 编程 + C 语言操作 MySQL 数据库

随着社会知识量的不断增加，图书种类日益繁多，如何有效管理庞大的图书信息成为当今图书管理员面临的一大挑战。在计算机信息技术高速发展的今天，传统的人工管理方式早已不能适应时代的需求，使用高效便捷的软件系统来实现图书信息的数字化管理已经成为主流。本章将使用 C 语言中的结构体、预处理命令、WINAPI 编程等技术，并结合 MySQL 数据库开发一款图书信息管理系统——阅界藏书管理系统（窗体版）。

本项目的核心功能及实现技术如下：

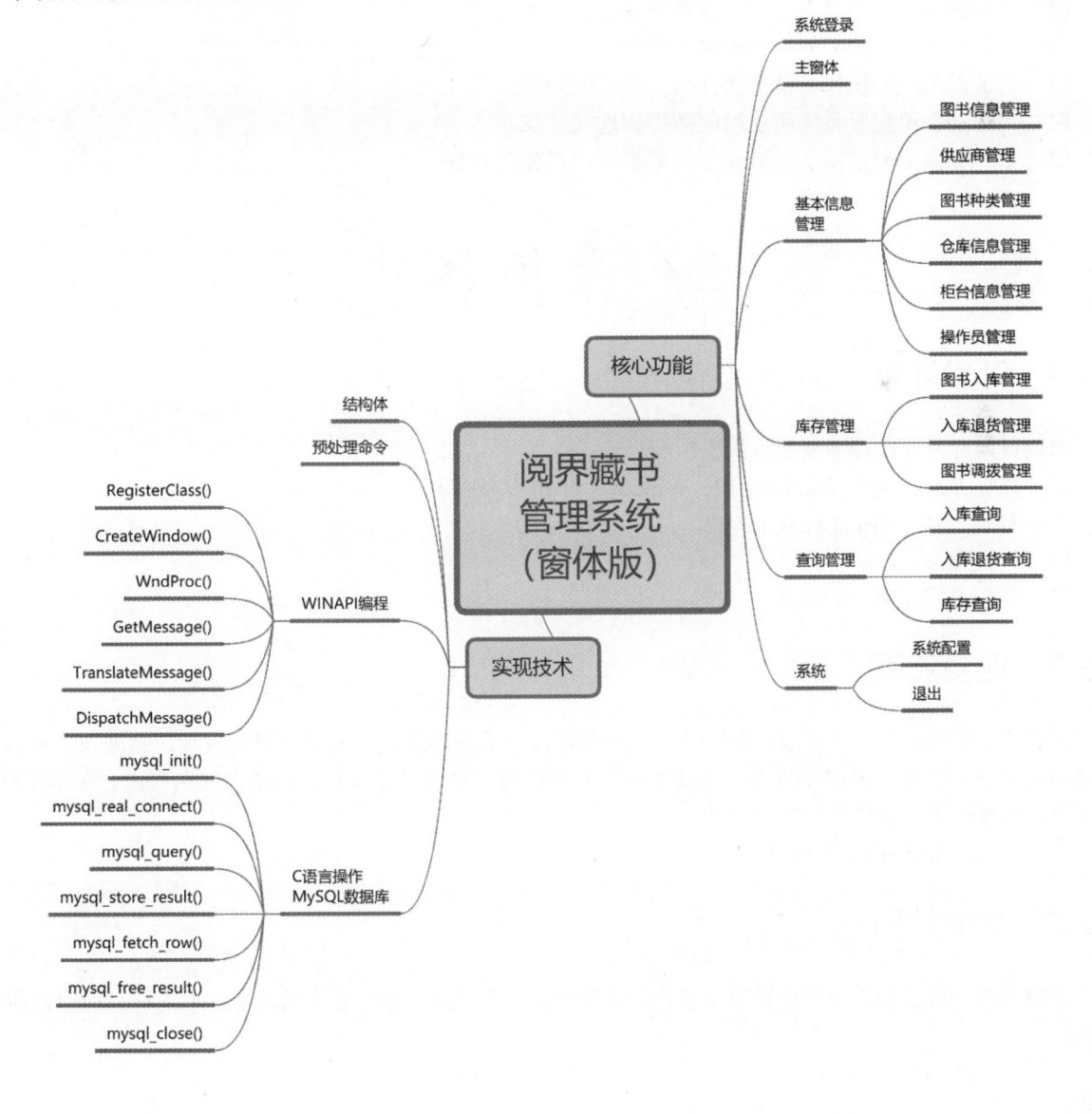

9.1 开发背景

当今社会,虽然电子书的普及极大地改变了人们的阅读方式,但纸质图书依然占据着十分重要的地位。尤其是在图书馆、书店及个人藏书等领域,纸质图书更加不可替代。传统的纸质图书管理方式,如手工记录、Excel 表格等,存在效率低下、易出错、不便于查询和统计等问题。因此,本章使用 C 语言结合 MySQL 数据库开发一个窗体版的图书信息管理系统,旨在通过软件系统实现图书信息的数字化管理,提高管理效率,降低人力成本,为用户提供更加便捷、高效的书籍管理体验。

本项目的实现目标如下:
- ☑ 系统应具备用户登录功能,以保证数据的安全性。
- ☑ 能够对系统的基础信息进行管理,包括图书种类、供应商、仓库、柜台信息等。
- ☑ 支持图书信息的增、删、改、查操作。
- ☑ 方便地对图书进行出入库、调拨等操作。
- ☑ 完善的查询功能,能够根据多种条件对图书的库存信息、入库信息进行查询。
- ☑ 能够对系统的操作员信息进行增、删、改操作。
- ☑ 可以动态地配置系统所使用的数据库连接信息。
- ☑ 系统界面应简洁明了,操作逻辑清晰,用户体验良好。

9.2 系统设计

9.2.1 开发环境

本项目的开发及运行环境要求如下:
- ☑ 操作系统:推荐 Windows 10、Windows 11 或更高版本。
- ☑ 开发工具:Visual Studio 2022。
- ☑ 开发语言:C 语言。
- ☑ 数据仓库:MySQL 8.0。

9.2.2 业务流程

阅界藏书管理系统(窗体版)运行时,首先需要进行用户登录,如果用户登录成功,则进入主窗体。登录成功的用户可以通过主窗体的菜单栏或者快捷工具栏对本系统进行操作,如基本信息管理、库存管理、查询管理、系统配置及退出等。

本项目的业务流程如图 9.1 所示。

9.2.3 功能结构

本项目的功能结构已经在章首页中给出。作为一个对图书信息进行管理的项目,本项目实现的具体功能如下:

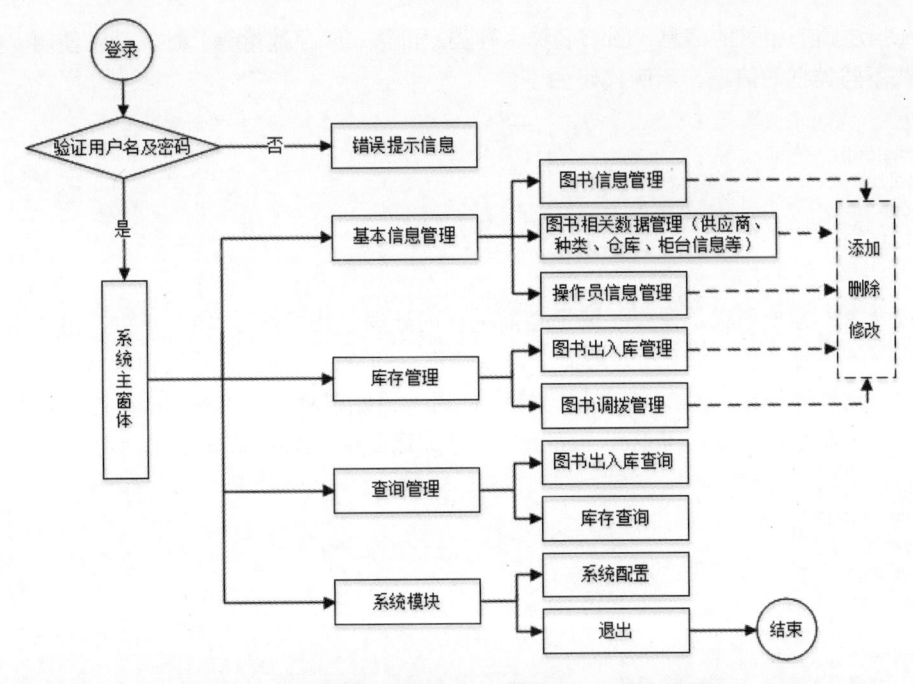

图 9.1 阅界藏书管理系统（窗体版）业务流程图

- 系统登录：对用户的用户名和密码进行验证，如果验证成功，进入主窗体执行各种操作。
- 主窗体：提供系统的主要功能菜单和快捷工具栏。
- 基本信息管理：对于系统中的基础数据进行管理与维护，主要包含图书信息管理模块、供应商管理、图书种类管理、仓库信息管理、柜台信息、操作员管理。
- 库存管理：通过对图书的出入库信息进行管理，实现对图书库存的动态统计，主要包括图书的出入库管理、调拨管理。
- 查询管理：对图书出入库信息及现有图书库存信息进行查询。
- 系统模块：包括系统的配置和退出功能。

> **说明**
>
> 限于篇幅，本章主要讲解阅界藏书管理系统（窗体版）项目中主要功能模块的实现逻辑，如系统登录模块、主窗体模块、图书信息管理模块、图书入库管理模块、入库查询模块、操作员管理模块和系统配置模块。对于其他模块的实现，读者可以参考这些模块的实现逻辑进行自行设计。另外，读者还可以参考本项目的源代码，了解其完整的实现逻辑。

9.3 技术准备

9.3.1 技术概览

- 结构体：结构体允许开发人员将不同类型的数据组合在一起，通过使用 struct 关键字进行定义。例如，在描述图书相关的信息（图书名称、种类、价格、库存数量等）时，可以使用一个结构体来存储这些不同类型的信息。示例代码如下：

```
struct Book {
    char name[50];
    char type[20];
    float price;
    int num;
};
```

☑ 预处理命令：预处理就是在程序编译之前进行的处理，其以符号"#"开头，主要包括宏定义、文件包含、条件编译等。使用预处理命令可以使程序的修改、阅读、移植和调试更加方便，也更利于实现模块化程序设计。例如，下面代码使用 C 语言预处理命令中的#include 文件引用命令、#pragma 编译器设置命令、#ifdef（#else、#endif）条件编译命令、#define 宏定义命令：

```
#include <windows.h>
#include <commctrl.h>
#include <stdio.h>
#include <mysql.h>
#include "resource.h"
#pragma comment(lib,"libmysql.lib")
#pragma comment(lib,"comctl32.lib")
/*全局变量宏，方便全局变量的定义和使用*/
#ifdef _Utility_GLOBAL_
#define _LIB_EXT_
#else
#define _LIB_EXT_ extern
#endif
#define TITLE_LENTH_MAX 20        //ListView 控件标题字符数最大值
#define FIELD_LENTH_MAX 20        //字段名称字符数最大值
```

《C 语言从入门到精通（第 6 版）》详细地讲解了 C 语言中结构体和预处理命令等知识。对这些知识不太熟悉的读者，可以参考该书的相应章节进行学习。接下来，我们将对 WINAPI 编程与 C 语言操作 MySQL 数据库进行必要的讲解，以确保读者可以顺利完成本项目。

9.3.2　WINAPI 编程

在 Visual Studio 2022 中，使用 C 语言进行 WINAPI 编程是一种直接利用 Windows 操作系统提供的 API 来开发应用程序的方法。WINAPI 提供了丰富的功能，包括创建和管理窗体、图形处理、文件操作、网络通信等，使得开发者能够深入底层地控制应用程序的行为。在 Visual Studio 2022 中使用 C 语言进行 WINAPI 编程的步骤如下：

（1）启动 Visual Studio 2022 开发工具，打开其导航对话框，在该对话框的右下方单击"创建新项目"，进入项目模板选择对话框，选择"空项目"，单击"下一步"按钮，如图 9.2 所示。

（2）需要对创建的项目进行配置。如图 9.3 所示，在该对话框中可以配置项目的名称、位置、解决方案名称等。这里需要注意的是，项目名称与项目路径最好不要使用中文。配置完成后，单击"创建"按钮。

（3）创建项目的主函数文件，在创建的项目解决方案资源文件目录中，右击，选择"添加"→"新建项"菜单，弹出"添加新项"对话框，选中"C++文件"，并将该文件扩展名修改为.c，例如这里输入文件名"app.c"，单击"添加"按钮，如图 9.4 所示。

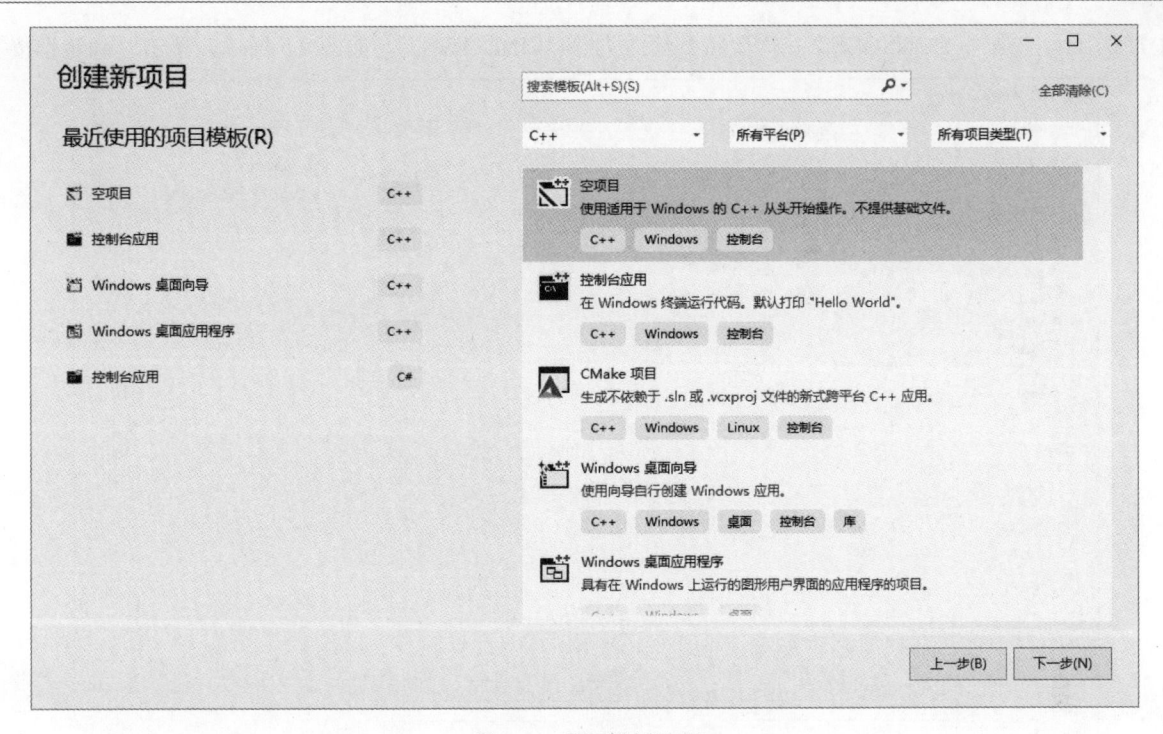

图 9.2　项目模板选择

图 9.3　项目配置

（4）由于新建的项目模板默认为空项目类型，因此需要对 Windows 窗口项目进行配置。右击项目名称，选择"属性"菜单项，弹出项目的属性页对话框，在该对话框中选择左侧导航菜单中的"C/C++"→"预处理器"，然后在右侧的"预处理器定义"下拉列表中选择"编辑"，弹出"预处理器定义"对话框，该对话框中默认显示的是"_CONSOLE",需要将其修改为"_WINDOWS",如图 9.5 所示,单击"确定"按钮。

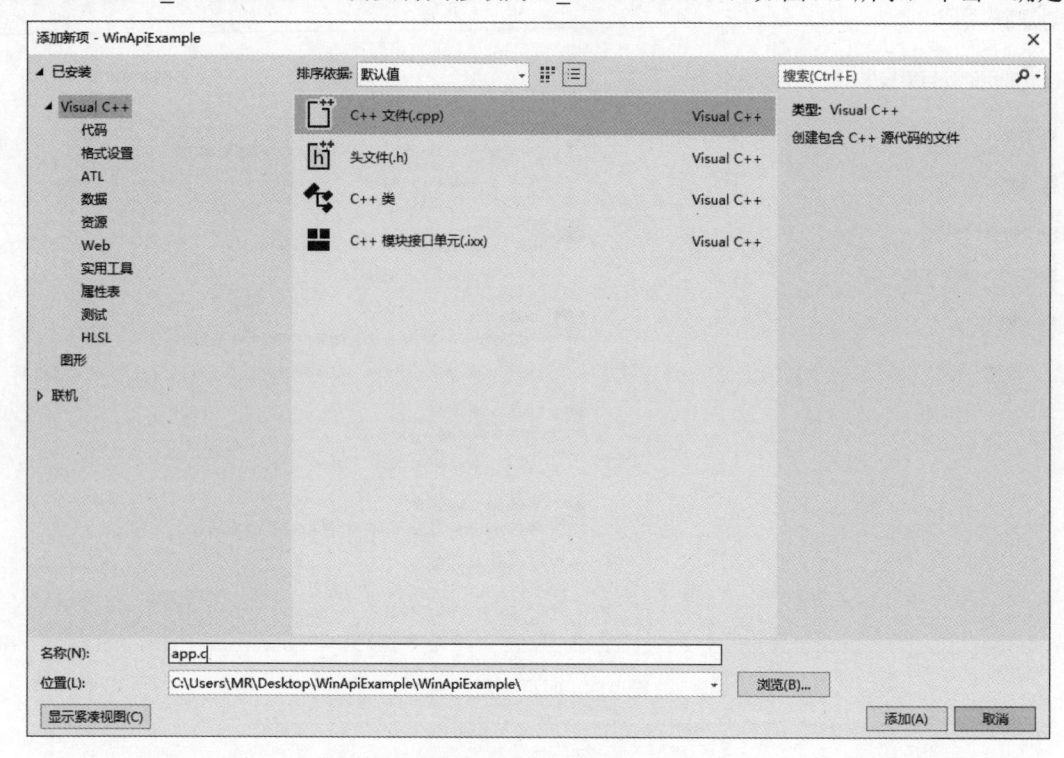

图 9.4　创建主函数文件

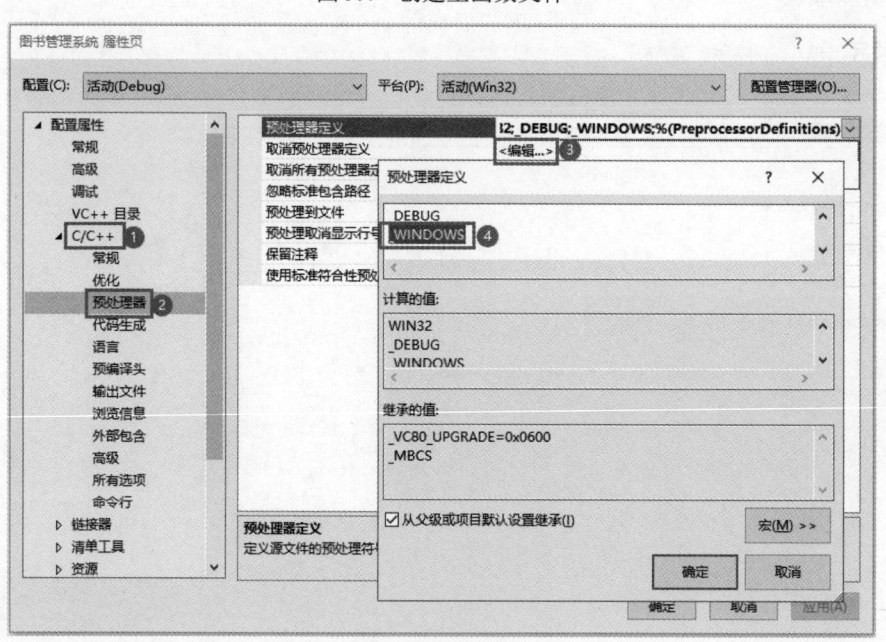

图 9.5　预处理定义

（5）配置链接系统选项,在导航菜单中选择"链接器"→"系统",然后在右侧的"子系统"下拉列表中选择"窗口（/SUBSYSTEM:WINDOWS）",如图 9.6 所示。通过以上配置,项目即可支持 Windows 窗口显示。

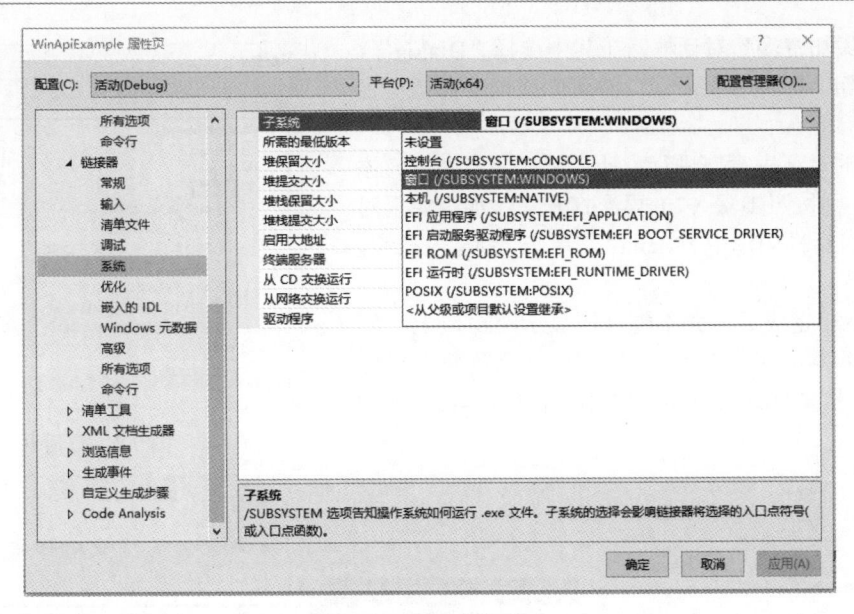

图 9.6　链接系统配置

（6）打开创建的 app.c 文件，在其中编写程序入口函数，并引入必要的库文件，代码如下：

```
#include <windows.h>
#include <commctrl.h>
#include <stdio.h>
int WINAPI WinMain(HINSTANCE hInstance, HINSTANCE hPrevInstance,PSTR szCmdLine, int iCmdShow)
{
    MSG msg;
    while (GetMessage(&msg, NULL, 0, 0))
    {
        TranslateMessage(&msg);
        DispatchMessage(&msg);
    }
    return msg.wParam;
}
```

（7）创建窗口资源。在项目资源文件上右击，选择"添加"→"资源"菜单，如图 9.7 所示。

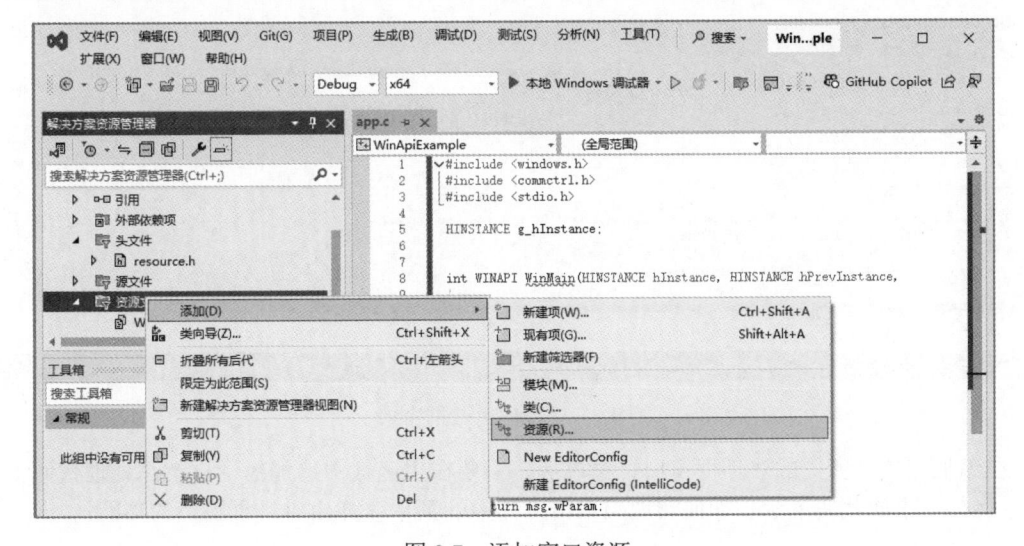

图 9.7　添加窗口资源

（8）弹出"添加资源"对话框，在其中选择"Dialog"，单击"新建"按钮，如图 9.8 所示，即可创建一个对话框窗口，如图 9.9 所示。

（9）对创建的对话框窗口进行设计。例如，要为窗口添加 MENU 菜单，则按照步骤（7）再次打开"添加资源"对话框，然后在该对话框中选中"Menu"，单击"新建"按钮，如图 9.10 所示。

（10）菜单添加完成后，并不能直接显示在窗口上，如图 9.11 所示，要将其显示在对话框窗口中，还必须将对话框窗口的菜单属性设置为添加的菜单的 ID 属性，如图 9.12 所示。

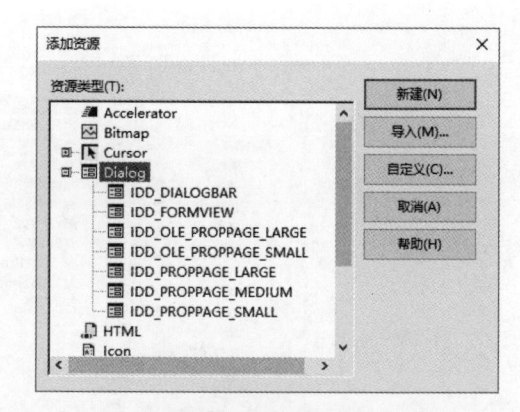

图 9.8 对话框窗口

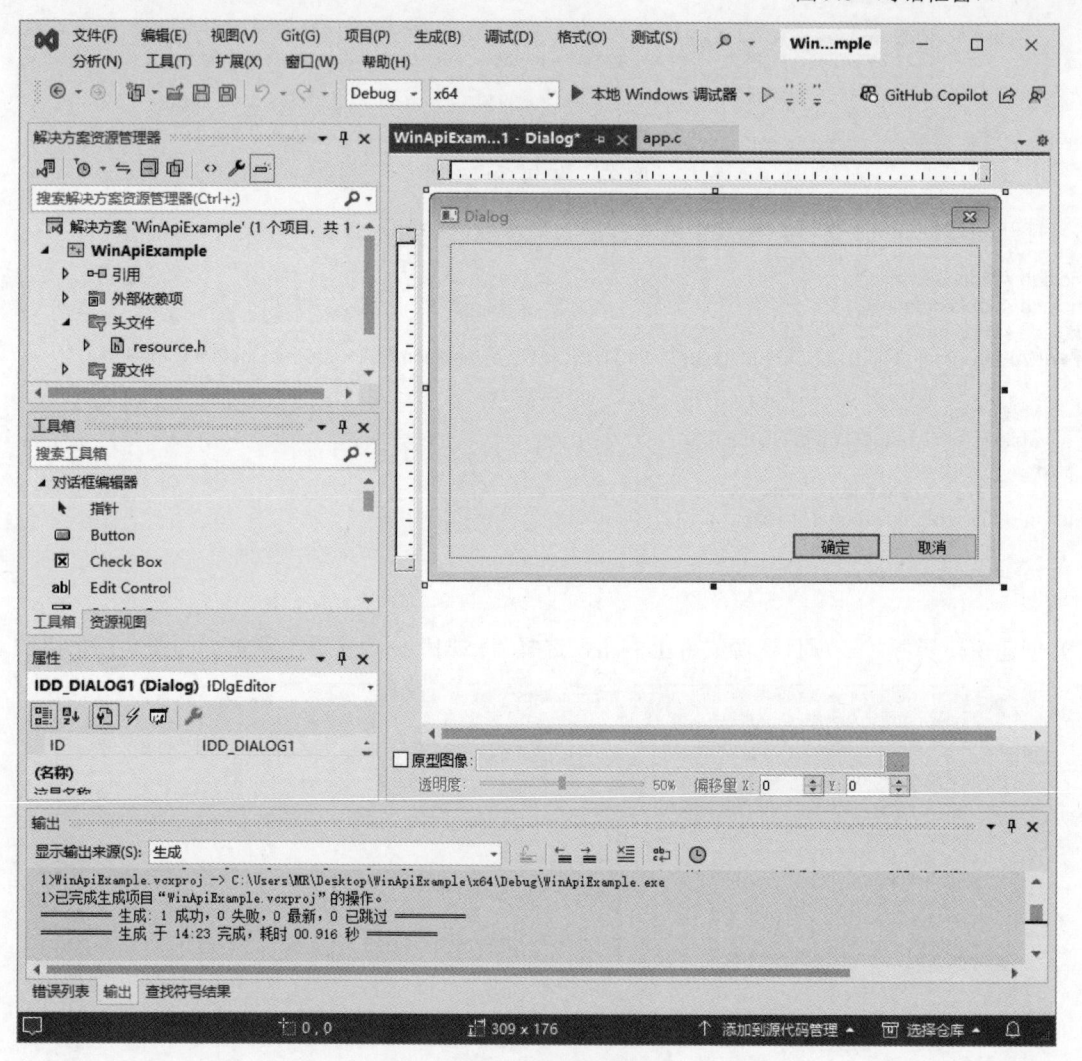

图 9.9 创建的对话框窗口

（11）在添加完成项目所需的对话框窗口、菜单后，需要在主函数中追加对话框消息处理代码与菜单事件响应代码。例如，下面代码展示了如何实现当单击窗体中的菜单时弹出对话框窗口的功能：

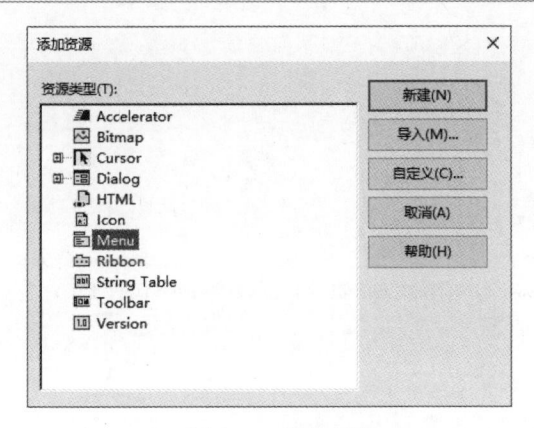

图 9.10 添加菜单

图 9.11 菜单设计器

图 9.12 为窗口设置菜单

```
#include <windows.h>
#include <commctrl.h>
#include <stdio.h>
#include "resource.h"
HINSTANCE g_hInstance;
BOOL CALLBACK ClientDlgProc(HWND, UINT, WPARAM, LPARAM);
BOOL CALLBACK Operator_M_Proc(HWND hDlg, UINT message, WPARAM wParam, LPARAM lParam);
int WINAPI WinMain(HINSTANCE hInstance, HINSTANCE hPrevInstance,PSTR szCmdLine, int iCmdShow)
{
    MSG msg;
    DialogBox(hInstance, MAKEINTRESOURCE(ID_DIG_CLIENT), NULL, ClientDlgProc);
    while (GetMessage(&msg, NULL, 0, 0))
    {
        TranslateMessage(&msg);
        DispatchMessage(&msg);
    }
    return msg.wParam;
}
BOOL CALLBACK ClientDlgProc(HWND hDlg, UINT message, WPARAM wParam, LPARAM lParam)
```

```c
{
    switch (message)
    {
        case    WM_INITDIALOG:
                break;
        case    WM_COMMAND:
                switch (LOWORD(wParam))
                {
                    case ID_OPERATOR_M:
                        DialogBox(g_hInstance, MAKEINTRESOURCE(ID_DLG_OPERATOR_M),
                            hDlg, Operator_M_Proc);
                        break;
                }
                break;
        case    WM_CLOSE:
                PostQuitMessage(0);
        case    WM_DESTROY:
                break;
        return 0;
    }
    return 0;
}
BOOL CALLBACK Operator_M_Proc(HWND hDlg, UINT message, WPARAM wParam, LPARAM lParam)
{
    switch (message)
    {
        case    WM_INITDIALOG:
            return TRUE;
        case    WM_COMMAND:
            return TRUE;
        case    WM_NOTIFY:
            return 1;
        case    WM_CLOSE:
            EndDialog(hDlg, 0);
        case    WM_DESTROY:
            break;
        return 0;
    }
    return FALSE;
}
```

使用 WMIAPI 进行 Windows 窗口编程时经常使用的函数及其说明如表 9.1 所示。

表 9.1　WMIAPI 编程中常用的函数及其说明

函　　数	说　　明
RegisterClass()	注册窗口类
CreateWindow()	创建窗口
WndProc()	窗口过程函数，处理各种消息
GetMessage()	从消息队列中检索消息
TranslateMessage()	将虚拟键码转换为字符消息
DispatchMessage()	分发消息给相应的窗口

9.3.3　C 语言操作 MySQL 数据库

本项目主要采用 MySQL 数据库进行数据存储。MySQL 是一个广泛使用的开源关系型数据库管理系统，以其高性能、可靠性和易用性而著称，适用于从个人网站到大型企业级系统的各种规模的应用程序。《MySQL 从入门到精通（第 3 版）》一书详细地讲解了 MySQL 的各方面知识，对该知识不太熟悉的读者，可以参考该书对应的章节进行学习。这里主要介绍如何使用 C 语言操作 MySQL 数据库。

在 C 语言中操作 MySQL 数据库，通常需要使用 MySQL 客户端库，即 MySQL Connector/C。该库提供了与 MySQL 数据库服务器通信的能力，使得开发人员能够在 C 语言编写的程序中执行 SQL 查询、管理数据库连接等操作。表 9.2 展示了该库的一些常用函数及其说明。

表 9.2 MySQL 数据库的常用函数及其说明

函　　数	说　　明
mysql_init()	初始化一个 MySQL 连接结构体
mysql_real_connect()	尝试与 MySQL 服务器建立连接
mysql_query()	向 MySQL 服务器发送 SQL 命令
mysql_store_result()	获取查询结果集
mysql_fetch_row()	从结果集中获取下一行数据
mysql_free_result()	释放结果集占用的内存
mysql_close()	关闭与 MySQL 服务器的连接

下面是一个使用 C 语言编写的简单的示例程序，它展示了如何连接到 MySQL 数据库并执行一些基本的操作：

```
#include <stdio.h>
#include <stdlib.h>
#include <string.h>
#include <mysql.h>                                          //MySQL Connector/C 头文件
//连接到 MySQL 数据库
MYSQL *connect_to_mysql(const char *host, const char *user, const char *password, const char *database) {
    MYSQL *conn = mysql_init(NULL);
    if (mysql_real_connect(conn, host, user, password, database, 0, NULL, 0) == NULL) {
        fprintf(stderr, "%s\n", mysql_error(conn));
        mysql_close(conn);
        return NULL;
    }
    return conn;
}
//执行 SQL 查询
void execute_query(MYSQL *conn, const char *query) {
    if (mysql_query(conn, query)) {
        fprintf(stderr, "%s\n", mysql_error(conn));
    } else {
        MYSQL_RES *result = mysql_store_result(conn);
        if (result != NULL) {
            MYSQL_ROW row;
            while ((row = mysql_fetch_row(result))) {
                int i;
                for (i = 0; i < mysql_num_fields(result); i++) {
                    printf("%s\t", row[i] ? row[i] : "NULL");
                }
                printf("\n");
            }
            mysql_free_result(result);
        }
```

```c
}
int main() {
    MYSQL *conn;
    const char *host = "localhost";
    const char *user = "root";                          //MySQL 用户名
    const char *password = "root";                      //MySQL 密码
    const char *database = "test_db";                   //MySQL 数据库名
    //连接数据库
    conn = connect_to_mysql(host, user, password, database);
    if (conn == NULL) {
        fprintf(stderr, "Connection failed.\n");
        exit(1);
    }
    //执行 SQL 查询
    const char *sql = "SELECT * FROM test_table";
    execute_query(conn, sql);
    //关闭连接
    mysql_close(conn);
    return 0;
}
```

> **说明**
> 在程序中使用 MySQL 数据库时，首先需要下载并安装 MySQL 数据库，其下载地址为：https://dev.mysql.com/downloads/installer/。

9.4 数据库设计

本项目采用 MySQL 数据库来存储数据，数据库名称为 db_mrbm。在 db_mrbm 数据库中包含了 10 张数据表，各数据表的名称及其作用如表 9.3 所示。

表9.3 数据表名称及其作用

表 名	作 用
tb_base_book_kind	图书类别信息表
tb_base_desk_info	图书柜台信息表
tb_base_store_info	图书仓库信息表
tb_book_adjust	图书调货信息表
tb_book_info	图书信息表
tb_book_input	图书入库信息表
tb_book_input_back	图书入库退货信息表
tb_operators	操作员信息表
tb_provider_info	供应商信息表
tb_stock_info	图书库存信息表

接下来，我们将介绍主要的数据表的结构。

1. tb_book_info（图书信息表）

tb_book_info 表用于保存图书的基本信息，该表的结构如表 9.4 所示。

表 9.4　图书信息表结构

字　段　名	数　据　类　型	描　　述
barcode	varchar(25)	图书条形码
bookname	varchar(25)	图书名称
mncode	varchar(25)	图书助记码
authorname	varchar(25)	作者
bookconcern	varchar(25)	出版社
price	double	图书价格
memo	varchar(25)	备注
kind	varchar(25)	图书种类

2. tb_book_input（图书入库信息表）

tb_book_input 表用于保存图书入库的相关信息，该表的结构如表 9.5 所示。

表 9.5　图书入库信息表结构

字　段　名	数　据　类　型	描　　述
inputcode	int	入库编号
operator	varchar(25)	操作员
provider	varchar(25)	供应商
barcode	varchar(25)	图书条形码
time	timestamp	入库时间
store	varchar(25)	仓库
count	int	入库数量
pay	double	入库图书总金额

3. tb_stock_info（图书库存信息表）

tb_stock_info 表用于保存图书库存的相关信息，该表的结构如表 9.6 所示。

表 9.6　图书库存信息表结构

字　段　名	数　据　类　型	描　　述
barcode	varchar(25)	图书条形码
store	varchar(25)	仓库
stock	int	库存数量

4. tb_operators（操作员信息表）

tb_operators 表用于保存操作员的信息，该表的结构如表 9.7 所示。

表 9.7　操作员信息表结构

字　段　名	数　据　类　型	描　　述
name	varchar(25)	操作员名称
password	varchar(25)	操作员密码
level	int	操作员级别

说明

限于篇幅，这里只列举了本项目中最重要的数据表结构，对于其他的数据表结构，读者可以在资源包中提供的数据库源文件中进行查阅。

9.5 公共模块设计

在实际开发过程中,许多功能需求表现出一定的共性。为此,本项目特别设计一个公共模块,用于提升代码的复用性。该公共模块主要实现以下功能:

(1)定义程序中所有源文件公用的全局变量。
(2)拼接处理 SQL 语句字符串。
(3)列表控件与数据的处理。

公共模块名称为 Utility,首先在 Utility.h 头文件中通过预处理命令引入所需的头文件,并定义所需的全局变量和全局函数,代码如下:

```c
#include <windows.h>
#include <commctrl.h>
#include <stdio.h>
#include <mysql.h>
#include "resource.h"
#pragma   comment(lib,"libmysql.lib")
#pragma comment(lib,"comctl32.lib")

#ifdef _Utility_GLOBAL_
#define _LIB_EXT_
#else
#define _LIB_EXT_ extern
#endif
#define TITLE_LENTH_MAX 20
#define    FIELD_LENTH_MAX 20
#define VALUE_LENTH_MAX 25
#define SQL_LENTH_MAX 300

#define DB_CHAR 1
#define DB_INT 2

_LIB_EXT_ MYSQL mysql;
_LIB_EXT_ MYSQL_RES *result;
_LIB_EXT_ MYSQL_ROW row;
_LIB_EXT_ HINSTANCE g_hInstance;
_LIB_EXT_ int g_level;
_LIB_EXT_ char g_operator[VALUE_LENTH_MAX];
#ifndef _LIB_CM_
#define _LIB_CM_
typedef struct CM
{
    char value[VALUE_LENTH_MAX];
    char fieldName[FIELD_LENTH_MAX];
    int type;
}ColumnMessage;
#endif
void InitListViewColumns(HWND hView,char (*titles)[TITLE_LENTH_MAX],int nums);
void QueryRecordToView(HWND hView,char* pTbName,int nums,char* condition,int clear,int offset);
void DeleteFromListView(HWND hView,char* tb_name,char* primary,int db_type);
BOOL InsertData(char *tb_name,char *field_names,char *values);
BOOL FomatCMInsert(ColumnMessage* cms,int nums,char* fields,char* values);
BOOL FomatCMUpdate(ColumnMessage* cms,int nums,char *condition);
BOOL HoldInsertIDCondition(char* condition,char * prim);
void UpDateDataFromListView(HWND hView,char *tb_name,char *sets,int nums,char *primary,int db_type);
```

```
void CreateSubViewProc(HWND hDlg,HWND* pView,char *caption,char (*titles)[FIELD_LENTH_MAX],
              int count,int viewIndex);
void SetSubViewFromEdit(HWND hEdit,HWND subView,char* subTBNAME,char* fk,int count);
```

上面代码自定义了 10 个函数，它们的说明如表 9.8 所示。

表 9.8 公共模块中的函数及其说明

函 数 名	说 明
InitListViewColumns()	填充列表控件的标题
QueryRecordToView()	依据某一条件实现 Select 语句，将获取的结果集填充到列表控件上
DeleteFromListView()	从数据库中删除指定的行，并同步从列表中移除相应的列
InsertData()	使用拼接好的字段和值字符串，实现对数据进行 Insert 操作
FomatCMInsert()	通过 ColumnMessage 结构体，将字段和值的字符串按照 Insert 语句进行拼接
FomatCMUpdate()	通过 ColumnMessage 结构体，将字段和值的字符串按照 Update 语句进行拼接
HoldInsertIDCondition()	自动生成插入的最大 ID 编号
UpDateDataFromListView()	将表中数据和列表中的数据同步更新
CreateSubViewProc()	创建辅助窗口
SetSubViewFromEdit()	辅助窗口依据编辑框内容，实现在数据库中进行 Like 查找操作，该操作只有当编辑框内容长度超过 3 个字符时才能被执行

在 Utility.c 文件中，实现 Utility.h 头文件中自定义的 10 个函数，代码如下：

```
#define _Utility_GLOBAL_
/*进入全局变量宏判断之前定义全局变量宏*/
#include "Utility.h"
void InitListViewColumns(HWND hView,char (*titles)[FIELD_LENTH_MAX],int nums)
{
    LVCOLUMN lvColumn;
    int index;
    lvColumn.mask = LVCF_FMT | LVCF_WIDTH | LVCF_TEXT ;
    if(nums == 1)
    {
        lvColumn.fmt = LVCFMT_CENTER;
        lvColumn.cx = 320;
    }
    else
    {
        lvColumn.fmt = LVCFMT_LEFT;
        lvColumn.cx = 180;
    }
    for (index = 0; index < nums; index++)
    {
        lvColumn.pszText = titles[index];
        ListView_InsertColumn (hView, index, &lvColumn);
    }
}
void QueryRecordToView(HWND hView,char* pTbName,int nums,char* condition,int clear,int offset)
{
    char sql[SQL_LENTH_MAX];
    int r_nums;
    LVITEM lvItem;
    int index;
    int array;
    if(clear)
    {
```

```c
            SendMessage(hView,LVM_DELETEALLITEMS,0,0);
    }
    if((condition==NULL)||(strlen(condition)==0))
    {
            sprintf(sql,"select * from %s",pTbName);
    }
    else
    {
            sprintf(sql,"select * from %s where %s ",pTbName,condition);
    }
    mysql_query(&mysql,sql);
    if(mysql_errno(&mysql))
    {
            MessageBox(GetParent(hView),"操作错误","提示",MB_ICONERROR);
            return;
    }
    result = mysql_store_result(&mysql);
    r_nums = (int)mysql_num_rows(result);
    lvItem.mask = LVIF_TEXT;
    lvItem.cchTextMax = VALUE_LENTH_MAX;
    for(index = 0;index<r_nums;index++)
    {
            lvItem.iItem = index;
            row = mysql_fetch_row(result);
            lvItem.iSubItem = 0;
            lvItem.pszText = "";
            ListView_InsertItem (hView,&lvItem);
            for(array = 0;array<nums;array++)
            {
                    //lvItem.cColumns = array;
                    ListView_SetItemText(hView,index,array,row[array+offset]);
            }
    }
    mysql_free_result(result);
}

void DeleteFromListView(HWND hView,char* tb_name,char* primary,int db_type)
{
    int index = SendMessage(hView,LVM_GETSELECTIONMARK,0,0);
    char tb_prim[VALUE_LENTH_MAX];
    char sql[SQL_LENTH_MAX];
    if(index == -1)
    {
            MessageBoxEx(GetParent(hView),"请在列表中选中需要删除的数据。","确认信息",MB_OK|MB_TOPMOST,0);
            return;
    }
    if(IDOK!=MessageBoxEx(GetParent(hView),"确定删除该项?","确认信息",MB_OKCANCEL|MB_TOPMOST,0))
    {
            return;
    }
    ListView_GetItemText(hView,index,0,tb_prim,VALUE_LENTH_MAX);
    if(db_type == DB_CHAR)
    {
            sprintf(sql,"delete from %s where %s='%s'",tb_name,primary,tb_prim);
    }
    if(db_type == DB_INT)
    {
            sprintf(sql,"delete from %s where %s=%s",tb_name,primary,tb_prim);
    }
    mysql_query(&mysql,sql);
    if(mysql_errno(&mysql))
    {
```

```c
            MessageBoxEx(GetParent(hView),"操作错误","提示",MB_ICONERROR|MB_TOPMOST,0);
            return;
        }
        ListView_DeleteItem(hView,index);
        MessageBoxEx(hView,"删除成功","提示",MB_OK|MB_TOPMOST,0);
}

BOOL InsertData(char *tb_name,char *field_names,char *values)
{
        char sql[SQL_LENTH_MAX];
        sprintf(sql,"insert into %s(%s) values(%s)",tb_name,field_names,values);
        mysql_query(&mysql,sql);
        if(mysql_errno(&mysql))
        {
                return 0;
        }
        return 1;
}

BOOL FomatCMInsert(ColumnMessage* cms,int nums,char* fields,char* values)
{
        int b = 0;
        int i;
        for(i=0;i<nums;i++)
        {
                if(strlen(cms[i].value)>0)
                {
                        if(b==0)
                        {
                                if(cms[i].type == DB_INT)
                                {
                                        sprintf(values,"%s",cms[i].value);
                                }
                                else if(cms[i].type==DB_CHAR)
                                {
                                        sprintf(values,"'%s'",cms[i].value);
                                }
                                sprintf(fields,"%s",cms[i].fieldName);
                                /*产生了第一个受到影响的列*/
                                b++;
                        }
                        else
                        {
                                if(cms[i].type == DB_INT)
                                {
                                        sprintf(values,"%s,%s",values,cms[i].value);
                                }
                                else if(cms[i].type==DB_CHAR)
                                {
                                        sprintf(values,"%s,'%s'",values,cms[i].value);
                                }
                                sprintf(fields,"%s,%s",fields,cms[i].fieldName);
                        }
                }
        }
        return b;
}

BOOL FomatCMUpdate(ColumnMessage* cms,int nums,char *condition)
{
        int updateFlag = 0;
        int i;
```

```c
            for(i=0;i<nums;i++)
            {
                if(strlen(cms[i].value)>0)
                {
                    if(updateFlag == 0)
                    {
                        if(cms[i].type == DB_INT)
                        {
                            sprintf(condition,"%s=%s",cms[i].fieldName,cms[i].value);
                        }
                        else if(cms[i].type==DB_CHAR)
                        {
                            sprintf(condition,"%s='%s'",cms[i].fieldName,cms[i].value);
                        }
                    }
                    else
                    {
                        if(cms[i].type == DB_INT)
                        {
                            sprintf(condition,"%s,%s=%s",condition,cms[i].fieldName,cms[i].value);
                        }
                        else if(cms[i].type==DB_CHAR)
                        {
                            sprintf(condition,"%s,%s='%s'",condition,cms[i].fieldName,cms[i].value);
                        }
                    }
                    updateFlag++;
                }
            }
        return updateFlag;
}

BOOL HoldInsertIDCondition(char* condition,char * prim)
{
    mysql_query(&mysql,"SELECT LAST_INSERT_ID()");
    if(mysql_errno(&mysql))
    {
        return 0;
    }
    result = mysql_store_result(&mysql);
    row = mysql_fetch_row(result);
    sprintf(condition,"%s=%s",prim,row[0]);
    return 1;
}

void UpDateDataFromListView(HWND hView,char *tb_name,char *sets,int nums,char *primary,int db_type)
{
    char sql[SQL_LENTH_MAX];
    char tb_prim[VALUE_LENTH_MAX];
    int index;
    index = SendMessage(hView,LVM_GETSELECTIONMARK,0,0);
    if(index==-1)
    {
        MessageBoxEx(GetParent(hView),"请选中需要修改的数据","提示",MB_ICONERROR|MB_TOPMOST,0);
        return;
    }
    ListView_GetItemText(hView,index,0,tb_prim,VALUE_LENTH_MAX);
    if(db_type == DB_CHAR)
    {
        sprintf(sql,"update %s set %s where %s='%s'",tb_name,sets,primary,tb_prim);
    }
    if(db_type == DB_INT)
```

```c
        {
            sprintf(sql,"update %s set %s where %s=%s",tb_name,sets,primary,tb_prim);
        }
        mysql_query(&mysql,sql);
        if(mysql_errno(&mysql))
        {
            MessageBoxEx(GetParent(hView),"操作错误","提示",MB_ICONERROR|MB_TOPMOST,0);
            return;
        }
        QueryRecordToView(hView,tb_name,nums,"",1,0);
        MessageBox(hView,"修改成功","提示",MB_OK);
}
void CreateSubViewProc(HWND hDlg,HWND* pView,char *caption,
    char (*titles)[FIELD_LENTH_MAX],int count,int viewIndex)
{
    RECT rect;
    POINT point;
    int length;
    if(IsWindow(*pView)==0)
    {
        GetWindowRect(hDlg,&rect);
        point.x = rect.right+400*(viewIndex/2);
        point.y = rect.top+(viewIndex%2)*(rect.bottom-rect.top)/2;
        length = (rect.bottom-rect.top)/2;
        *pView = CreateWindowEx(WS_EX_TRANSPARENT,WC_LISTVIEW,caption,
            WS_TILEDWINDOW|LVS_ALIGNTOP|LVS_REPORT|LVS_SINGLESEL,point.x,point.y,
            400,length,hDlg,0,g_hInstance,0);
        SendMessage(*pView,LVM_SETEXTENDEDLISTVIEWSTYLE,0,
            LVS_EX_FULLROWSELECT|LVS_EX_HEADERDRAGDROP|LVS_EX_GRIDLINES
            |LVS_EX_ONECLICKACTIVATE|LVS_EX_FLATSB);
        InitListViewColumns(*pView,titles,count);
        ShowWindow(*pView,SW_SHOW);
        SendMessage(hDlg,WM_SETFOCUS,(WPARAM)*pView,0);
    }
}
void SetSubViewFromEdit(HWND hEdit,HWND subView,char* subTBName,char* fk,int count)
{
    char condition[SQL_LENTH_MAX];
    char text[VALUE_LENTH_MAX];
    GetWindowText(hEdit,text,VALUE_LENTH_MAX);
    if(strlen(text)>2)
    {
        sprintf(condition,"%s Like\"%s%s\"",fk,text,"___%");
        QueryRecordToView(subView,subTBName,count,condition,1,0);
    }
}
```

9.6　主函数设计

　　Windows 窗口应用程序的主入口函数是 WinMain()，该函数主要负责实现数据库的连接初始化、登录窗口的创建与显示、主窗体的创建与显示、数据库配置窗口的创建与显示等功能，其位于 app.c 文件中。具体实现时，WinMain()函数首先调用 mysql_init()函数来初始化数据库连接，然后使用 mysql_real_connect()函数建立与数据库的连接。如果连接成功，WinMain()函数会在 DialogBox()函数中调用 LoginDlgProc()自定义函数来显示登录窗口。WinMain()主函数的实现代码如下：

```c
int WINAPI WinMain (HINSTANCE hInstance, HINSTANCE hPrevInstance, PSTR szCmdLine, int iCmdShow)
{
    MSG msg;
    char host[VALUE_LENTH_MAX];
    char userName[VALUE_LENTH_MAX];
    char password[VALUE_LENTH_MAX];
    char dbName[VALUE_LENTH_MAX];
    FILE *init;
    init = fopen("Init.txt","r");
    if(init==NULL)
    {
        init = fopen("Init.txt","w");
        fprintf(init,"host:\t%s\nusername:\t%s\npassword:\t%s\ndatabase:\t%s","set","set","set","set");
        fclose(init);
        MessageBoxEx(NULL,TEXT("请检查配置文件"),"查找配置文件失败",MB_ICONERROR|MB_TOPMOST,0);
        PostQuitMessage (0) ;
    }
    fscanf(init,"host:\t%s\nusername:\t%s\npassword:\t%s\ndatabase:\t%s",host,userName,password,dbName);
    fclose(init);
    mysql_init(&mysql);
    if(!mysql_real_connect(&mysql,host,userName,password,dbName,0,NULL,0))
    {
        MessageBox(NULL,TEXT("数据库连接失败,请重新设定配置文件参数"),"错误",MB_ICONERROR);
        return 0;
    }
    /*保留进程句柄*/
    g_hInstance = hInstance;
    DialogBox (hInstance, MAKEINTRESOURCE(ID_DIG_LOGIN), NULL, LoginDlgProc) ;
    while (GetMessage (&msg, NULL, 0, 0))
    {
        TranslateMessage (&msg) ;
        DispatchMessage (&msg) ;
    }
    return msg.wParam ;
}
```

说明

上面代码使用了 LoginDlgProc()函数，9.7 节将详细介绍该函数。

9.7 登录模块设计

9.7.1 登录模块概述

登录模块主要的功能是允许用户通过输入正确的用户名和密码来访问主窗体，这一功能有助于提高程序的安全性，防止数据资料泄露。登录模块的运行结果如图 9.13 所示。

9.7.2 设计登录窗体

创建一个 Windows 对话框窗体，该窗体用于实现系统的登录功

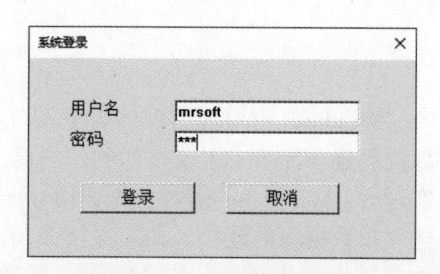

图 9.13 登录模块界面

能，并按以下要求设置该窗体的属性：将 ID 属性值设置为 ID_DIG_LOGIN，将"描述文字"属性值设置为"系统登录"，将该窗体的"X 位置"和"Y 位置"属性值分别设置为 300 和 200。该窗体所使用的主要控件如表 9.9 所示。

表 9.9 系统登录窗体所使用的主要控件

控件类型	控件 ID	主要属性设置	用 途
Button	IDC_BTN_LOGIN	将"描述文字"属性值设置为"登录"	登录系统
	IDC_BTN_CANCEL	将"描述文字"属性值设置为"取消"	取消登录
Edit Control	IDC_EDIT_NAME	无	输入用户名
	IDC_EDIT_PASSWORD	将"密码"属性值设置为"True"	输入密码
Static Text	IDC_STATIC	将"描述文字"属性值设置为"用户名"	提示信息
	IDC_STATIC	将"描述文字"属性值设置为"密码"	提示信息

9.7.3 实现登录功能

系统登录功能主要是通过 LoginDlgProc()函数实现的。该函数通过检查 wParam 参数的值来判断用户单击了哪个按钮。如果 wParam 的值是 IDC_BTN_LOGIN，这说明用户单击了"登录"按钮，这时该函数会在数据库中查询用户输入的用户名和密码是否存在。如果查询结果显示用户名和密码存在，则 LoginDlgProc()函数会在 ShowWindow()函数中调用 ClientDlgProc()自定义函数来显示系统的主窗体；否则，会显示相应的提示信息。LoginDlgProc()函数的实现代码如下：

```
BOOL CALLBACK LoginDlgProc (HWND hDlg, UINT message,WPARAM wParam, LPARAM lParam)
{
    char name[VALUE_LENTH_MAX];
    char pwd[VALUE_LENTH_MAX];
    char sql[SQL_LENTH_MAX];
    switch (message)
    {
        case  WM_INITDIALOG :
            return TRUE ;
        case  WM_COMMAND :
            switch (LOWORD (wParam))
            {
                case   IDC_BTN_LOGIN :
                    /*获取控件字符串*/
                    GetWindowText(GetDlgItem(hDlg,IDC_EDIT_NAME),name,VALUE_LENTH_MAX);
                    GetWindowText(GetDlgItem(hDlg,IDC_EDIT_PASSWORD),pwd,VALUE_LENTH_MAX);
                    sprintf(sql,"select * from tb_operators where name='%s' and password='%s'",name,pwd);
                    /*在数据库查找用户*/
                    if(mysql_query(&mysql,sql))
                    {
                        MessageBox(NULL,TEXT("操作失败"),"错误",MB_ICONERROR);
                        PostQuitMessage (0);
                    }
                    result = mysql_store_result(&mysql);
                    if(mysql_num_rows(result)!=0)
                    {
                        /*登录成功*/
                        EndDialog (hDlg, 0) ;
                        row = mysql_fetch_row(result);
                        sprintf(g_operator,"%s",row[NAME_COLUMN]);
                        g_level = atoi(row[LEVEL_COLUMN]);
                        ShowWindow(CreateDialog(g_hInstance, MAKEINTRESOURCE(ID_DLG_CLIENT),
```

```
                                    NULL, ClientDlgProc),SW_SHOW);
                          }
                          else
                          {
                                    MessageBox(NULL,TEXT("用户名或密码错误!"),"登录失败",MB_ICONERROR);
                                    return 0;
                          }
                          mysql_free_result(result);
                          mysql_query(&mysql,"set names gbk");
                          break;
                    case   IDC_BTN_CANCEL :
                          EndDialog (hDlg, 0) ;
                          PostQuitMessage (0) ;
                          break;
            }
            return TRUE ;
            break ;
    case  WM_CLOSE:
         PostQuitMessage (0) ;
    case  WM_DESTROY :
         break;
       return 0 ;
  }
  return 0 ;
}
```

> **说明**
> 上面代码使用了 ClientDlgProc()函数，9.8 节将详细介绍该函数。

9.8 主窗体设计

9.8.1 主窗体概述

主窗体是程序操作中不可或缺的组件，它是人机交互的关键环节。通过主窗体，用户可以调用系统的各个子模块，从而迅速了解并掌握系统提供的所有功能。在阅界藏书管理系统中，用户一旦通过登录窗体的验证，就会进入主窗体。主窗体由 3 个部分组成：最顶部是系统菜单栏，用户可以通过它来启动系统中的所有子窗体；菜单栏下方是工具栏，它采用按钮形式，便于用户轻松调用最常用的子窗体；工具栏下面则是主窗体的背景区域。主窗体的运行效果如图 9.14 所示。

图 9.14 主窗体

9.8.2 设计主窗体

新建一个 Windows 对话框窗体，该窗体用于实现系统的主窗体。将该窗体的 ID 属性值设置为 ID_DIG_CLIENT，将"描述文字"属性值设置为"阅界藏书管理系统(窗体版)"，将"菜单"属性值设置为 ID_CLIENT_

MENU。

9.8.3 设计系统菜单栏

新建一个 Menu 菜单资源窗口，该窗口将作为系统主窗体中的菜单栏。将该窗口的 ID 属性值设置为 ID_CLIENT_MENU，如图 9.15 所示。

图 9.15 创建 Menu 菜单资源

在菜单编辑器中，为每一个菜单项依次设置 ID 和"描述文字"属性。菜单结构分为二级：一级菜单无须设置 ID 属性，只需将"弹出菜单"属性设置为"True"即可；二级菜单需要设置其 ID 属性。具体的菜单项属性设置如表 9.10 所示。

表 9.10 菜单项属性设置

菜单项 ID	描 述 文 字	菜单项 ID	描 述 文 字
无	【系统】	无	【基本信息管理】
无	【库存管理】	无	【查询管理】
ID_OPERATOR_M	操作员管理	ID_BOOK_INFO	图书信息管理
ID_PROVIDER_INFO	供应商信息管理	ID_BOOK_KIND	图书种类信息管理
ID_CK_INFO	仓库信息管理	ID_DESK_INFO	柜台信息管理
ID_BOOK_INPUT	图书入库管理	ID_INPUT_BACK	入库退货管理
ID_BOOK_ADJUST	图书调拨管理	ID_INPUT_QUERY	入库查询
ID_INPUT_BACK_QUERY	入库退货查询	ID_STOCK_QUERY	库存查询

9.8.4 实现系统菜单功能

系统主窗体中的功能主要是通过自定义的 ClientDlgProc() 函数实现的，该函数主要根据传入的参数来判断并执行相应的操作。它主要实现的功能包括：通过系统菜单调用相应窗口、通过系统工具栏调用相应窗口、绘制主窗体背景等。下面将分别对这些功能进行介绍。

系统菜单功能的实现流程如下：首先，在主窗体中接收 wParam 参数；接着，对这些参数进行判断；最后，根据 wParam 参数的具体值，调用 DialogBox() 函数来打开并显示相应的对话框窗体，从而完成用户与系统之间的交互操作。其关键代码如下：

```
case WM_COMMAND:
    switch (LOWORD (wParam))
    {
        case ID_OPERATOR_M:
            if(g_level>1)
```

```
                {
                    DialogBox(g_hInstance,MAKEINTRESOURCE(ID_DLG_OPERATOR_M),hDlg,Operator_M_Proc);
                }
                else
                {
                    MessageBox(hDlg,"您无权进行此操作","权限等级限制",MB_ICONERROR);
                }
                break;
            case ID_BOOK_INFO:
                DialogBox(g_hInstance,MAKEINTRESOURCE(ID_DLG_BOOK_INFO),hDlg,Book_Info_Proc);
                break;
            case ID_PROVIDER_INFO:
                DialogBox(g_hInstance,MAKEINTRESOURCE(ID_DLG_PROVIDER_INFO),hDlg,Provider_Info_Proc);
                break;
            case ID_BOOK_KIND:
                DialogBox(g_hInstance,MAKEINTRESOURCE(ID_DLG_BOOK_KINDS),hDlg,Book_Kinds_Proc);
                break;
            case ID_CK_INFO:
                DialogBox(g_hInstance,MAKEINTRESOURCE(ID_DLG_STORE_INFO),hDlg,Store_Info_Proc);
                break;
            case ID_DESK_INFO:
                DialogBox(g_hInstance,MAKEINTRESOURCE(ID_DLG_DESK_INFO),hDlg,Desk_Info_Proc);
                break;
            case ID_BOOK_INPUT:
                DialogBox(g_hInstance,MAKEINTRESOURCE(ID_DLG_BOOK_INPUT),hDlg,Book_Input_Proc);
                break;
            case ID_INPUT_BACK:
                DialogBox(g_hInstance,MAKEINTRESOURCE(ID_DLG_BOOK_INPUT),hDlg,Book_Input_Back_Proc);
                break;
            case ID_BOOK_ADJUST:
                DialogBox(g_hInstance,MAKEINTRESOURCE(ID_DLG_BOOK_ADJUST),hDlg,Book_Adjust_Proc);
                break;
                break;
            case ID_INPUT_QUERY:
                DialogBox(g_hInstance,MAKEINTRESOURCE(ID_DLG_QUERY),hDlg,Book_Input_Query_Proc);
                break;
            case ID_INPUT_BACK_QUERY:
                DialogBox(g_hInstance,MAKEINTRESOURCE(ID_DLG_QUERY),hDlg,Book_Input_Back_Query_Proc);
                break;
            case ID_STOCK_QUERY:
                DialogBox(g_hInstance,MAKEINTRESOURCE(ID_DLG_STOCKQUERY),hDlg,Book_Stock_Query_Proc);
                break;
            case ID_TB_CONFIG:
                DialogBox(g_hInstance,MAKEINTRESOURCE(ID_DLG_CONFIG),hDlg,ConfigDlgProc );
                break;
            case ID_TB_EXIT:
                PostQuitMessage (0) ;
                break;
            case ID_EXIT:
                PostQuitMessage (0) ;
                break;
        }
        return 1 ;
        break ;
```

9.8.5 实现系统工具栏

主窗体中的工具栏是通过代码动态创建的，具体步骤如下：首先，在 CreateWindowEx()函数中使用

TOOLBARCLASSNAME 类创建一个空的工具栏；然后，使用 TBBUTTON 类创建工具栏中的按钮并为这些按钮设置图标；最后，将工具栏中相应按钮的指令设置为与菜单栏中相应菜单项一致，以便在单击工具栏中的按钮时弹出相应的对话框窗体。系统工具栏的实现代码如下：

```
case WM_INITDIALOG :
    //设定窗口的位置
    SetWindowPos(hDlg,HWND_TOP,100,100,0,0,SWP_SHOWWINDOW|SWP_NOSIZE);
    //设置工具栏
    hToolbar = CreateWindowEx(WS_EX_APPWINDOW,TOOLBARCLASSNAME,
        "toolbar",WS_VISIBLE|WS_CHILD|CCS_TOP  ,0,0,120,120,hDlg,NULL,g_hInstance,NULL);
    SendMessage(hToolbar,TB_BUTTONSTRUCTSIZE,sizeof(TBBUTTON),0);//向空工具栏传递按钮数据的大小信息
    him = ImageList_Create(24,24,ILC_COLOR24,5,0);
    bkColor=GetSysColor(COLOR_3DFACE);                    //获取系统背景色
    ImageList_SetBkColor(him,bkColor);                    //将图片的背景色设定为默认的背景色
    //向工具栏传递使用当前 ImageList 的信息
    SendMessage(hToolbar,TB_SETIMAGELIST,0,(LPARAM)(HIMAGELIST)him);
    //以此图标装载入 ImageList 中
    for(i=0;i<5;i++)
    {
        ImgID[i]=ImageList_AddIcon(him,LoadIcon(g_hInstance,MAKEINTRESOURCE(IDI_ICON1+i)));
    }
    //设置工具栏按钮的基本属性
    for(i = 0;i<5;i++)
    {
        tbs[i].iBitmap = ImgID[i];
        //iString 是一个 PTR_INT 类型数据，用来存放 32 位地址
        tbs[i].iString = (int)marks[i];
        tbs[i].fsStyle = TBSTYLE_BUTTON;
        tbs[i].fsState = TBSTATE_ENABLED ;
    }
    //将工具栏按钮的指令设置为与相应菜单项一致
    tbs[0].idCommand = ID_BOOK_INFO;
    tbs[1].idCommand = ID_BOOK_INPUT;
    tbs[2].idCommand = ID_INPUT_QUERY;
    //工具栏最后两个按钮的命令在"resource.h"中自行定义
    tbs[3].idCommand = ID_TB_CONFIG;
    tbs[4].idCommand = ID_TB_EXIT;
    //向工具栏传递添加按钮的信息
    SendMessage(hToolbar,TB_ADDBUTTONS,5,(LPARAM)(LPTBBUTTON)tbs);
    SendMessage(hToolbar,TB_SETBUTTONSIZE,0,MAKELONG(80,60));    //设置按钮大小
    SendMessage(hToolbar,TB_AUTOSIZE,0,0);                       //根据工具栏和图片的情况，调整按钮大小
    return TRUE ;
```

9.8.6 绘制主窗体背景

　　主窗体的背景图片是通过动态绘制来实现的。当主窗体接收到 WM_PAINT 消息时，会进行窗体的重绘操作。这个过程主要通过调用 StretchBlt()函数来完成，该函数负责将指定图片绘制到窗体中的指定区域。绘制主窗体背景的实现代码如下：

```
case WM_PAINT:
    hdc = BeginPaint(hDlg,&ps);
    /*绘制主窗体的背景*/
    GetWindowRect(hDlg,&rect);
    Width = rect.right - rect.left;
    Height = rect.bottom -rect.top;
    memDC = CreateCompatibleDC(hdc);
```

```
bmp = LoadBitmap(g_hInstance,MAKEINTRESOURCE(IDB_BITMAP_CLIENT));
GetObject(bmp, sizeof (BITMAP), &mBitmap) ;
SelectObject(memDC,bmp);
StretchBlt (hdc,0,0,Width,Height,memDC,0,0,mBitmap.bmWidth, mBitmap.bmHeight,SRCCOPY) ;
DeleteDC (memDC);
EndPaint(hDlg,&ps);
return 0;
```

9.9 图书信息管理模块设计

9.9.1 图书信息管理模块概述

图书信息管理模块主要负责对系统中的图书基本信息进行增加、修改和删除操作。在图书信息窗体中输入图书的相关信息后，单击"添加"按钮，即可添加图书信息，如图 9.16 所示。

在图书信息窗体的图书列表中双击要修改的行，该行的数据会显示在窗体上半部分的相应文本框和下拉框中。用户修改完数据后，单击"修改"按钮，即可修改指定的图书信息，如图 9.17 所示。

在图书信息窗体的图书列表中选中要删除的行，单击"删除"按钮，系统会弹出确认删除对话框，如图 9.18 所示。如果单击"确定"按钮，则会删除选中的图书信息；如果单击"取消"按钮，则不会执行删除操作。

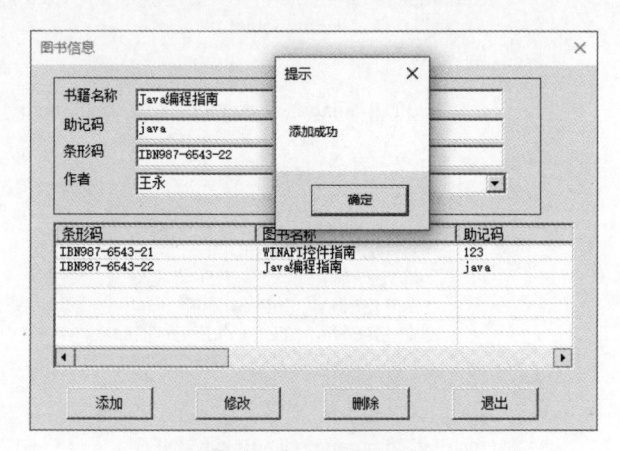

图 9.16 添加图书信息

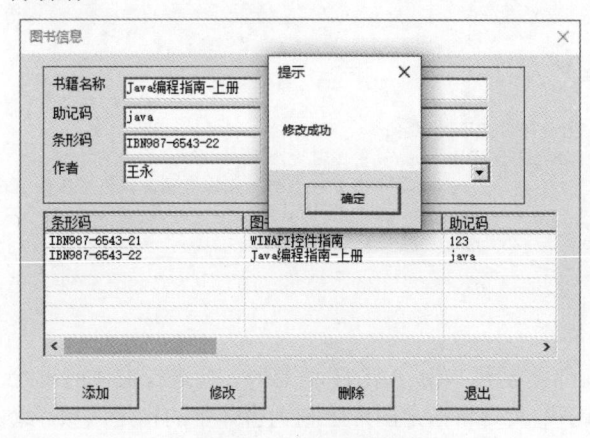

图 9.17 修改图书信息

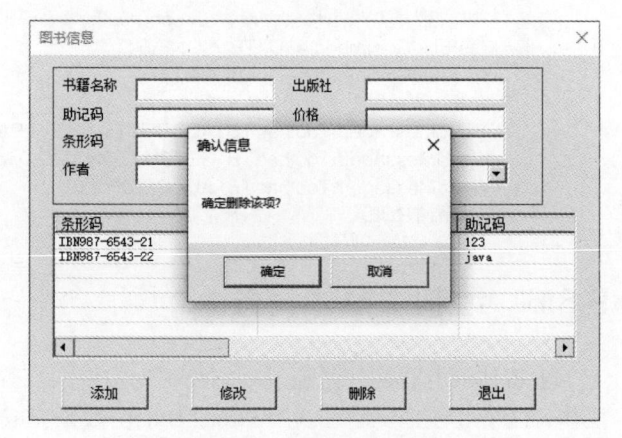

图 9.18 删除图书信息

9.9.2 设计图书信息窗体

新建一个 Windows 对话框窗体，用于实现图书信息管理功能。将该窗体的 ID 属性值设置为 ID_DLG_BOOK_INFO，并将"描述文字"属性值设置为图书信息。该窗体使用的主要控件如表 9.11 所示。

表 9.11　图书信息窗体使用的主要控件

控件类型	控件 ID	主要属性设置	用　　途
Button	IDC_BUTTON_ADD	将描述文字属性设置为"添加"	添加图书信息
	IDC_BUTTON_MODIFY	将描述文字属性设置为"修改"	修改图书信息
	IDC_BUTTON_DELETE	将描述文字属性设置为"删除"	删除图书信息
	IDC_QUIT	将描述文字属性设置为"退出"	关闭当前窗体
Edit Control	IDC_EDIT_BOOKNAME	无	输入书名
	IDC_EDIT_PUBLIC	无	输入出版社
	IDC_EDIT_MNCODE	无	输入助记码
	IDC_EDIT_PRICE	无	输入价格
	IDC_EDIT_BARCODE	无	输入条形码
	IDC_EDIT_MEMO	无	输入备注
	IDC_EDIT_AUTHOR	无	输入作者
Combo Box	IDC_COMBO_KINDS	类型属性选择"Dropdown"	选择种类
Static Text	IDC_STATIC	将描述文字属性设置为"书籍名称"	提示信息
	IDC_STATIC	将描述文字属性设置为"出版社"	提示信息
	IDC_STATIC	将描述文字属性设置为"助记码"	提示信息
	IDC_STATIC	将描述文字属性设置为"价格"	提示信息
	IDC_STATIC	将描述文字属性设置为"条形码"	提示信息
	IDC_STATIC	将描述文字属性设置为"备注"	提示信息
	IDC_STATIC	将描述文字属性设置为"作者"	提示信息
List Control	IDC_LIST_VIEW	将视图属性设置为"Report"	图书信息数据列表

9.9.3　图书信息管理功能的实现

图书信息管理功能是通过自定义的 Book_Info_Proc()函数实现的。该函数通过参数 wParam 的值来判断用户的操作：如果该参数值为 IDC_BUTTON_ADD，则表示添加图书信息，此时调用 InsertData()函数执行添加图书操作；如果该参数值为 IDC_BUTTON_DELETE，则调用 DeleteFromListView()函数删除指定的图书信息；如果该参数值为 IDC_BUTTON_MODIFY，则调用 FomatCMUpdate()函数执行修改图书操作，随后调用 UpDateDataFromListView()函数将修改后的最新数据显示到列表中。Book_Info_Proc()函数的实现代码如下：

```
//对话框消息处理函数
BOOL CALLBACK   Book_Info_Proc(HWND hDlg, UINT message,WPARAM wParam, LPARAM lParam)
{
    //初始化变量
    char titles[FIELD_NUM][TITLE_LENTH_MAX] = {"条形码","图书名称","助记码","作者","出版社","价格","备注","种类"};
    HWND hView = GetDlgItem(hDlg,IDC_LIST_VIEW);
    ColumnMessage cms[FIELD_NUM];
    ColumnMessage resultCms[RESULT_TB_FIELD_NUM];
    char values[VALUE_LENTH_MAX*FIELD_NUM+FIELD_NUM-1];
    char fields[FIELD_LENTH_MAX*FIELD_NUM+FIELD_NUM-1];
    int selIndex;
    int i;
    int updateFlag;
    char sets[(VALUE_LENTH_MAX+FIELD_LENTH_MAX)*(FIELD_NUM)+(FIELD_NUM-1)*2+1] = "\0";
    LPNMHDR pNmhdr;
    char temp[VALUE_LENTH_MAX];
    _int64 stockColumn;
    char sql[SQL_LENTH_MAX];
```

```c
_int64 nums;
switch (message)
{
    case WM_INITDIALOG :
        //初始化对话框
        InitCommonControls();
        SendMessage(hView,LVM_SETEXTENDEDLISTVIEWSTYLE,0,LVS_EX_FULLROWSELECT|
            LVS_EX_HEADERDRAGDROP|LVS_EX_GRIDLINES|LVS_EX_ONECLICKACTIVATE|
            LVS_EX_FLATSB);
        InitListViewColumns(hView,titles,FIELD_NUM );
        QueryRecordToView(hView,TB_NAME,FIELD_NUM,"",1,0);
        //填充种类下拉框
        sprintf(sql,"select * from %s",BASE_TB_NAME);
        mysql_query(&mysql,sql);
        if(mysql_errno(&mysql))
        {
            MessageBox(GetParent(hView),"操作错误","提示",MB_ICONERROR);
            return 0;
        }
        result = mysql_store_result(&mysql);
        nums = mysql_num_rows(result);
        for(i=0;i<nums;i++)
        {
            row = mysql_fetch_row(result);
            SendMessage(GetDlgItem(hDlg,IDC_COMBO_KINDS),CB_ADDSTRING,0,(LPARAM)row[0]);
        }
        mysql_free_result(result);
        return TRUE ;
    case WM_COMMAND :
        //处理按钮单击等命令
        switch(LOWORD(wParam))
        {
            case   IDC_BUTTON_ADD:
                //添加图书信息
                sprintf(cms[0].fieldName,"barcode");
                sprintf(cms[1].fieldName,"bookname");
                sprintf(cms[2].fieldName,"mncode");
                sprintf(cms[3].fieldName,"authorname");
                sprintf(cms[4].fieldName,"bookconcern");
                sprintf(cms[5].fieldName,"price");
                sprintf(cms[6].fieldName,"memo");
                sprintf(cms[7].fieldName,"kind");
                for(i=0;i<FIELD_NUM;i++)
                {
                    cms[i].type = DB_CHAR;
                }
                cms[5].type = DB_INT;
                GetDlgItemText(hDlg,IDC_EDIT_BOOKNAME,cms[1].value,VALUE_LENTH_MAX);
                if(strlen(cms[1].value)<1)
                {
                    MessageBox(hDlg,"请输入图书名称","提示",MB_ICONHAND);
                    return 0;
                }
                GetDlgItemText(hDlg,IDC_EDIT_MNCODE,cms[2].value,VALUE_LENTH_MAX);
                if(strlen(cms[2].value)<1)
                {
                    MessageBox(hDlg,"请输入助记码","提示",MB_ICONHAND);
                    return 0;
                }
                GetDlgItemText(hDlg,IDC_EDIT_BARCODE,cms[0].value,VALUE_LENTH_MAX);
                if(strlen(cms[0].value)<1)
                {
```

```c
            MessageBox(hDlg,"请输入条形码","提示",MB_ICONHAND);
            return 0;
    }
    GetDlgItemText(hDlg,IDC_EDIT_AUTHOR,cms[3].value,VALUE_LENTH_MAX);
    if(strlen(cms[3].value)<1)
    {
            MessageBox(hDlg,"请输入作者姓名","提示",MB_ICONHAND);
            return 0;
    }
    GetDlgItemText(hDlg,IDC_EDIT_PUBLIC,cms[4].value,VALUE_LENTH_MAX);
    if(strlen(cms[4].value)<1)
    {
            MessageBox(hDlg,"请输入出版商","提示",MB_ICONHAND);
            return 0;
    }
    GetDlgItemText(hDlg,IDC_EDIT_PRICE,cms[5].value,VALUE_LENTH_MAX);
    if(strlen(cms[5].value)<1)
    {
            MessageBox(hDlg,"请输入图书价格","提示",MB_ICONHAND);
            return 0;
    }
    GetDlgItemText(hDlg,IDC_EDIT_MEMO,cms[6].value,VALUE_LENTH_MAX);
    selIndex = SendMessage(GetDlgItem(hDlg,IDC_COMBO_KINDS),CB_GETCURSEL,0,0);
    if(selIndex == -1)
    {
            MessageBox(hDlg,"请选择图书种类","提示",MB_ICONHAND);
            return 0;
    }
    SendMessage(GetDlgItem(hDlg,IDC_COMBO_KINDS),CB_GETLBTEXT,
            selIndex,(LPARAM)cms[7].value);
    FomatCMInsert(cms,FIELD_NUM,fields,values);
    mysql_query(&mysql,"BEGIN");
    if(!InsertData(TB_NAME,fields,values))
    {
            MessageBoxEx(GetParent(hView),"操作错误","提示",
                MB_ICONERROR|MB_TOPMOST,0);
            mysql_query(&mysql,"ROLLBACK");
            return 0;
    }
    sprintf(resultCms[0].fieldName,"barcode");
    resultCms[0].type = DB_CHAR;
    sprintf(resultCms[0].value,"%s",cms[0].value);
    sprintf(resultCms[1].fieldName,"store");
    resultCms[1].type = DB_CHAR;
    sprintf(sql,"select %s from %s",CONFIRM_COLUMN,CONFIRM_TB_NAME);
    mysql_query(&mysql,sql);
    if(mysql_errno(&mysql!))
    {
            MessageBoxEx(GetParent(hView),"操作错误","提示",
                MB_ICONERROR|MB_TOPMOST,0);
            return 0;
    }
    result = mysql_store_result(&mysql);
    stockColumn = mysql_num_rows(result);
    for(i=0;i<stockColumn;i++)
    {
        row = mysql_fetch_row(result);
        sprintf(resultCms[1].value,"%s",row[0]);
        FomatCMInsert(resultCms,RESULT_TB_FIELD_NUM,fields,values);
        if(!InsertData(RESULT_TB_NAME,fields,values))
        {
            MessageBox(hDlg,"操作错误","提示",MB_ICONERROR);
```

```c
                    mysql_query(&mysql,"ROLLBACK");
                    return 0;
                }
            }
            mysql_free_result(result);
            sprintf(sql,"select count(*) from %s",CONFIRM_TB_NAME);
            mysql_query(&mysql,sql);
            result = mysql_store_result(&mysql);
            row = mysql_fetch_row(result);
            nums = (__int64)atoi(row[0]);
            if(stockColumn != nums)
            {
                MessageBox(hDlg,"关联数据异步更新","提示",MB_ICONERROR);
                mysql_query(&mysql,"ROLLBACK");
                return 0;
            }
            mysql_query(&mysql,"COMMIT");
            QueryRecordToView(hView,TB_NAME,FIELD_NUM,"",1,0);
            MessageBox(hDlg,"添加成功","提示",MB_OK);
            break;
        case IDC_BUTTON_DELETE:
            //从列表中删除图书信息
            DeleteFromListView(hView,TB_NAME,PRIMARY,DB_CHAR);
            break;
        case IDC_BUTTON_MODIFY:
            //修改图书信息
            updateFlag = 0;
            sprintf(cms[0].fieldName,"barcode");
            sprintf(cms[1].fieldName,"bookname");
            sprintf(cms[2].fieldName,"mncode");
            sprintf(cms[3].fieldName,"authorname");
            sprintf(cms[4].fieldName,"bookconcern");
            sprintf(cms[5].fieldName,"price");
            sprintf(cms[6].fieldName,"memo");
            sprintf(cms[7].fieldName,"kind");
            for(i=0;i<FIELD_NUM;i++)
            {
                cms[i].type = DB_CHAR;
            }
            cms[5].type = DB_INT;
            for(i =0;i<EDIT_COUNT;i++)
            {
                GetDlgItemText(hDlg,NO1_EDIT+i,cms[i].value,VALUE_LENTH_MAX);
            }
            sellndex = SendMessage(GetDlgItem(hDlg,IDC_COMBO_KINDS),CB_GETCURSEL,0,0);
            if(sellndex == -1)
            {
                sprintf(cms[7].value,"");
            }
            else
            {
                SendMessage(GetDlgItem(hDlg,IDC_COMBO_KINDS),CB_GETLBTEXT,
                    sellndex,(LPARAM)cms[7].value);
            }
            if(FomatCMUpdate(cms,FIELD_NUM,sets)>0)
            {
                UpDateDataFromListView(hView,TB_NAME,sets,FIELD_NUM,PRIMARY,DB_CHAR);
            }
            else
            {
                MessageBox(hDlg,"修改信息不可全部为空!","提示",MB_ICONERROR);
            }
```

```
                    break;
            case    ID_QUIT:
                    //关闭对话框
                    EndDialog(hDlg,0);
                    break;
        }
        return TRUE ;
        break ;
    case WM_NOTIFY:
        //处理列表视图通知
        if(wParam == IDC_LIST_VIEW)
        {
            pNmhdr = (LPNMHDR)lParam;
            if(NM_DBLCLK == pNmhdr->code)
            {
                //双击列表项,编辑选中项
                selIndex = SendMessage(GetDlgItem(hDlg,IDC_LIST_VIEW),
                    LVM_GETSELECTIONMARK,0,0);
                if(selIndex == -1)
                {
                    return 0;
                }
                for(i = 0;i<EDIT_COUNT;i++)
                {
                    ListView_GetItemText(hView,selIndex,i,temp,VALUE_LENTH_MAX);
                    SetDlgItemText(hDlg,NO1_EDIT+i,temp);
                }
                ListView_GetItemText(hView,selIndex,FIELD_NUM-1,temp,VALUE_LENTH_MAX);
                selIndex = SendMessage(GetDlgItem(hDlg,IDC_COMBO_KINDS),
                    CB_FINDSTRING,0,(LPARAM)temp);
                SendMessage(GetDlgItem(hDlg,IDC_COMBO_KINDS),CB_SETCURSEL,selIndex,0);
            }
        }
        return 1;
    case WM_CLOSE:
        //关闭对话框
        EndDialog(hDlg,0);
    case WM_DESTROY:
        //清理资源
        break;
        return 0;
    }
    return FALSE;
}
```

> **说明**
> 上面代码在实现图书信息的添加、删除、修改和显示功能时,主要使用了以下自定义函数:
> FomatCMInsert()、InsertData()、DeleteFromListView()、FomatCMUpdate()、UpDateDataFromListView()和QueryRecordToView(),关于这些函数的具体实现,请参见9.5节。

9.10 图书入库管理模块设计

9.10.1 图书入库管理模块概述

图书入库管理模块主要对图书进行入库操作。在图书入库窗体中,用户需要输入图书的条形码、供应商和数量信息，并选择要存储图书的仓库，然后单击"确定"按钮，完成图书的入库操作。这里在输入图书条形码和供应商信息时，用户可以直接双击窗体右侧的图书信息列表和供应商信息列表来快速输入。图书入库管理窗体如图 9.19 所示。

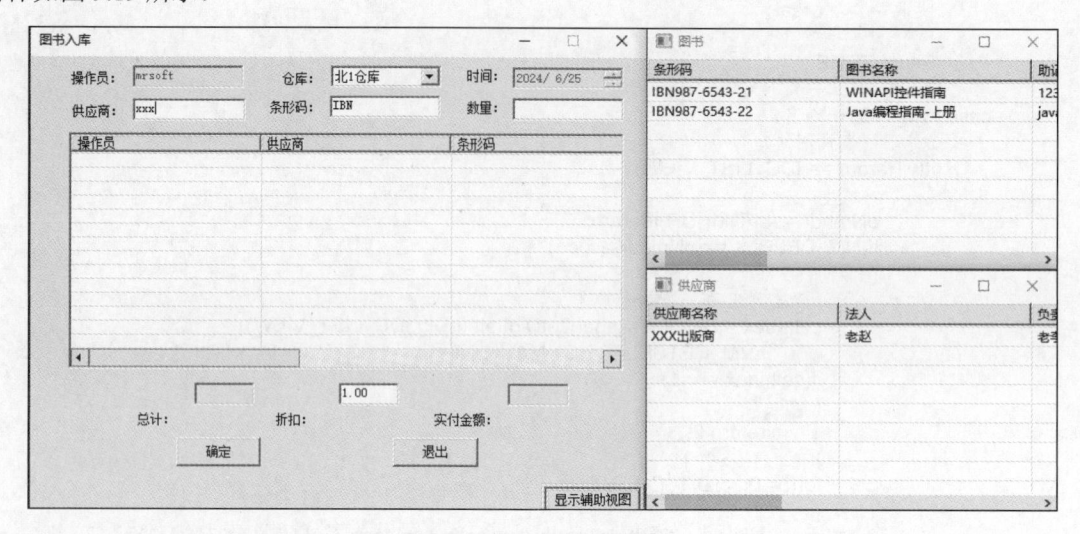

图 9.19　图书入库窗体

9.10.2　设计图书入库窗体

新建一个 Windows 对话框窗体，用于实现图书入库功能。将该窗体的 ID 属性值设置为 ID_DLG_BOOK_INPUT，并将"描述文字"属性值设置为图书入库。该窗体使用的主要控件如表 9.12 所示。

表 9.12　图书入库窗体使用的主要控件

控件类型	控件 ID	主要属性设置	用途
Button	IDC_BUTTON_ADD	将描述文字属性设置为"确定"	添加一行图书入库数据
	IDC_BUTTON_SUB	将描述文字属性设置为"显示辅助视图"	供应商与条形码窗体
	IDC_QUIT	将描述文字属性设置为"退出"	关闭当前窗体
Edit Control	IDC_INPUT_OPERATOR	将已禁用属性设置为"True"	显示当前操作员
	IDC_INPUT_PROVIDER	无	输入供应商
	IDC_INPUT_BARCODE	无	输入条形码
	IDC_INPUT_COUNT	无	输入数量
	IDC_SUMMONEY	将已禁用属性设置为"True"	显示总计
	IDC_INPUT_REBATE	无	显示折扣
	IDC_FACTMONEY	无	显示实付
Combo Box	IDC_COMBO_STORE	将类型属性设置为"下拉列表"	选择种类
Date Time Picker	IDC_DATETIME	将使用旋转控制属性设置为"True" 将已禁用属性设置为"True"	选择时间
Static Text	IDC_STATIC	将描述文字属性设置为"操作员"	提示信息
	IDC_STATIC	将描述文字属性设置为"仓库"	提示信息
	IDC_STATIC	将描述文字属性设置为"时间"	提示信息
	IDC_STATIC	将描述文字属性设置为"供应商"	提示信息

续表

控件类型	控件 ID	主要属性设置	用 途
Static Text	IDC_STATIC	将描述文字属性设置为"条形码"	提示信息
	IDC_STATIC	将描述文字属性设置为"数量"	提示信息
	IDC_STATIC	将描述文字属性设置为"总计"	提示信息
	IDC_STATIC	将描述文字属性设置为"折扣"	提示信息
	IDC_STATIC	将描述文字属性设置为"实付金额"	提示信息
List Control	IDC_LIST_VIEW	将视图属性设置为"Report"	图书入库数据列表

说明

图 9.19 中右侧的图书信息列表和供应商信息列表窗体是通过调用 CreateSubViewProc()函数动态创建的。

9.10.3 图书入库管理功能的实现

图书入库管理功能是通过自定义的 Book_Input_Proc()函数实现的。该函数通过参数 wParam 的值来判断用户的操作：如果该参数值为 IDC_BUTTON_SUB，则调用 CreateSubViewProc()函数来创建显示条形码信息和供应商信息的辅助窗口；如果该参数值为 IDC_INPUT_BOOKNAME，则调用 SetSubViewFromEdit()函数将查询到的条形码信息或者供应商信息显示到右侧辅助窗口上；如果该参数值为 IDC_BUTTON_ADD，则调用 mysql_query()函数执行图书的入库操作，即将用户输入的图书入库相关信息添加到 tb_book_input 数据表中。Book_Input_Proc()函数的实现代码如下：

```
BOOL CALLBACK Book_Input_Proc(HWND hDlg, UINT message, WPARAM wParam, LPARAM lParam)
{
    char titles[FIELD_NUM][TITLE_LENTH_MAX] = { "操作员","供应商","条形码","时间","存放于","数量","实付金额" };
    char sub_book_titles[SUB_TITLES_BOOK_COUNT][TITLE_LENTH_MAX] = { "条形码","图书名称","助记码",
        "作者","出版社","价格","备注","种类" };
    char sub_provider_titles[SUB_TITLES_PROVIDER_COUNT][TITLE_LENTH_MAX] = { "供应商名称","法人",
        "负责人","联系电话","详细地址","网址","邮箱" };
    HWND hView = GetDlgItem(hDlg, IDC_LIST_VIEW);
    static HWND bookSubView;
    static HWND providerSubView;
    ColumnMessage cms[FIELD_NUM];
    ColumnMessage resultCms[RESULT_TB_FIELD_NUM];
    char values[VALUE_LENTH_MAX * FIELD_NUM + FIELD_NUM - 1];
    char fields[FIELD_LENTH_MAX * FIELD_NUM + FIELD_NUM - 1];
    int selIndex;                       //控件当前被选中的项
    int i;
    char sets[(VALUE_LENTH_MAX + FIELD_LENTH_MAX) *
        (RESULT_TB_FIELD_NUM)+(RESULT_TB_FIELD_NUM - 1) * 2 + 1] = "\0";
    LPNMHDR pNmhdr;                     //NMHDR 表示 WM_NOTIFY 消息内容,LPNMHDR 则表示指向它的指针类型
    char temp[VALUE_LENTH_MAX];         //设置 EDIT 文字时所用的字符缓冲
    SYSTEMTIME   systime;               //系统时间结构体
    double rebate;                      //折扣
    double pay;
    char sql[SQL_LENTH_MAX];
    _int64 nums;
    switch (message)
    {
        case    WM_INITDIALOG:
            InitCommonControls();
```

```c
            SendMessage(hView, LVM_SETEXTENDEDLISTVIEWSTYLE, 0, LVS_EX_FULLROWSELECT |
                LVS_EX_HEADERDRAGDROP | LVS_EX_GRIDLINES | LVS_EX_ONECLICKACTIVATE |
                LVS_EX_FLATSB);
            InitListViewColumns(hView, titles, FIELD_NUM);
            //初始化下拉列表
            sprintf(sql, "select * from %s where storename!='店内'", BASE_TB_NAME);
            mysql_query(&mysql, sql);
            if (mysql_errno(&mysql))
            {
                MessageBoxEx(GetParent(hView), "操作错误", "提示", MB_ICONERROR | MB_TOPMOST, 0);
                return 0;
            }
            result = mysql_store_result(&mysql);
            nums = mysql_num_rows(result);
            for (i = 0; i < nums; i++)
            {
                row = mysql_fetch_row(result);
                SendMessage(GetDlgItem(hDlg, IDC_COMBO_STORE), CB_ADDSTRING, 0, (LPARAM)row[0]);
            }
            mysql_free_result(result);
            //初始化折扣
            SetWindowText(GetDlgItem(hDlg, IDC_REBATE), "1.00");
            //初始化辅助窗口
            CreateSubViewProc(hDlg, &bookSubView, "图书", sub_book_titles, SUB_TITLES_BOOK_COUNT, 0);
            CreateSubViewProc(hDlg, &providerSubView, "供应商",
                sub_provider_titles, SUB_TITLES_PROVIDER_COUNT, 1);
            //初始化操作员
            SetWindowText(GetDlgItem(hDlg, IDC_INPUT_OPERATOR), g_operator);
            return TRUE;
        case    WM_COMMAND:
            switch (LOWORD(wParam))
            {
                case IDC_BUTTON_ADD:
                    sprintf(cms[0].fieldName, "operator");
                    sprintf(cms[1].fieldName, "provider");
                    sprintf(cms[2].fieldName, "barcode");
                    sprintf(cms[3].fieldName, "time");
                    sprintf(cms[4].fieldName, "store");
                    sprintf(cms[5].fieldName, "count");
                    sprintf(cms[6].fieldName, "pay");
                    for (i = 0; i < FIELD_NUM; i++)
                    {
                        cms[i].type = DB_CHAR;
                    }
                    cms[5].type = DB_INT;
                    cms[6].type = DB_INT;
                    GetDlgItemText(hDlg, IDC_INPUT_OPERATOR, cms[0].value, VALUE_LENTH_MAX);
                    GetDlgItemText(hDlg, IDC_INPUT_PROVIDER, cms[1].value, VALUE_LENTH_MAX);
                    if (strlen(cms[1].value) < 1)
                    {
                        MessageBoxEx(hDlg, "请输入供应商", "提示", MB_ICONHAND | MB_TOPMOST, 0);
                        return 0;
                    }
                    GetDlgItemText(hDlg, IDC_INPUT_BOOKNAME, cms[2].value, VALUE_LENTH_MAX);
                    if (strlen(cms[2].value) < 1)
                    {
                        MessageBoxEx(hDlg, "请输入条形码", "提示", MB_ICONHAND | MB_TOPMOST, 0);
                        return 0;
                    }
                    //获取的系统时间
                    GetSystemTime(&systime);
                    sprintf(cms[3].value, "%d/%d/%d %d:%d:%d", systime.wYear, systime.wMonth,
```

```c
            systime.wDay, systime.wHour, systime.wMinute, systime.wSecond);
//获取存放地点
selIndex = SendMessage(GetDlgItem(hDlg, IDC_COMBO_STORE), CB_GETCURSEL, 0, 0);
if (selIndex == -1)
{
        MessageBoxEx(hDlg, "请选择存放地点", "提示", MB_ICONHAND | MB_TOPMOST, 0);
        return 0;
}
SendMessage(GetDlgItem(hDlg, IDC_COMBO_STORE), CB_GETLBTEXT,
        selIndex, (LPARAM)cms[4].value);
//获取数量
GetDlgItemText(hDlg, IDC_INPUT_COUNT, cms[5].value, VALUE_LENTH_MAX);
if (strlen(cms[5].value) < 1)
{
        MessageBoxEx(hDlg, "请输入数量", "提示", MB_ICONHAND | MB_TOPMOST, 0);
        return 0;
}
//通过数量、折扣、单价获取实付金额
GetDlgItemText(hDlg, IDC_INPUT_REBATE, temp, VALUE_LENTH_MAX);
if (strlen(temp) < 1)
{
        MessageBoxEx(hDlg, "请输入折扣", "提示", MB_ICONHAND | MB_TOPMOST, 0);
        return 0;
}
rebate = atof(temp);
if ((int)(rebate * 10) < 3)
{
        MessageBoxEx(hDlg, "折扣过低", "提示", MB_ICONHAND | MB_TOPMOST, 0);
        return 0;
}
if ((int)(rebate * 10) > 10)
{
        MessageBoxEx(hDlg, "折扣不能超过 1", "提示", MB_ICONHAND | MB_TOPMOST, 0);
        return 0;
}
sprintf(sql, "select price from %s where %s='%s'", INFO_TB_BOOK_NAME,
        BOOK_FK, cms[2].value);
mysql_query(&mysql, sql);
result = mysql_store_result(&mysql);
if (mysql_num_rows(result) == 0)
{
        MessageBoxEx(hDlg, "条形码输入有误", "提示", MB_ICONHAND | MB_TOPMOST, 0);
        return 0;
}
row = mysql_fetch_row(result);
pay = atof(row[0]) * atof(cms[5].value);
sprintf(temp, "%3.2f", pay);
SetDlgItemText(hDlg, IDC_SUMMONEY, temp);
pay = pay * rebate;
mysql_free_result(result);
sprintf(cms[6].value, "%3.2f", pay);
SetDlgItemText(hDlg, IDC_FACTMONEY, cms[6].value);
//格式化字符串
FomatCMInsert(cms, FIELD_NUM, fields, values);
//对信息表进行操作
mysql_query(&mysql, "BEGIN");                                //开启事务管理
if (!InsertData(TB_NAME, fields, values))
{
        MessageBoxEx(GetParent(hView), "操作错误", "提示",
            MB_ICONERROR | MB_TOPMOST, 0);
        mysql_query(&mysql, "ROLLBACK");
        return 0;
```

```c
                    }
                    //对结果表进行操作
                    FomatCMUpdate(resultCms, RESULT_TB_FIELD_NUM, sets);
                    sprintf(sql, "update %s set %s=%s+%s where %s='%s' and %s='%s'", RESULT_TB_NAME,
                        RESULT_TB_TARGET, RESULT_TB_TARGET, cms[5].value,
                        RESULT_TB_BOOK_CONDITION, cms[2].value, RESULT_TB_STORE_CONDITION,
                        cms[4].value);
                    mysql_query(&mysql, sql);
                    if (mysql_errno(&mysql))
                    {
                        MessageBoxEx(GetParent(hView), "操作错误", "提示",
                            MB_ICONERROR | MB_TOPMOST, 0);
                        mysql_query(&mysql, "ROLLBACK");
                        return 0;
                    }
                    //提交事务
                    mysql_query(&mysql, "COMMIT");
                    HoldInsertIDCondition(sql, PRIMARY);
                    QueryRecordToView(hView, TB_NAME, FIELD_NUM, sql, 1, 1);
                    MessageBox(hDlg, "操作成功", "提示", MB_OK);
                    break;
                case IDC_BUTTON_SUB:
                    if (IsWindow(bookSubView) == 0)
                    {
                        CreateSubViewProc(hDlg, &bookSubView, "图书", sub_book_titles,
                            SUB_TITLES_BOOK_COUNT, 0);
                    }
                    if (IsWindow(providerSubView) == 0)
                    {
                        CreateSubViewProc(hDlg, &providerSubView, "供应商", sub_provider_titles,
                            SUB_TITLES_PROVIDER_COUNT, 1);
                    }
                    break;
                case ID_QUIT:
                    EndDialog(hDlg, 0);
                    break;
                case IDC_INPUT_BOOKNAME:
                    if (HIWORD(wParam) == EN_CHANGE)
                    {
                        SetSubViewFromEdit(GetDlgItem(hDlg, IDC_INPUT_BOOKNAME), bookSubView,
                            INFO_TB_BOOK_NAME, BOOK_FK, SUB_TITLES_BOOK_COUNT);
                    }
                    break;
                case IDC_INPUT_PROVIDER:
                    if (HIWORD(wParam) == EN_CHANGE)
                    {
                        SetSubViewFromEdit(GetDlgItem(hDlg, IDC_INPUT_PROVIDER), providerSubView,
                            INFO_TB_PROVIDER_NAME, PROVIDER_FK,
                            SUB_TITLES_PROVIDER_COUNT);
                    }
                    break;
            }
            return TRUE;
            break;
        case WM_NOTIFY:
            pNmhdr = (LPNMHDR)lParam;
            if (NM_DBLCLK == pNmhdr->code)
            {
                selIndex = SendMessage(pNmhdr->hwndFrom, LVM_GETSELECTIONMARK, 0, 0);
                if (selIndex == -1)
                {
```

```
                    return 0;
                }
                ListView_GetItemText(pNmhdr->hwndFrom, selIndex, 0, temp, VALUE_LENTH_MAX);
                if (pNmhdr->hwndFrom == bookSubView)
                {
                    SetWindowText(GetDlgItem(hDlg, IDC_INPUT_BOOKNAME), temp);
                }
                if (pNmhdr->hwndFrom == providerSubView)
                {
                    SetWindowText(GetDlgItem(hDlg, IDC_INPUT_PROVIDER), temp);
                }
            }
            return 1;
        case WM_CLOSE:
            EndDialog(hDlg, 0);
        case WM_DESTROY:
            break;
            return 0;
    }
    return FALSE;
}
```

9.11 入库查询模块设计

9.11.1 入库查询模块概述

入库查询模块主要根据用户设置的查询条件对图书入库信息进行查询，查询条件主要有操作员、供应商、条形码、存放地点和时间。入库查询窗体的界面效果如图 9.20 所示。

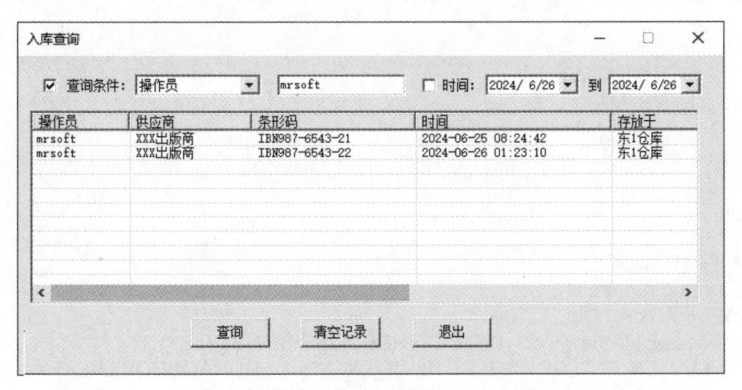

图 9.20 入库查询窗体的界面效果

9.11.2 设计入库查询窗体

新建一个 Windows 对话框窗体，用于实现入库查询功能。将该窗体的 ID 属性值设置为 ID_DLG_QUERY。该窗体使用的主要控件如表 9.13 所示。

表 9.13 入库查询窗体使用的主要控件

控件类型	控件 ID	主要属性设置	用　　途
Button	IDC_QUERY	将描述文字属性设置为"查询"	查询数据
	IDC_CLEAR	将描述文字属性设置为"清空记录"	清除数据
	IDC_QUIT	将描述文字属性设置为"退出"	关闭当前窗体
Edit Control	IDC_SQ_VALUE	无	输入查询条件
Combo Box	IDC_CONDITIONLIST	将类型属性设置为"下拉列表"	选择查询条件
Check Box	IDC_SELECT_CHECK	无	使条件生效
	IDC_TIME_CHECK	无	使条件生效
Static Text	IDC_STATIC	将描述文字属性设置为"查询条件"	提示信息
	IDC_STATIC	将描述文字属性设置为"时间"	提示信息
Date Time Picker	IDC_STARTTIME	无	开始时间
	IDC_ENDTIME	无	结束时间
List Control	IDC_LIST_VIEW	将视图属性设置为"Report"	列表

9.11.3 入库查询功能的实现

入库查询功能是通过自定义的 Book_Input_Query_Proc()函数实现的。该函数首先对窗体及其中的下拉列表进行初始化，然后通过参数 wParam 的值来判断用户的操作。如果该参数值为 IDC_QUERY，说明用户单击了"查询"按钮，此时会调用 QueryRecordToView()函数，按照输出的查询条件查询图书入库信息，并将查询结果显示在列表中。Book_Input_Query_Proc()函数的实现代码如下：

```
BOOL CALLBACK Book_Input_Query_Proc(HWND hDlg, UINT message,WPARAM wParam, LPARAM lParam)
{
    char titles[FIELD_NUM][TITLE_LENTH_MAX] = {"操作员","供应商","条形码","时间","存放于","数量","实付金额"};
    char queryTitles[CONDITON_NUM][TITLE_LENTH_MAX]= {"操作员","供应商","条形码","存放于"};
    HWND hView = GetDlgItem(hDlg,IDC_LIST_VIEW);
    int selIndex;
    int i;
    char temp[VALUE_LENTH_MAX];
    char end[VALUE_LENTH_MAX];
    char condition[SQL_LENTH_MAX] = "";
    int conditionFlag;
    int timeFlag;
    switch (message)
    {
        case WM_INITDIALOG:
            InitCommonControls();
            SetWindowText(hDlg,"入库查询");
            SendMessage(hView,LVM_SETEXTENDEDLISTVIEWSTYLE,0,
                LVS_EX_FULLROWSELECT|LVS_EX_HEADERDRAGDROP|LVS_EX_GRIDLINES|
                LVS_EX_ONECLICKACTIVATE|LVS_EX_FLATSB);
            InitListViewColumns(hView,titles,FIELD_NUM );
            //初始化下拉列表
            for(i=0;i<CONDITON_NUM;i++)
            {
                SendMessage(GetDlgItem(hDlg,IDC_CONDITIONLIST),
                    CB_ADDSTRING,0,(LPARAM)queryTitles[i]);
            }
            return TRUE;
        case WM_COMMAND:
            switch(LOWORD(wParam))
            {
```

```c
                    case IDC_QUERY:
                        conditionFlag = SendMessage(GetDlgItem(hDlg,IDC_SELECT_CHECK),BM_GETCHECK,0,0);
                        timeFlag = SendMessage(GetDlgItem(hDlg,IDC_TIME_CHECK),BM_GETCHECK,0,0);
                        if(conditionFlag==BST_CHECKED)
                        {
                            selIndex =
                                SendMessage(GetDlgItem(hDlg,IDC_CONDITIONLIST),CB_GETCURSEL,0,0);
                            GetWindowText(GetDlgItem(hDlg,IDC_SQ_VALUE),temp,VALUE_LENTH_MAX);
                            if(strlen(temp)==0)
                            {
                                MessageBoxEx(hDlg,"请输入查询条件","提示",
                                    MB_ICONERROR|MB_TOPMOST,0);
                                return 0;
                            }
                            switch(selIndex)
                            {
                                case 0:
                                    sprintf(condition,"operator='%s'",temp);
                                    break;
                                case 1:
                                    sprintf(condition,"provider='%s'",temp);
                                    break;
                                case 2:
                                    sprintf(condition,"barcode='%s'",temp);
                                    break;
                                case 3:
                                    sprintf(condition,"store='%s'",temp);
                                    break;
                                default:
                                    return 0;
                            }
                            if(timeFlag == conditionFlag)
                            {
                                sprintf(condition,"%s and ",condition);
                            }
                        }
                        if(timeFlag ==BST_CHECKED)
                        {
                            GetWindowText(GetDlgItem(hDlg,IDC_STARTTIME),temp,VALUE_LENTH_MAX);
                            GetWindowText(GetDlgItem(hDlg,IDC_ENDTIME),end,VALUE_LENTH_MAX);
                            sprintf(condition,"%stime>='%s/00/00/00' and time<='%s/23/59/59'",condition,temp,end);
                        }
                        QueryRecordToView(hView,TB_NAME,FIELD_NUM,condition,1,1);
                        break;
                    case ID_QUIT:
                        EndDialog(hDlg,0);
                        break;
                    case IDC_CLEAR:
                        ListView_DeleteAllItems(hView);
                }
            return TRUE ;
            break ;
        case  WM_CLOSE:
            EndDialog(hDlg,0);
        case  WM_DESTROY :
            break;
            return 0 ;
    }
    return FALSE ;
}
```

9.12 操作员管理模块设计

9.12.1 操作员管理模块概述

操作员管理模块主要负责对系统中的操作员信息进行增加、修改和删除操作。在操作员信息窗体中输入操作员的名称、密码，并选择相应的操作员级别后，单击"添加"按钮，即可添加操作员信息，如图 9.21 所示。

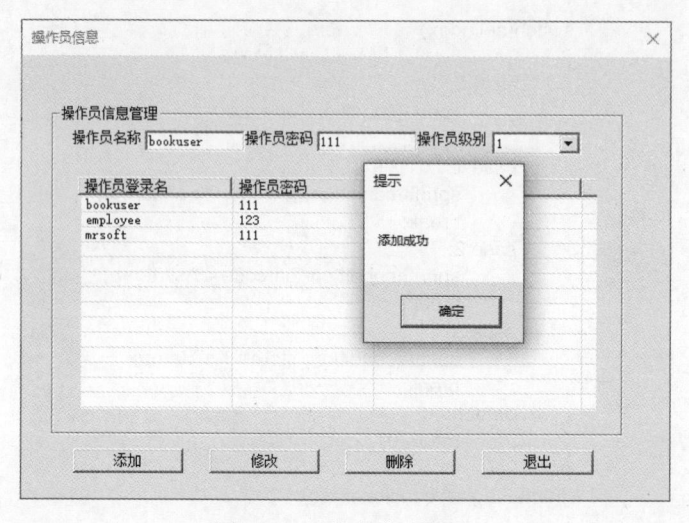

图 9.21 添加操作员信息

在操作员信息窗体的操作员列表中双击要修改的行，此时该行的数据会显示在窗体上半部分的相应文本框和下拉框中，用户修改完数据后，单击"修改"按钮，即可修改指定的操作员信息，如图 9.22 所示。

在操作员信息窗体的操作员列表中选中要删除的行，单击"删除"按钮，系统会弹出确认删除对话框，如图 9.23 所示。如果单击"确定"按钮，则会删除选中的操作员信息；如果单击"取消"按钮，则不会执行删除操作。

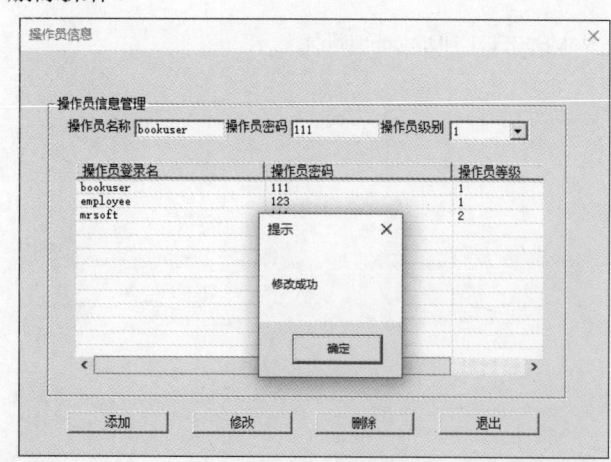

图 9.22 修改操作员信息 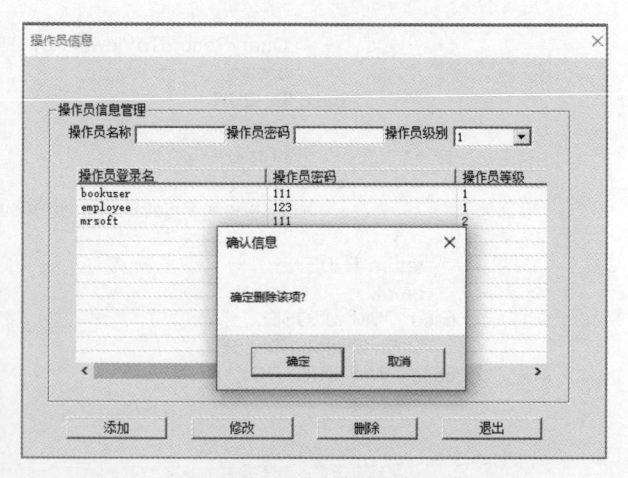　　　　　　图 9.23 删除操作员信息

9.12.2 设计操作员信息窗体

新建一个 Windows 对话框窗体,用于实现操作员信息管理功能。将该窗体的 ID 属性值设置为 ID_DIG_OPERATOR_M,并将"描述文字"属性值设置为操作员信息。该窗体使用的主要控件如表 9.14 所示。

表 9.14 操作员信息窗体使用的主要控件

控件类型	控件 ID	主要属性设置	用 途
Button	IDC_BUTTON_ADD	将描述文字属性设置为"添加"	添加操作员信息
	IDC_BUTTON_MODIFY	将描述文字属性设置为"修改"	修改操作员信息
	IDC_BUTTON_DELETE	将描述文字属性设置为"删除"	删除操作员信息
	IDC_QUIT	将描述文字属性设置为"退出"	关闭当前窗体
Edit Control	IDC_EDIT_NAME	无	输入操作员名称
	IDC_EDIT_PWD	无	输入密码
Combo Box	IDC_COMBO_LEVEL	将类型属性设置为"Dropdown"	选择操作员级别
Static Text	IDC_STATIC	将描述文字属性设置为"操作员名称"	提示信息
	IDC_STATIC	将描述文字属性设置为"操作员密码"	提示信息
	IDC_STATIC	将描述文字属性设置为"操作员级别"	提示信息
Group Box	IDC_STATIC	将描述文字属性设置为"操作员信息管理"	提示信息
List Control	IDC_LIST_VIEW	将视图属性设置为"Report"	操作员数据列表

9.12.3 操作员管理功能的实现

操作员管理功能是通过自定义的 Operator_M_Proc()函数实现的。该函数通过参数 wParam 的值来判断用户的操作:如果该参数值为 IDC_BUTTON_ADD,则表示添加操作员信息,此时将调用 InsertData()函数执行添加操作员操作;如果该参数值为 IDC_BUTTON_DELETE,则调用 DeleteFromListView()函数删除指定的操作员信息;如果该参数值为 IDC_BUTTON_MODIFY,则调用 FomatCMUpdate()函数执行修改操作员操作,随后调用 UpDateDataFromListView()将修改后的最新数据显示到列表中。Operator_M_Proc()函数的实现代码如下:

```
BOOL CALLBACK Operator_M_Proc(HWND hDlg, UINT message, WPARAM wParam, LPARAM lParam)
{
    char titles[FIELD_NUM][TITLE_LENTH_MAX] = { "操作员登录名","操作员密码","操作员等级" };
    HWND hView = GetDlgItem(hDlg, IDC_LIST_VIEW);
    ColumnMessage cms[FIELD_NUM];
    //insert 语句中的值,数组大小为:值总长度加上逗号数量的最大值
    char values[VALUE_LENTH_MAX * FIELD_NUM + FIELD_NUM - 1];
    //insert 语句中的字段,数组大小为:字段总长度加上逗号数量的最大值
    char fields[FIELD_LENTH_MAX * FIELD_NUM + FIELD_NUM - 1];
    int selIndex;                         //控件当前被选中的项
    int updateFlag;                       //更新标识,当没有参数需要更新时,flag 为 0
    //Update 语句中 SET 的内容,数组大小为:值和字段的总长度加上逗号、加号的数量
    char sets[(VALUE_LENTH_MAX + FIELD_LENTH_MAX) * (FIELD_NUM)+(FIELD_NUM - 1) * 2 + 1] = "\0";
    switch (message)
    {
        case    WM_INITDIALOG:
            InitCommonControls();
            SendMessage(hView, LVM_SETEXTENDEDLISTVIEWSTYLE, 0, LVS_EX_FULLROWSELECT |
                LVS_EX_HEADERDRAGDROP | LVS_EX_GRIDLINES |
```

```c
                        LVS_EX_ONECLICKACTIVATE | LVS_EX_FLATSB);
            InitListViewColumns(hView, titles, FIELD_NUM);
            QueryRecordToView(hView, TB_NAME, FIELD_NUM, "", 1, 0);
            SendMessage(GetDlgItem(hDlg, IDC_COMBO_LEVEL), CB_ADDSTRING, 0, (LPARAM)"1");
            SendMessage(GetDlgItem(hDlg, IDC_COMBO_LEVEL), CB_ADDSTRING, 0, (LPARAM)"2");
            return TRUE;
    case WM_COMMAND:
            switch (LOWORD(wParam))
            {
                case IDC_BUTTON_ADD:
                    sprintf(cms[0].fieldName, "name");
                    sprintf(cms[1].fieldName, "password");
                    sprintf(cms[2].fieldName, "level");
                    cms[0].type = DB_CHAR;
                    cms[1].type = DB_CHAR;
                    cms[2].type = DB_INT;
                    GetDlgItemText(hDlg, IDC_EDIT_NAME, cms[0].value, VALUE_LENTH_MAX);
                    if (strlen(cms[0].value) < 1)
                    {
                        MessageBox(hDlg, "请输入操作员名称", "提示", MB_ICONHAND);
                        return 0;
                    }
                    GetDlgItemText(hDlg, IDC_EDIT_PWD, cms[1].value, VALUE_LENTH_MAX);
                    selIndex = SendMessage(GetDlgItem(hDlg, IDC_COMBO_LEVEL), CB_GETCURSEL, 0, 0);
                    if (selIndex == -1)
                    {
                        strcpy(cms[2].value, "");
                    }
                    else
                    {
                        SendMessage(GetDlgItem(hDlg, IDC_COMBO_LEVEL), CB_GETLBTEXT,
                            selIndex, (LPARAM)cms[2].value);
                    }
                    //格式化字符串
                    FomatCMInsert(cms, FIELD_NUM, fields, values);
                    //对操作员信息表进行操作
                    if (!InsertData(TB_NAME, fields, values))
                    {
                        MessageBoxEx(GetParent(hView), "操作错误", "提示",
                            MB_ICONERROR | MB_TOPMOST, 0);
                        mysql_query(&mysql, "ROLLBACK");
                        return 0;
                    }
                    QueryRecordToView(hView, TB_NAME, FIELD_NUM, "", 1, 0);
                    MessageBox(hDlg, "添加成功", "提示", MB_OK);
                    break;
                case IDC_BUTTON_DELETE:
                    DeleteFromListView(hView, TB_NAME, PRIMARY, DB_CHAR);
                    break;
                case IDC_BUTTON_MODIFY:
                    updateFlag = 0;
                    sprintf(cms[0].fieldName, "name");
                    sprintf(cms[1].fieldName, "password");
                    sprintf(cms[2].fieldName, "level");
                    cms[0].type = DB_CHAR;
                    cms[1].type = DB_CHAR;
                    cms[2].type = DB_INT;
                    GetDlgItemText(hDlg, IDC_EDIT_NAME, cms[0].value, VALUE_LENTH_MAX);
```

```c
                    GetDlgItemText(hDlg, IDC_EDIT_PWD, cms[1].value, VALUE_LENTH_MAX);
                    selIndex = SendMessage(GetDlgItem(hDlg, IDC_COMBO_LEVEL), CB_GETCURSEL, 0, 0);
                    if (selIndex == -1)
                    {
                        strcpy(cms[2].value, "");
                    }
                    else
                    {
                        SendMessage(GetDlgItem(hDlg, IDC_COMBO_LEVEL), CB_GETLBTEXT, selIndex,
                            (LPARAM)cms[2].value);
                    }
                    //格式化字符串
                    if (FomatCMUpdate(cms, FIELD_NUM, sets) > 0)
                    {
                        //更新数据
                        UpDateDataFromListView(hView, TB_NAME, sets, FIELD_NUM, PRIMARY, DB_CHAR);
                    }
                    else
                    {
                        MessageBox(hDlg, "修改信息不可全部为空!", "提示", MB_ICONERROR);
                    }
                    break;
                case ID_QUIT:
                    EndDialog(hDlg, 0);
                    break;
            }
            return TRUE;
        case WM_NOTIFY:
            return 1;
        case WM_CLOSE:
            EndDialog(hDlg, 0);
        case  WM_DESTROY:
            break;
            return 0;
    }
    return FALSE;
}
```

9.13 系统配置模块设计

9.13.1 系统配置模块概述

系统配置模块主要用来对系统使用的数据库连接信息进行配置，其界面效果如图 9.24 所示。在该模块中，如果在服务器上配置了数据库，用户可以通过该模块对数据库服务器信息进行配置。

9.13.2 设计系统配置窗体

新建一个 Windows 对话框窗体，用于实现系统配置功能。将该窗体的 ID 属性值设置为 ID_DIG_OPERATOR_M，并将"描述文字"属性值设置为"配置"。该窗体使用的主要控件如表 9.15 所示。

图 9.24 系统配置界面

表9.15 系统配置窗体使用的主要控件

控件类型	控件 ID	主要属性设置	用途
Button	IDC_BUTTON_CONFIG	将描述文字属性设置为"确定"	保存配置
	IDC_BUTTON_CANCEL	将描述文字属性设置为"取消"	关闭对话框
Edit Control	IDC_EDIT_IP	无	服务器IP地址
	IDC_EDIT_USER	无	输入登录名
	IDC_EDIT_PWD	将密码属性设置为"True"	输入密码
	IDC_EDIT_DBASE	无	数据库名
Static Text	IDC_STATIC	将描述文字属性设置为"IP"	提示信息
	IDC_STATIC	将描述文字属性设置为"登录名"	提示信息
	IDC_STATIC	将描述文字属性设置为"密码"	提示信息
	IDC_STATIC	将描述文字属性设置为"数据库"	提示信息

9.13.3 系统配置功能的实现

系统配置功能是通过自定义的 ConfigDlgProc()函数实现的。如果用户单击"确定"按钮，ConfigDlgProc()函数会调用 fprintf()函数，将用户输入的数据库配置信息保存到文件中；如果用户单击"取消"按钮，会调用 EndDialog()函数来关闭对话框。ConfigDlgProc()函数的实现代码如下：

```
BOOL CALLBACK ConfigDlgProc (HWND hDlg, UINT message,WPARAM wParam, LPARAM lParam)
{
    char host[VALUE_LENTH_MAX];
    char userName[VALUE_LENTH_MAX];
    char password[VALUE_LENTH_MAX];
    char dbName[VALUE_LENTH_MAX];
    FILE *init;
    switch(message)
    {
        case   WM_COMMAND:
            switch(LOWORD(wParam))
            {
                case  IDC_BUTTON_CONFIG:
                    GetDlgItemText(hDlg,IDC_EDIT_IP,host,VALUE_LENTH_MAX);
                    GetDlgItemText(hDlg,IDC_EDIT_USER,userName,VALUE_LENTH_MAX);
                    GetDlgItemText(hDlg,IDC_EDIT_PWD,password,VALUE_LENTH_MAX);
                    GetDlgItemText(hDlg,IDC_EDIT_DBASE,dbName,VALUE_LENTH_MAX);
                    if(strlen(host)==0||strlen(userName)==0||strlen(password)==0||strlen(dbName)==0)
                    {
                        MessageBoxEx(hDlg,"参数不可为空!","错误",MB_ICONHAND|MB_TOPMOST,0);
                        return 0;
                    }
                    init = fopen("Init.txt","w");
                    if(init==NULL)
                    {
                        MessageBoxEx(hDlg,"配置失败!","错误",MB_ICONHAND|MB_TOPMOST,0);
                        return 0;
                    }
                    fprintf(init,"host:\t%s\nusername:\t%s\npassword:\t%s\ndatabase:\t%s",host,
                        userName,password,dbName);
                    MessageBoxEx(hDlg,"配置成功!","提示",MB_OK|MB_TOPMOST,0);
                    EndDialog(hDlg,0);
                    break;
                case  IDC_BUTTON_CANCEL:
```

阅界藏书管理系统（窗体版） 第9章

```
                    EndDialog(hDlg,0);
            }
            return 1;
        case   WM_CLOSE:
            EndDialog(hDlg,0);
        case   WM_DESTROY :
            break;
    }
    return 0 ;
}
```

9.14 项目运行

通过前述步骤，我们已经设计并完成了"阅界藏书管理系统（窗体版）"项目的开发。接下来，我们将运行该项目，以检验我们的开发成果。如图 9.25 所示，使用 Visual Studio 2022 打开阅界藏书管理系统（窗体版）项目，单击工具栏中的"本地 Windows 调试器"按钮或者按 F5 快捷键，即可成功编译并运行该项目。

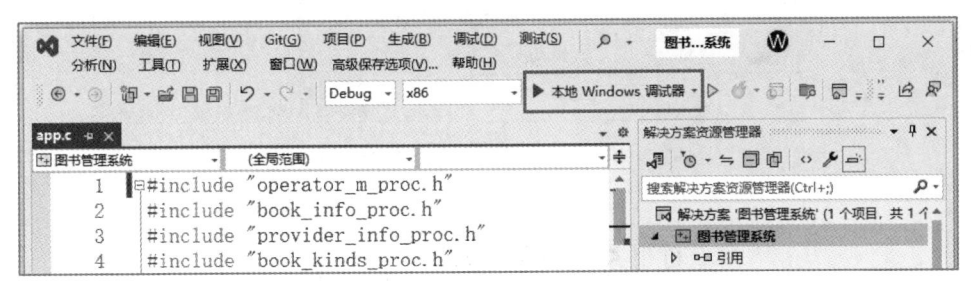

图 9.25　编译并运行"阅界藏书管理系统（窗体版）"项目

说明

在 Visual Studio 中运行本项目时，需要确保已经在 MySQL 中创建了 db_mrbm 数据库，并导入了相应的数据表。另外，还需要确保项目文件夹下的 Init.txt 文件中的数据库配置信息已被修改为了您自己的 MySQL 服务器名、数据库登录名和密码。

项目运行后首先显示系统登录窗体，效果如图 9.26 所示。

在系统登录窗体中，用户需要输入用户名和密码，然后单击"登录"按钮。如果输入的用户名和密码都正确，用户将能够进入阅界藏书管理系统（窗体版）的主窗体，在主窗体中，用户可以通过操作菜单栏和工具栏访问系统的各个子模块。例如，在主窗体中单击工具栏中的"图书入库"按钮，弹出"图书入库"窗体，如图 9.27 所示。在该窗体中，用户可以执行图书的入库操作。

图 9.26　系统登录

本章通过使用 C 语言的结构体、预处理命令、WINAPI 编程、MySQL 数据库操作等技术，开发了一个窗体版的图书信息管理系统。该系统实现了图书信息的数字化管理，包括系统的基础信息管理、图书信息管理、图书的库存管理、查询统计等功能，显著提升了图书管理的效率和准确性。此外，系统界面友好，操作简便，为用户提供了良好的使用体验。展望未来，随着技术的不断发展和用户需求的变化，该系统将具备进一步扩展和优化的潜力，例如可以引入更高级的图表统计功能等，以更好地满足用户的需求。

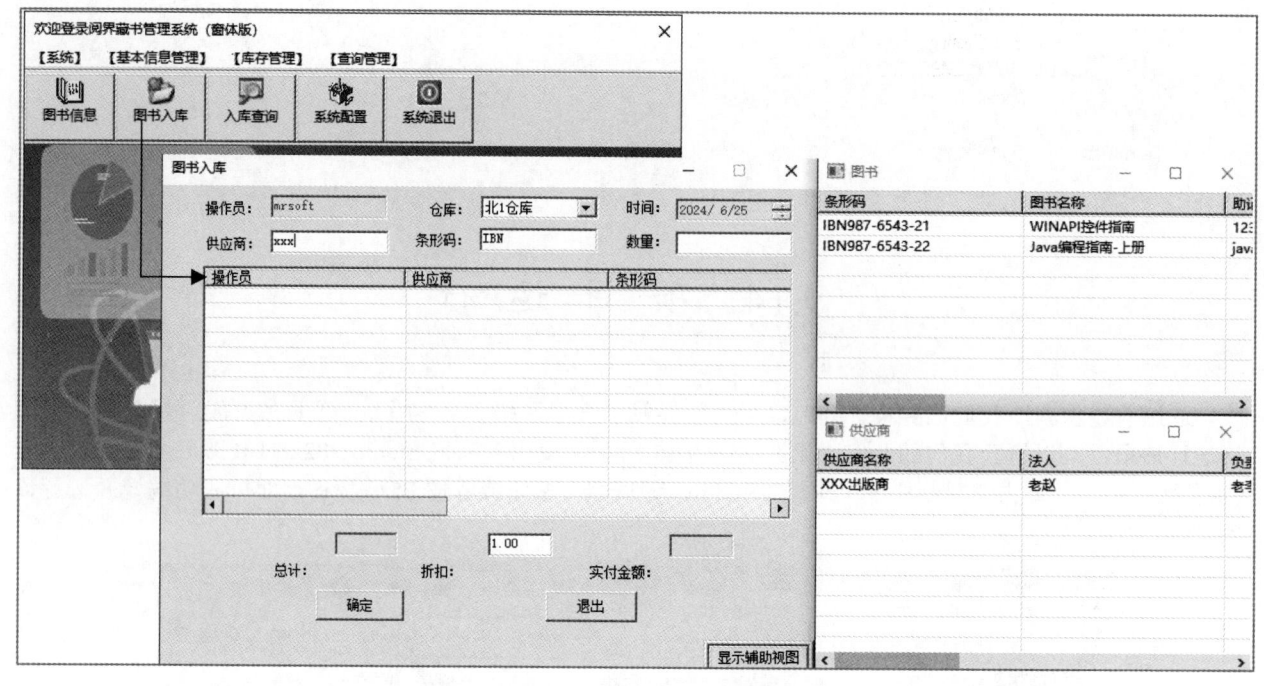

图 9.27　阅界藏书管理系统（窗体版）操作

9.15　源码下载

本章虽然详细地讲解了如何编码实现"阅界藏书管理系统（窗体版）"项目的各个功能，但给出的代码都是代码片段，而非完整的源码。为了方便读者学习，本书提供了完整的项目源码，读者只需扫描右侧的二维码，即可下载这些源码。

第 10 章 水果消消乐游戏

——结构体数组 + EasyX 图形库 + 鼠标事件处理 + 键盘输入处理 + 音频控制

风靡全球的消消乐游戏,想必大家都不陌生!它是一款操作简单、适合大众、让人百玩不厌的经典休闲小游戏。本章将使用 C 语言结合 EasyX 图形库开发一款消消乐游戏,游戏中的消除元素为水果。具体的游戏规则为:在规定的时间内,玩家需要将两个相同的水果图片连接起来进行消除,以此来获得积分。

项目微视频

本项目的核心功能及实现技术如下:

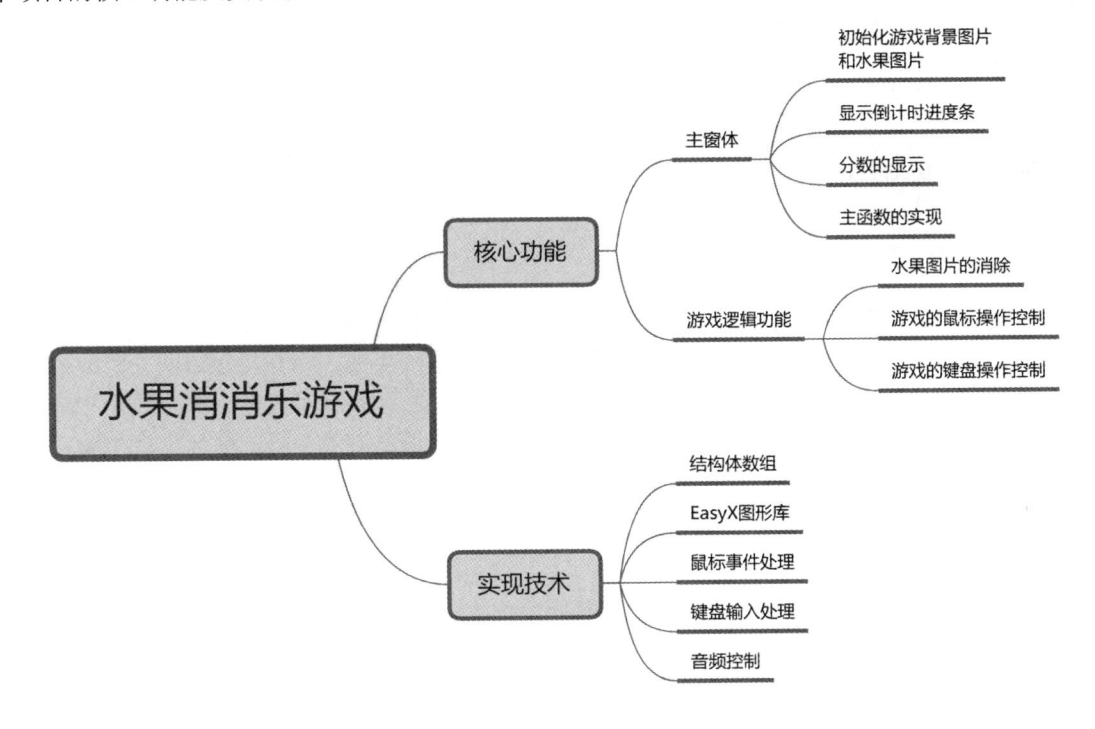

```
水果消消乐游戏 ── 核心功能 ── 主窗体 ── 初始化游戏背景图片和水果图片
                                  ── 显示倒计时进度条
                                  ── 分数的显示
                                  ── 主函数的实现
                      ── 游戏逻辑功能 ── 水果图片的消除
                                    ── 游戏的鼠标操作控制
                                    ── 游戏的键盘操作控制
              ── 实现技术 ── 结构体数组
                        ── EasyX图形库
                        ── 鼠标事件处理
                        ── 键盘输入处理
                        ── 音频控制
```

10.1 开发背景

在当今快节奏的生活环境中,休闲娱乐成为了人们放松心情的重要方式之一。其中,水果消消乐作为一款既简单又有趣的消除类游戏,凭借其轻松愉快的游戏体验,受到了各个年龄段玩家的喜爱。为了进一步丰富游戏玩法和提升用户体验,我们计划开发一款基于 C 语言的水果消消乐游戏。该游戏将主要利用结构体数组来组织游戏数据,同时结合 EasyX 图形库实现图形界面,并通过鼠标事件处理、键盘输入处理和音频控制等技术来增强游戏的互动性和沉浸感。

本项目的实现目标如下:

☑ 游戏中的水果图片可以随机生成。

- ☑ 两个相同水果图片连接后进行消除，连接路径不能超过两个折点。
- ☑ 可以对游戏中无可消除水果时的状态进行判断。
- ☑ 可以实时显示游戏积分。
- ☑ 可以实现游戏倒计时。
- ☑ 支持背景音乐与音效。
- ☑ 界面美观，操作简单。

10.2 系统设计

10.2.1 开发环境

本项目的开发及运行环境要求如下：
- ☑ 操作系统：推荐 Windows 10、Windows 11 或更高版本。
- ☑ 开发工具：Visual Studio 2022。
- ☑ 第三方插件：EasyX 图形库。
- ☑ 开发语言：C 语言。

10.2.2 业务流程

在游戏启动后，玩家首先进入游戏主界面，并且游戏将自动开始。玩家可以对水果图片进行消除操作：如果成功消除，则增加游戏的时间，并增加相应的分数；如果消除失败，则会减少游戏的时间。玩家如果在游戏规定时间内消除全部水果，则游戏挑战成功；如果超时且未消除全部水果，则游戏挑战失败。另外，用户可以通过 Space 键控制游戏的暂停与继续，通过 Esc 键强制退出游戏，通过鼠标执行相应功能按钮的操作。

本项目的业务流程如图 10.1 所示。

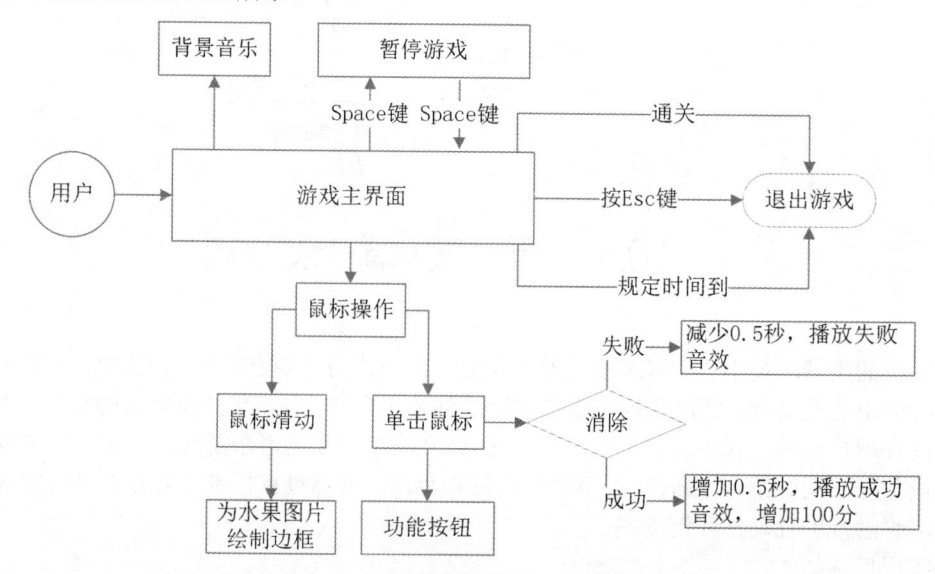

图 10.1 水果消消乐游戏业务流程图

10.2.3 功能结构

本项目的功能结构已经在章首页中给出。作为一个消除类的游戏项目，本项目实现的具体功能如下：
- ☑ 主窗体：
  - ➢ 初始化游戏背景图片。
  - ➢ 随机显示水果图片。
  - ➢ 实时显示倒计时进度条。
  - ➢ 实时显示游戏分数。
  - ➢ 播放背景音乐。
- ☑ 游戏逻辑功能：
  - ➢ 判断单击的两个水果图片是否能够消除。
  - ➢ 执行水果图片消除操作，要求两个水果图片连接时所经过的路径不能超过两个折点。
  - ➢ 游戏时间到（倒计时结束）或者在规定时间内消除完所有水果，可以退出游戏。
  - ➢ 单击水果图片时，对其进行标记，如果前后两次单击的两个水果图片可以消除，则需要画线连接这两个图片。
  - ➢ 当鼠标悬停于水果图片上时，为该水果图片绘制矩形外框。
  - ➢ 单击按钮时，执行相应的操作，主要有播放和停止背景音乐、弹出对话框显示游戏说明和相关信息。
  - ➢ 按 Space 键，可以控制游戏的暂停和继续。
  - ➢ 按 Esc 键，即可退出游戏。

10.3 技 术 准 备

10.3.1 技术概览

在 C 语言中，结构体是一种复合数据类型，它允许开发人员在一个单一变量中组合不同类型的多个数据项。结构体数组则是将多个结构体实例存储在一起，这便于对具有相同结构的一组数据进行管理和操作。例如，本项目定义一个用于记录连线点的结构体数组，示例代码如下：

```
struct                                  //记录连线点
{
    int x;                              //点坐标
    int y;
}point[4];
```

在使用上面定义的这个结构体数组时，可以使用下面代码：

```
point[0].x = 10;                        //设置第一个点的横坐标为 10
point[0].y = 20;                        //设置第一个点的纵坐标为 20
//设置其他点的坐标
point[1].x = 30;
point[1].y = 40;
point[2].x = 50;
point[2].y = 60;
point[3].x = 70;
point[3].y = 80;
```

《C语言从入门到精通（第6版）》详细地介绍了C语言中结构体数组的相关知识。对该知识不太熟悉的读者，可以参考该书对应的内容。下面，我们将对实现本项目所使用的其他主要技术点进行必要介绍，这些技术包括EasyX图形库、鼠标事件处理、键盘输入处理和音频控制技术，以确保读者可以顺利完成本项目。

10.3.2 EasyX图形库

1. EasyX图形库简介

EasyX是一款简单且易用的图形库，专为教育学习设计，使用时完全免费，读者可以从其官网（https://www.easyx.cn）下载最新版本。EasyX图形库可以应用于Visual C++ 6.0或者Visual Studio（以下简称VS）的不同版本中，支持VC 6.0 ~ VC 2022等众多开发环境。使用EasyX可以帮助C语言初学者快速上手图形和游戏编程。例如，可以使用VS 2022结合EasyX来绘制一架飞机或者一个跑步的人物，也可以编写俄罗斯方块、贪吃蛇、飞机大战等游戏。

2. EasyX图形库的下载与配置

要想在VS（本项目使用的是VS 2022，其他VS版本操作相同）中使用EasyX进行绘图，首先需要下载并且配置好该图形库，具体步骤如下：

（1）在浏览器地址栏中输入https://www.easyx.cn/，按Enter键进入EasyX官网，单击右侧的"下载EasyX"按钮，即可下载EasyX的安装包，如图10.2所示。

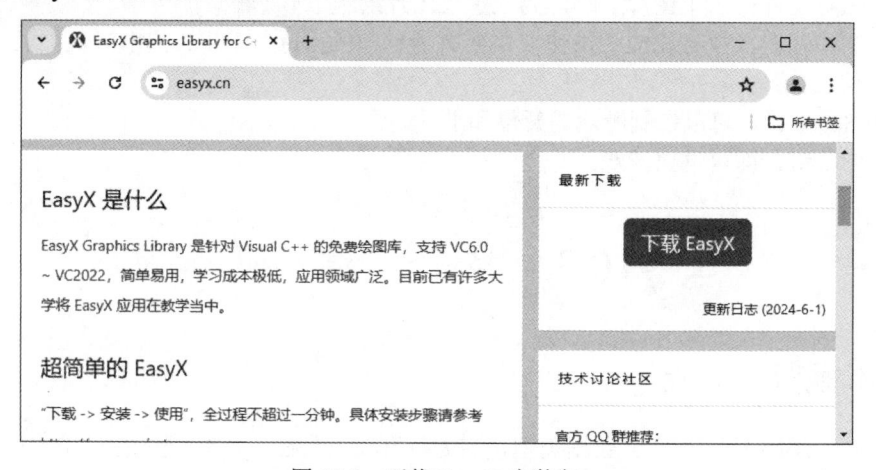

图10.2　下载EasyX安装包

（2）双击下载好的EasyX安装包，单击"下一步"按钮，如图10.3所示，安装向导会自动搜索本地已经安装的VC或者VS版本，直接单击对应项后面的"安装"按钮，即可安装EasyX图形库。

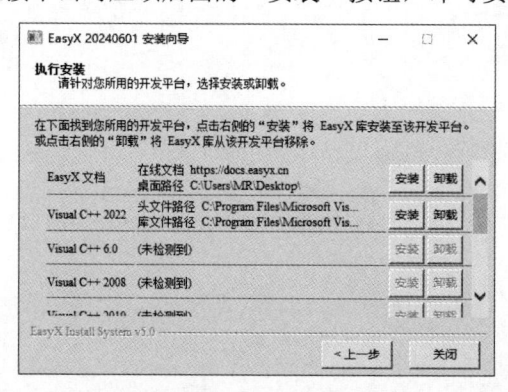

图10.3　安装EasyX图形库

3. EasyX 图形库常用绘图函数

EasyX 图形库本质上是一个函数库,它提供了很多绘图函数,这些函数均被定义在 easyx.h 头文件中。接下来,我们介绍 EasyX 图形库的一些常用绘图函数。

1)绘制直线:line()函数

绘制一条从点(x0, y0)到点(x1, y1)的直线,其语法如下:

line(int x0, int y0, int x1, int y1);

绘制一条从当前游标位置到点(x, y)的直线,其语法如下:

lineTo(int x, int y);

绘制一条从当前游标位置到按相对增量确定的点(x+dx, y+dy)的直线,其语法如下:

linerel(int dx, int dy);

2)绘制矩形框:rectangle()函数

以点(x1, y1)为左上角坐标,点(x2, y2)为右下角坐标绘制一个矩形框,其语法如下:

rectangle(int x1, int y1, int x2, int y2);

3)绘制椭圆:ellipse()函数

以点(x, y)为中心,xradius 和 yradius 分别作为椭圆在 x 轴和 y 轴上的半径,从角度 stangle 开始到角度 endangle 结束,绘制一段椭圆线。当 stangle 为 0 且 endangle 为 360 时,可以绘制一个近似完整的椭圆,其语法如下:

ellipse(int x, int y, int stangle, int endangle, int xradius,int yradius);

4)绘制圆弧线:arc()函数

以点(x, y)为圆心,radius 为半径,从角度 stangle 开始到角度 endangle 结束,绘制一段圆弧线。这段圆弧的角度测量从 x 轴正向开始,逆时针旋转一周为 0°~360°,语法如下:

arc(int x, int y, int stangle, int endangle, int radius);

5)绘制空心圆:circle()函数

以点(x, y)为圆心,radius 为半径,绘制一个空心圆,其语法如下:

circle(int x, int y, int radius);

6)绘制填充矩形:solidrectangle()函数

以点(x1, y1)为左上角坐标,点(x2, y2)为右下角坐标,绘制一个填充的矩形,其语法如下:

solidrectangle(x1,y1,x2,y2);

7)绘制点:putpixel()函数

在点(x, y)的位置上,绘制一个颜色由 color 确定的点,其语法如下:

putpixel(int x, int y, int color);

8)设置颜色函数

EasyX 支持设置绘制的颜色,设置颜色的函数如下:

- ☑ setlinecolor(c):用于设置线条颜色。
- ☑ setfillcolor(c):用于设置填充颜色。
- ☑ setbkcolor(c):用于设置背景颜色。
- ☑ setcolor(c):用于设置前景颜色。

设置颜色时,可以使用常量值,EasyX 中提供的颜色常量值如表 10.1 所示。

表 10.1 颜色常量值

颜色常量	数值	含义	颜色常量	数值	含义
BLACK	0	黑色	DARKGRAY	8	深灰
BLUE	1	蓝色	LIGHTBLUE	9	深蓝
GREEN	2	绿色	LIGHTGREEN	10	淡绿
CYAN	3	青色	LIGHTCYAN	11	淡青
RED	4	红色	LIGHTRED	12	淡红
MAGENTA	5	洋红	LIGHTMAGENTA	13	淡洋红
BROWN	6	棕色	YELLOW	14	黄色
LIGHTGRAY	7	淡灰	WHITE	15	白色

除了可以使用颜色常量设置颜色，也可以通过 RGB 三原色的值进行更多颜色的设定。RGB 值的格式为 RGB(r, g, b)，其中 r、g、b 分别表示红色、绿色和蓝色，其取值范围均为 0~255。例如，RGB(0,0,0)表示黑色，RGB(255,255,255)表示白色，RGB(255,0,0)表示红色。

9）设置线的宽度和形式：setlinestyle()函数

在 EasyX 图形库中，setlinestyle()函数用于设置线条的宽度和样式。该函数的语法如下：

`setlinestyle(int linestyle, unsigned upattern, int thickness);`

参数 linestyle 表示线的形状，其取值如表 10.2 所示。

表 10.2 线的形状取值

取值	数值	含义
SOLID_LINE	0	实线
DOTTED_LINE	1	点线
CENTER_LINE	2	中心线
DASHED_LINE	3	点画线
USERBIT_LINE	4	用户定义线

参数 upattern 只有在参数 linestyle 被设置为 USERBIT_LINE 时才有意义，如果参数 linestyle 是其他值，则应将 upattern 设置为 0。参数 thickness 用于指定线的宽度，其取值如表 10.3 所示。

表 10.3 线的宽度取值

取值	数值	含义
NORM_WIDTH	1	一点宽
THIC_WIDTH	3	三点宽

10）加载图像：loadimage()函数

loadimage()函数用于从图片文件中加载图像（图像格式可以是.bmp、.jpg、.gif、.emf 或.wmf），其语法如下：

`void loadimage(IMAGE *pDstImg, LPCTSTR pImgFile, int nWidth = 0, int nHeight = 0, bool bResize = false);`

- ☑ IMAGE* pDstImg：保存图像的 IMAGE 对象指针。
- ☑ LPCTSTR pImgFile：图片文件名。
- ☑ nWidth：图片的拉伸宽度。
- ☑ nHeight：图片的拉伸高度。

- bResize：是否调整 IMAGE 的大小以适应图片。

11）输出图像：putimage()函数

putimage()函数用于将一个已经保存在内存中的图像输出到屏幕上，其语法如下：

```
void putimage(int dstX, int dstY, const IMAGE *pSrcImg, DWORD dwRop);
```

- dstX：绘制位置的 x 坐标。
- dstY：绘制位置的 y 坐标。
- *pSrcImg：要绘制的 IMAGE 对象指针。
- dwRop：控制图像以何种方式输出到屏幕上，其取值及其说明如表 10.4 所示。

表 10.4 dwRop 参数的取值及其说明

取 值	说 明
DSTINVERT	绘制出的像素颜色 = NOT 屏幕颜色
MERGECOPY	绘制出的像素颜色 = 图像颜色 AND 当前填充颜色
MERGEPAINT	绘制出的像素颜色 = 屏幕颜色 OR (NOT 图像颜色)
NOTSRCCOPY	绘制出的像素颜色 = NOT 图像颜色
NOTSRCERASE	绘制出的像素颜色 = NOT (屏幕颜色 OR 图像颜色)
PATCOPY	绘制出的像素颜色 = 当前填充颜色
PATINVERT	绘制出的像素颜色 = 屏幕颜色 XOR 当前填充颜色
PATPAINT	绘制出的像素颜色 = 屏幕颜色 OR ((NOT 图像颜色) OR 当前填充颜色)
SRCAND	绘制出的像素颜色 = 屏幕颜色 AND 图像颜色
SRCCOPY	绘制出的像素颜色 = 图像颜色，这是默认值
SRCERASE	绘制出的像素颜色 = (NOT 屏幕颜色) AND 图像颜色
SRCINVERT	绘制出的像素颜色 = 屏幕颜色 XOR 图像颜色
SRCPAINT	绘制出的像素颜色 = 屏幕颜色 OR 图像颜色

12）输出图像：getimage()函数

使用 getimage()函数可以从当前绘图设备中获取图像。该函数的语法如下：

```
void getimage(IMAGE *pDstImg, int srcX, int srcY, int srcWidth, int srcHeight);
```

- pDstImg：保存图像的 IMAGE 对象指针。
- srcX：获取图像区域的左上角 x 坐标。
- srcY：获取图像区域的左上角 y 坐标。
- srcWidth：获取图像区域的宽度。
- srcHeight：获取图像区域的高度。

13）设置图形模型：initgraph()函数

在使用 EasyX 绘制图形之前，需要根据显示器适配器种类将显示器设置为图形模式。在未设置图形模式之前，计算机系统默认屏幕为文本模式，此时所有 EasyX 图形函数均无法正常工作。设置屏幕为图形模式的函数是 initgraph()，其语法如下：

```
initgraph(int *gdriver, int *gmode, char *path);
```

- gdriver：表示图形驱动器，它是一个整型值，常用的是 EGA、VGA、PC3270 等。
- gmode：用来设置图形显示模式，不同的图形驱动程序有不同的图形显示模式。
- path：表示图形驱动程序所在的目录路径，如果驱动程序在用户当前目录下，则该参数可以为空。

14)退出图形模型:closegraph()函数

要退出图形模型,可以使用 closegraph()函数。该函数的语法如下:

```
closegraph(void);
```

使用该函数后,可退出图形状态,返回文本状态,并释放用于保存图形驱动程序和字体的系统内存。

10.3.3 鼠标事件处理

本项目主要调用 EasyX 库中的 MouseHit()函数来实现鼠标事件的检测,该函数以非阻塞方式检查是否有鼠标事件发生(如单击、移动等)。另外,在处理鼠标事件时,我们还需要使用 GetMousePoint()函数获取当前鼠标位置,以及使用 GetMouseWheelDelta()函数获取鼠标滚轮的滚动量,这些信息通常用于调整视图的缩放比例,或者改变画笔的大小等。

例如,下面代码使用 MouseHit()函数来检测鼠标单击事件,并使用 GetMousePoint()函数获取单击位置:

```
#include <easyx.h>
void main() {
    initgraph(640, 480);                        //初始化图形窗口
    while (true) {
        if (MouseHit()) {                       //检查是否有鼠标事件
            POINT mousePos;
            GetMousePoint(&mousePos);           //获取鼠标位置
            printf("鼠标单击位置: x = %d, y = %d\n", mousePos.x, mousePos.y);
            //在这里可以添加更多处理鼠标事件的代码
        }
    }
    closegraph();                               //关闭图形窗口
}
```

10.3.4 键盘输入处理

本项目需要判断用户是否按下 Space 键或者 Esc 键,以实现游戏的暂停、继续或强制退出游戏的功能。为此,我们需要使用 conio.h 库文件中的_kbhit()和_getch()函数。conio.h 是一个非标准的 C 语言头文件,主要用于提供一些与控制台输入输出相关的函数。_kbhit()函数用于检查是否有按键被按下。如果有,则返回非零值;如果没有,则返回 0;_getch()函数用于读取一个字符而不等待 Enter 键被按下,直接返回读取到的字符。

例如,下面代码使用_kbhit()函数判断是否有键盘输入,然后使用_getch()函数获取输入的键值:

```
char input;
//判断是否有键盘输入
while (_kbhit())
{
    input = _getch();                           //获取用户输入的键值
    //对键盘输入进行处理,以进行其他操作
}
```

10.3.5 音频控制技术

在 C 语言中,mciSendString()函数用于方便地控制音频的播放、暂停、停止等,其语法如下:

```
DWORD mciSendStringA(LPCSTR lpstrCommand, LPSTR lpstrReturnString, UINT uReturnLength, HWND hwndCallback);
```

mciSendString()函数的参数说明如表 10.5 所示。

表 10.5　mciSendString()函数的参数说明

参　　数	说　　明
lpstrCommand	指向包含 MCI 命令字符串的指针，例如 "open audio.mp3 type mpegvideo alias myAudio" 用于打开一个音频文件
lpstrReturnString	一个缓冲区，用于接收命令执行后的返回信息
uReturnLength	缓冲区的大小，如果 lpstrReturnString 参数不是 NULL，则需要指定这个大小
hwndCallback	一个窗口句柄，用于接收 MCI 通知消息，通常传入 NULL，表示不使用回调

mciSendString()函数执行后会返回一个 DWORD 类型的值，该值用于表示命令执行的状态或者错误代码。使用 mciSendString()函数控制音频时，其常用的命令如表 10.6 所示。

表 10.6　mciSendString()函数控制音频命令

命　　令	说　　明
"open filename.ext type mpegvideo alias myAudio"	打开音频
"play myAudio"	播放音频
"pause myAudio"	暂停播放
"resume myAudio"	继续播放
"stop myAudio"	停止播放
"close myAudio"	关闭文件

例如，下面代码使用 mciSendString()函数来播放一个音频文件，示例代码如下：

```c
#include <stdio.h>
#include <windows.h>
int main() {
    MCIDEVICEID deviceID;
    char returnString[256] = "";
    deviceID = mciGetDeviceIDA("mpegvideo");
    mciSendString("open test.mp3 type mpegvideo alias mp3", NULL, 0, NULL);    //打开音频
    mciSendString("play mp3", NULL, 0, NULL);                                   //播放音频
    printf("按任意键停止...\n");
    getchar();                                                                   //等待用户按键
    mciSendString("stop mp3", NULL, 0, NULL);                                   //停止播放
    mciSendString("close mp3", NULL, 0, NULL);                                  //关闭音频文件
    return 0;
}
```

10.4　预处理模块设计

10.4.1　文件引用

开发"水果消消乐游戏"项目时，首先需要引入项目所需的库文件，以便调用其中的函数。这里需要重点注意的是，需要引入 graphics.h 库文件，它是 EasyX 图形库的头文件。本项目中的文件引用代码如下：

```c
#include <graphics.h>        //引入 EasyX 图形库
#include <conio.h>
```

```
#include <time.h>
#include <strstream>
#include <stdio.h>
#include <stdlib.h>
#include <cstdlib>
#include <windows.h>
```

10.4.2 链接外部库文件

开发"水果消消乐游戏"项目时，需要对音频进行控制，这需要使用 winmm.lib 外部库文件，该文件是 Windows 多媒体库的一部分，它提供了对音频、MIDI 设备、定时器以及其他多媒体功能的访问接口。链接 winmm.lib 外部库文件需要使用预处理指令"#pragma comment"，代码如下：

```
#pragma comment(lib,"winmm.lib")
```

10.4.3 宏定义

为了使项目代码变得更加清晰且易于维护，并使得开发者能够快速识别和区分不同游戏参数的数据，本项目对使用的游戏参数进行宏定义，代码如下：

```
#define leftedge 150              //游戏区距左边框的距离
#define topedge 140               //游戏区距上边框的距离
#define COL 12                    //游戏区的列数
#define ROW 7                     //游戏区的行数
#define FruitNum 21               //水果图片的数目
#define FruitW 42                 //单个水果图片的宽度
#define FruitH 48                 //单个水果图片的高度
#define W 788                     //游戏界面的宽度
#define L 555                     //游戏界面的长度
```

10.4.4 全局变量

本项目定义水果图片、游戏时间、游戏分数、坐标信息等全局变量，代码如下：

```
IMAGE image[FruitNum + 1][2];     //水果图片
IMAGE image2;                     //水果消除后的填充图片
IMAGE background;                 //背景图片
int    GridID[ROW + 2][COL + 2];  //游戏网格图纸
MOUSEMSG mouse;                   //记录鼠标信息
bool Flag, Music = true;          //是否加载音乐，默认开始游戏时就加载音乐
int time_max;                     //总游戏时间
int time_now;                     //当前剩余时间
int score;                        //游戏分数
struct GridInfor                  //记录击中的图片信息
{
    int idx, idy;                 //图纸坐标
    int leftx, lefty;             //屏幕坐标
    int GridID;                   //图片类型
}pre, cur, dur;
struct                            //记录连线点
{
    int x;                        //点坐标
    int y;
```

```
}point[4];
static int pn;                                    //记录连线点个数
```

10.5 主窗体设计

主窗体主要负责初始化并显示游戏背景图片和水果图片，同时显示倒计时和分数，效果如图 10.4 所示。

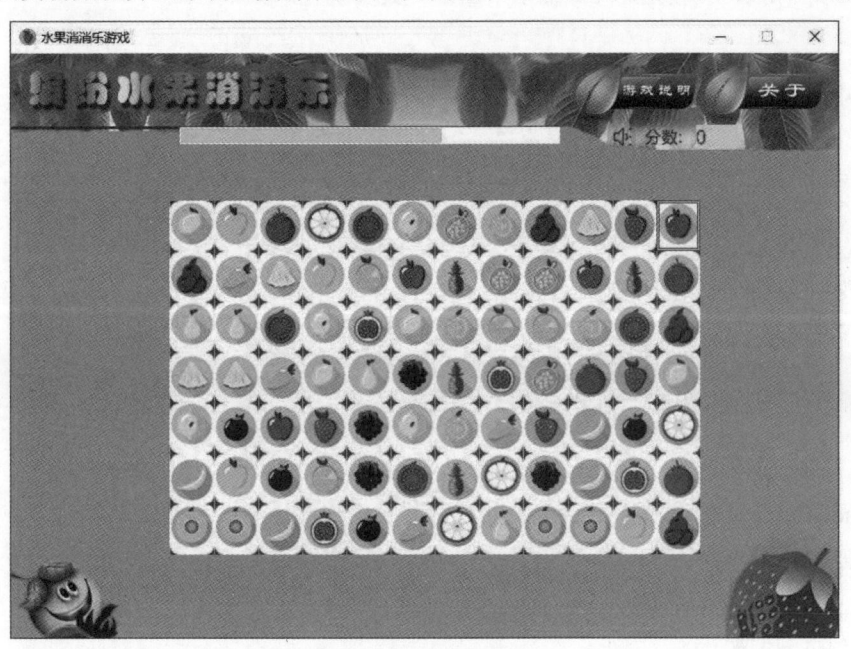

图 10.4　游戏主窗体

10.5.1 初始化游戏背景图片和水果图片

在游戏主窗体中显示水果图片时，需要按照"加载水果图片→设置水果图片网格标记→随机打乱水果图片→显示水果图片"的顺序进行设计。

定义一个 LoadPic() 函数，用于加载水果图片。其实现代码如下：

```
void LoadPic()
{
    IMAGE image1;
    loadimage(&image1, "grids.jpg");                    //加载水果图片
    SetWorkingImage(&image1);                           //设置绘图目标为 image1 对象，以便操作水果图片
    for (int i = 1; i < FruitNum + 1; i++)              //获得 grids.jpg 图片中前 FruitNum 行，两列的水果图片
        for (int j = 0; j < 2; j++)
            getimage(&image[i][j], j * FruitW, i * FruitH, FruitW, FruitH);
    SetWorkingImage();                                  //设置绘图目标为绘图窗口
}
```

定义一个 DrawFruit() 函数，用于设置水果图片的网格标记。其实现代码如下：

```
void DrawFruit()                                        //设置水果图片的网格标记
{
    int iCount = 0;
```

```c
        int x,y;
        for (x = 1; x <= ROW; ++x)
        {
            for (y = 1; y <= COL; ++y)
            {
                GridID[x][y] = iCount++ % FruitNum + 1;
            }
        }
}
```

定义一个 Disrupt()函数，用于随机打乱水果图片。其实现代码如下：

```c
void Disrupt()                                          //随机打乱水果图片的显示位置
{
    int ix, iy, jx, jy, grid;
    for (int k = 0; k < 84; ++k)
    {
        ix = rand() % ROW + 1;                          //产生 1～ROW 的随机数
        iy = rand() % COL + 1;                          //产生 1～COL 的随机数
        jx = rand() % ROW + 1;                          //产生 1～ROW 的随机数
        jy = rand() % COL + 1;                          //产生 1～COL 的随机数
        if (GridID[ix][iy] != GridID[jx][jy])           //如果两个位置的水果图片不同，则交换它们的位置
        {
            grid = GridID[ix][iy];
            GridID[ix][iy] = GridID[jx][jy];
            GridID[jx][jy] = grid;
        }
    }
}
```

定义一个 ShowFruit()函数，用于显示水果图片。其实现代码如下：

```c
void ShowFruit()                                        //显示水果图片
{
    int idx, idy;
    for (int i = 0; i < ROW; i++)
        for (int j = 0; j < COL; j++)
        {
            idy = i * FruitH + topedge;
            idx = j * FruitW + leftedge;
            putimage(idx, idy, &image[GridID[i + 1][j + 1]][0]);
        }
}
```

定义一个 Init()函数，该函数主要调用前面定义的 4 个函数，以对游戏主窗体进行初始化。初始化的过程包括加载并显示游戏背景图片和水果图片、设置窗体标题、初始化时间和分数等。Init()函数实现代码如下：

```c
void Init()                                             //初始化游戏界面
{
    srand((unsigned)time(NULL));                        //设置随机数种子
    LoadPic();                                          //加载水果图片
    DrawFruit();                                        //设置水果图片的网格标记
    Disrupt();                                          //随机打乱水果图片的位置
    loadimage(&background, "bg.jpg");                   //加载背景图片
    putimage(0, 0, &background);                        //背景图片出现位置
    getimage(&image2, 0, 80, FruitW, FruitH);           //获取用于填充的水果图片区域
    ShowFruit();                                        //显示水果图片
    SetWindowText(GetHWnd(), "水果消消乐游戏");          //设置窗口标题文字，GetHWnd()获取窗口句柄
    time_max = 10000;                                   //初始化时间
    time_now = 10000;
```

```
    score = 0;                                          //初始化分数
}
```

10.5.2 显示倒计时进度条

水果消消乐游戏的主窗体中显示了一个倒计时进度条，用于提醒玩家剩余的时间。接下来，我们对该功能的实现进行介绍。

定义一个 Timebar()函数，用于绘制倒计时进度条。其实现代码如下：

```
void Timebar()                                          //绘制倒计时进度条
{
    int x, y;
    x = leftedge + 10;
    y = 70;
    int HPBARW = 360;
    setlinecolor(WHITE);                                //设置进度条边框为白色
    setfillcolor(WHITE);                                //设置进度条背景为白色
    fillrectangle(x, y, x + HPBARW, y + 15);            //绘制进度条背景
    setfillcolor(RGB(255, 218, 45));                    //设置进度条前景为黄色
    //根据剩余时间比例绘制进度条
    fillrectangle(x, y, x + (int)(HPBARW * (1.0 * time_now / time_max)), y + 15);
}
```

定义一个 TimeSleep()函数，用于设置时间流逝的速度，该函数需要调用 time.h 库文件中的 clock()函数。TimeSleep()函数的实现代码如下：

```
void TimeSleep(DWORD ms)
{
    static clock_t oldclock = clock();                  //静态变量，记录上一次时间戳
    oldclock += ms * CLOCKS_PER_SEC / 1000;             //更新时间戳
    if (clock() > oldclock)                             //如果已经超时，无须延时
        oldclock = clock();
    else
        while (clock() < oldclock)                      //延时
            Sleep(1);                                   //释放 CPU 控制权，降低 CPU 占用率
}
```

> **说明**
> 上面代码中：clock()函数用于返回从"开启这个程序进程"到"程序中调用 clock()函数"时 CPU 的时钟计时单元数；CLOCKS_PER_SEC 宏表示一秒钟内 CPU 运行的时钟周期数，它用于将 clock()函数的结果转化为以秒为单位的值。

定义一个 EndTime()函数，当进度条到达尽头或得分达到 4200 时，调用 MessageBox()函数弹出提示对话框。当用户单击对话框上的"确定"按钮时，可以退出游戏。EndTime()函数的实现代码如下：

```
void EndTime()
{
    if (time_now <= 0)                                  //时间条到底
    {
        MessageBox(NULL, TEXT("时间到，游戏失败"), TEXT("失败"), MB_SYSTEMMODAL);
        exit(0);
    }
    if (score >= 4200)                                  //消除全部水果后（4200 为水果全部消除后的得分）
    {
        MessageBox(NULL, TEXT("恭喜你通关啦！ "), TEXT("成功"), MB_SYSTEMMODAL);
```

```
            exit(0);
    }
}
```

10.5.3　分数的显示

水果消消乐游戏的主窗体具备实时显示玩家分数的功能，该功能是通过自定义的 Drawscore()函数实现的。该函数的实现代码如下：

```
void Drawscore()                                          //画出分数
{
    TCHAR b[10];
    //清屏
    setlinecolor(RGB(173, 236, 254));
    setfillcolor(RGB(173, 236, 254));                     //设置分数的背景色
    fillrectangle(650, 68, 690, 90);
    setbkmode(TRANSPARENT);                               //设置字体背景为透明
    settextstyle(20, 0, _T("黑体"));                       //设置字体样式，高度为20，字体为黑体
    settextcolor(RGB(255, 51, 68));                       //设置字体颜色
    _stprintf_s(b, _T("%d"), score);                      //输出分数
    outtextxy(650, 70, b);                                //分数的显示位置
}
```

10.5.4　实现主函数

main()函数中，程序首先调用 mciSendString()函数播放游戏背景音乐，然后通过调用自定义的 Init()函数完成游戏的初始化工作，并启动游戏的主循环。在游戏主循环中，程序主要执行的任务包括鼠标事件的处理、键盘事件的处理、倒计时进度条的显示、分数的显示等。main()函数的实现代码如下：

```
int main()
{
    initgraph(W, L);                                      //初始化图形设备，并加载图片
    if(Music)                                             //播放背景音乐
    {
        mciSendString("play back.mp3 repeat", NULL, 0, NULL);
    }
    Init();                                               //初始化界面
    while(1)
    {
        while(MouseHit())                                 //检查是否存在鼠标消息
        {
            mouse = GetMouseMsg();                        //获取鼠标消息
            switch(mouse.uMsg)
            {
                case WM_MOUSEMOVE:                        //如果鼠标移动
                    Mousemove(mouse.x, mouse.y);          //鼠标移动时的变化
                    break;
                case WM_LBUTTONDOWN:                      //如果按下鼠标
                    Button();                             //游戏界面上的按钮
                    if (JudgeClick(mouse.x, mouse.y))     //判断单击是否有效
                        Click(mouse);                     //单击时的变化
                    break;
                default:
                    break;
            }
        }
        Inputkey();                                       //游戏的按键操作
```

```
            Timebar();                              //显示时间条
            TimeSleep(20);                          //延迟，帧数控制
            time_now -= 2;                          //时间条的变化幅度
            Drawscore();                            //显示分数
            EndTime();                              //游戏结束
        }
        Flag = false;
        closegraph();                               //关闭图形环境
}
```

10.6　游戏逻辑功能设计

10.6.1　水果图片的消除

水果消消乐游戏的核心逻辑在于判断连续单击的两个水果图片是否能够被消除，并根据此判断结果决定是否执行消除操作。两个水果图片能够被消除的条件包括以下两点：

☑　两个水果图片必须相同。
☑　两个水果图片间连线的拐角数不能超过两个。

判断两个水果图片是否能通过最多两个拐点的路径相连，我们采用分类搜索算法，该算法的基本原理建立在递归思想上。依据拐点数不得超过两个的规则，我们可以将问题细化为 3 种情况：路径无拐点（0 个）、路径有一个拐点（1 个）、以及路径有两个拐点（2 个），并对这 3 种情况分别进行分析。

1. 0 个拐点

0 个拐点即为 0 折连接，表示 A 与 B 的 x 坐标或 y 坐标相等，可以直线连接，不需要任何拐点，且连通的路径上没有任何阻碍，具体可以分为下面两种情况，分别如图 10.5 和 10.6 所示。

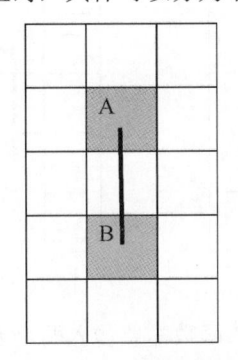

图 10.5　x 轴坐标相等 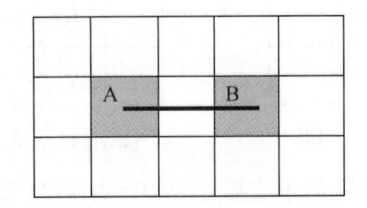　　　　图 10.6　y 轴坐标相等

2. 1 个拐点

1 个拐点即 1 折连接，这要求 A 与 B 的 x 坐标与 y 坐标都不能相等。此时，通过 A 与 B 可以画出一个矩形，而 A 与 B 位于矩形的对角点上。判断 A 与 B 能否一折连接，只需要判断矩形的另外两个对角点是否有一个能同时与 A 和 B 满足 0 折连接的点。如图 10.7 所示，A 与 B 可以通过右上方的一个拐点进行连接，而在左下角的位置上有其他图案，则不能进行连接。

3. 2 个拐点

2 个拐点即 2 折链接，其主要判断 A 与 B 能否通过有 2 个拐点的路径连通，实质上可以转化为，判断

能否找到一个点 C，使得 C 与 A 可以 0 折连接，并且这个 C 与 B 可以 1 折连接。若能找到这样一个 C 点，那么 A 与 B 就可以通过有 2 个拐点的路径连通，即 2 折连接，如图 10.8 所示。

判断是否经 2 个拐点连通的算法需要在两个方向上进行扫描，即水平扫描和垂直扫描。

（1）水平扫描。如图 10.9 和图 10.10 所示，为了判断 A 和 B 能否通过 2 个拐点连通，则从 A 开始在水平方向上向左右扫描，并判断经过的点能否与 B 经过 1 个拐点连通。显然 C 能与 B 经 1 个拐点连通，故 A 和 B 可以经 2 个拐点连通。

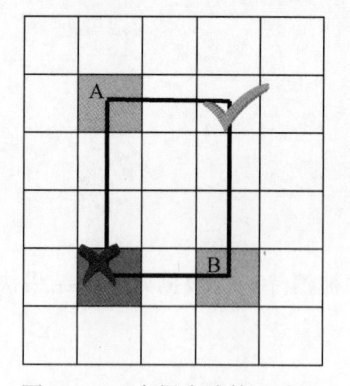

图 10.7　1 个拐点连接 A 与 B 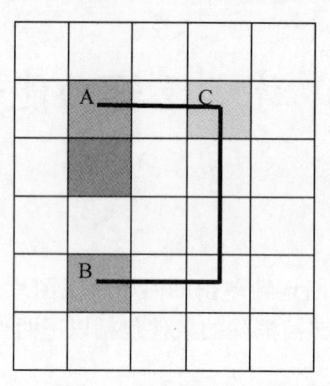　　　　图 10.8　2 个拐点连接 A 与 B 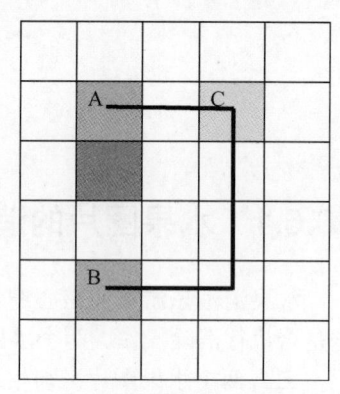　　　　图 10.9　水平向右扫描

（2）垂直扫描。如图 10.11 和图 10.12 所示，为了判断 A 和 B 能否通过 2 个拐点连通，则从 A 开始在垂直方向上下扫描，并判断经过的点能否与 B 经过 1 个拐点连通。显然 C 能与 B 经 1 个拐点连通，故 A 和 B 可以经 2 个拐点连通。

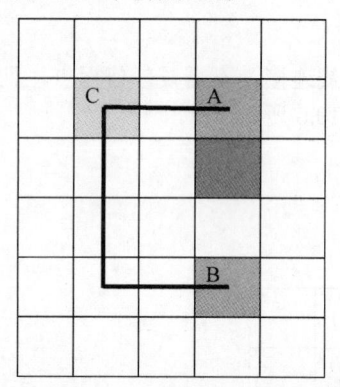

图 10.10　水平向左扫描 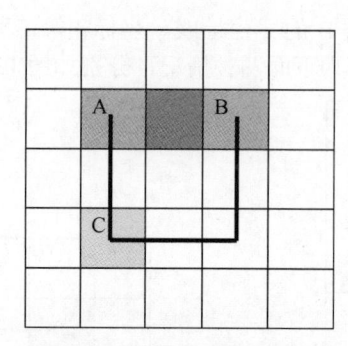　　　　图 10.11　垂直向下扫描 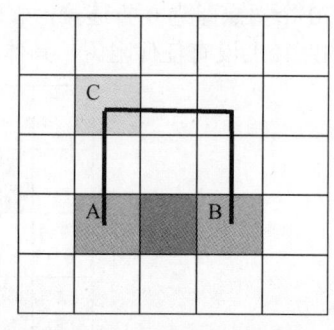　　　　图 10.12　垂直向上扫描

实现水果消除的判断是通过调用 DesGrid()函数来完成的，该函数需要传入两个要连接的图片的网格信息，然后通过返回值判断这两个图片是否可以消除。这个函数的返回值是一个布尔类型，如果返回值为 true，则表示两个图片可以消除；如果返回值为 false，则表示两个图片不能消除。

```
bool DesGrid(GridInfor pre, GridInfor cur)              //判断两者是否能相消
{
    bool match = false;
    POINT ppre, pcur;
    ppre.x = pre.idx;
    ppre.y = pre.idy;
    pcur.x = cur.idx;
    pcur.y = cur.idy;
    if (Match_direct(ppre, pcur))
        match = true;
```

```
        else if (Match_one_corner(ppre, pcur))
            match = true;
        else if (Match_two_corner(ppre, pcur))
            match = true;
        return match;
}
```

上面代码在判断两个图片是否可以消除时，使用了 Match_direct()函数、Match_one_corner()函数和 Match_two_corner()函数。这些函数分别用于判断两个图片是否能够直接消除、1 折消除和 2 折消除。实现代码如下：

```
bool Match_direct(POINT ppre, POINT pcur)                    //判断两者是否能够直接相消
{
    int k, t, i;
    if (ppre.x == pcur.x)
    {
        k = ppre.y > pcur.y ? ppre.y : pcur.y;
        t = ppre.y < pcur.y ? ppre.y : pcur.y;
        if (t + 1 == k)
            goto FIND;
        for (i = t + 1; i < k; i++)
            if (GridID[i][ppre.x] != 0)
                return false;
        if (i == k)
            goto FIND;
    }
    else
        if (ppre.y == pcur.y)
        {
            k = ppre.x > pcur.x ? ppre.x : pcur.x;
            t = ppre.x < pcur.x ? ppre.x : pcur.x;
            if (t + 1 == k)
                goto FIND;
            for (i = t + 1; i < k; i++)
                if (GridID[ppre.y][i] != 0)
                    return false;
            if (i == k)
                goto FIND;
        }
    return false;
    FIND:point[pn].x = pcur.x, point[pn].y = pcur.y;
    pn++;
    point[pn].x = ppre.x, point[pn].y = ppre.y;
    pn++;
    return true;
}
bool Match_one_corner(POINT ppre, POINT pcur)                //判断两者是否能 1 折相消
{
    int left, right, top, bottel, x = ppre.x, y = ppre.y;
    Explot(ppre, &left, &right, &top, &bottel);
    ppre.y = top - 1;
    RESEARCH_X:
        if (ppre.y < bottel)
            ppre.y++;
        else
            goto BACK;
        if (Match_direct(ppre, pcur))
            goto FIND;
        else
```

```
                goto RESEARCH_X;
        BACK:
            ppre.y = y;
            ppre.x = left - 1;
        RESEARCH_Y:
            if (ppre.x < right)
                ppre.x++;
            else
                goto REBACK;
            if (Match_direct(ppre, pcur))
                goto FIND;
            else
                goto RESEARCH_Y;
        REBACK:
            pn = 0;
            return false;
        FIND:
            point[pn].x = x, point[pn].y = y, pn++;
            return true;
}
bool Match_two_corner(POINT ppre, POINT pcur)              //判断两者是否能 2 折相消
{
        int left, right, top, bottel, x = ppre.x, y = ppre.y;
        Explot(ppre, &left, &right, &top, &bottel);
        ppre.y = top - 1;
        RESEARCH_X:
            if (ppre.y < bottel)
                ppre.y++;
            else
                goto BACK;
            if (Match_one_corner(ppre, pcur))
                goto FIND;
            else
                goto RESEARCH_X;
        BACK:
            ppre.y = y; ppre.x = left - 1;
        RESEARCH_Y:
            if (ppre.x < right)
                ppre.x++;
            else
                goto REBACK;
            if (Match_one_corner(ppre, pcur))
                goto FIND;
            else
                goto RESEARCH_Y;
        REBACK:
            pn = 0;
            return false;
        FIND:
            point[pn].x = x, point[pn].y = y, pn++;
            eturn true;
}
```

在确认水果能够消除后，需要连接两个图片并执行消除操作。为此，我们定义一个 Link() 函数，用于连接两个图片，并根据连接点的个数执行相应的消除操作，代码如下：

```
/*
  连接两个图片
*/
void Link()
```

```
{
    switch (pn)
    {
        case 2:
            Des_direct();
            break;
        case 3:
            Des_one_corner();
            break;
        case 4:
            Des_two_corner();
            break;
        default:
            break;
    }
}
```

上面代码在执行消除操作时使用了 Des_direct()函数、Des_one_corner()函数和 Des_two_corner()函数。这些函数分别用于执行具体的图片直接消除、1 折消除和 2 折消除操作。它们的实现代码如下：

```
/*
  直接相消
*/
void Des_direct()
{
    TranstoPhycoor(&point[0].x, &point[0].y);
    TranstoPhycoor(&point[1].x, &point[1].y);
    DrawLine(point[0].x, point[0].y, point[1].x, point[1].y);
    Sleep(250);
    iPaint(point[0].x, point[0].y, point[1].x, point[1].y);
}
/*
  1 折相消
*/
void Des_one_corner()
{
    TranstoPhycoor(&point[0].x, &point[0].y);
    TranstoPhycoor(&point[1].x, &point[1].y);
    TranstoPhycoor(&point[2].x, &point[2].y);
    DrawLine(point[0].x, point[0].y, point[1].x, point[1].y);
    DrawLine(point[1].x, point[1].y, point[2].x, point[2].y);
    Sleep(250);
    iPaint(point[0].x, point[0].y, point[1].x, point[1].y);
    iPaint(point[1].x, point[1].y, point[2].x, point[2].y);
}
/*
  2 折相消
*/
void Des_two_corner()
{
    TranstoPhycoor(&point[0].x, &point[0].y);
    TranstoPhycoor(&point[1].x, &point[1].y);
    TranstoPhycoor(&point[2].x, &point[2].y);
    TranstoPhycoor(&point[3].x, &point[3].y);
    DrawLine(point[0].x, point[0].y, point[1].x, point[1].y);
    DrawLine(point[1].x, point[1].y, point[2].x, point[2].y);
    DrawLine(point[2].x, point[2].y, point[3].x, point[3].y);
    Sleep(250);
    iPaint(point[0].x, point[0].y, point[1].x, point[1].y);
    iPaint(point[1].x, point[1].y, point[2].x, point[2].y);
    iPaint(point[2].x, point[2].y, point[3].x, point[3].y);
}
```

在执行具体消除操作的函数中，我们使用了 DrawLine()函数和 iPaint()函数。其中，DrawLine()函数用于使用线连接被消除的两个图片，而 iPaint()函数用于在图片被消除后，使用指定的图片对消除的图片网格进行填充。它们的实现代码如下：

```
/*
    用线连接两个图片
*/
void DrawLine(int x1, int y1, int x2, int y2)
{
    setlinestyle(PS_SOLID, 3);                       //PS_SOLID：实线，3：宽度为 3 像素
    setcolor(RGB(175, 30, 9));                       //连接线为深红色
    line(x1 + 21, y1 + 24, x2 + 21, y2 + 24);        //画线
}
/*
    消除后显示填充图
*/
void iPaint(long x1, long y1, long x2, long y2)
{
    int minx, miny, maxx, maxy;
    if (x1 == x2)
    {
        maxy = y1 > y2 ? y1 : y2;
        miny = y1 < y2 ? y1 : y2;
        for (int i = miny; i <= maxy; i += FruitH)
            putimage(x1, i, &image2);
    }
    else if (y1 == y2)
    {
        maxx = x1 > x2 ? x1 : x2;
        minx = x1 < x2 ? x1 : x2;
        for (int j = minx; j <= maxx; j += FruitW)
            putimage(j, y1, &image2);
    }
}
```

10.6.2 游戏的鼠标操作控制

在水果消消乐游戏项目中，鼠标操作主要有两种：单击操作和移动操作。下面分别介绍这两种操作。

1. 鼠标单击操作

单击操作可以分为单击水果和单击按钮。

当玩家第一次单击水果时，需要对单击的水果进行标记，而第二次单击时，需要对两次单击的水果坐标进行比较。只有坐标不同且判断两者能够消除时，才能连接两个水果。此时，得分会增加 100，时间延长 0.5 秒，并且播放 get.mp3 的音效。如果两次单击的水果不能消除，则时间减少 0.5 秒，并播放 error.mp3 的音效。该功能是通过自定义的 Click()函数实现的，其实现代码如下：

```
void Click(MOUSEMSG mouse)
{
    static int click = 0, idx, idy;
    click++;
    SelectedEffect(mouse.x, mouse.y);                //显示单击效果
    if (click == 1)
        RecordInfo(mouse.x, mouse.y, pre);           //记录第一次单击的信息
    if (click == 2)
    {
        TranstoDracoor(mouse.x, mouse.y, &idx, &idy); //将鼠标坐标转化为图纸坐标
```

```c
        if (idx != pre.idx || idy != pre.idy)                    //如果两次单击格子的坐标不一致
        {
            RecordInfo(mouse.x, mouse.y, cur);                   //记录第二次单击的信息
            if (pre.GridID == cur.GridID && DesGrid(pre, cur))   //如果两个格子能消除
            {
                GridID[pre.idy][pre.idx] = GridID[cur.idy][cur.idx] = 0;
                Link();                                          //连接两个格子
                score += 100;                                    //加分
                time_now += 500;                                 //消除格子时,时间恢复
                if (time_now > time_max)
                    time_now = time_max;
                mciSendString("play get.mp3", NULL, 0, NULL);    //消除格子时播放音效
                pn = 0;
                putimage(pre.leftx, pre.lefty, &image2);
                putimage(cur.leftx, cur.lefty, &image2);
                InitGrid(pre);                                   //初始化格子
                InitGrid(cur);                                   //初始化格子
                click = 0;
            }
            else                                                 //如果两个格子不能消除
            {
                ExchangeVal(dur, pre);                           //交换格子信息
                ExchangeVal(pre, cur);
                InitGrid(cur);                                   //初始化格子
                putimage(dur.leftx, dur.lefty, &image[GridID[dur.idy][dur.idx]][0]);
                time_now -= 500;                                 //不能消除,则减少时间
                if (time_now < 0)
                    time_now = 0;
                mciSendString("play error.mp3", NULL, 0, NULL);  //不能消除格子时播放音效
                click = 0;                                       //选中状态取消
            }
        }
        else                                                     //如果两次单击的格子坐标一致,表示只选中一次
            click = 1;
    }
}
```

玩家单击水果图片时的效果如图 10.13 所示。

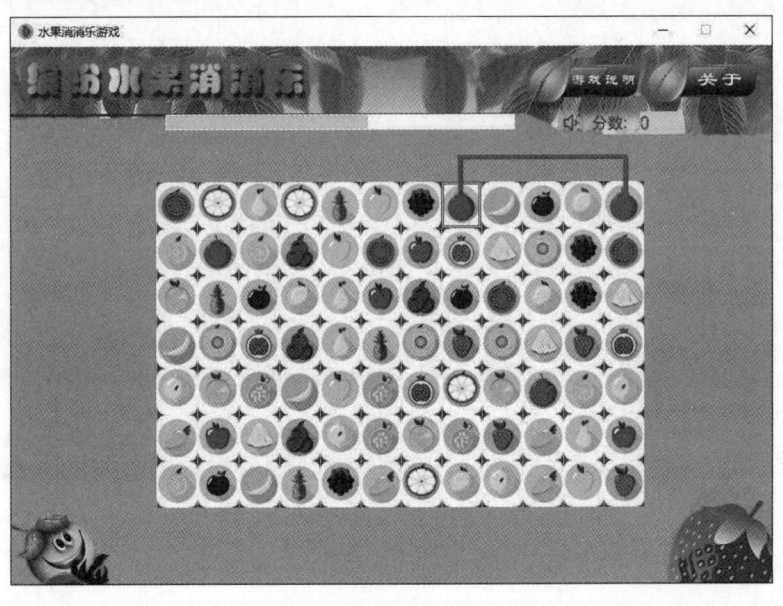

图 10.13 单击水果图片的效果

除了水果，在水果消消乐游戏窗体中，还设有可以单击的按钮。本项目主要提供了"游戏说明""关于"和音乐控制按钮。使用鼠标单击这 3 个按钮以执行相应操作的功能，是通过自定义的 Button()函数实现的，其实现代码如下：

```
void Button()
{
    //单击声音按钮，音乐响起或关闭
    if (mouse.x > 570 && mouse.x < 590 && mouse.y > 70 && mouse.y < 100)
    {
        if (Music)
            mciSendString("stop back.mp3", NULL, 0, NULL);
        else
            mciSendString("play back.mp3 repeat", NULL, 0, NULL);
        Music = !Music;
    }
    //单击关于按钮，弹出游戏简介
    if (mouse.x > W - 120 && mouse.x < W - 20 && mouse.y > 10 && mouse.y < 45)
    {
        MessageBox(NULL, TEXT("本游戏由明日科技出品"), TEXT("关于"), MB_SYSTEMMODAL);
    }
    //单击游戏说明按钮，弹出游戏说明
    if (mouse.x > W - 220 && mouse.x < W - 140 && mouse.y > 10 && mouse.y < 45)
    {
        MessageBox(NULL, TEXT("游戏玩法：\n    连接两个相同图案的水果图标\n按键说明：\n    空格：暂停/开始游戏\n    Esc：退出游戏\n    喇叭：播放/停止背景音乐"),
            TEXT("游戏说明"), MB_SYSTEMMODAL);
    }
}
```

例如，当玩家单击水果消消乐游戏主窗体中的"游戏说明"按钮时，会弹出一个对话框，其中显示游戏的玩法说明，如图 10.14 所示。

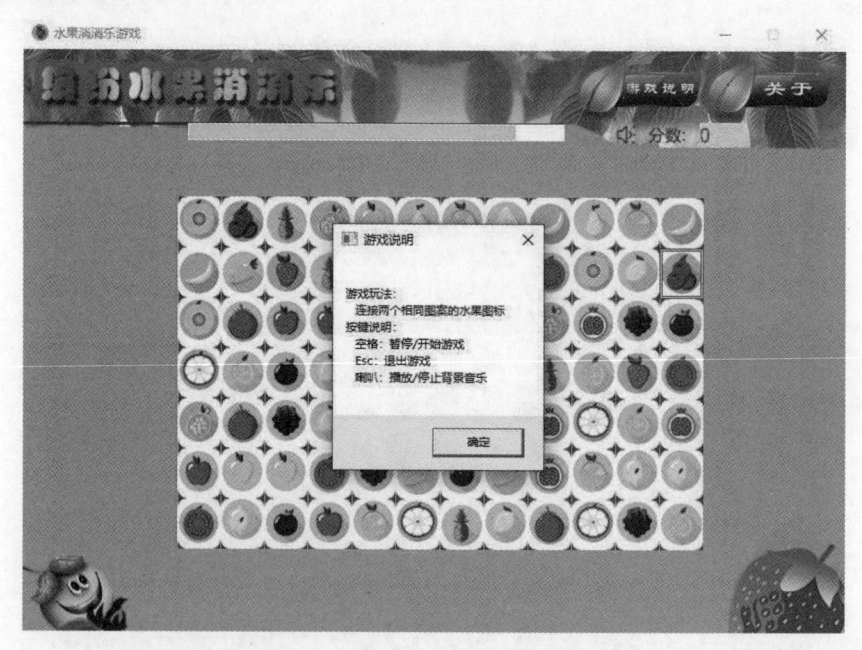

图 10.14　单击"游戏说明"按钮的效果

2. 鼠标移动操作

鼠标移动操作是通过自定义的 Mousemove()函数实现的。该函数主要判断是否将鼠标移动到了水果图片上。如果是，则为水果图片添加一个边框；否则，不执行任何操作。Mousemove()函数的实现代码如下：

```
void Mousemove(int leftx, int lefty)                    //鼠标移动时的变化
{
    static int prex, prey, preidx, preidy, curidx, curidy;
    if (Judge(leftx, lefty))
    {
        TranstoDracoor(leftx, lefty, &curidx, &curidy);  //转化为图纸坐标
        if (GridID[curidy][curidx] != 0)
        {
            GridPhy_coor(leftx, lefty);
            if (pre.idx == preidx && pre.idy == preidy)
                putimage(prex, prey, &image[GridID[preidy][preidx]][1]);
            else
                putimage(prex, prey, &image[GridID[preidy][preidx]][0]);
            prex = leftx, prey = lefty;
            preidx = curidx, preidy = curidy;
            DrawFrame(leftx, lefty);                     //绘制边框
        }
    }
}
```

上面代码使用了 Judge()函数、TranstoDracoor()函数和 DrawFrame()函数。下面，我们分别对这些函数进行介绍。

Judge()函数主要用于判断鼠标是否在游戏区内，其实现代码如下：

```
bool Judge(int leftx, int lefty)
{
    return leftx > leftedge && leftx < leftedge + FruitW * COL && lefty > topedge    &&    lefty < topedge + FruitH * ROW;
}
```

TranstoDracoor()函数主要用于将鼠标坐标转化为图纸坐标，其实现代码如下：

```
void TranstoDracoor(int mousex, int mousey, int *idx, int *idy)
{
    if (Judge(mousex, mousey))
    {
        *idx = (mousex - leftedge) / FruitW + 1;
        *idy = (mousey - topedge) / FruitH + 1;
    }
}
```

DrawFrame()函数主要调用 EasyX 图形库中的 rectangle()函数来实现为水果图片绘制边框的功能，其实现代码如下：

```
void DrawFrame(int leftx, int lefty)                    //绘制方框
{
    setcolor(RGB(126, 91, 68));                         //棕色
    setlinestyle(PS_SOLID, 1);                          //PS_SOLID：实线，1：宽度为1像素
    rectangle(leftx, lefty, leftx + 41, lefty + 47);    //绘制空心矩形
    rectangle(leftx + 2, lefty + 2, leftx + 39, lefty + 45);
    setcolor(RGB(250, 230, 169));                       //浅黄色
    rectangle(leftx + 1, lefty + 1, leftx + 40, lefty + 46);
}
```

当玩家将鼠标移动到水果图片上时，DrawFrame()函数会在水果图片的四周绘制一个边框，而当玩家将鼠标移出该水果图片时，边框消失，如图10.15所示。

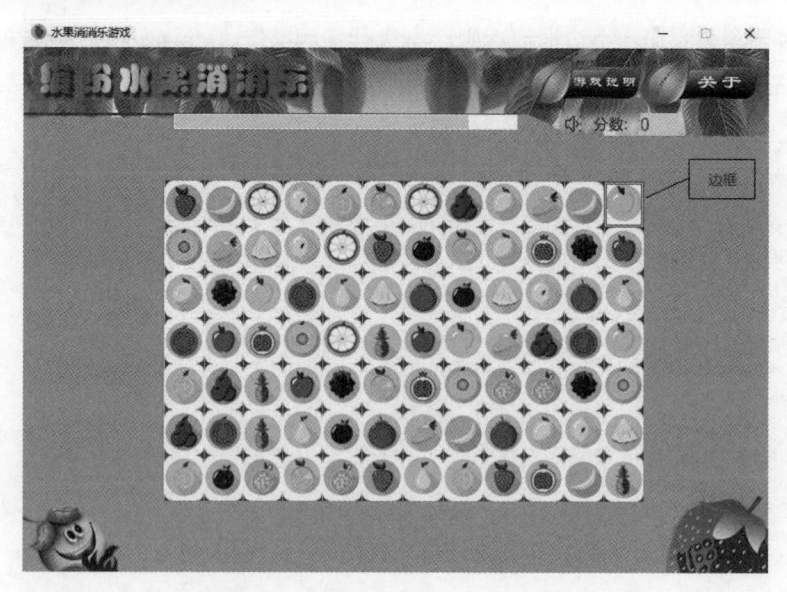

图 10.15　鼠标移动到水果上时绘制边框

10.6.3　游戏的键盘操作控制

在水果消消乐游戏中，键盘操作的控制是通过 Inputkey()函数来实现的。该函数首先调用_kbhit()函数来检查是否有键盘输入，然后通过调用_getch()函数来获取用户输入的键值。如果检测到的是 Space 键，Inputkey()函数首先调用 mciSendString()函数来停止游戏音乐的播放，接着使用 MessageBox()函数弹出一个提示框，提示游戏已暂停，并等待用户确认是否继续游戏。当用户在提示框中单击"确定"按钮时，游戏将继续并重新开始播放游戏音乐。如果是按下了 Esc 键，Inputkey()函数将调用 MessageBox()函数来弹出一个确认退出的提示框，如果用户选择退出，则调用 exit()函数来退出游戏。Inputkey()函数的实现代码如下：

```c
void Inputkey()
{
    char input;
    //判断是否有键盘输入
    while (_kbhit())
    {
        input = _getch();                                    //获取用户输入的键值
        //按空格键，暂停游戏
        if (input == ' ')
        {
            mciSendString("stop back.mp3", NULL, 0, NULL);
            if (MessageBox(NULL, TEXT("游戏已暂停，点"确定"继续游戏"), TEXT("暂停"),
                MB_SYSTEMMODAL) == IDOK)
            {
                mciSendString("play back.mp3 repeat", NULL, 0, NULL);
            }
        }
        //按 Esc 键，退出程序。Esc 键的 ACSII 码为 27
        else if (input == 27)
        {
            if (MessageBox(NULL, TEXT("确定要退出么"), TEXT("退出"),
                MB_SYSTEMMODAL | MB_ICONEXCLAMATION | MB_OKCANCEL) == IDOK)
                exit(0);
        }
    }
}
```

玩家在水果消消乐游戏主窗体中按下 Space 键时的效果如图 10.16 所示。

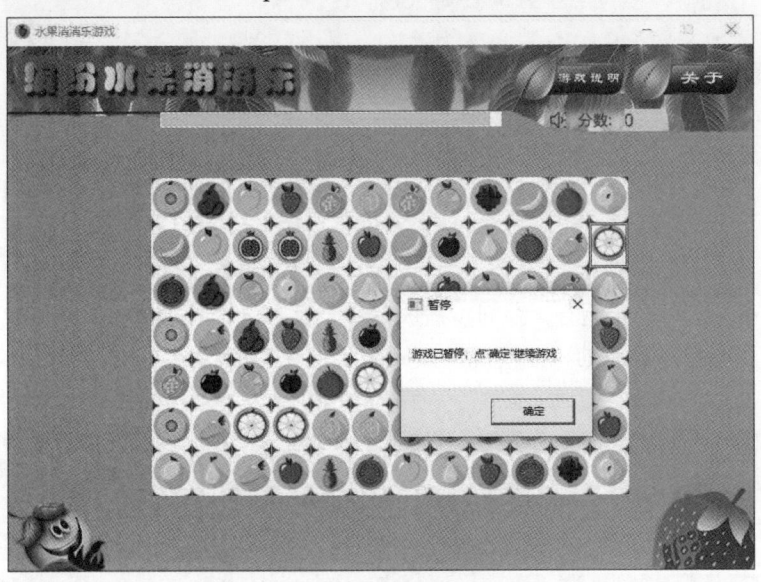

图 10.16　按下 Space 键时的效果

玩家在水果消消乐游戏主窗体中按下 Esc 键时的效果如图 10.17 所示。

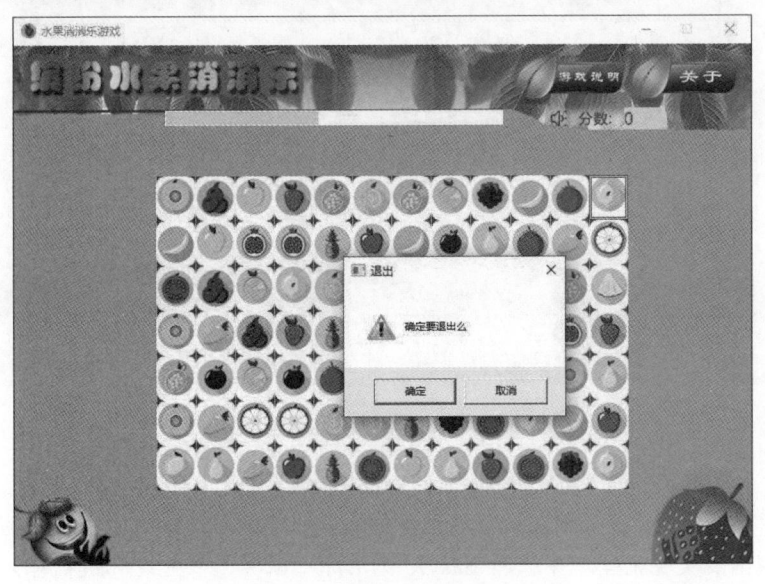

图 10.17　按下 Esc 键时的效果

10.7　项目运行

通过前述步骤，我们成功设计并完成了"水果消消乐游戏"项目的开发。接下来，我们运行该游戏项目，以检验我们的开发成果。如图 10.18 所示，使用 Visual Studio 2022 打开水果消消乐游戏项目，单击工具栏中的"本地 Windows 调试器"按钮或者按 F5 快捷键，即可成功编译并运行该项目。

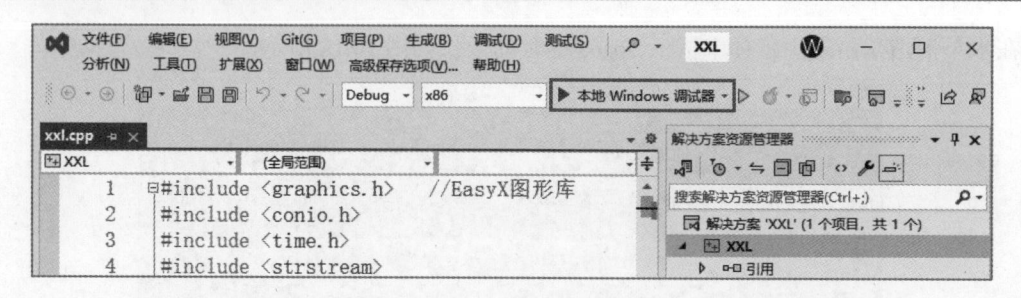

图 10.18　编译运行"水果消消乐游戏"项目

项目运行后，游戏会自动开始运行，并同步播放背景音乐和倒计时进度条。当玩家单击两个可以消除的水果图片时，游戏会实时显示当前的积分情况，效果如图 10.19 所示。

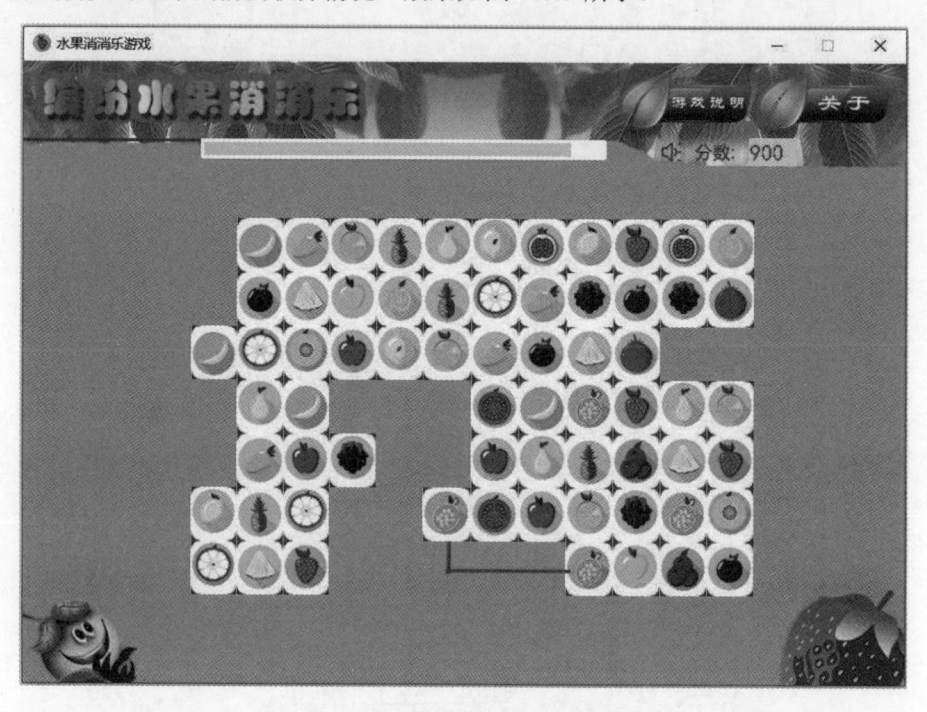

图 10.19　水果消消乐游戏运行效果

本章使用 C 语言开发了一个功能完善的图形界面版水果消消乐游戏，其中主要使用了结构体数组、EasyX 图形库、鼠标事件处理、键盘输入处理、音频控制等技术。学习本章时，读者应该重点熟悉水果消消乐游戏的基本游戏规则及实现流程，并掌握 EasyX 图形库、鼠标事件处理和键盘输入处理等技术在实际开发中的应用。

10.8　源码下载

本章虽然详细地讲解了如何编码实现"水果消消乐游戏"项目的各个功能，但给出的代码都是代码片段，而非完整源码。为了方便读者学习，本书提供了完整的项目源码，读者只需扫描右侧的二维码，即可下载这些源码。